Grenzen unseres WISSENS

Grenzen unseres WISSENS

DIE GRÖSSTEN RÄTSEL AUS NATUR, GESCHICHTE UND WISSENSCHAFT

Reader's Digest

Autoren: Dr. Peter Göbel, Dr. Tina Heidborn, Dr. Roland Knauer, Andreas Loos, Bernhard Mackowiak, Frank Müller-Stindl, Inga Richter, Verena Stindl, Cord C. Troebst, Kerstin Viering

Producing: red.sign GbR, Stuttgart
Redaktion: Olaf Rappold (Projektleitung), Frank Müller-Stindl, Verena Stindl
Bildredaktion: Anja Schlatterer, Michaela Salden
Grafik: Susanne Junker
Illustrationen: Gerhard Junker

Aktualisierung: Lektorat.Redaktion.Texte. Jens Bey, Stuttgart

Reader's Digest
Redaktion: Joachim Zeller
Grafik und Prepress: Susanne Hauser
Bildredaktion: Sabine Schlumberger

Redaktionsdirektor: Michael Kallinger
Chefredakteurin Buch: Dr. Renate Mangold
Art Director: Susanne Hauser

Produktion
arvato distribution: Thomas Kurz

Druck und Binden
Neografia, Martin

Aktualisierte Ausgabe 2018

FR 2037/G-GR

Printed in Slovakia

ISBN 978-3-95619-328-6

Besuchen Sie uns im Internet
www.readersdigest-verlag.de | www.readersdigest-verlag.ch |
www.readersdigest-verlag.at

Über dieses Buch

Vom sagenhaften Atlantis bis zum geheimnisumwitterten Kaspar Hauser, von den Geheimnissen der ägyptischen Pyramiden bis zum Bermudadreieck, von Erfahrungen jenseits des Todes bis zum Urknall: Unsere Welt ist noch immer voller Rätsel und Geheimnisse, die auf eine Lösung warten. Dieses Buch bringt Sie in spannenden Artikeln bis an die Grenzen unseres Wissens – und darüber hinaus, denn für viele Dinge gibt es zwar erste Erklärungen und Hintergründe, aber kein Mensch kennt bisher die letzte Wahrheit: Warum sind die einst mächtigen Maya in kürzester Zeit verschwunden, welche Bewandtnis hat es mit den Rosenkreuzern, was verbindet Zwillinge auf mysteriöse Weise? Von den Anfängen der Zeit bis zu den geheimsten Orten der Welt – lassen Sie sich auf eine unglaubliche Reise entführen!

Die Redaktion

Inhalt

Der „Schlangenhügel" im US-Bundesstaat Ohio (s. S. 64)

IM SOG DER VERGANGENHEIT – RÄTSEL DER GESCHICHTE 117

KATASTROPHALE EREIGNISSE – OFFENE FRAGEN 143

EXPEDITIONEN IN UNBEKANNTE WELTEN 163

PHÄNOMENE DER TIER- UND PFLANZENWELT 183

RÄTSELHAFTE GEMEINSCHAFTEN UND ORGANISATIONEN 209

Die Kristalle in einer Höhle in Mexiko werden riesig (s. S. 182).

Fanden auf der Mondpyramide von Teotihuacán Menschenopfer statt (s. S. 333)?

IN DEN TIEFEN DES ALLS

Ursprung und Ende im großen Knall?

Die Fragen nach dem Ursprung und dem Ende der uns umgebenden Welt haben die Menschen umgetrieben, seit sie denken können. Heutzutage entwickeln Physiker komplexe Theorien, um sie zu beantworten.

Wer noch Gelegenheit hat, abseits von Städten einen wirklich dunklen Nachthimmel mit seinen Myriaden Sternen funkeln zu sehen, dem scheint dieses Gebilde ewig und unveränderlich. Verständlich, dass man wie Aristoteles und viele Denker nach ihm annahm, das Universum habe es schon immer gegeben. Der Schöpfer wollte es so, herrscht er doch über Raum und Zeit.

Entstehung aus dem Nichts

Aber nach unserer heutigen wissenschaftlichen Sicht braucht die Natur keinen Schöpfer. Denn: Das Universum wurde nicht erschaffen, sondern entstand aus dem Nichts und ohne Ursache, das behauptet der britische Physiker Stephen Hawking. Doch worauf basiert diese neue, ja schockierende Erklärung der Entstehung des Universums?

Der Schöpfungsakt muss nach der modernen Physik als Quanteneffekt gesehen werden, also als Phänomen der Welt der kleinsten Teilchen. Hier laufen Vorgänge nicht kontinuierlich ab, sondern treten nur in bestimmten Portionen auf, den „Quanten". Nach der Theorie der Quantenmechanik sind Energieschwankungen zufällig und bedürfen keiner weiteren Erklärung. Und solch eine Energieschwankung, eine „Quantenfluktuation", löste auch den Urknall aus, durch den das Universum entstand – ohne Schöpfer, spontan und zufällig.

Gravitation und Raumzeit

Das so entstandene Universum beruht aber auf Gesetzmäßigkeiten, den Naturgesetzen. Besonders wichtig ist dabei das Gravitationsgesetz, wie es Isaac Newton 1686 formulierte. Für ihn waren Raum und Zeit noch getrennt. Erst Albert Einstein überwand mit seiner Allgemeinen Relativitätstheorie 1916 dieses Weltbild, indem er Raum und Materie zu einem unauflöslichen Ganzen,

WÜRDIGER NACHFOLGER

Stephen Hawking kam am 8. Januar 1942 als Sohn einer Künstlerin und eines Tropenarztes zur Welt und starb am 14. März 2018 in Cambridge. Er studierte an der Universität in Oxford. Seit 1962 litt er an einer unheilbaren Motoneuronen-Erkrankung, die seine Muskeln schwinden ließ. 1986 verlor er durch einen Luftröhrenschnitt seine Stimme und kommunizierte danach per Sprachcomputer. Hawking hatte von 1979 bis 2009 an der Universität Cambridge den Lucasischen Lehrstuhl für Mathematik inne, wie Isaac Newton in der zweiten Hälfte des 17. Jh., und arbeitete besonders auf dem Gebiet der schwarzen Löcher. Nach seinem Ruhestand hatte Hawking ein eigenes Forschungszentrum am kanadischen Perimeter Institute. Er war Autor vieler populärwissenschaftlicher Bestseller wie Eine kurze Geschichte der Zeit. Sein letztes wissenschaftliches Werk, das er gemeinsam mit dem Physiker Leonard Mlodinow verfasste, heißt Der Große Entwurf – Eine neue Erklärung des Universums.

der „Raumzeit", verband. Sie ist nicht nur Bühne des kosmischen Geschehens, sondern durch die Gravitation der im All vorhandenen Materie auch teilnehmender Akteur. Das zeigt sich u.a. sehr deutlich in der Flucht der Galaxien und damit der Expansion des Kosmos seit dem Urknall vor 13,7 Mrd. Jahren.

An ihn tasten sich die Forscher immer mehr heran, zurzeit bis auf 10^{-43} Sekunden. Doch der „Nullpunkt" bleibt unerreichbar, weil die Raumkrümmung, der Druck und die Temperatur ins Unendliche wachsen und die Teilchenabstände gegen null sinken. Diese „Singularität" kann mit den Formeln der Relativitätstheorie nicht mehr beschrieben werden. Deshalb muss die Theorie der Quantengravitation her, wie sie Hawking und andere ins Spiel bringen.

Tunnel und geschlossene Zeitschleife

Nach Professor Alexander Vilenkin von der Tufts University in Medford (USA) ist das All durch den speziellen Quantenprozess des sogenannten Tunnelns entstanden. Es ist vergleichbar einem Ball, der den Hügel hinaufrollt. Um auf die andere Seite zu gelangen, überquert er aber nicht die Kuppe, sondern durchrast vorher einen Tunnel. Ebenso können Elementarteilchen das elektrische Potenzial von Atomen überwinden, indem sie durch sie hindurchfliegen und so die Geburt des Universums in Gang setzen.

Noch fantastischer stellen sich der US-Physiker John Richard Gott und sein chinesischer Kollege Li-Xin Li die Schöpfung des Universums vor. Nach ihrer Theorie könnte es aus einer geschlossenen Zeitschleife hervorgegangen sein. Die Raumzeit gleiche einem Stamm, von dem ein Ast abzeigt und zur Wurzel wird, die wiederum in den Stamm mündet. Dieses endlose Kreisen der Zeit wurde durch eine Quantenfluktuation unterbrochen; und in einem ersten Urknall entsprang ein Kosmos, von dem sich weitere Universen abspalteten, darunter das unsere.

Ganz gleich, welchen Weg das sich immer weiter ausdehnende Universum zusammen mit anderen aus dem Nichts nahm, ergibt sich zwangsläufig die genauso faszinierende Frage nach seinem Ende: Wird sich unser Kosmos bis in alle Ewigkeit ausdehnen

Was war vor dem Urknall und wo? Derartige Fragen gelten als „nicht wissenschaftlich", aber beschäftigen viele von uns doch – gläubige Menschen finden die Antwort in ihrer Religion.

Die schematische Darstellung zeigt zusammengefasst die Entwicklung des Kosmos bis heute. Ganz links der Urknall und rechts das in rasanter Ausdehnung begriffene Universum der Gegenwart.

oder irgendwann einen Punkt erreichen, an dem er zum Stillstand kommt oder sogar eine Umkehrbewegung einsetzt, das Universum also wieder in sich zusammenfällt? Gleicht unser Kosmos somit einem in die Luft geworfenen Ball, der nach einer gewissen Zeit wieder zur Erde zurückfällt?

Die ewige Ausdehnung?

Bis 1998 gingen die Forscher davon aus, dass sich die Ausdehnung des Universums verlangsamt, weil die Schwerkraft sie bremst. Sie glaubten ferner, dass ein einzelner Faktor – die Masse-/Energiedichte des Universums – sein weiteres Schicksal entscheidet. Liegt demnach diese Dichte über einem kritischen Wert, würde die Schwerkraft schließlich die Expansion des Universums stoppen, sie umkehren und das Universum in einem alles vernichtenden Kollaps implodieren, dem „Big Crunch". Bleibt aber die Materiedichte unterhalb oder genau bei diesem kritischen Wert, wird das Universum für alle Zeiten expandieren. Die Geschwindigkeit, mit der dieser Vorgang abläuft, nähme allerdings stetig ab. In diesem Fall stünde dem Universum ein langer Kältetod bevor, der „Big Chill".

„Schließlich werden alle Sterne und Galaxien sterben. Auch die schwarzen Löcher sind davon nicht ausgenommen."

Seit 1998 lassen Forschungsergebnisse aber den Schluss zu, dass sich die Expansion des Weltalls nicht verlangsamt, sondern beschleunigt. Die beiden bisher gängigen Modelle für die Zukunft des Universums müssen also korrigiert werden – und dafür führte man die noch nicht näher definierte Dunkle Energie in die Kosmologie ein. Sie gilt nun als die Ursache der beschleunigten Ausdehnung des Weltalls, die zu einem „Big Rip" führen würde – von den Galaxien bis zum letzten Atom würde alles „zerrissen".

Das traurige Ende unseres Universums

Wenn die Dunkle Energie auch in Zukunft konstant bleiben sollte, wird sich unser Universum für alle Zeiten ausdehnen – nimmt sie dagegen irgendwann ab, kann das wiederum zu einem Big Crunch führen.

Doch zurzeit favorisieren die Kosmologen ein Universum mit beschleunigter Expansion. Darin werden im Lauf von mehreren Billionen Jahren schließlich alle Sterne und Galaxien sterben – auch die extrem massereichen schwarzen Löcher in den Galaxienzentren sind davon nicht ausgenommen. Das oft zitierte Dunkel der Geschichte oder der Zukunft ist dann im wahrsten Sinne des Wortes Wirklichkeit geworden.

Was die Welt zusammenhält

Die sogenannte Stringtheorie soll eine Brücke zwischen Quantenfeldtheorie und Allgemeiner Relativitätstheorie schlagen. Doch manche halten das Modell der schwingenden Fädchen, aus denen angeblich die Materie besteht, für nicht mehr als ein kompliziertes Märchen, das Physiker sich erzählen, wenn sie nicht mehr weiter wissen.

Das sogenannte Standardmodell – quasi das Grundgesetz der Physik – kennt vier verschiedene Kräfte: Die Schwerkraft (Gravitation), die uns auf dem Boden hält, die elektromagnetische Wechselwirkung, die geladene Teilchen anzieht oder abstößt, die starke Wechselwirkung, die z. B. Neutronen und Protonen im Atomkern zusammenhält, und die schwache Wechselwirkung, die bei radioaktiven Zerfällen eine Rolle spielt.

VEREINIGUNG UNMÖGLICH?

Die gängige Theorie zur Beschreibung der Gravitation ist die Allgemeine Relativitätstheorie und sie erklärt die Wirkung der Schwerkraft durch eine Verformung der Raumzeit. Die Quantenfeldtheorie hingegen beschreibt Kräfte als Felder (oder virtuelle Teilchen), die sich in der Raumzeit ausbreiten. Während also in der Quantenfeldtheorie die Kräfte sozusagen Schauspieler auf der Bühne der Raumzeit sind, wird in der Allgemeinen Relativitätstheorie die Bühne selbst zum Akteur. Wie soll man diese zwei völlig gegensätzlichen Konzepte vereinigen?

Komplexe Theorien

Schon auf die Frage, warum es nicht drei oder 17 Grundkräfte der Physik gibt, haben die Physiker keine Antwort. Die vier bekannten Kräfte mithilfe von Formeln und Gesetzen zu verstehen, fällt ihnen bereits schwer genug. In den 1970er-Jahren wurde daher der Versuch gestartet, eine vereinheitlichende Theorie zu formulieren, die erklärt, warum die Welt aus den verschiedenen Arten von Teilchen besteht, die wir kennen, und weshalb sich diese Teilchen mit vier Kräften anziehen oder abstoßen.

Diese Theorie sollte vor allem in Extremsituationen ihre Gültigkeit behalten: kurz nach dem Urknall und in der Umgebung von schwarzen Löchern. Hierzu wurden in den vergangenen 40 Jahren einige sogenannte Stringtheorien formuliert und wieder verworfen: Theorien, bei denen die Eigenschaften von Materieteilchen mithilfe von schwingenden kleinen Fädchen (engl. *strings*) beschrieben werden, solche, bei denen diese Fädchen geschlossene Ringe bilden, oder gar Superstringtheorien, die zusätzlich „Supersymmetrien“ vorhersagen: Für jeden Teilchentyp in unserer Welt – etwa Quarks oder Gammateilchen – existiert diesen Theorien zufolge ein „supersymmetrisches Partnerteilchen“. Obendrein hat man in den letzten Jahren entdeckt, dass all diese Stringtheorien Spezialfälle einer viel allgemeineren Theorie, der M-Brane-Theorie, sind.

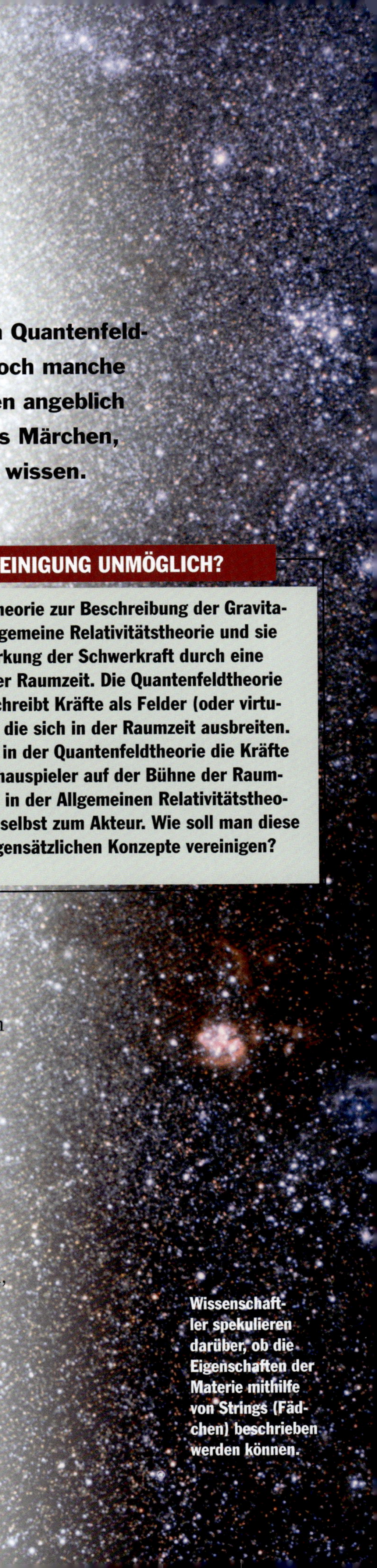

Wissenschaftler spekulieren darüber, ob die Eigenschaften der Materie mithilfe von Strings (Fädchen) beschrieben werden können.

Noch fehlen Beweise für die Theorien

Doch bis heute hat noch niemand ein supersymmetrisches Teilchen nachweisen können – und es ist unklar, ob die Superstringtheorien nicht nur komplizierte Fantastereien sind. Ihre eigentliche Kraft entfalten sie nämlich dort, wo die anderen gängigen physikalischen Theorien versagen: die Quantenfeldtheorie und die Allgemeine Relativitätstheorie. Erstere ist zuständig für die starke, schwache und elektromagnetische Kraft – und ist die genaueste Theorie, die die Physik je hervorgebracht hat –, Letztere beschreibt die Gravitation. Doch beim Urknall oder in der Nähe von schwarzen Löchern spielen alle vier Kräfte eine Rolle – Quantenfeldtheorie und Allgemeine Relativitätstheorie vertragen sich aber nicht (s. S. 13, Kasten).

Das Problem: Solche energetischen Extremfälle kann man auf der Erde nur im Computer herstellen. Experimentell lassen sich die Superstringtheorien nicht direkt nachweisen. So konzentriert sich derzeit die Hoffnung der Physiker auf die Supersymmetrie. Wenn es sie gibt, dann könnte das ein Hinweis darauf sein, dass auch Superstringtheorien nicht ganz falsch sind. Möglicherweise lässt sich die Supersymmetrie tatsächlich im Labor nachweisen – mithilfe des geheimnisvollen Higgs-Bosons, benannt nach seinem „Erfinder", dem britischen Physiker Peter Higgs.

Der Beschleuniger des CERN hilft den Physikern dabei, die vier Grundkräfte zu verstehen, die unser Universum zusammenhalten.

Wird der praktische Nachweis überhaupt gelingen?

2012 wurde Higgs vom Erfinder zum Entdecker: Die Existenz des mittlerweile weltberühmten Higgs-Bosons wurde im LHC, dem „Large Hadron Collider" am CERN bei Genf, nachgewiesen. Damit war es gefunden, das letzte noch fehlende Teilchen im Standardmodell der Teilchenphysik. Die Supersymmetrie aber hat weniger gute Karten. Bis heute konnte keine ihrer Vorhersagen bestätigt werden. Würde die Theorie zutreffen, dann hätte der LHC die entsprechenden Teilchen längst entdecken müssen.

Auf diesem Bild wurden die Gebiete, in denen man Dunkle Materie vermutet, blau eingefärbt.

Die dunkle Seite der Physik

Befindet sich im Weltall zwischen Sternen und Planeten unsichtbare Materie, die wir auf der Erde nicht kennen, und durchzieht den Kosmos ein Feld, das das All auf geheimnisvolle Weise zur Ausdehnung zwingt? Oder sind Dunkle Materie und Dunkle Energie nur physikalische Hirngespinste?

In den 1930er-Jahren beobachtete der Schweizer Astronom Fritz Zwicky im Sternbild Coma Berenicis eine Geschwindigkeitsüberschreitung: Der dortige Galaxienhaufen bewegte sich zu schnell für seine Form. Irgend etwas Unsichtbares musste die rund 1000 Galaxien auf einem Haufen zusammenhalten und so verhindern, dass sie durch ihre hohe Geschwindigkeit auseinandergeschleudert wurden. Zwicky vermutete „Dunkle Materie" zwischen den Sternen. Heute weiß man, dass der Galaxienhaufen im Coma Berenicis keine Ausnahme ist: Man hat Spiralgalaxien gefunden, die enger zusammengedreht sind als sie es theoretisch sein dürften, und man kennt Galaxienhaufen, die von der Erde aus gesehen verzerrt erscheinen, als scheine ihr Licht durch eine gewaltige Linse. Erklärt wird das dadurch, dass sich zwischen den Sternhaufen und uns irgend etwas Unsichtbares befindet, das die Lichtstrahlen der fernen Sterne durch seine Schwerkraft ablenkt.

Auf der Suche nach den unsichtbaren Teilchen

So teilen heute die meisten Astronomen Zwickys Meinung: Im Weltall steckt mehr, als man sieht. Die gängige Theorie geht davon aus, dass rund ein Viertel der Materie im All nur „schwer" (also der Gravitation unterworfen) ist, aber nicht mit elektromagnetischen Feldern und der starken Kernkraft wechselwirkt. Man nennt die Teilchen daher Wimps – *weakly interacting massive particles*.

Die Theorie sagt voraus, dass sich diese Teilchen (sehr selten) gegenseitig auslöschen können. Dabei entsteht etwas Gammastrahlung und die kann man tatsächlich nachweisen. Die Gammastrahlung könnte allerdings auch andere Quellen haben. Die Dunkle Materie ist deshalb – genau wie die Dunkle Energie (s. Kasten) – nicht unumstritten. Vielleicht ergeht es beiden eines Tages wie dem Äther: Dieses hypothetische Gas, in dem sich Lichtwellen ausbreiten sollten, wurde durch die Relativitätstheorie überflüssig.

DUNKLE ENERGIE

Ende der 1990er-Jahre hielt ein neues Rätsel Einzug in die Astronomie: Bei einigen Supernovä hatte man festgestellt, dass deren Licht etwas dunkler erschien als die Theorie vorhersagt. Grund: Das All dehnt sich offenbar schneller aus als zuvor gedacht. Rund 70 % des Weltalls, glauben viele Forscher, bestünden aus „Dunkler Energie", einem Feld, mit dem sich die Ausdehnung des Weltalls erklären lässt. Damit lassen sich zwar auch noch andere Beobachtungen begründen – doch ob die Dunkle Energie wirklich existiert, ist ungewiss.

Kinder der Sonne

Gleich nach der Geburt des Weltalls trieben viel Wasserstoff und etwas Helium durch das All. Andere Elemente waren damals noch nicht zu finden – auch nicht die für das Leben so wichtigen Elemente wie Kohlenstoff und Sauerstoff. Woher also kommen sie und die noch schwereren Elemente, aus denen unsere Welt besteht?

Kurz nach dem Urknall gibt es im Kosmos also vorwiegend leichte Wasserstoffatome. Diese Gasmoleküle ziehen sich gegenseitig an und klumpen nach einiger Zeit zu riesigen Kugeln aus Wasserstoff zusammen – die ersten Sonnen entstehen. In deren Innern ist es mit vielen Millionen Grad unvorstellbar heiß, außerdem lastet ein gigantischer Druck auf dem Kern. Unter diesen Bedingungen verschmelzen die kleinen Wasserstoffatome zum etwas schwereren Helium. Als der Wasserstoff knapp wird, beginnt das Helium in diesem Sonnenfeuer zu noch schwereren Atomen zu verbrennen. Als Erstes entsteht ausgerechnet das Grundmaterial für Leben, der Kohlenstoff. In der nächsten Stufe folgt dann bereits der Sauerstoff.

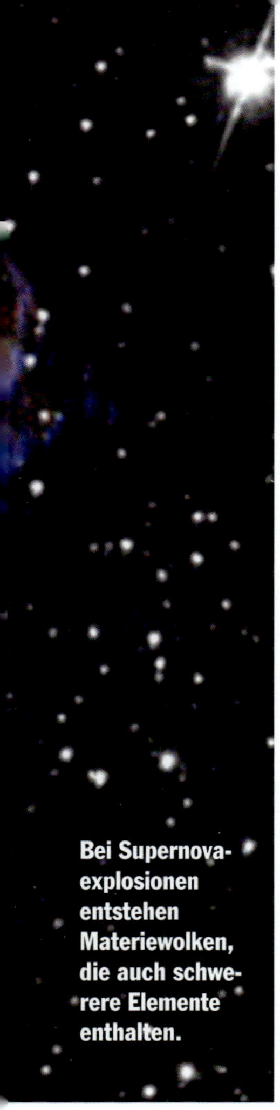

Bei Supernova-explosionen entstehen Materiewolken, die auch schwerere Elemente enthalten.

Neustart eines alten Sterns

Damit ist aber die Kraft des Sterns zu Ende und er stürzt zu einem Himmelskörper zusammen, der etwa die Größe der Erde hat, aber mit Temperaturen weit über 10 000 °C weiß glüht. Allein würde dieser „Weiße Zwerg" langsam abkühlen. Gibt es aber einen nahen Begleitstern, zieht der Weiße Zwerg Teile von dessen Atmosphäre zu sich herüber. Erneut wächst der ausgebrannte Stern, in seinem Innern steigen Druck und Temperatur. Nach einiger Zeit erreicht der Kern die Höllenbedingungen, bei denen Sauerstoff und Kohlenstoff verschmelzen, die ja nichts anderes als die Asche der ersten Sonne sind. Dabei entstehen schwerere Elemente, das gewichtigste davon ist Eisen. Gleichzeitig werden riesige Energiemengen frei, die den Stern schließlich in einer Explosion, einer Supernova, zerreißen, die seine Bestandteile in den Weltraum schleudert.

Das Lebenselexir Wasser entsteht

Im Kosmos gibt es nach dem Ausbrennen der ersten Sonnen noch immer reichlich Gas zwischen den länger lebenden Sternen. Inzwischen hat sich dieser Wasserstoff jedoch mit den schwereren Elementen vermischt, die in den frühen Sonnen entstanden. Aus dieser Mischung ballen sich nun gigantische flache Scheiben zusammen, die sich um ihr Zentrum drehen. Nach einiger Zeit zündet im Innern genau wie in den ersten Sternen das Sonnenfeuer, allein in unserer Milchstraße passiert das auch heute noch zwischen vier- und 19-mal in jedem Jahr.

Die Strahlung der jungen Sonne ionisiert den übrig gebliebenen leichten Wasserstoff in ihrer näheren Umgebung und treibt ihn in die äußeren Bereiche der Scheibe. Außerhalb der gerade geborenen Sonne konzentrieren sich daher im inneren Bereich der Scheibe die schwereren Elemente. Zusammen mit dem noch nicht weggeblasenen Wasserstoff ballen sie sich zu relativ schweren Himmelskörpern um die neue Sonne zusammen, die der Erde, der Venus und dem Mars ähneln. Weil auf ihnen auch die schwereren Elemente wie Kohlenstoff und Sauerstoff vorhanden sind, kann sich nicht nur Wasser bilden, sondern gibt es jetzt auch die anderen Grundbausteine für Leben. Entstanden aber sind alle diese Elemente im Sonnenfeuer – also sind wir Menschen wahrhaftige „Kinder der Sonne".

DAS TITAN-RÄTSEL

Die Erde besteht zu 0,56 % aus Titan, das damit ihr neunthäufigstes Element ist. Bei normalen Sternenexplosionen aber entsteht kaum Titan, dessen Herkunft daher lange ein Rätsel war. Paolo Mazzali vom Max-Planck-Institut für Astrophysik in Garching hat dieses Geheimnis im Jahr 2010 gemeinsam mit David Arnett von der Universität im US-Bundesstaat Arizona gelöst: Hat eine kleine, weißglühende, alte Sonne einen alten Begleitstern, zieht sie von ihm größere Mengen Helium zu sich herüber. Dadurch steigen Druck und Temperatur an seiner Oberfläche so lange, bis nicht im Kern des Sterns, sondern in seiner äußeren Schale Helium-Atome miteinander verschmelzen. Dabei entsteht reichlich Titan, das von einer Sternenexplosion rasch im Weltraum verteilt wird.

Fiel das Leben vom Himmel?

Vor etwa 3,8 Mrd. Jahren bildete sich auf der zuvor glutflüssigen Erde eine feste Kruste. Überraschend schnell entstand danach das Leben – die ältesten Spuren von Bakterien könnten 3,55 Mrd. Jahre alt sein. Manche Wissenschaftler begründen dies damit, dass das Leben im wahrsten Sinne des Wortes vom Himmel gefallen ist, aber es gibt auch andere Theorien.

Im Jahr 1996 fand die US-amerikanische Weltraumbehörde NASA Leben, das aus dem Weltraum auf die Erde gefallen war – zumindest behaupten die NASA-Forscher das, andere Wissenschaftler melden dagegen erhebliche Zweifel an.

Keine kleinen grünen Männchen – aber Bakterien?

Die winzigen Strukturen auf einem von der NASA als Beweis präsentierten, nicht einmal vier Pfund schweren Felsbrocken ähneln jedenfalls verblüffend irdischen Bakterien. Sie sind allerdings mehr als 100-mal kleiner. Und die Überreste dieser angeblichen Mikroorganismen stammen sehr wahrscheinlich vom Mars.

Das legt zumindest eine Sauerstoff-Isotopen-Analyse in dem Brocken nahe. Bei dieser Methode untersuchen die Forscher, welche Mengen der leichteren Sauerstoff-16- und der schwereren Sauerstoff-18-Atome in einer Substanz vorhanden sind. In dem ALH84001 genannten Brocken aber fanden sie genau das gleiche Verhältnis zwischen diesen beiden Sauerstoffisotopen wie in elf weiteren Meteoriten, die alle mit Sicherheit vom roten Planeten kamen: Schlägt ein großer Meteorit auf dem Mars ein, kann die Energie dieses Treffers Splitter aus dem Marsboden so schnell herauskatapultieren, dass sie das Schwerefeld des Planeten verlassen können. Nach einem langen Irrflug können sie zufällig auf die Erde fallen.

Der Meteorit ALH84001 (hinten eine Ausschnittsvergrößerung) schlug vor ungefähr 13 000 Jahren in der Antarktis ein.

Staub und größere Materiebrocken treiben in gewaltigen Mengen durchs Weltall – transportieren sie auch Keime des Lebens?

Indizienbeweise

Während alle anderen Meteorite vom Mars allerdings höchstens 1,3 Mrd. Jahre alt sind, ist der kartoffelgroße ALH84001 rund 4 Mrd. Jahre alt. Zu dieser Zeit aber herrschten auf dem Mars Bedingungen, unter denen Leben möglich scheint. So schwappte damals z. B. Wasser über den Boden des heute roten Planeten. Hundertprozentige Sicherheit können die NASA-Wissenschaftler jedoch nicht bieten. So ähneln die auf dem Meteoriten gefundenen Strukturen zwar irdischen Bakterien verblüffend, könnten theoretisch auch von anderen Prozessen erzeugt worden sein.

„Die auf dem Meteoriten gefundenen Strukturen ähneln irdischen Bakterien verblüffend."

Immerhin können die NASA-Forscher noch zwei weitere gewichtige Argumente für ihre Behauptung ins Feld führen: So fanden sie im Meteoriten winzige Magnetitkristalle, die reichlich Eisen enthalten. Auf der Erde werden solche Magnetitstrukturen normalerweise von bestimmten Bakterien erzeugt. Und auch die im Meteoriten entdeckten polyzyklischen aromatischen Kohlenwasserstoffe, die von Wissenschaftlern mit PAK abgekürzt werden, entstehen auf der Erde typischerweise, wenn sich tote Bakterien zersetzen. Irdischen Ursprungs sind diese PAK wohl kaum, weil sie sich dann auf der Oberfläche des Meteoriten häufiger finden sollten als im Innern. Es ist aber genau umgekehrt.

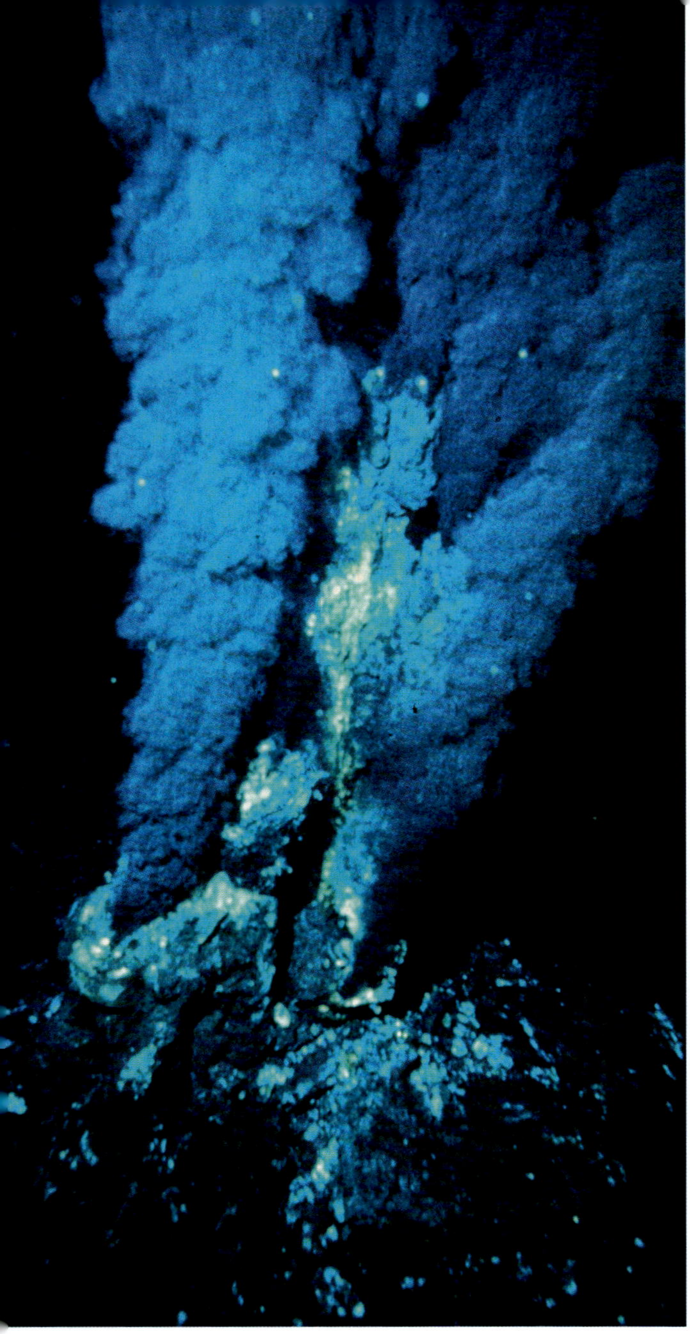

Viele Wissenschaftler gehen heute davon aus, dass das Leben auf der Erde in der Nähe der sogenannten Schwarzen Raucher in der Tiefsee entstand.

Finden sich gleich drei solche Indizien in einem nicht einmal vier Pfund schweren Steinbrocken vom Mars, ist das zwar kein Beweis, aber immerhin ein deutlicher Hinweis darauf, dass Leben nicht einmalig für die Erde ist, sondern vielerorts im Kosmos entstanden ist.

Der „Meteoritentransport" zwischen Mars und Erde in der Frühzeit des Planetensystems löst aber das Zeitproblem bei der Entstehung des Lebens nicht. Denn der Mars entstand gleichzeitig wie die Erde und hatte daher kaum mehr Zeit, Leben hervorzubringen. Allerdings könnte es im Weltraum auch ältere Planeten geben, auf denen das Leben viel mehr Zeit zum Entstehen hatte.

Einmal entstanden und durch ähnliche Mechanismen wie bei ALH84001 in den Weltraum katapultiert, kann Leben in 50 Mio. Jahren praktisch jeden Punkt innerhalb einer Galaxie erreichen. Experimente haben gezeigt, dass Sporen von Bakterien auch längere Zeit ungeschützt im Weltraum überstehen. Das Leben könnte also tatsächlich vom Himmel gefallen sein.

Leben im heißen Wasser

Es gibt aber auch viele Wissenschaftler, die die Meteoritentheorie ablehnen und davon ausgehen, dass das Leben auf unserem Planeten tatsächlich hier entstanden ist. Immerhin gibt es gute Theorien, mit denen sich die Entstehung der Grundbausteine des Lebens wie Aminosäuren und Nukleinsäuren erklären lassen könnte. Die theoretischen Überlegungen dazu stammen vom Münchener Patentanwalt Günter Wächtershäuser, der Regensburger Spezialist für Leben unter extremen Bedingungen Karl Stetter untermauerte diese Überlegungen mit Experimenten im Labor.

Die benötigte Energie für die Entstehung der Lebensmoleküle vermuteten Biochemiker einst in Blitzschlägen ultravioletter Strahlung. Günter Wächtershäuser dagegen setzt eine zuverlässige, kontinuierlich verfügbare Energiequelle voraus, die es heute noch auf dem Grund der Weltmeere gibt. Dort stoßen „Schwarze Raucher" genannte kleine Vulkane ein in mehrere Hundert Grad heißem Wasser gelöstes, Eisensulfid genanntes Mineral aus Eisen und Schwefel aus. Ebenfalls in Vulkangasen enthaltener Wasserstoff kann das darin enthaltene Eisenatom „reduzieren" – diese Reaktion ist im Prinzip der umgekehrte Vorgang wie Verrosten. Eine solche Reduktion von Eisen aber liefert reichlich Energie, mit der ebenfalls aus vulkanischen Gasen wie Ammoniak, Wasserstoff, Kohlenmonoxid, Kohlendioxid, Methan und Schwefelwasserstoff zumindest die Grundbausteine des Lebens entstehen können. Problematisch daran ist, dass das heiße Wasser die Lebensbausteine gleich wieder zerstören kann. Daher geht man davon aus, dass das Leben nicht direkt in den Schwarzen Rauchern, sondern in den Poren des Gesteins ganz in der Nähe der Thermalquellen entstanden ist. Dort ist das Wasser zwar immer noch zwischen 40 und 90 °C heiß, die Gefahr, dass die empfindlichen Keime des Lebens gleich wieder vernichtet werden, ist aber deutlich geringer.

Inzwischen haben Wissenschaftler auch eine Vorstellung davon, wie im Innern der Gesteinsporen nahe der Raucher aus diesen Grundbausteinen schließlich von Membranen umschlossene teilungsfähige Riesenmoleküle, d. h. die ersten Zellen, entstanden sein könnten. Ein hochkomplizierter Prozess, bei dem sich – wenn er wirklich so abgelaufen ist – wohl viele Fehlstarts aneinander gereiht haben, bis der Zufall endlich für einen glücklichen Ausgang sorgte. Die scheinbar so kurze Zeit zwischen der Abkühlung der Erde und der Entstehung des Lebens erscheint den Wissenschaftlern, die diese Theorie vertreten, mehr als ausreichend.

Ein Prinzip auf allen Welten

Obendrein gibt es ähnliche Strukturen wie die Schwarzen Raucher in der Tiefsee vermutlich auch auf anderen Himmelskörpern, auf denen äußere Energiequellen wie Blitzschläge fehlen, weil die Atmosphäre beispielsweise keine Gewitter erlaubt. Das entspricht eher dem Bauchgefühl vieler Naturwissenschaftler, nach dem das Leben auf der Erde keineswegs einmalig, sondern auf relativ vielen Himmelskörpern existiert. Einmal entstanden, kann es dann natürlich auch über herausgeschlagene Meteorite zu anderen Planeten und Monden getragen worden sein. Noch ist das alles aber nur Theorie. Genaueres werden Naturwissenschaftler erst erfahren, wenn sie auf anderen Himmelskörpern tatsächlich Leben entdecken, das nicht von der Erde stammen kann.

EISKALTER IRRTUM?

Meteoriten, die Lebenskeime zur Erde tragen oder Leben spendende Thermalquellen? „Nichts davon!", behaupten Wissenschaftler, die die Entstehung des Lebens in der Kälte ansiedeln:

- **Manche Forscher nehmen an, Makromoleküle wie die Erbsubstanzen DNA und RNA seien im Eis entstanden. Dort bestünde auch nicht die Gefahr, dass zu große Hitze die Entstehung des Lebens gleich wieder stoppt.**
- **Die theoretischen Grundlagen dieser Theorie sind sehr einleuchtend, das Ganze hat aber entscheidende Haken: Das erste Eis auf der Erde gab es wohl erst lange nach dem Auftauchen ersten Lebens.**
- **Der zweite Haken kann noch heute in den heißen Quellen der Tiefsee beobachtet werden: Dort kommen urtümliche Mikroorganismen durchaus auch mit sehr hohen Temperaturen zurecht. Als die Erde später immer mehr abkühlte, könnten diese Organismen dann die Widerstandsfähigkeit gegen hohe Temperaturen verloren haben und das heute bekannte „kühle Leben" entstand.**

Von sehr heiß bis ganz kalt: Leben passt sich an Extreme an. Diese Korallen wachsen in antarktischen Gewässern.

Die Ahnen der Tiere

Schon im Kambrium vor mehr als einer halben Milliarde Jahren wimmelten die Ozeane vor Leben – manche der Tiere erinnern an Gestalten aus Horrorfilmen, andere muten ganz „neuzeitlich" an. Doch woher kam diese Vielfalt? Erst allmählich gewinnen Biologen eine Vorstellung davon.

2 m lange Ungetüme mit Stielaugen halten Ausschau nach Beute, die sie mit großen Zangen packen und in ein rundes Maul voller messerscharfer Zähne stopfen. So ungewöhnlich sehen die bizarren Räuber aus, dass Wissenschaftler die Gattung *Anomalocaris* getauft haben. Auch ein wurmförmiges dornenbewehrtes Wesen auf Stelzenbeinen erinnert eher an eine Sinnestäuschung als an ein Tier – daher der Name *Hallucigenia*. Gelebt haben die seltsamen Geschöpfe vor mehr als 525 Mio. Jahren in den Tiefen der Ozeane. Im Süden Chinas hat ein deutsch-chinesisches Forscherteam ihre versteinerten Körper ans Tageslicht geholt.

Explodierende Vielfalt

Die Region gilt als Fundgrube für Fossilien aus dem Kambrium. Zu entdecken sind dort aber nicht nur allerlei seltsame Kreaturen. Oft finden die Wissenschaftler auch die Reste von Lebewesen, die seltsam vertraut wirken. Sie scheinen die Urahnen von Weichtieren, Krebsen und anderen heute bekannten Tiergruppen zu sein. Sogar den ältesten Fisch glauben englische und chinesische Geologen in Südchina entdeckt zu haben. Offenbar sind also auch die ältesten Wirbeltiere schon durch die Ozeane des Kambriums geschwommen.

Auch der nur 2–5 cm lange *Nectocaris pteryx* lebte im Meer des Kambriums. Das Tier mit den zwei langen Tentakeln gilt als einer der Vorfahren der heutigen Kraken und Tintenfische.

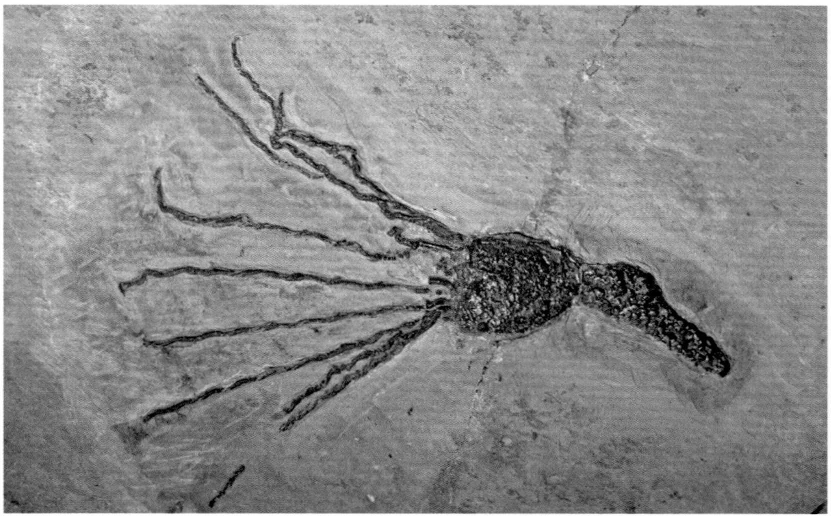

Ein weiterer Beweis für die Vielfalt des Lebens im Kambrium ist diese in Utah gefundene Versteinerung eines *Gogia spiralis* – ein Vorfahr der heutigen Seelilien, der vor mehr als 520 Mio. Jahren lebte.

Diese reiche Meeresfauna stellt Biologen bis heute vor ein Rätsel. Schon vor mehr als 3 Mrd. Jahren waren erste Bakterien aufgetaucht, doch dann scheint sich lange wenig getan zu haben. Jedenfalls wurden keine Fossilien höher entwickelter Lebewesen gefunden. Bis dann im Kambrium vor etwa 540 Mio. Jahren scheinbar schlagartig diese Fülle von Tierarten auftauchte. Die Vorfahren aller heutigen Tierstämme lassen sich bis in diese Zeit zurückverfolgen. Eine Art Urknall der Evolution habe es im Kambrium gegeben, vermuteten Wissenschaftler. Veränderte Umweltbedingungen hätten wohl dazu geführt, dass erstmals auch höher entwickelte Organismen überleben konnten.

Rettung in der Tiefe

Es ist ein Thema, über das sich Biologen mittlerweile seit Jahrzehnten streiten. Manche Forscher zweifeln daran, dass es die „Kambrische Explosion" gegeben hat. So viele verschiedene Tiergruppen mit so unterschiedlichem Körperbau können ihrer Ansicht nach nicht in ein paar Hunderttausend Jahren entstanden sein. Molekularbiologische Untersuchungen scheinen das zu bestätigen: Aus der Geschwindigkeit, mit der sich das Erbgut heutiger Lebewesen verändert, lässt sich berechnen, wie viele Jahre der Evolution die Arten hinter sich haben. Demnach sind die ersten Tiere schon deutlich vor dem Kambrium, nämlich vor mindestens 750 Mio. Jahren entstanden. Doch wenn das stimmt, müssen die Tiere wohl eine der größten Krisen ihrer Geschichte überstanden haben. Es gibt die Hypothese, dass vor etwa 600 Mio. Jahren eine gewaltige Eiszeit die Erde in eine Art Schneeball verwandelte. Bis zu 1000 m dicke Eispanzer sollen die Kontinente und die Ozeane bedeckt haben. Keine Chance für höher entwickeltes Leben?

„Bis zu 1000 m dicke Eispanzer sollen Kontinente und Ozeane bedeckt haben. Keine Chance für höheres Leben?"

Und das deutsch-chinesische Forscherteam? Ist anderer Meinung: Aus den Funden schließt es, dass ein Teil der Arten in der Nähe von heißen Quellen am Meeresgrund Zuflucht fand. Dort machten sie sich gegenseitig Konkurrenz, konnten aber ihr Refugium nicht verlassen. Also mussten sie die unterschiedlichsten Überlebensstrategien entwickeln. Erst an der Schwelle zum Kambrium änderten sich die Lebensbedingungen so, dass die Tiere die flachen Meeresbereiche zurückerobern konnten. Die Aufspaltung in viele Arten ging weiter – und so kam es zum „Kambrium-Zoo" …

Die Mondlandung(en) – ein großer Schwindel?

In der Nacht vom 20. auf den 21. Juli 1969 wurde Weltgeschichte geschrieben: Damals betrat der erste Mensch den Mond. Doch fand das Ereignis wirklich auf einem anderen Himmelskörper statt oder nur im Filmstudio? War die erste bemannte Mondlandung nur ein Schwindel?

Ein kleiner Schritt

„Dies ist ein kleiner Schritt für einen Menschen, aber ein riesiger Sprung für die Menschheit." Diese Worte und die Nacht vom 20. auf den 21. Juli 1969 wird wohl niemand mehr vergessen, der damals vor dem Fernseher saß. Um 3.56 MEZ betrat der US-amerikanische Astronaut Neil Armstrong als erster Mensch den Mond – live vor laufender Kamera, wenn auch nur schwarz-weiß und schemenhaft auf die TV-Geräte zur Erde übertragen.

Doch konnte man angesichts dieser fantastischen Leistung den Nachrichten und den Augen trauen? Waren die Apollo-Astronauten wirklich auf dem Mond oder hüpften sie nur in einem Fernsehstudio nach einem geschickt inszenierten Drehbuch?

Alles nur ein großer Betrug?

Das jedenfalls behauptete 1976 der US-Amerikaner Bill Kaysing in seinem Buch *We Never Went to the Moon: America's Thirty Billion Dollar Swindle*. Er setzte mit dieser Publikation als Erster eine Verschwörungstheorie zur Mondlandung in die Welt und trat damit eine Lawine von weiteren Büchern, Artikeln und Filmen los. Heute liefert der Begriff „Moon Hoax" (Mondschwindel, von englisch *hoax* = Hokuspokus) im Internet Millionen von Treffern.

Die Kernthese der Zweifler lautet: Mit der Technik der 1960er-Jahre hätte man den Mond gar nicht erreichen können. Daher mussten die Mondszenen in einem geheimen Studio gedreht werden. Dafür glauben die Verschwörungstheoretiker Hinweise zu haben. Sie lassen sich in zwei große Gruppen einteilen:

In den Bereich der angeblichen Foto- und Filmfälschungen gehört beispielsweise, dass die Bilder vom Mond am Himmel keine Sterne zeigen und dass die Schatten der Astronauten auf ein und

Die fehlenden Sterne auf vielen Fotos vom Mond werten Zweifler als Beweis dafür, dass die Mondlandung nicht stattfand.

demselben Bild völlig unterschiedliche Längen aufweisen – so als ob es mehrere Lichtquellen gegeben habe (Scheinwerfer?). Beide Phänomene lassen sich aber ganz einfach erklären: Das Filmmaterial hat nur einen begrenzten Kontrastumfang. Es kann keine Aufnahmen liefern, auf denen sowohl sehr helle (Sonne) als auch sehr schwache Objekte (Sterne) abgebildet sind. Das seltsame Verhalten der Schatten erklärt sich damit, dass der Mond keine ebene Oberfläche hat. Einzelne Schatten fallen auf unebene Flächen und erscheinen daher teilweise verkürzt.

Flaggenwehen im Vakuum

Geht es um technische und physikalische Ungereimtheiten, wird oft behauptet, dass die amerikanische Flagge beim Aufstellen „im Wind wehte". Dieser Effekt ist jedoch auf die im luftleeren Raum länger anhaltenden Vibrationen des Flaggenmasts nach dem Einschlagen in den Boden zurückzuführen.

Solche und ähnliche Argumente und Gegenargumente füllen inzwischen Hunderte, wenn nicht sogar Tausende Seiten Papier – bisher ließen sich alle Behauptungen der Zweifler widerlegen. Doch neben all den Einzelargumenten gibt es auch ein grundsätzliches Argument gegen die Verschwörungstheorien:

Nichts bleibt verborgen

Das NASA-Mondlandeprogramm war ein Mammutprojekt: Viele über die gesamten Vereinigten Staaten verteilte Hochschulen, Universitäten und Industrieunternehmen waren darin eingebunden. Auf dem Höhepunkt waren bis zu 400 000 Menschen beschäftigt. Wie hätte man sie alle zum Schweigen verpflichen sollen?

Die Geschichte hat immer wieder gezeigt, dass selbst geheimste Projekte und raffinierteste Täuschungsversuche auf die Dauer nicht geheim bleiben. Das war beim US-Atombomben-Projekt so oder in der Watergate-Affäre. Es darf ferner nicht vergessen werden, dass die Mondlandung während des Kalten Krieges stattfand. Die damalige Sowjetunion besaß die geeigneten technischen Mittel, um eine gefälschte Mondlandung der USA aufdecken zu können. Das hätte sie sich als Verlierer des Wettrennens zum Mond sicher nicht entgehen lassen. Sie besaß darüber hinaus selbst Mondgestein, das von einer Sonde zur Erde gebracht worden war. Bei der Analyse der Proben kamen beide Großmächte zu demselben Ergebnis: Die Mondgesteinsproben unterscheiden sich chemisch deutlich von den auf der Erde zu findenden Gesteinen und zeigen Einschläge von Mikrometeoriten.

Diese und viele andere Gegenargumente werden fundamentalistische Verschwörungstheoretiker indes wenig beeindrucken. Bleibt nur die resignierende Erkenntnis des Schauspielers Tom Hanks, Hauptdarsteller des Films *Apollo 13*: „Wir leben eben in einer Gesellschaft, in der kein Gesetz verbietet, mit der Verbreitung von Unwissen oder in manchen Fällen Dummheit Geld zu verdienen."

Buzz Aldrin auf dem Mond neben der amerikanischen Flagge. Sie war so gestaltet, dass sie – obwohl bewegungslos – so wirkte, als ob sie im Wind wehte.

Wohin verschwand das Wasser auf dem Mars?

Dass es auf dem Wüstenplaneten Mars Wasser gibt, wurde eigentlich nie angezweifelt. Die Raumsonden haben zahlreiche überzeugende Belege dafür geliefert. Allerdings konnten sie bisher zwei Fragen nicht beantworten: Wohin und wie verschwand das Wasser des Mars?

Der Mars ist zwar trocken, besitzt aber Wasser: Nord- und Südpol sind von Eiskappen bedeckt, in denen neben gefrorenem Kohlendioxid auch Wassereis enthalten ist. Zudem ist Wasser im gasförmigen Zustand in der Marsatmosphäre vorhanden, was die Wolken und Nebel zeigen. Sie bilden sich in den Tälern oder an den Hängen der Vulkane auf dem Mars.

Selbst flüssiges Wasser muss es einst gegeben haben. Raumsonden haben nicht nur Flusstäler (rund 40000) und Deltas (mehr als 50) ausgemacht. Ihre Aufnahmen und Messdaten lassen anhand dieser Landschaftsformen auch den Schluss zu, dass es in der fernen Vergangenheit zumindest auf der Nordhalbkugel einen Ozean gegeben haben könnte. Doch warum ist das heute nicht mehr so?

Verdunstet, versickert, verloren

Der Mars war vor 3,5 Mrd. Jahren mit Sicherheit viel wärmer. Er besaß fast irdische Verhältnisse, d.h. eine dichtere Atmosphäre und höhere Temperaturen. Sie wurden durch die damals noch aktiven Vulkane erzeugt. Doch dann wurde dem Mars, erheblich kleiner als unsere Erde, die geringere Schwerkraft zum Verhängnis: Das Wasser verdunstete und entschwand allmählich in den Weltraum. Möglicherweise hat auch der Einschlag eines großen Asteroiden oder Kometen auf dem Mars dazu geführt, dass große Mengen seines Wassers ins All hinausgeschleudert wurden. Ein Teil aber versickerte im Boden, gefror und bildete eine Permafrostschicht. Das war besonders nahe des Äquators der Fall.

Die großen Canyons sind ein Beweis für die großen Wassermassen, die einst auf dem Mars flossen – doch wo ist das Wasser heute?

Flüssiges Wasser auf dem Mars

2018 gab es gleich zwei sensationelle Entdeckungen: Die NASA entdeckte sauberes Wasser in unterirdischen Eisadern. Jetzt soll der 2012 auf dem Mars gelandete Rover „Curiosity" die Wasservorkommen weiter untersuchen. Auch eine für 2020 geplante Mission mit neuen Marsgefährten soll dieser Frage nachgehen.

Im Juli 2018 vermeldeten Wissenschaftler vom Nationalen Institut für Astrophysik in Bologna, dass sie mittels Radiowellen mit hoher Wahrscheinlichkeit einen großen See mit flüssigem Wasser unter dem Eispanzer des Südpols entdeckt haben.

Mars, die grüne Zukunft

Eine der ältesten Ideen aus Science-Fiction-Romanen ist die Besiedlung des Mars. Aber gibt es überhaupt eine Chance, den heute noch ziemlich lebensfeindlichen Roten Planeten so umzugestalten, dass Menschen dort dauerhaft leben können?

Das Hauptproblem einer solchen „Terraformung“ oder „Vererdung“ ist die Atmosphäre. Heute beträgt der Luftdruck an der Oberfläche des Mars nicht einmal 1 % des Wertes an einer irdischen Meeresküste. Nach neuesten Überlegungen sollen riesige Spiegel in der Umlaufbahn mehr Sonnenlicht auf den Planeten lenken. Durch steigende Temperaturen und schmelzende Polkappen entsteht Wasser, der hohe Stickstoffanteil soll durch Bakterien, Mikroben und später auch Pflanzen verschwinden und einer sauerstoffreicheren Atmosphäre Platz machen.

Künstliche Treibhausgase

Allein damit aber lassen sich die rund 60 °C höheren Temperaturen nicht erreichen, die man für flüssiges Wasser auf dem Mars bräuchte. Zusätzlich müssten also künstliche Treibhausgase wie Fluorchlorkohlenwasserstoffe oder Oktafluor-Propan in die neue Marsatmosphäre gebracht werden. Nach einigen Hundert Jahren könnte mit diesen rein chemischen Methoden ein Mars mit einer wärmeren, dichteren und feuchteren Atmosphäre geschaffen werden, wie sie vor vielleicht 4 Mrd. Jahren schon einmal existierte. In ihr könnten Menschen ohne Schutzanzug und nur mit einer Sauerstoffmaske herumspazieren.

Um diese Luft auch direkt atmen zu können, müssten Algen auf dem Mars wachsen, die in ein paar Jahrtausenden das Kohlendioxid der Luft in Sauerstoff verwandeln könnten. Allerdings verringert sich dann aufgrund des nun wieder fehlenden Kohlendioxids auch der Treibhauseffekt wieder, daher müssten bald weitere künstliche Treibhausgase eingeführt werden.

Das Wettrennen hat begonnen

Klar ist, dass der „Run“ auf den Mars längst begonnen hat. Der E-Mobilitäts-Pionier Elon Musk will noch vor 2030 mit großen, methangetriebenen Raumschiffen in nur 80 Tagen zum roten Planeten fliegen. Dort sollen die Siedler den Grundstein für eine sich selbst versorgende Stadt legen. Der attraktive Clou: Durch die betankbaren Raumschiffe und die Herstellung von Methan auf dem Mars hätten die Pioniere sogar die Option, zur Erde zurückzukehren.

Optimistische Vision: In Jahrtausenden wird der Mars zu einer zweiten Erde.

Das Arecibo-Observatorium ist ein wichtiges Hilfsmittel bei der Suche nach intelligentem Leben im All.

Hallo dort draußen!

„Zehntausend intelligente Zivilisationen könnte es allein in unserer Galaxie geben“, vermutet Frank Drake. Diese Zahl ist jedoch noch extrem unsicher. Aber genauer kann der Physiker auch nach 50 Forschungsjahren noch nicht sagen, wie viele intelligente Nachbarn im Weltall auf ein Signal von den Menschen warten.

Als Frank Drake 1961 eine Gleichung mit sieben Faktoren vorstellte, mit der die Anzahl von außerirdischen Zivilisationen in der Milchstraße berechnet werden kann, wurde er zum Gründer einer neuen Disziplin, die nach Spuren von extraterrestrischem intelligentem Leben sucht. Diese „Suche nach Extra-Terrestrischen Intelligenzen“ oder kurz „SETI“ in den Tiefen des Weltraums kann nach einer 100-Millionen-Dollar-Spende von 2015 weitergehen.

Eine Gleichung mit Problemen

Die Drake-Gleichung hat allerdings einen großen Haken: Die meisten Faktoren sind unbekannt und können bisher nur abgeschätzt werden. Damit sind natürlich auch die Ergebnisse, die man beim Berechnen der Gleichung erhält, sehr unterschiedlich – abhängig davon, wie man die verschiedenen Faktoren der Gleichung bewertet.

Die ersten drei Faktoren zählen die Grundlagen auf, die für ähnliches Leben wie auf der Erde vorhanden sein sollten. Wie viele Sterne entstehen jedes Jahr in unserer Galaxie und wie viele dieser jungen Sonnen haben auch ein Planetensystem? Und kreisen manche dieser Planeten in einer Entfernung um ihre Sonne, die flüssiges Wasser auf ihnen zulässt?

Bei den anderen Faktoren der Gleichung sind Biologen gefragt: Wie wahrscheinlich entsteht Leben auf solchen Himmelskörpern? Da Leben aber auch in den extremsten Regionen gefunden wurde, hat Frank Drake immer ganz offensiv die Meinung vertreten: „Wo die Bedingungen stimmen, dort entsteht über kurz oder lang auch Leben."

Noch schwerer lassen sich die nächsten Faktoren ermitteln: Wie oft entwickelt sich Leben bis zu einer technischen Intelligenz? Und: Macht sich diese Zivilisation bei den Nachbarn bemerkbar? Die Menschheit tut das seit gut 50 Jahren mit Radarwellen und Fernsehsendungen, die auch ins All strahlen. Wie lange gibt es eine solche technische Zivilisation? Dies ist ebenfalls wichtig, weil ein Radiosignal Jahrtausende lang unterwegs sein kann. Erlischt eine Zivilisation vorher, wird sie nie die Antwort auf eine Anfrage erhalten.

SETI@HOME

Wer sich selbst an der Suche nach außerirdischen Radiosignalen beteiligen will, kann dies jederzeit von zu Hause aus tun. Die Universität von Berkeley bietet auf ihrem Internet-Server die Möglichkeit, eine Software für SETI@home (SETI at home, engl. für SETI zu Hause) herunterzuladen. Mit dieser Software kann jeder Computerbesitzer Radiosignale, die das Arecibo-Observatorium aufgezeichnet hat, auf potenzielle außerirdische Signale untersuchen. So wird die für die Analyse notwendige riesige Rechenleistung auf viele Computer verteilt.

Die Antwort lässt auf sich warten

Zumindest eine Zivilisation gibt es in unserer Galaxie: die menschliche. Maximal könnten es Millionen sein. Frank Drake liegt mit seiner Schätzung mit guten Gründen ziemlich in der Mitte: In den letzten Jahrzehnten konnten Astrophysiker die Unsicherheiten bei den ersten Faktoren der Formel erheblich verringern. Offensichtlich bilden sich im Weltraum häufig Planeten, einige Hundert von ihnen wurden seit den 1990er-Jahren bereits entdeckt. Und einige von ihnen bieten wohl auch die Voraussetzungen für Leben. Ob wir Kontakt mit diesem Leben aufnehmen können, ist trotzdem fraglich. Geht man z. B. von vielen Tausend Jahren aus, in denen eine außerirdische Intelligenz mit uns über Radiosignale in Kontakt treten könnte, müsste sie zu ähnlicher Zeit wie die Menschheit und nicht allzu weit entfernt das Funken gelernt haben.

Frank Drake aber ließ sich von solchen Überlegungen noch nie abschrecken. Am 16. November 1974 sandte er vom 305 m großen Arecibo-Observatorium in Puerto Rico eine Radiobotschaft in Richtung auf das Sternbild Herkules. Um das Jahr 24 774 werden die Radiowellen den Kugelsternhaufen Messier 13 mit seinen 300 000 Sonnen erreichen. Sollte eine Zivilisation das Signal empfangen, entschlüsseln und sofort eine Botschaft Richtung Erde schicken, sollte die Antwort um das Jahr 47 574 in Puerto Rico eintreffen …

Die von Frank Drake (oben) entwickelte Formel berücksichtigt allerdings nicht, dass es Zivilisationen geben könnte, die derartig fremdartig sind, dass wir sie vielleicht gar nicht erkennen würden.

Schwefelbakterien oder Siliziummonster

Mal haben sie etwas spitzere Ohren als Menschen, mal sehen sie aus wie eine Kreuzung aus Tapir und Affe: In Science-Fiction-Romanen und -Filmen ähneln außerirdische Intelligenzen häufig Lebewesen auf der Erde. Die Realität dürfte anders aussehen – doch wie?

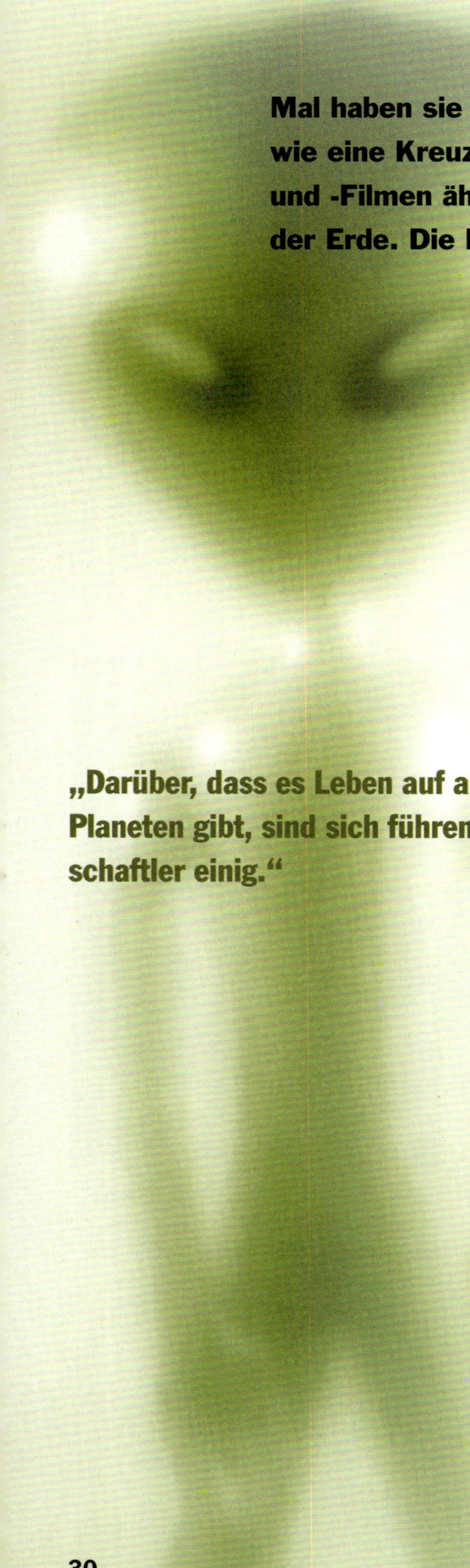

Darüber, dass es Leben auf anderen Planeten gibt, sind sich führende Wissenschaftler einig. Alles andere wäre angesichts der Größe des Universums schlicht zu unwahrscheinlich. Ob sogenannte Xenobiologen diese Lebensformen jedoch jemals zu Gesicht bekommen (und dann als solche erkennen), ist ungewiss. Immerhin wurde 1984 in der Antarktis ein Meteorit vom Mars entdeckt, der unter der Bezeichnung ALH84001 bekannt wurde: Forscher entdeckten in ihm Strukturen, die sie als fossile Bakterien vom Mars deuteten.

Wenn es sich tatsächlich um Bakterien handelte, dann enthielten sie etwa dieselben Inhaltsstoffe wie Leben auf der Erde. Dieses basiert im Wesentlichen auf sechs Elementen: Sauerstoff, Kohlenstoff, Wasserstoff, Stickstoff, Kalzium und Phosphor. Wasserstoff und Sauerstoff bilden zusammen Wasser, ein einfaches Lösungsmittel. Damit lassen sich viele Stoffe in Körpern transportieren. Der Kohlenstoff wirkt in chemischen Verbindungen als Energieträger. Entscheidend ist, dass alle genannten Elemente bei irdischen Temperaturen stabile Verbindungen eingehen, die sich auch wieder lösen lassen. Irdische Lebensformen ähneln sich, weil die Lebensbedingungen so ähnlich sind.

„Darüber, dass es Leben auf anderen Planeten gibt, sind sich führende Wissenschaftler einig.“

Und wenn alles ganz anders ist?

Was, wenn Druck und Temperatur sich deutlich von denen auf der Erde unterscheiden? Bei tieferen Temperaturen könnte Ammoniak als Lösungsmittel fungieren. Statt Kohlenstoff- könnten Schwefelverbindungen den Energietransport übernehmen. Ein Lebewesen muss zudem Informationen über seinen biologischen Aufbau enthalten und sollte flexibel Wissen speichern können. Ersteres erledigt beim Menschen die DNA, Letzteres die Chemie im Gehirn. Durchaus möglich, dass fremde Wesen dieses Wissen in kristalliner Form speichern – etwa in Siliziumverbindungen. Solche Siliziumwesen könnten sich in höheren Temperaturen entwickeln und Leben auf heißeren Planeten als Erde oder Mars ermöglichen.

ZEICHEN, WÖRTER, SCHRIFTEN

Am Anfang war der Laut

Gott, Freiheit, Nichts, Mülltrennung, Stuhl – es scheint keine Sache zu geben, für die wir nicht ein Wort bzw. einen Begriff gefunden haben. Nichts scheint den Menschen zu abstrakt oder zu weit hergeholt, um sich darüber zu unterhalten. Alles wird Gegenstand unserer Kommunikation. Doch wie ist der *Homo sapiens* eigentlich zu seinem ungewöhnlichen Sprachtalent gekommen? Auf diese Frage gibt es bis heute sehr unterschiedliche Antworten.

Schon im 19. Jh. hatten die Gelehrten so viele Theorien über den Ursprung der menschlichen Sprache entwickelt und so erbittert darüber gestritten, dass die Linguistische Gesellschaft von Paris schließlich die Notbremse zog. Sie verbot ihren Mitgliedern jede weitere Diskussion über diese Thematik. Das sei reine Zeitverschwendung. Trotzdem haben Wissenschaftler natürlich weiterhin versucht, das Geheimnis zu lüften.

Achtung, Schlangenalarm!

Viele heutige Biologen setzen darauf, im Tierreich Anhaltspunkte zu finden. Besonders interessant ist in diesem Zusammenhang die Kommunikation von Menschenaffen und anderen Primaten. Denn es könnte ja sein, dass Menschen und ihre tierischen Verwandten zumindest die Grundzüge ihres Sprachtalents von den gemeinsamen Vorfahren geerbt haben, auch wenn Affen sich nicht in einer artikulierten Sprache unterhalten. Trotzdem besitzt nämlich selbst die fernere Affenverwandtschaft ein erstaunliches Ausdrucksvermögen. Grüne Meerkatzen beispielsweise warnen sich gegenseitig vor Feinden. Dafür benutzen sie unterschiedliche Rufe – je nachdem ob Gefahr von einem Leoparden, einem Adler oder einer Schlange droht. Die Artgenossen reagieren auf jeden Alarm unterschiedlich: Vor einer Raubkatze flüchten sie auf die Bäume, wird vor Adlern gewarnt, schauen sie nach oben und retten sich in dichtes Gebüsch. Bei Schlangenalarm dagegen richten sie sich auf, spähen aufmerksam ins Gras und bringen das entdeckte Kriechtier zur Strecke.

Sogar Kombinationen von Lauten sind möglich – was man beinahe schon als Grammatik bezeichnen kann. Campbell-Meerkatzen etwa weisen mit einem an den Alarmruf angehängt Laut darauf hin, dass es sich nur um eine „leopardenartige" Warnung (etwa ein abbrechender Ast) handelt.

Der Klang des Streits

Auch Schimpansen können mit ihrer Stimme die verschiedensten Nachrichten übermitteln. Mit speziellen Lauten machen sie klar, dass sie eine interessante Futterquelle gefunden haben, beunruhigt sind oder einfach nur den Kontakt zu ihren Gefährten halten wollen. Und wenn die Tiere in Streit geraten, schreien alle Beteiligten, was die Lungen hergeben. Gerade dieses Gebrüll scheint für zuhörende Artgenossen ziemlich aufschlussreich zu sein. Sie können beispielsweise einschätzen, wie ernsthaft es zur Sache geht. Wer wirklich in Not ist, schreit anders als ein Artgenosse, der nur in eine harmlose Balgerei verwickelt wird. Außerdem unterscheiden sich die Rufe von Angreifern und ihren Opfern. Ohne hinzuschauen, können die Tiere aus dem Tumult sogar heraushören, wer alles an der Prügelei beteiligt ist und ob das Verhalten der Kontrahenten ihrem sozialen Status entspricht. Wenn etwa ein Schimpanse vom unteren Ende der Affengesellschaft lautstark zum Angriff bläst und ein höherrangiger Artgenosse mit einem Hilferuf reagiert, sind sie sichtlich irritiert.

ICH, WASHOE

Einige Menschenaffen haben in Experimenten ein erstaunliches Sprachverständnis bewiesen. Ein Bonobo namens Kanzi versteht sehr gut Englisch. Hörte er in den Experimenten „melon" oder „cat", griff er nach dem Bild einer Melone oder Katze. Und wurde ihm gesagt: „Gib dem Hund eine Spritze!", wählte er unter mehreren Gegenständen eine Spritze aus und verpasste seinem Stoffhund eine Injektion. Berühmt geworden ist auch das Schimpansenweibchen Washoe, dem Forscher eine Reihe von Zeichen der amerikanischen Gebärdensprache beigebracht haben. Dieses Vokabular konnte das Tier sogar auf unbekannte Gegenstände anwenden. Eine Ente bezeichnete es etwa mit der Kombination der Zeichen für „Wasser" und „Vogel". Selbst sein Spiegelbild konnte das Tier identifizieren: Nach einigem Betasten und Starren antwortete es auf die Frage: „Was ist das?" mit: „Ich, Washoe."

Die Sprachrevolution

Der Wille und die Fähigkeit, sich zu verständigen, sind also auch bei Tieren vorhanden. Je nach Art haben sie ein unterschiedliches Spektrum von Lauten zur Verfügung, mit denen sie Informationen weitergeben können. So komplizierte Sachverhalte wie der Mensch kann aber kein Tier in Laute fassen. Dabei ist die menschliche Stimme gar nicht so viel flexibler als die anderer Primaten und die zum Formulieren von Lauten notwendige Anatomie aus Zunge, Gaumen und Stimmbändern unterscheidet sich bei Menschen und Menschenaffen kaum. Menschen können etwa 50 verschiedene Laute hervorbringen, Affen immerhin ein Dutzend. Doch nur der Mensch kann diese einzelnen Bausteine zu fast unendlich vielen Kombinationen zusammensetzen. Weltweit sind daraus etwa 6500 Sprachen entstanden, mit denen *Homo sapiens* sich so rasch und detailliert verständigen kann wie kein Tier. Der entscheidende Unterschied liegt also in der geistigen Flexibilität und den daraus resultierenden sprachlichen Fähigkeiten.

Half eine einfache Sprache unserem Vorfahr, dem *Homo habilis*, bei der gemeinschaftlichen Jagd?

Wissenschaftlich belegen lässt sich nicht, wie der Mensch zu einem solchen Sprachgenie geworden ist. Eine der Theorien geht davon aus, dass die Sprache als eine Art Nebenprodukt aus der Vergrößerung des menschlichen Gehirns entstand. Demnach haben unsere Vorfahren in ihrer geistigen Entwicklung irgendwann eine Schwelle überschritten. Von da an war ihr Bewusstsein bereit für die Erfindung der Sprache, die sich dann relativ schnell entwickelte. Einige Anhänger dieser Theorie vermuten, dass diese Errungenschaft nicht älter als vielleicht 100 000 Jahre ist.

Eine uralte Geschichte?

Andere Forscher nehmen dagegen an, dass die Sprache eine uralte Errungenschaft ist, die sich allmählich aus einfacheren Vorstufen entwickelt hat. Der Mensch habe nicht zuerst ein größeres Gehirn entwickelt und daraufhin die Sprache erfunden, vielmehr sei es genau umgekehrt gewesen: Je eifriger er sich mit seinen Gefährten austauschte, umso größer musste sein Gehirn werden. Schließlich galt es damals, den Alltag als Jäger und Sammler möglichst effektiv zu organisieren. Da ist eine vielseitige Sprache ungemein wertvoll.

Wann die Menschen in den Genuss der sprachlichen Vorteile kamen, ist allerdings schwer zu rekonstruieren. Wörter versteinern schließlich nicht. Deshalb können Wissenschaftler nur indirekte Schlüsse auf die Gesprächigkeit der frühen Menschenverwandtschaft ziehen. Da ist beispielsweise das sogenannte Broca-Zentrum im Gehirn, das in der Nähe der linken Schläfe liegt und mit der Sprache und dem Gebrauch von Werkzeugen zu tun hat. Fossile Schädel verraten, dass dieser kleine Knoten schon bei den frühesten Vertretern der Gattung Homo auftrat. Ein Abdruck davon fand sich etwa in einem knapp 2 Mio. Jahre alten Schädel von *Homo habilis*, der 1972 in Kenia gefunden wurde. Zudem war in diesem Schädel die linke Gehirnhälfte größer als die rechte. Auch das könnte ein Hinweis auf Sprachfähigkeit sein, da bei den meisten heute lebenden Menschen die Größenverhältnisse ähnlich sind – u. a. deshalb, weil in der linken Gehirnhälfte mehrere Sprachzentren untergebracht sind. Der Paläontologe Richard Leakey vermutet daher, dass die Geschichte der Sprache schon mit *Homo habilis* begann. Wahrscheinlich sei das damals eine einfache „Frühsprache" gewesen – aber deutlich ausgereifter als die Laute der Affen.

Das sogenannte FOXP2 – ein komplexes, auch als „Sprachgen" bezeichnetes Protein – spielt für den Spracherwerb eine sehr wichtige Rolle. Es kommt auch bei Tieren vor, aber beim frühen Menschen ist es vermutlich mutiert und hat so die Entwicklung der Sprachfähigkeit entscheidend beeinflusst.

„Verbale Fellpflege"

Vielleicht hatte der Drang zu sprechen noch ganz andere Gründe als nur effektiv Informationen auszutauschen. Manche Forscher sehen in der Sprache das menschliche Pendant zur Fellpflege, mit der Schimpansen ihre sozialen Kontakte festigen. Die „verbale Fellpflege" hat ihrer Ansicht nach gleich zwei Vorteile, die sich in der Evolution als nützlich erwiesen haben: Man kann nur einen Artgenossen gleichzeitig lausen, sich aber mit mehreren unterhalten. Und während des Gesprächs kann man nebenbei auch noch anderes erledigen. Wieder andere Wissenschaftler nehmen an, dass die Sprache gar nicht in erster Linie aus praktischen Erwägungen heraus entstanden ist. Eher sei ihre Erfindung eine Folge des menschlichen Drangs gewesen, sich die Welt zu erklären und seine Vorstellungen mitzuteilen.

„Wann die Menschen in den Genuss der sprachlichen Vorteile kamen, ist allerdings schwer zu rekonstruieren."

Soziales Wesen: Der verbale Austausch ist ein wichtiges Element des menschlichen Zusammenlebens.

Rembrandt in der Steinzeit

Der Siegeszug war nicht zu stoppen: Vor rund 40 000 Jahren wanderte der *Homo sapiens* aus Afrika nach Europa ein, wo zu dieser Zeit noch der Neandertaler lebte. Etwa von dieser Zeit an finden Wissenschaftler Spuren steinzeitlicher Kunst. Diese Werke geben allerdings noch viele Rätsel auf.

Der „Löwenmensch" stammt von ca. 28 000 v. Chr. und ist 28 cm groß.

Die Höhlenforscher trauten ihren Augen nicht. Am 18. Dezember 1994 waren Jean-Marie Chauvet und seine Begleiter in eine kleine Felsöffnung im südfranzösischen Ardèche-Tal geklettert und hatten ein großes Höhlensystem entdeckt – an sich schon eine kleine Sensation. Dann fiel das Licht der Taschenlampe auf ein kleines Mammut an der Wand. Und als die Forscher die Felsen genauer ableuchteten, tauchte ein ganzer Zoo auf: Mehr als tausend Malereien und Gravuren zeigten Bären und Löwen, Nashörner und Pferde. Wer hat diese lebendig wirkenden Tiere gemalt? Und warum?

Tiere unter der Erde

Mit Hilfe von mehr als 250 Radiokarbon-Datierungen der zum Zeichnen verwendeten Kohle kamen Wissenschaftler 2016 auf ein Alter zwischen 37 000 und 28 000 Jahren. Bei den ersten Datierungen hatten Kritiker eingewandt, dass damit nur das Alter der Kohle geklärt sei. Was aber, wenn ein Künstler mit einem alten Kohlestück gemalt hat? Dagegen spricht zum einen, dass es Holzkohle, womöglich frisch vom Lagerfeuer, und nicht etwa Steinkohle gewesen ist, zum andern ein Rußfleck, der auf mehr als 26 000 Jahre datiert wurde. Er prangt auf einer Kalkschicht, die sich auf einem Gemälde abgelagert hat. Das Bild selbst muss also deutlich älter sein als der Ruß.

Reine Dekoration dürften die Kunstwerke nicht gewesen sein: In keiner bemalten Höhle haben Wissenschaftler Abfälle und andere Spuren des Steinzeitalltags gefunden. Gelebt hat in den bemalten Höhlen also niemand. Eher könnte es sich um Kultstätten gehandelt haben. Vielleicht waren die Tierdarstellungen eine

Art Jagdzauber. Dafür spricht, dass in vielen Höhlen vor allem typische Beutetiere abgebildet sind. Doch wie passen dann all die Löwen, Mammuts, Bären und Nashörner in der Chauvet-Höhle ins Bild? Solche wehrhaften Tiere haben die Steinzeitjäger nur selten zur Strecke gebracht. Hatten sie eine magische Bedeutung?

Mehr als 30 000 Jahre alt und kein bisschen veraltet – die nach ihrem Entdecker benannte Chauvet-Höhle in Südfrankreich birgt mehr als 1000 Wandbilder, die Tiere und Symbole zeigen. Sie gehören zu den ältesten Höhlenmalereien der Welt. Um die empfindlichen Kunstwerke zu schützen, wurde für die Touristen ein perfekter Nachbau mit Zeichnungen geschaffen.

Bildhauer und Musiker

Generell dürfte die Kunst in ihren frühen Tagen viel mit Magie zu tun gehabt haben. So wurde in der Stadel-Höhle auf der Schwäbischen Alb eine Statuette mit Menschenkörper und Löwenkopf gefunden. Ein Fabelwesen? Ein Schamane mit Löwenumhang? Auch die 40 000 Jahre alte Figur mit ausladenden weiblichen Körpermerkmalen, die 2008 in der Höhle „Hohler Fels“ bei Schelklingen gefunden wurde, ist alles andere als eine realistische Abbildung: Vermutlich handelt es sich um ein Fruchtbarkeitssymbol.

Auch andere kulturelle Errungenschaften entwickelten sich: So wurden in der Höhle „Hohler Fels“ Überreste der bisher ältesten bekannten Musikinstrumente entdeckt – eine Flöte aus einem Gänsegeierknochen und die Bruchstücke von zwei Elfenbeinflöten, die mindestens 35 000 Jahre alt sind. Schon damals scheint der Mensch den Wunsch nach Musik gehabt zu haben. Dabei hatte sie keinen praktischen Nutzen. Warum also damit Zeit verschwenden? Manche Wissenschaftler glauben, dass Musik den sozialen Zusammenhalt in der Gruppe gestärkt habe.

Diese jahrtausendealte Tierfigur wurde in der Grabungsstätte Medvednjak in Serbien gefunden.

Nachbildung der drei Tărtăria-Täfelchen in einem Gedenkstein in der Nähe des Fundorts.

Das Rätsel der Schriftgelehrten

Striche, Kreuze, Sonnen und Tiere: In Osteuropa wurden Tongefäße und Figuren mit rätselhaften Zeichen gefunden, die aus dem 6. Jt. v. Chr. stammen. Ist das die älteste Schrift der Geschichte?

Jahrtausende lang war der Mensch gut ohne schriftliche Aufzeichnungen ausgekommen. Er hatte sich auf sein Gedächtnis verlassen und sein Wissen mündlich von Generation zu Generation weitergegeben. Doch als Hochkulturen mit komplizierten Wirtschaftskreisläufen und Verwaltungsvorgängen entstanden, ging es nicht mehr ohne Gedächtnisstützen. Die Sumerer im heutigen Irak erfanden daher schon um 3400 v. Chr. eine Schrift aus Zahlen und Bildsymbolen. Und auch die Ägypter entwickelten im 4. Jt. v. Chr. eine eigene Bilderschrift, die ursprünglich aus etwa 700 Hieroglyphen bestand. Soweit scheint die Geschichte der Schrift nicht mehr allzu viele Fragen aufzuwerfen. Wenn da nicht diese rätselhaften Funde aus Osteuropa wären.

Zeichen vom Balkan

Sie stammen von der Vinča-Kultur, die von 6000 bis 4000 v. Chr. ein Gebiet im heutigen Südosteuropa besiedelte. Überall haben diese Menschen ihre Zeichen in Keramikgefäße und Figuren geritzt. In Rumänien etwa sind drei Tontäfelchen erhalten geblieben, die mit Tierdarstellungen und abstrakten Symbolen verziert sind. Wissenschaftler haben festgestellt, dass diese „Tărtăria-Täfelchen" um 5300 v. Chr. hergestellt wurden – da dachte in Sumer und Ägypten noch niemand ans Schreiben. Viele andere Fundstücke der Vinča-Kultur stammen aus der Zeit zwischen 4500 und 4000 v. Chr. und sind immer noch deutlich älter als das schriftliche Erbe der Hochkulturen. Stammt die erste Schrift der Welt also aus Osteuropa?

Jahrtausendealte Botschaften

Die meisten Wissenschaftler bezweifeln das. Denn ein großer Teil der Fundstücke trägt nur ein einzelnes Zeichen, in dem wohl kaum ein kompletter Text verschlüsselt sein kann. Die Vinča-Zeichen gelten deshalb eher als Vorstufe zu einer echten Schrift: Sie brachten noch keine Sprache auf die Keramik, transportierten aber wohl durchaus eine Botschaft. Welche könnte das gewesen sein? Lange haben Forscher vermutet, dass die Zeichen eine Art Namensschild des Besitzers waren. Allerdings sind etliche Gegenstände mit den gleichen Zeichen aufgetaucht, deren Fundorte Hunderte von Kilometern auseinander liegen. Und es ist kaum anzunehmen, dass ein Mensch in der Vinča-Zeit Jahre lang unterwegs gewesen ist, um seinen Besitz in halb Osteuropa zu verteilen.

„Lange haben Forscher vermutet, dass die Zeichen eine Art Namensschild des Besitzers waren."

Religion oder Wirtschaft?

Viele Experten glauben deshalb, dass die Symbole eine rituelle Bedeutung hatten. Vielleicht haben die Menschen damit Gegenstände geschmückt, die in einer religiösen Zeremonie verwendet wurden. Dann könnten die Zeichen für einen Wunsch oder ein Gelübde gestanden haben. Dazu passt wiederum nicht so recht, dass mehr als ein Viertel der Symbole am Boden von Gefäßen eingeritzt sind – nicht gerade eine repräsentative Stelle für eine religiöse Botschaft. Vielleicht stehen zumindest einige dieser Zeichen also für wirtschaftliche Zusammenhänge: Immerhin waren die Vinča-Menschen eifrige Händler, die ihre Waren über große Entfernungen transportierten. Die an einen Kamm erinnernden Symbole auf vielen Gefäßen haben manche Forscher als Zahlen interpretiert, die sich vielleicht auf den Wert der Töpfe oder ihres Inhalts bezogen. Die sehr individuellen Zeichen, die sich nur auf einzelnen Exemplaren finden, könnten dagegen für die Herkunft, das Ziel oder den Besitzer der Ware stehen. Das alles aber sind nur Vermutungen. In einer wissenschaftlichen Abhandlung von 2013 wurden sie sogar als Fälschungen bezeichnet. Wo liegt die Wahrheit?

Der Bronzezeit-Code

Der Diskos von Phaistos gilt als das älteste Druckerzeugnis der Welt. Irgendjemand hat in der Bronzezeit geheimnisvolle Zeichen auf eine Tonscheibe gestempelt, die Jahrtausende später in einem Palast auf Kreta entdeckt wurde. Doch was steht darauf?

Am 3. Juli 1908 machte der italienische Archäologe Luigi Pernier eine außergewöhnliche Entdeckung. In den Ruinen des Palastes von Phaistos an der Südküste Kretas fand er eine Scheibe (griechisch: *diskos*) aus gebranntem Ton, auf jeder Seite geschmückt mit einer Spirale geheimnisvoller Zeichen. Sie stammte aus der Bronzezeit, wohl aus dem 2. Jt. v. Chr., als auf Kreta die sogenannte Minoische Kultur blühte. Nur was war das eigentlich für ein seltsames Ding? Wozu konnten die Minoer eine 1 cm dicke beschriftete Platte mit einem Durchmesser von 16 cm gebraucht haben?

Gestempelte Rätsel

Dieses Geheimnis hat seit Perniers Zeiten Generationen von Wissenschaftlern, Hobbyforschern und Fantasten umgetrieben. Sie alle haben versucht, den Code der insgesamt 242 gestempelten Zeichen auf der Scheibe zu knacken. Was bedeuten all die Pflanzen und Vögel, Waffen und Werkzeuge? Welcher Sinn steckt hinter Männer- und Frauenfiguren, hinter Köpfen mit Glatze und ihren Pendants mit Helmbusch? Insgesamt 45 verschiedene Symbole haben die bronzezeitlichen Drucker für ihren Text verwendet und mit Trennlinien in Gruppen unterteilt. Doch was das alles zu bedeuten hat, ist bis heute ein Rätsel. Zumal bisher kein einziges Fundstück mit einer ähnlichen Schrift aufgetaucht ist.

An Deutungsversuchen fehlt es nicht. Mal sollte die Inschrift eine „Hymne an die Göttin Erde“ sein, mal ein Aufruf zum Krieg oder zu erotischen Handlungen. Oder ist es vielleicht gar kein Text, sondern ein Kalender? Oder ein Spielbrett? Jedes Jahr tauchen etliche neue Theorien auf. Eine wissenschaftlich anerkannte Lösung für das alte Rätsel gibt es jedoch bis heute nicht. Der niederländische Romanautor Harry Mulisch glaubte dennoch zu wissen, was auf dem Diskos steht: „Diese Inschrift kann nicht entziffert werden.“

Sind die Etrusker aus dem griechischen Raum rund um die Insel Lemnos nach Italien gewandert?

Tote Sprache und Sprache der Toten

Lange vor den Römern schufen die Etrusker im heutigen Italien eine Hochkultur. Doch davon blieb kaum etwas übrig – die Sprache der Etrusker lässt Wissenschaftler bis heute rätseln.

Könnte ein Zeitreisender mithilfe des Londoner Telefonbuchs Englisch lernen? Vor einer ähnlichen Herausforderung stehen Sprachforscher, wenn sie die etruskische Sprache rekonstruieren wollen. Das Material, das ihnen zur Verfügung steht, ist kaum mehr wert als ein Telefonbuch: Von den knapp 1000 Jahren etruskischer Schriftkultur blieben vor allem Grabinschriften übrig, Aufschriften auf Tafeln und Blechen oder Einprägungen auf getöpferten Waren und Münzen. Insgesamt sind zwar etwas mehr als 10 000 verschiedene Dokumente bekannt, doch die etruskischen Texte, die die Wissenschaftler heute untersuchen können, bestehen vor allem aus Eigennamen, oft von Verstorbenen. Und zweisprachige Inschriften, auf denen Etruskisch zusammen mit einer anderen bekannten Sprache vorkommt, sind bis auf einige etruskisch-lateinische Grabinschriften äußerst selten.

Eine Sprache voller Geheimnisse

So weiß heute niemand, wie diese Sprache gesprochen wurde. Im 1. Jh. n. Chr. ging sie unter. Immerhin können Experten das Etruskische mittlerweile ein bisschen lesen. Als sicher gilt, dass die Etrusker ein Alphabet nach westgriechischem Vorbild benutzten und von rechts nach links schrieben. Doch nur von 100–200 Wörtern kennt man die Bedeutung, darunter die Zahlwörter von 1 bis 9.

Noch rätselhafter als die Sprache ist ihr Ursprung. Als sicher gilt, dass das Etruskische keine indoeuropäische Sprache ist. Nach einer aktuellen Theorie ist es mit einer antiken Sprache von der griechischen Insel Lemnos, dem Lemnischen, verwandt. Also könnten die Etrusker aus dem ägäisch-kleinasiatischen Raum nach Italien eingewandert sein. Das Problem: Über das Lemnische wissen Wissenschaftler noch weniger als über das Etruskische …

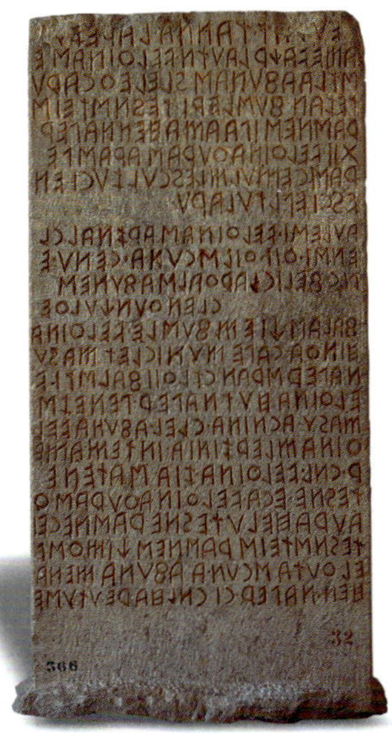

Diese Stele mit etruskischer Schrift (3./2. Jh. v. Chr.) wurde bei Perugia gefunden.

Die einsame Sprache

Ist Baskisch die einzige überlebende Sprache der europäischen Urbevölkerung? Eine Verwandtschaft mit irgendeiner noch lebenden Sprache konnte zumindest bislang nicht nachgewiesen werden.

„Egun on!“ bedeutet „Guten Tag!“ und „Ikusi arte!“ „Auf Wiedersehen!“ – doch wo diese Ausdrücke ihre Wurzeln haben, ist ein Geheimnis, das Sprachwissenschaftler seit mehr als 100 Jahren beschäftigt. Sicher ist: Keine andere europäische Sprache ähnelt dem Baskischen; Baskisch gilt daher als „isolierte Sprache“. Und als Überbleibsel vergangener Zeiten: Die gängigste Theorie besagt, dass die Basken, die heute in den westlichen Pyrenäen von Südfrankreich bis Nordspanien leben, zur Urbevölkerung Europas gehörten, die ab 2000 v. Chr. von einwandernden indoeuropäischen Völkern verdrängt wurde. Baskisch wäre damit die einzige vorindoeuropäische Sprache, die bis heute überlebt hat.

Viele Theorien – keine Gewissheit

Allerdings mangelt es nicht an mehr oder weniger überzeugenden Versuchen, doch sprachliche Verwandten des Baskischen zu ermitteln. Manche Experten vermuten eine Verwandtschaft mit kaukasischen Sprachen, deren Herkunft allerdings selbst nicht geklärt ist. Und vereinzelt wird sogar die afroasiatische Sprachfamilie ins Spiel gebracht, eine riesige Gruppe von verschiedenen Sprachen, die von Vorderasien über Nordostafrika bis nach Zentral- und Nordwestafrika gesprochen werden (u. a. gehört Ägyptisch dazu). Die einst sehr populäre These, dass das Baskische mit dem ebenfalls heute ausgestorbenen und nur von Inschriften bekannten antiken Iberisch verwandt ist, wird heute eher skeptisch gesehen. Ähnlichkeiten zwischen diesen beiden Sprachen sind vermutlich eher einem engen Zusammenleben geschuldet als einer wirklichen gemeinsamen Herkunft. So wird auch erklärt, dass das Baskische Fremdwörter aus dem Lateinischen, aber auch aus anderen romanischen Sprachen und aus dem Keltischen übernommen hat.

Gut nachvollziehbar ist dagegen die moderne Entwicklung des Baskischen als geschriebene Sprache: Auf Grundlage eines der sieben Hauptdialekte wurde Ende der 1960er-Jahre eine Einheitssprache geschaffen: „Euskara batua“ – denn die Basken selbst nennen ihre Sprache „euskara“.

Die Tageszeitung *berria* erscheint seit 2003 und ist komplett in baskischer Sprache verfasst.

Die Rollen von Qumran

Die Schriftrollen von Qumran sind die ältesten bisher bekannten biblischen Zeugnisse. Aber wer hat sie verfasst? Kann man sie wirklich, wie es viele Jahre geschah, mit der Gemeinschaft der Essener in Verbindung bringen? Die hat es nach jüngsten Spekulationen nämlich nie gegeben.

Ob der Fund der ersten Schriftrollen sich wirklich so abspielte, weiß man nicht. Überliefert ist jedenfalls, dass ein Ziegenhirte namens Muhammed Ad-Dib (= der Wolf) vom Stamm der Taàmireh-Beduinen im Frühling 1947 nahe der antiken Ruinenstätte Khirbet Qumran nach einem seiner Tiere suchte, das sich verlaufen hatte.

„Neben den alttestamentlichen Texten enthalten die Rollen auch Erzählungen der damaligen Gegenwart."

Eine Ziege schreibt Geschichte

Dort, an der Westküste des Toten Meeres, gibt es viele Höhlenverstecke. In eines davon wirft Muhammed einen Stein – und hört, wie in der Höhle etwas in Scherben geht. Beim Nachsehen findet er 45 Tonkrüge. Sie enthalten beschriftete, aber stark verharzte und verklebte Schriftrollen.

Auf verschlungenen Wegen und über dunkle Kanäle gelangen die Rollen zu Antiquitätenhändlern. Über diese landen die ersten schließlich an der Hebräischen Universiät in Jerusalem und bei einigen kirchlichen Institutionen. Der amerikanische Bibelgelehrte John C. Trever erkennt als Erster, dass es sich um einen historischen Schatz handelt. „Ohne Zweifel – vor mir lag der hebräische Text aus dem Propheten Jesaja … Hier hatten wir die älteste komplette Abschrift eines Bibelbuches auf Hebräisch vorliegen. Der Traum aller Textforscher ging damit in Erfüllung." Am 12. April 1948 vermeldete die Londoner *Times* in einer kleinen Notiz: „Antike Handschriften in Palästina entdeckt."

Ein Schnipsel für 60 Dollar

Die wahre Bedeutung des Fundes wird erst in den folgenden Jahren erkannt, als Beduinen und Archäologen in elf anderen Höhlen rund 15000 Fragmente von etwa 800 weiteren Rollen-

Die Felsenhöhlen von Qumran liegen 25 km östlich von Jerusalem am Nordwestufer des Toten Meeres.

Im Rahmen einer Ausstellung über Israel 2005 in Berlin wurden die Rollen von Qumran zum ersten und bisher einzigen Mal außerhalb Israels gezeigt. Die meisten bestehen wie die Rolle im Bild aus zu dünnem Pergament gegerbtem Leder, einige aus Papyrus und eine einzige aus Kupferblech.

texten entdecken. Analysen ergeben, dass sie in der Zeit von 250 v. Chr. bis 40 n. Chr. von mindestens 500 verschiedenen Schreibern verfasst wurden. Die Preise für eine Rolle steigen auf sechs- bis siebenstellige Beträge. Selbst für einen kleinen Schnipsel werden bis zu 60 Dollar bezahlt. Ein Heer von Experten aus aller Welt macht sich an die Entzifferung.

Neben den alttestamentlichen Texten enthalten die Rollen auch Erzählungen der damaligen Gegenwart, Sammlungen von Psalmen und Gebeten und von Lehre und Organisation einer jüdischen Gemeinde jener Zeit. Endlich ist man sich einig: Die Schriftrollen von Qumran werden den Essenern zugeschrieben (aramäisch: Die Frommen). Dies war angeblich eine sektenähnliche Minderheit im antiken Judentum. Der Tempel- und Opferdienst in Jerusalem war den Essenern nicht mehr traditionell und ursprünglich genug. In der Wüste führten die Mitglieder ein eigenes, teils zölibatäres Leben und verfassten die Schriftrollen.

Waren es die Sadduzäer?

So glaubte man es jedenfalls bis zum Jahr 2009. Dann behauptete die israelische Historikerin und Qumranforscherin Rachel Elior von der Hebräischen Universität Jerusalem: „Die Essener hat es nie gegeben!" Sie seien eine Erfindung des jüdisch-römischen Geschichtsschreibers Flavius Josephus. Denn außer bei ihm gibt es keine weiteren zeitgenössischen Erwähnungen der Essener. Verfasser der Qumrantexte seien vielmehr die Sadduzäer gewesen, Angehörige einer Gruppe im antiken Judentum, aus der zahlreiche Hohepriester hervorgingen. Sie repräsentierten gewissermaßen die geistige Elite des Volkes Israel. Vielleicht gerade deshalb wurden die Sadduzäer im Krieg gegen die Römer (66–70 n. Chr.) vernichtet. Zuvor aber versteckten sie die im Tempel von Jerusalem geschriebenen Texte in den Höhlen um Qumran. Das behauptet Elior. Und einige Archäologen glauben inzwischen, ihre Kollegin könnte recht haben. Aber vielleicht irrt sich auch Rachel Elior? Seit die erste Schriftrolle gefunden wurde, gab es über die Funde mehr als 15 000 Veröffentlichungen mit den verschiedensten Vermutungen und Theorien – und es werden mit Sicherheit noch mehr dazukommen. Zumal 2017 in Qumram weitere Funde gemacht wurden, die vermuten lassen, dass es noch mehr, bisher unentdeckte Schriftrollen gibt.

Botschaft in der Bibel?

Schreibt man den Text der Bibel in Spalten, dann kann man Wörter entdecken, die in einem Zusammenhang zueinander stehen – das kann doch kein Zufall sein… Stecken in Bibel und Thora versteckte Hinweise?

Drei Israelis um den Mathematiker Eliyahu Rips griffen 1994 eine uralte esoterische Spielerei aus dem Mittelalter auf. Sie basiert auf einer Idee aus der jüdischen Mystik, der Kabbala. Im Hebräischen sind den Buchstaben Zahlenwerte zugeordnet, Aleph bedeutet beispielsweise 1, Beth 2 usw. Kabbalisten suchen damit nach verborgenen Botschaften in heiligen Schriften, indem sie z.B. Wörter in einen Zusammenhang stellen, weil sie die gleiche „Quersumme" haben. So versuchen sie auch, die Zukunft vorherzusagen.

Weissagungen aus der Genesis

In dieser Tradition nahmen Rips und seine Freunde Doron Witztum und Yoav Rosenberg sich einen Teil der Thora vor: Sie suchten im Schöpfungsbericht, der Genesis, nach „äquidistanten Buchstabenfolgen", auch eine alte kabbalistische Idee. Das bedeutet: Sie lasen den Text auf Hebräisch, Buchstabe für Buchstabe, und übersprangen dabei stets eine gewisse Anzahl Buchstaben. Dazu schrieben sie den Text ohne Leer- und Satzzeichen und ohne Absätze in Zeilen. Bei dieser Methode enthält jede Zeile die Anzahl an Buchstaben plus 1, die man überspringen will. Die äquidistanten Buchstabenfolgen liegen dann auf geraden Linien, entweder waagrecht, senkrecht oder diagonal. Und nun versucht man, unter diesen Buchstabenfolgen solche mit sinnvollen Zusammenhängen zu finden.

Die Methode wurde schon im Mittelalter verwendet – doch Rips benutzte Computer. So spürte er gezielt viele angeblich im Text verborgene Namen von Menschen auf, die erst dann geboren wurden, als die Schrift schon lange geschrieben war. Und er ging noch weiter: In der Nähe dieser Namen suchte er nach Buchstaben, die das Geburts- oder Todesdatum des jeweiligen Menschen codierten. Tatsächlich wurde er bei einer ganzen Reihe von Namen fündig. Dasselbe gelang Rips auch mit anderen Texten, etwa einer hebräischen Übersetzung von *Krieg und Frieden* oder dem Buch Jesaja aus dem Alten Testament. Allerdings glaubte er feststellen zu können, dass Namen und zugehörige Daten in der Genesis im Allgemeinen näher beieinanderstehen als in anderen Texten. Die kühne Folgerung lautete: Die Nähe der äquidistanten Buchstabenfolgen mit zusammengehöriger Bedeutung in der Genesis sei kein Zufall!

Die Gutenberg-Bibel von Mitte des 15. Jh. ist in Spalten aufgeteilt und orientiert sich damit an alten Handschriften. Wer lange genug sucht, findet hier sicher auch eine „geheime Botschaft"!

Der Bibelcode ist geboren

Der amerikanische Journalist Michael Drosnin schrieb daraufhin mehrere Bücher über diesen von ihm so getauften „Bibelcode“ und löste damit weltweit eine fieberhafte Suche nach weiteren Übereinstimmungen in der Bibel aus. Er selbst entdeckte den Namen „Yitzak Rabin“ in der Genesis und ganz in der Nähe den Satz „Attentäter, der ein Attentat begehen wird“.

Natürlich enthält nicht jeder Text eine Verbindung zwischen Yitzak Rabin und einem Attentat – aber es gilt als unbestritten, dass sich in jedem Text irgendwelche Beziehungen ähnlicher Art finden lassen. In *Moby Dick* etwa entdeckten Kritiker ein pralles Dutzend Vorhersagen von Attentaten. Drosnins Arbeit ist als Spielerei entlarvt, die Zukunft lässt sich damit nicht vorhersagen.

Anhand solcher Textauszüge aus der Bibel versuchte Eliyahu Rips, Mathematikprofessor an der Hebräischen Universität Jerusalem, geheime Botschaften zu finden.

Preisgekrönte Pseudowissenschaft

Schwieriger ist es, die Aussage von Rips, Witztum und Rosenberg zu bewerten. Setzt man voraus, dass sie in allen Texten mit den gleichen Methoden nach Namen und Daten gesucht haben, dann fehlt immer noch eine schlüssige Erklärung für ihre Ergebnisse. Doch auch an denen kann gezweifelt werden, denn ihre Arbeit hat in vielen Punkten nicht viel mit Wissenschaft zu tun. Der Leser erfährt beispielsweise nicht, ob und welche Namen Rips nicht gefunden bzw. nicht mit Geburts- und Sterbedaten in Bezug bringen konnte. Die Version der Genesis, die die Autoren verwendet haben, ist zudem nur eine von mehreren existierenden – es gibt keinen „Urtext“, wie es die Autoren behaupten. Ihre Suchmethode beschreiben sie nur unzureichend. Und sie machen eine ganze Reihe willkürlicher Annahmen und Einschränkungen. Auf die Idee, dass man auch andere Texte (etwa *Krieg und Frieden*) zum Vergleich heranziehen sollte, kamen die Autoren erst, nachdem Kollegen sie darauf hingewiesen hatten. Kein Wunder, dass sich Rips heftige Kritik gefallen lassen musste. Immerhin erhielten die drei Forscher und Drosnin einen Preis für ihre Arbeit: Den IG-Nobelpreis für Literatur 1997 – eine satirische Auszeichnung der Harvard-Universität für Forschung, die „nicht nachvollzogen werden kann oder sollte“, wie es in der Preisrede heißt.

Steckt in dieser Übersetzung der Odyssee von Johann Heinrich Voss („ß“ durch „ss“ ersetzt) Einsteins berühmte Formel $E=mc^2$? Die roten Buchstaben links lassen sich von unten nach oben als „Energie“ lesen, Masse steht direkt da und das Adjektiv „schnell“ bezieht sich auf die Lichtgeschwindigkeit (c).

RIHNIMMERALSDASGOETTLICHEWEIBDIEGEWOELB
ETEKAMMERERREICHTEUNDDIEEICHENESCHWELLE
HINANSTIEGWELCHEDERMEISTERKUENSTLICHHAT
TEGEGLAETTETUNDNACHDEMMASSEDERRICHTSCHN
URDRAUFDIEPFOSTENGERICHTETMITIHRENGLAEN
ZENDENFLUEGELNLOESTESIESCHNELLVOMRINGED
ENKUENSTLICHENKNOTENDESRIEMENSSTECKTEDI
ESCHLUESSELHINEINUNDDRAENGTEDIERIEGELDE
RPFORTESCHARFHINBLICKENDZURUECKDAKRACHT

Prophet des Unheils

Seine düsteren Visionen handeln von Kriegen, Tod und Untergang. Konnte er wirklich in die Zukunft blicken? Noch heute beunruhigen die Prophezeiungen des Nostradamus viele Menschen.

1550 begann Michel de Nostradame, der in Südfrankreich Medizin studiert hatte und seither als Arzt arbeitete, seine Visionen niederzuschreiben. Die Vierzeiler verfasste er in einem Gemisch aus Latein, Französisch und eigenen Wortschöpfungen. Dunkel, verworren und unverständlich sind die Verse. Es gibt keine konkreten Namen oder Zeitangaben – dennoch glaubten schon viele von Nostradamus' Zeitgenossen, dass dieser Mann die Zukunft vorhersehen könne: Hatte er nicht den Tod Heinrichs II. von Frankreich vorausgesagt?

Unverständliche Texte, viele Deutungen

Das Problem mit den Vorhersagen ist: Man muss sie interpretieren, sonst sind sie unverständlich. Und sie werden immer erst im Nachhinein entschlüsselt. Heinrich II. starb 1559 bei einem Turnier durch die Lanze seines Gegners. Bei Nostradamus heißt es, ein junger Löwe überwinde den alten auf kriegerischem Felde im Einzelwettkampf. Man hätte also vorher nicht wissen können, was genau und wann es passiert. Skeptiker halten die Übereinstimmung sowiso für einen Zufallstreffer. Sie weisen darauf hin, dass es höchst unterschiedliche Interpretationen der Visionen gibt. Denn eines gilt bis heute: Kein Unheil ist je geschehen, von dem im Nachhinein nicht irgendjemand behauptet hat, es sei bereits von Nostradamus vorausgesagt worden, von Hiroshima bis zum 11. September 2001. Vielleicht lässt sich die Düsternis seiner Prophezeiungen mit Nostradamus' Lebensumständen erklären: Er kämpfte als Arzt gegen die Pest. Seine Vorhersagen könnten Ausdruck seiner eigenen Sorgen sein.

Rätselhaft ist auch die Reihenfolge seiner Prophezeiungen: Der volle Sinn der Vierzeiler lässt sich nur begreifen, wenn man sie im richtigen Zusammenhang liest, also zusammen mit den vorherigen und den nachfolgenden Vierzeilern. Offenbar brachte aber Nostradamus selbst die Reihenfolge durcheinander, vermutlich nach einem mathematischen Prinzip. Dieses Prinzip konnte bis heute nicht entschlüsselt werden, obwohl immer wieder Menschen behaupten, den „Code" geknackt zu haben: Bislang gibt es keine Reihenfolge, die von allen akzeptiert wird. Und so wird man noch lange über die Interpretation von Nostradamus' Schriften streiten können.

Nostradamus' Vorhersagen stützten sich auf astrologische Beobachtungen.

Im Hof der CIA-Zentrale steht die Skulptur „Kryptos". Ihre verschlüsselte Botschaft konnte erst teilweise dechiffriert werden.

Chiffre oder Schwindel: Rätselhafte Codes

Ist das berühmte Voynich-Manuskript ein fast 600-jähriger Schwindel in Schweinsleder? Wird die Beale-Chiffe eines Tages geknackt und den Fundort von vielen Tonnen Gold preisgeben? Eine ganze Reihe von Codes wartet noch darauf, entschlüsselt zu werden …

102 wellige Pergamentbogen lagern unter der Signatur MS 408 in einem Regal der Beinecke-Bibliothek in der Universität von Yale. Sie sind mit etwa 170 000 seltsamen Schriftzeichen beschrieben. Seit vielen Hundert Jahren kann niemand sie entziffern. Es ist nicht einmal bekannt, wer den Text aufgeschrieben hat: War es ein Mönch in Oberitalien, der sich nach dem Abendgebet in die Schreibstube schlich? Oder kopierte jemand im 15. Jh. für einen Auftraggeber Wissen aus älteren Büchern – verschlüsselt für alle, die nicht eingeweiht waren? Auch die Bilder im Kodex geben Rätsel auf: Sie zeigen unbekannte Pflanzenarten, nackte Frauen, die in röhrenförmigen Systemen baden, und seltsame Diagramme.

Werk eines mittelalterlichen Scherzboldes?

1912 kam das äußerlich unscheinbare Buch in den Besitz des amerikanischen Büchersammlers Wilfrid Michael Voynich: Er hatte es in der Bibliothek eines Jesuitenkollegs in Italien entdeckt. Nach ihm ist der Kodex als „Voynich-Manuskript" benannt. Schon dem Entdecker war klar, dass der Schreiber der Handschrift geübt war: Nur wenige Tintenflecke verunzieren das Buch und die Schrift ist flüssig. Eine C14-Altersuntersuchung belegt: Das Buch wurde zwischen 1404 und 1438 aufgeschrieben, denn sowohl Pergament als auch Tinte stammen aus dieser Zeit. Die Größe des Alphabets kann man nur schätzen, auf 20 bis 30 Zeichen. Die Länge der Wörter passt nicht zu Sprachen wie Latein oder Englisch. Seltsamerweise kommen einige Wörter mehrfach hintereinander vor. Eine Computeranalyse der Schrift ist schwierig, weil die Zeichen nicht klar voneinander zu trennen sind. Dennoch behauptet Anfang 2018 ein Forscherteam von der University of Alberta rund um Greg Kondrak, den Text entschlüsselt zu haben: mit Hilfe eines neu entwickelten Algorithmus – und des Google-Übersetzungsprogramms. Nach ihrer Erkenntnis stamme der Text zu 80 Prozent aus dem Hebräischen.

Der Kryptologe William Friedman vermutete Ende der 1950er-Jahre im Voynich-Manuskript den Versuch einer Kunstsprache. Doch es gibt auch Skeptiker, die den Schreiber schlicht für einen Betrüger halten. Der Mathematiker Gordon Rugg glaubt gar, dass jeder mithilfe eines sogenannten Cardan-Gitters sein eigenes Voynich-Manuskript verfassen kann: Man füllt eine Tabelle mit Silben einer erfundenen Geheimschrift. Darauf legt man eine Karte, in der einige Felder ausgestanzt sind. Die darin sichtbaren Silben werden auf ein anderes Blatt Papier geschrieben. Dann schiebt man die Karte ein Stück weiter, sodass neue Silben zu sehen sind, usw. Allerdings: Das Cardan-Gitter wurde erst 200 Jahre nach Entstehen des Voynich-Manuskripts erfunden.

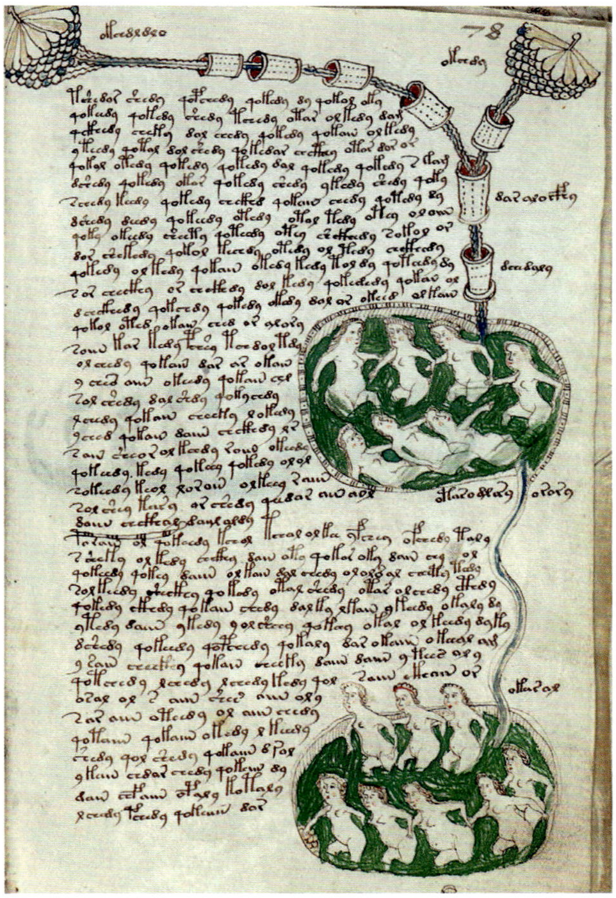

Sowohl der Text als auch die Bilder des Voynich-Manuskripts sind rätselhaft.

Eine Goldgrube …

Unglaublichen Reichtum verspricht ein anderer Code: 1885 wurden unter dem Namen „Beale-Chiffre" drei Texte veröffentlicht. Sie enthalten angeblich die Lage eines Schatzes, der heute rund 25 Mio. US-Dollar wert sein soll. Der Schatz – so die Legende – wurde um 1820 von Thomas Jefferson Beale in Bedford County in Virginia vergraben. Beale soll die Texte in einer Kiste seinem Freund Robert Moriss übergeben haben, Inhaber eines kleinen Ladens in Lynchburg. Viele Jahre später versuchte sich Moriss ohne Erfolg an der Entschlüsselung der drei Texte. Nach seinem Tod machte ein unbekannter Freund weiter, mit mehr Glück: Er knackte Text Nummer zwei. Die Verschlüsselungsmethode erwies sich als sogenannte Nomenklatur auf der Basis der amerikanischen Unabhängigkeitserklärung: Die Zeichen waren im verschlüsselten Text durch Zahlen ersetzt worden, wobei etwa eine „5“ dem Anfangsbuchstaben des fünften Wortes der Unabhängigkeitserklärung entspricht. Text Nummer zwei enthält die Beschreibung eines gewaltigen Schatzes. Und er verrät, was in den anderen Texten zu finden sein soll: Die wahren Besitzer des Schatzes und der genaue Ort. Bis heute hat niemand diese Texte entziffert. Nachdem der Hotelier James B. Ward die Geschichte mitsamt Chiffren 1885 veröffentlichte, setzte ein „Goldrausch“ in Lynchburg ein. Heute geht man stark davon aus, dass alles nur ein großer Schwindel ist, vielleicht um Hotelgäste nach Lynchburg zu locken. Das stärkste Argument: Chiffre Nr. 2 wurde mit einer fehlerhaften Unabhängigkeitserklärung codiert, eine Entschlüsselung konnte also nur mit diesem einen Exemplar erfolgen.

Die Chiffriermaschine Enigma wurde nach dem Ersten Weltkrieg vom deutschen Militär entwickelt und im Zweiten Weltkrieg verwendet, um Nachrichten und Befehle sicher weiterzuleiten.

Ein Geniestreich der Chiffrierkunst

1918 war nicht nur die berühmte Enigma-Maschine erfunden worden, die 20 Jahre später durch britische Mathematiker um Alan Turing geknackt wurde. Es war auch das Jahr, in dem der 38-jährige Ire John Francis Byrne eine geniale Idee zu einer anderen Codierungsmethode hatte: Aus einer leeren Zigarrenkiste bastelte er seine erste „Chaocipher“-Maschine: Sie verwandelte Texte in einen scheinbar chaotischen Buchstabensalat. Byrne wollte damit Geld verdienen, doch die Geheimdienstleute, denen er die Idee zum Kauf anbot, lehnten ab – zu ihrem Pech. Denn heute ist klar: Byrnes Idee war ein Geniestreich.

1953 veröffentlichte Byrne seine Autobiografie. In Kapitel 21 geht es um die Chaocipher. Byrne druckte viele Seiten Klartext und den zugehörigen chiffrierten Text ab und versprach demjenigen 5000 Dollar, der innerhalb von drei Monaten nach Erscheinen des Buches das Prinzip knackte. Sieben Jahre später starb Byrne – niemand hatte sich bei ihm gemeldet. Doch Louis Kruh, ein amerikanischer Kryptologe, fand nach langer Suche Byrnes Sohn, dem der Vater das Geheimnis anvertraut hatte. An einem Sonntag im Jahr 1989 verriet er es Kruh und einem weiteren Kollegen bei Kaffee und Kuchen – mit der Auflage zu schweigen. Erst 2010 hatte das Schweigen ein Ende: Nach dem Tod von Byrne jr. übergab seine Ehefrau die entscheidenden Dokumente der National Cryptologic Museum Foundation: zwei kleine unscheinbare Schachteln mit ein paar Zetteln, zwei Bücher und ein großes Holzmodell der Chaocipher.

MIT CHAOCIPHER VERSCHLÜSSELN

In der Chaocipher-Maschine befinden sich zwei Scheiben, die jeweils in einer willkürlichen Reihenfolge die Buchstaben des Alphabets enthalten. Die Lettern sind beweglich und können einzeln umpositioniert werden. Die Scheiben sind so miteinander verbunden, dass sie gegeneinander gedreht werden können. Zu Beginn sucht man auf einer Scheibe den Buchstaben, der verschlüsselt werden soll, und schreibt den gegenüberstehenden Buchstaben der anderen Scheibe auf. Dann wird durch eine festgelegte Reihe an Veränderungen das Alphabet neu positioniert und gemischt, der nächste Buchstabe aufgeschrieben usw. Diese Veränderungen sind umkehrbar, sodass dieselbe Maschine auch zum Entschlüsseln des Codes dient.

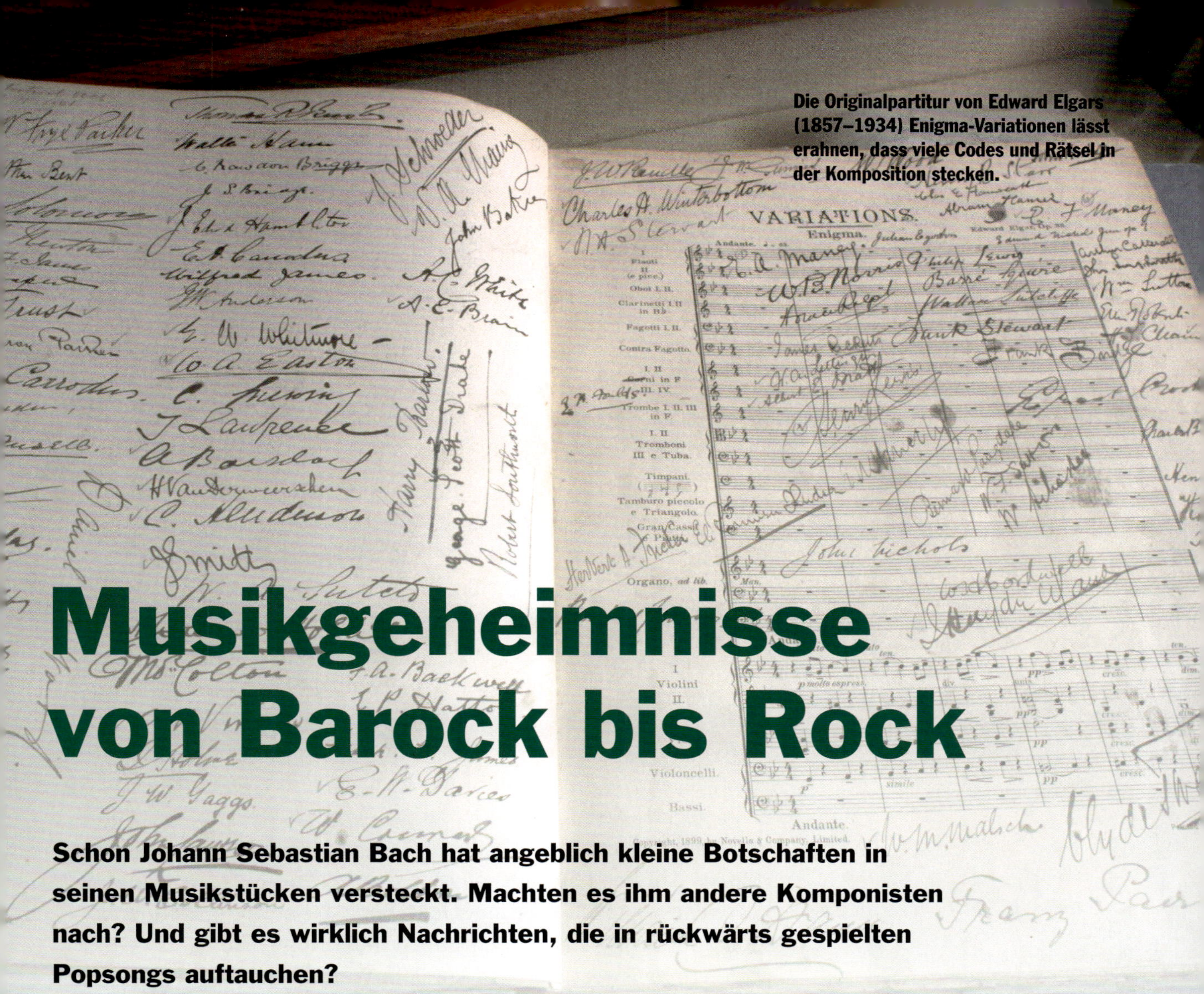

Die Originalpartitur von Edward Elgars (1857–1934) Enigma-Variationen lässt erahnen, dass viele Codes und Rätsel in der Komposition stecken.

Musikgeheimnisse von Barock bis Rock

Schon Johann Sebastian Bach hat angeblich kleine Botschaften in seinen Musikstücken versteckt. Machten es ihm andere Komponisten nach? Und gibt es wirklich Nachrichten, die in rückwärts gespielten Popsongs auftauchen?

Die *Kunst der Fuge* gehört zu den letzten Werken von Johann Sebastian Bach – und zu seinen berühmtesten. Das liegt u. a. am Thema der unvollendeten Schlussfuge, denn es besteht aus vier Noten: B-A-C-H. Wollte Bach damit seinen Namen in der Musik verewigen? Musikwissenschaftler halten das für sehr wahrscheinlich, zumal Bach damit einer Mode seiner Zeit folgte: Im Barock waren derlei Versteckspielchen sehr beliebt. Und Bach blieb nicht der einzige Komponist, der seinen Namen in Musiknoten codiert hat: Im *Carnaval* (Opus 9) hat Robert Schumann angeblich seinen Nachnamen in den Noten Es-C-H-A versteckt – dies sind alle spielbaren Noten, die in „Schumann" vorkommen (ein M und ein N gibt es nicht).

„Im *Carnaval* (Opus 9) hat Robert Schumann angeblich seinen Nachnamen in den Noten Es-C-H-A versteckt."

Rätselhafter Elgar

Besonders fasziniert von Codes war der britische Komponist Edward Elgar. Bekannt wurde vor allem ein codiertes Briefchen, das er seiner Brieffreundin Dora Penny schickte: Der Dorabella-Code ist bis heute nicht geknackt worden. Außerdem schrieb er 1898/1899 auch 14 sogenannte Enigma-Variationen. Sie enthalten ein Rätsel (Enigma), von dem man bis heute nicht weiß, worin es besteht. Schon die Titel der Stücke klingen geheimnisvoll (siehe Kasten). Doch über das eigentliche Rätsel sprach Elgar nie: „Das Enigma werde ich nicht erklären. Durch und über alle Stücke hinweg zieht ein anderes größeres Thema. Der Hauptcharakter steht nicht auf der Bühne.“ Was er damit meinte, ist unbekannt.

„H.D.S.-P.“ UND „NIMROD“

Die Enigma-Variationen stecken voller Rätsel – die Titel der Stücke beispielsweise. Elgar verriet von vielen der Abkürzungen, was sie bedeuten, und die restlichen Titel haben Musikwissenschaftler erklärt: Es handelt sich um die Namen von 14 Freunden, Verwandten und Bekannten, die die Stücke jeweils porträtieren. „H.D.S.-P.“ beispielsweise ist der Pianist Hew David Steuart-Powell, und „Nimrod“ steht für den Musikredakteur Augustus J. Jäger (der Name „Nimrod“ stammt aus der Bibel und bedeutet „ein mächtiger Jäger vor dem Herrn“).

Rock rückwärts

In den 1970er-Jahren entwickelte sich dann eine ganz andere Art des musikalischen Versteckspiels: Kassettenrekorder und Plattenspieler machten es einfach möglich, Musik rückwärts abzuspielen, und Fans machten einen Sport daraus, Botschaften zu finden. Allerdings hörten sie oft Texte, die gar nicht existieren. Als eine der berühmtesten angeblichen Botschaften gilt jene im Song *Hotel California* von den Eagles. Es wird behauptet, der Sänger singe die Textzeile „Yeah Satan, he organized, oh, he organized his own religion.“ (Ja Satan, er gründete seine eigene Religion.), außerdem verlange er nach Wein, wenn das Lied rückwärts gespielt wird – ein Hinweis auf eine satanische Messe. Ähnlich teuflisch soll es in *Stairway to Heaven* von Led Zeppelin zugehen. Aus dem Gebrabbel, das entsteht, wenn man den Song rückwärts spielt, glauben nicht wenige den Satz „Oh, here's to my sweet Satan!“ (Auf dein Wohl, mein schöner Satan!) herausgehört zu haben. Und auch die Beatles sollen Rückwärtsbotschaften versteckt haben. Im Song *Revolution Number 9* läuft unstreitig Musik rückwärts. Ob allerdings auch eine Stimme mehrfach wiederholt „Turn me on, dead Man!“ (Mach mich an, toter Mann!), ist ungewiss, ebenso wie die Frage, ob Freddy Mercury im Queen-Song *Another one bites the dust* tatsächlich singt „It's fun to smoke marijuana“ (Kiffen macht Spaß), wie es Fans behaupten.

Doch es gibt auch Nachrichten in Musikstücken, die unstreitig existieren. Das Electric Light Orchestra etwa spielt im Song *Fire on High* rückwärts den Satz „The music is reversible, but time is not. Turn back, turn back!“ (Musik ist umkehrbar, aber die Zeit ist es nicht. Dreh um, dreh um!) Und der Pink-Floyd-Bassist Roger Waters machte sich sogar einen Spaß aus der Suche, indem er im Song *Empty Spaces* auf dem Album *The Wall* eine ganz besondere Botschaft für seine Fans verbarg. Wer das Lied rückwärts abspielt, hört Waters auf Englisch sagen: „Herzlichen Glückwunsch! Du hast eben eine geheime Botschaft entdeckt. Bitte sende deine Antwort an das Alte Schwein, c/o Funny Farm, Chalfont.“

Es würde gut zur schillernden Figur Freddy Mercury passen, aber es ist doch eher ein Produkt ihrer Fantasie, dass manche Fans eine geheime Botschaft in seinen Liedern hören.

GEHEIMNISVOLLE MUSTER, RÄTSELHAFTE STRUKTUREN

Ein Berg von Menschenhand

Es war ein echtes Mammutprojekt: Vor rund 4400 Jahren türmten Menschen im Süden des heutigen England einen gewaltigen Hügel aus Kalkstein auf. Im etwa 40 m hohen und 170 m breiten „Silbury Hill“ stecken unglaublich viele Arbeitsstunden. Doch wozu haben sich die Menschen diese Mühe gemacht?

Eines Tages schleppte der Teufel einen großen Sack Erde heran, um ihn über der Stadt Marlborough in der Grafschaft Wiltshire auszukippen. Den Priestern des Nachbardorfes Avebury gelang es gerade noch, diesen Plan zu vereiteln. Doch der Schutt blieb als riesiger Haufen in der Nähe des Dorfes zurück. So erklärte eine lokale Sage Anfang des 20. Jh. die Entstehung des Silbury Hill. Nach einer anderen Erzählung ruht im Hügel der legendäre König Sil, begraben in einer goldenen Rüstung auf einem goldenen Pferd.

Spurensuche im Kalk

Für Wissenschaftler klingen diese Geschichten aber nicht besonders überzeugend. Kein Wunder, dass sie schon seit Jahrhunderten nach besseren Erklärungen für das eindrucksvolle Kalkgebilde suchen. Bereits 1776 heuerten der Duke of Northumberland und Colonel Edward Drax Minenarbeiter an, um einen Schacht von der Spitze ins Innere des Hügels zu treiben. Sie fanden jedoch nichts, was auf den Zweck der Anlage hinwies. Im Lauf der folgenden Jahre versuchten sich dann immer neue Ausgräber und

Schatzsucher an der Lösung des Rätsels. Die Spekulationen schossen ins Kraut. War der Silbury Hill die Grabstätte eines angelsächsischen oder römischen Königs? Hatten dort Druiden den Göttern ihre Opfer dargebracht? Handelte es sich um ein prähistorisches Observatorium? Vielleicht war die Anlage ja auch ein Tempel – aber für welche Gottheit?

Ende der 1960er-Jahre beschloss Richard Atkinson vom University College in Cardiff, endlich Licht ins Dunkel zu bringen. Begleitet von den Kameras des britischen Fernsehsenders BBC forschte er zwischen 1968 und 1970 auf der Hügelkuppe, an den Flanken und im Graben, der die Anlage umgibt. Das Ergebnis: Keine Skelette, kein Gold, keine sonstigen Hinweise. Er hatte nun aber eine Theorie, wie der Hügel angelegt worden war: Die prähistorischen Baumeister hatten ihr Werk in drei Phasen errichtet. Erst während der letzten davon schufen sie den noch heute erhaltenen massiven Kalkhügel – und zwar in mehreren Stufen. Von diesen Terrassen überdauerten aber nur Reste an der Spitze. Das Bauwerk ordnete Atkinson der Jungsteinzeit zu.

Ein verräterischer Kollaps

Die neuesten Erkenntnisse über den geheimnisvollen Hügel stammen vom Anfang des 21. Jh. Nachdem im Jahr 2000 plötzlich der alte Schacht von 1776 einstürzte, begannen Wissenschaftler der für das Kulturerbe zuständigen staatlichen Organisation „English Heritage" mit aufwendigen Untersuchungen. Sie stellten die Stabilität des Hügels sicher und suchten gleich nach neuen Antworten auf alte Fragen. Tatsächlich entdeckten sie im Kalkschutt ein Stück von einem Geweih, das sie nun zum ersten Mal zuverlässig datieren konnten. Es stammt aus der Zeit zwischen 2490 und 2340 v. Chr. – der Hügel ist also tatsächlich ein Werk von Menschen aus der Jungsteinzeit.

„War der Hügel die Grabstätte eines Königs? Hatten dort Druiden Opfer dargebracht? Oder war die Anlage ein Tempel?"

Andererseits fanden sich keine Hinweise auf die von Atkins angenommenen Bauphasen. Auch am stockwerkartigen Aufbau des Hügels haben die Experten inzwischen Zweifel. Die Terrassen an der Spitze könnten auch die Reste einer Art Prozessionsstraße sein, die sich spiralförmig den Berg hinauf zog. Vielleicht haben ja zunächst die prähistorischen Bauarbeiter den Kalkschutt dort hinauf geschleppt. Später könnten dann Gläubige den Weg genutzt haben, um auf dem Silbury Hill an einem religiösen Ritual teilzunehmen. Die Rätsel des Hügels bleiben also weiterhin ungelöst.

Verteidigungsringe oder Pilgerpfad?

In der Nähe der Stadt Glastonbury in Südengland erhebt sich ein weithin sichtbarer, 158 m hoher Hügel, an dessen Hängen bei bestimmten Licht- und Schattenverhältnissen spiralförmig verlaufende Terrassen zu erkennen sind. Wozu waren sie da?

Seit 1970 pilgern jeden Juni Zehntausende nach Glastonbury zum dortigen Musik- und Kunstfestival. Dabei achtet kaum jemand auf eine andere Sensation der Region, den Glastonbury Tor, einen Hügel, auf dem ein hoher dachloser Turm aus dem Mittelalter steht. Archäologen fanden jedoch Siedlungsspuren, die bis in die Steinzeit zurückreichen. Die Frage, wann, wie und zu welchem Zweck der spiralförmige Weg angelegt wurde, konnten sie aber bisher nicht eindeutig beantworten. Theorien gibt es viele, vom Trampelpfad weidender Rinder über Verteidigungsbastionen einer Burg bis zum landwirtschaftlichen Terrassenbau.

Rätselhaftes Wegelabyrinth

Die Terrassen sind verwittert und teilweise eingesackt. Erst Luftaufnahmen zeigen, dass sie einen Weg zum Gipfel bilden. Er sieht aus wie ein über den Hügel gestülptes Labyrinth in Form von sieben Spiralen. Nach einer Theorie symbolisierte der Hügel im Mittelalter den Kalvarienberg in Jerusalem und über die Terrassen stiegen Pilger zu einer Kapelle auf. Die Labyrinthform sollte den Aufstieg verlängern und erschweren. Aber die Terrassen sind eindeutig älteren Datums. Ihre Anlage wird auf das 2. oder 3. Jt. v. Chr. datiert. Führten sie zu einem heidnischen Heiligtum keltischer Druiden? Die alten Briten nannten den Ort Ynys yr Afalon – Insel von Avalon. In der Artussage ist Avalon der Aufenthaltsort der Helden nach dem Tod. Noch dazu ist eine Kirchenruine in der Nähe nach Ansicht einiger Heimatforscher das Grab des sagenhaften König Artus. Daraus eine Verbindung zum Glastonbury Tor zu konstruieren, lehnen die meisten Wissenschaftler natürlich ab. Aber vielen gilt der Ort immerhin als die älteste religiöse Kultstätte Englands.

Das Gesicht des Roten Planeten

Am 25. Juli 1976 schoss die amerikanische Raumsonde *Viking 1* ein spektakuläres Bild. Die Aufnahme scheint ein menschliches Gesicht zu zeigen, das von der Oberfläche des Mars in die Kamera schaut. Ein Kunstwerk? Oder doch nur ein Felsen?

Für die US-Raumfahrtbehörde NASA war *Viking 1* an jenem Tag über die Cydonia-Region geflogen, die zwischen den südlichen Hochländern und den nördlichen Tiefländern des Mars liegt. Von dort stammt das Bild der geheimnisvollen etwa 3 km langen und 1,5 km breiten Struktur, die an den überdimensionalen Kopf einer antiken Statue erinnert: Kinnlange Haare, Nase, Mund und umschattete Augen ergänzen sich zu verdächtig menschlichen Zügen.

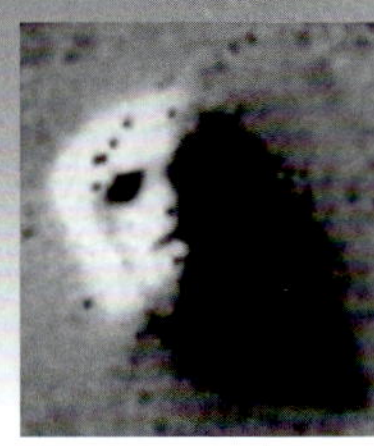

Es verwundert nicht, dass die Aufnahme von *Viking 1* die Fantasie vieler Betrachter anregte (kleines Bild). Wesentlich ernüchternder ist das Foto, das der *Mars Global Surveyor* machte (großes Bild).

Das Erbe der Marsmenschen?

Die an der damaligen Marsmission beteiligten Wissenschaftler müssen nicht schlecht gestaunt haben, als die rätselhafte Aufnahme auf ihren Bildschirmen erschien. Allerdings hatten sie bald eine sehr nüchterne Erklärung parat. In der ein paar Tage später veröffentlichten Pressemitteilung hieß es zu dem Marsgesicht nur lapidar: „Riesige Felsformation, die einem menschlichen Kopf ähnelt."

Damit aber wollte sich die Öffentlichkeit nicht so recht zufriedengeben. Das Antlitz im All machte Schlagzeilen, die Faszination war groß. Auch an Kneipentresen wurde seine Herkunft und Bedeutung heftig diskutiert. Ein Heer von Weltraum- und Ufo-Fans fühlte sich angestachelt, die selbst ernannten Experten überboten sich gegenseitig mit den wildesten Spekulationen. Nicht wenige sahen in dem riesigen Gesicht das Erbe einer uralten Marszivilisation. Und hatte die nicht sogar noch mehr Spuren hinter-

KANÄLE AUF DEM MARS

Das spektakuläre Marsgesicht war nicht die erste rätselhafte Struktur, die manche Menschen als Spuren einer Zivilisation auf dem roten Planeten interpretierten. So entdeckte der italienische Astronom Giovanni Schiaparelli 1877 geheimnisvolle Linien, in denen er ein System von Rinnen zu erkennen glaubte. Auch diese Entdeckung löste eine Reihe von Spekulationen aus. Mancher Fantasiebegabte sah darin sogar Kanäle, mit denen ein dem Untergang geweihtes Marsvolk den immer trockener werdenden Planeten zu bewässern versucht habe. Inzwischen weiß man, dass sich hinter einigen der „Kanäle" Geländestufen oder Canyons verbergen. Die anderen gelten als optische Täuschungen.

Die ESA-Raumsonde *Mars Express*, die seit 2004 den Roten Planeten fotografiert, lieferte 2006 hervorragende 3D-Bilder des „Marsgesichts".

lassen? Ragten nahe der angeblichen Skulptur nicht noch weitere seltsame Strukturen in den Himmel, die verdächtig an Pyramiden erinnerten? Mancher wollte darin sogar die Reste einer verfallenen Stadt erkennen. Da konnten die NASA-Experten noch so oft von normalen Felsen reden, die Fantasie war einfach stärker. Die Behörde wolle die Existenz der Marsmenschen wohl geheim halten, murrten Verschwörungstheoretiker.

Bilder von Bergen

Auch wenn kaum ein Wissenschaftler an die Theorie vom künstlerisch begabten Marsvolk glaubte, wurde die Angelegenheit von der NASA nicht einfach zu den Akten gelegt. Die Sonde *Mars Global Surveyor*, die den Roten Planeten im September 1997 erreichte, sollte der Sache näher auf den Grund gehen und neue Bilder des steinernen Antlitzes liefern. Wieder erkannten Wissenschaftler auf den dabei entstandenen Aufnahmen nicht mehr als ganz natürliche Geländeformen. Typisch für die Cydonia-Region sind zum einen breite schuttgefüllte Täler und zum andern einzeln stehende Berge, die durch Verwitterung und Rutschungen durchaus interessante Formen angenommen haben. Um das Ganze perfekt zu machen, fehlte nur noch der richtige Sonnenstand und schon gaukelte das Schattenspiel auf einem solchen Felsen der Kamera von *Viking 1* ein Gesicht oder Pyramiden vor. Das Urteil der NASA war klar: Es gab keine alten Kunstwerke auf dem Roten Planeten.

„Die NASA wolle die Existenz der Marsmenschen wohl geheim halten, murrten Verschwörungstheoretiker."

Diesen Eindruck bestätigte ein paar Jahre später auch die europäische Raumfahrtagentur ESA. Auf deren Sonde *Mars Express* hatte das Deutsche Zentrum für Luft- und Raumfahrt eine hochauflösende Stereokamera installiert, die sehr detaillierte dreidimensionale Bilder liefern kann. Zwischen April 2004 und Juli 2006 versuchte die Sonde mehrmals, das fragliche Gebiet im Bild festzuhalten. Doch mal flog sie so hoch, dass die Auflösung der Bilder nicht gut war, mal verdeckten Staub und Dunst die interessanten Strukturen. Erst am 22. Juli 2006 stimmte endlich alles: Die Kamera lieferte gestochen scharfe 3D-Bilder – von Bergen.

Das „Weiße Pferd von Uffington" (hier ein Blick auf den Kopf des Pferdes) gehört zu den ältesten erhaltenen Scharrbildern in Großbritannien.

Englands rätselhafte Kalkfiguren

An einigen Stellen in Südengland sind große, in die Landschaft gezeichnete Scharrbilder zu sehen. Besonders beeindruckend sind ihre Dimensionen. Darüber, was die Figuren bedeuten, wird bis heute gern spekuliert.

Ein Scharrbild zu schaffen ist relativ einfach: An einer geeigneten Stelle wird Torf oder Gras und Erde bis auf den darunter liegenden hellen Kalk- oder Sandstein entfernt. Angesichts der Ausmaße der stilisierten Bilder in Südengland – hauptsächlich Menschen und Pferde – wird einem Betrachter aber schnell klar, dass sie in aufwendiger Gemeinschaftsarbeit enstanden sein müssen. Der „Lange Mann" von Wilmington an einer 40 Grad steilen Flanke des Windover Hill ist eine Silhouette von rund 77 m Höhe. In jeder Hand der seitwärts ausgestreckten Arme hält er wie einen Nordic-Walking-Stock einen langen Stab. Die Entfernung von Hand zu Hand: 70 m.

Das „Weiße Pferd von Uffington" in der Nähe von Warminster ist so groß, dass es in seiner Gesamtheit nur aus der Luft zu erkennen ist. 37 m ist es hoch und misst vom Kopf bis zur Schwanzspitze 114 m. Seine Umrisse werden von 3 m breiten und 60–90 cm tiefen Gräben gebildet. Angelegt wurde es vermutlich in der späten Bronzezeit (1000 v. Chr.) oder der Eisenzeit (um 800 v. Chr.). Es gilt als das älteste Scharrbild in Britannien.

Archäologen, Historiker und Legendenforscher fragen sich: Warum diese Ausmaße? Sollten die Bilder eine Grußbotschaft an ferne Götter sein? Wissenschaftler fanden heraus, dass der „Lange Mann", so wie er sich heute darstellt, etwa um 1545 entstanden sein könnte. Seine Umrisse wurden um 1874 durch Ziegelsteine nachgebildet, die wiederum 1969 durch weiße Betonblöcke ersetzt wurden. Aber die Ursprünge der Figur könnten bis in prähistorische Zeiten reichen.

Das Weiße Pferd – ein Denkmal?

Auch über die Bedeutung des „Weißen Pferdes“ diskutieren die Archäologen. Die einen halten es für eine Art Denkmal, das an die angelsächsische Invasion Britanniens im 5. Jh. unter Führung von Hengist und Horsa erinnern soll – die Namen bedeuten übersetzt Hengst und Pferd. Andere Archäologen halten dieses Bild für eine Darstellung der keltischen Göttin Epna, Beschützerin der Pferde. Danach wäre es 2000–3000 Jahre alt.

„Um weitere Scharrbilder zu finden, prüfen Historiker Legenden und regionale Volksmärchen auf ihren Wahrheitsgehalt.“

Es gibt in Südengland noch viele andere Scharrbilder, und eine große Zahl ist wahrscheinlich noch nicht entdeckt, da sie im Lauf der Jahrhunderte erodierten oder unter Pflanzen verschwanden. Um weitere Scharrbilder zu finden, prüfen Historiker u. a. Legenden und regionale Volksmärchen auf ihren Wahrheitsgehalt. So soll in den Gog-Magog-Hügeln unweit von Cambridge der Sage nach ein Riese gelebt haben. Dort legte der Archäologe Lethbridge 1956 tatsächlich die Figuren von zwei Männern und einer 40 m großen Frau frei, außerdem ein weißes Pferd ähnlich dem von Uffington.

Der mächtige Riese von Cerne Abbas – ein Fruchtbarkeitssymbol?

Ein 7 m langer Phallus

Ein anderes Scharrbild einer 55 m hohen keulenschwingenden Figur befindet sich auf dem Giant Hill (Giganten-Hügel) nahe Cerne Abbas in der Grafschaft Dorset. Die Scharrlinien des sogenannten „Riesen von Cerne Abbas“ sind etwa 60 cm breit und sein Phallus misst respektable 7 m. Ein Fruchtbarkeitssymbol? Noch im Mittelalter sollen kinderlose Paare sich darauf geliebt haben – in der Hoffnung auf Nachwuchs.

Viele, aber nicht alle Scharrbilder entstanden in vorgeschichtlicher Zeit. Nach dem englischen Bürgerkrieg (1642–1649) wurde deren Erschaffung nämlich zu einer Art Volkssport. Im Gegensatz zu diesen „neuen“ Scharrbildern liegen die prähistorischen oft in der Nähe von Wallanlagen. Maiden Castle unweit des „Riesen von Cerne Abbas“ ist z. B. eine 50 ha große Wallanlage, in der erste Siedlungstätigkeit für die Jungsteinzeit nachgewiesen werden konnte. In der Eisenzeit dann entstand eine von Wällen umgebene Siedlung, deren Größe bis zur Ankunft der Römer immer wieder wechselte. Ob man die Geheimnisse der Kalkbilder je lüften wird, hängt davon ab, wie viele noch entdeckt werden – und welche Schlüsse man daraus ziehen kann.

Linien in der Wüste

Nahe der Kleinstadt Nazca an der südlichen Küste Perus gibt es riesige Scharrbilder im kargen Wüstenboden: Verschiedene Tierbilder, aber auch gerade, Straßen ähnelnde parallele Linien, Trapeze und Spiralen sind in den Boden gekratzt. Viele dieser 2000 Jahre alten Bilder sind riesig und nur aus der Luft erkennbar.

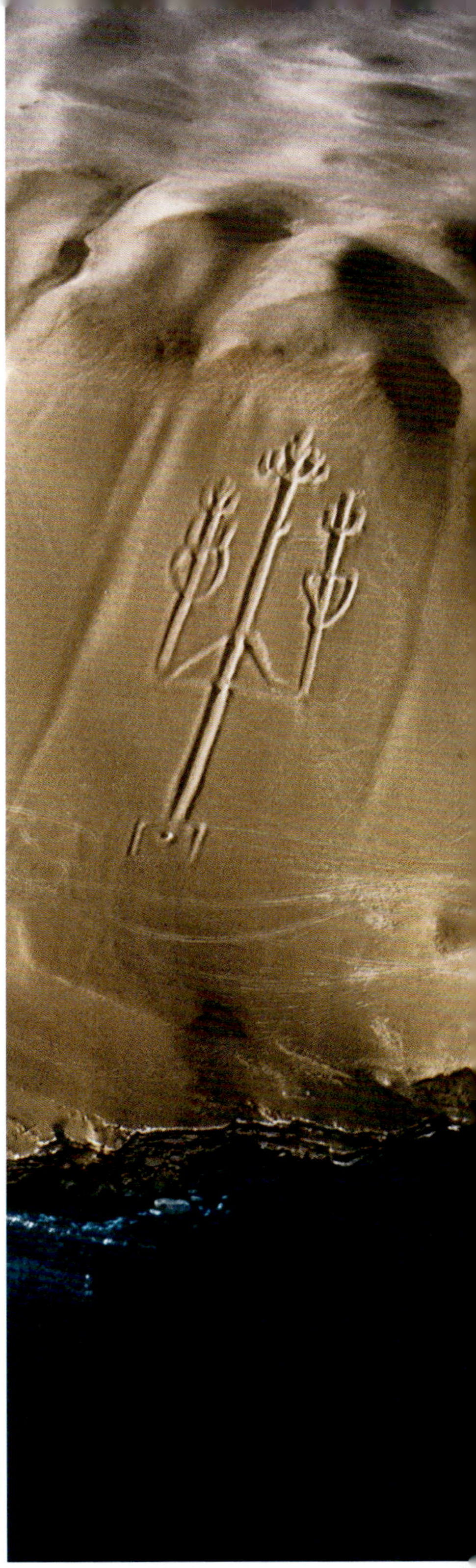

Das einem Dreizack ähnelnde Scharrbild El Candelabro (Der Leuchter) liegt direkt an der Pazifikküste. Ob es zur Kultur der Nazca gehört, ist umstritten. Wahrscheinlich ist, dass seine Entstehung in die Zeit der älteren Paracaskultur fällt.

Theorien zum Sinn und Zweck der Linien hat es viele gegeben. Aufsehen erregte u.a. Erich von Dänikens Idee, dass die indigenen Völker, die früher hier lebten, in der Wüste beim heutigen Nazca eine Art Flughafen anlegten, mit dem sie außerirdische Astronautengötter vom Himmel herunterlocken wollten. Wesentlich ernsthafter wurde die Theorie diskutiert, ob die Ebene, die Pampa Colorada, einst als Austragungsort für Sportveranstaltungen genutzt wurde. Inzwischen scheint jedoch klar zu sein, dass diese Linien wahrscheinlich irgendetwas mit dem Thema „Wasser" zu tun hatten. Diesen Zusammenhang hatte schon die deutsche Naturwissenschaftlerin Maria Reiche vermutet, die ab 1946 die Scharrbilder in der Wüste mehr als 50 Jahre lang studierte (s. Kasten S. 63).

Wasser, ein seltenes Gut in der Wüste

In dieser trockensten Wüste der Welt regnet es nur alle paar Jahre. Die Versorgung der Menschen mit Wasser ist daher von anderen „Quellen" abhängig. Das Wasser stammt entweder aus dem Pazifik, über dem sich im Winter Nebelbänke bilden, die die Feuchtigkeit bis in die Hochebene von Nazca tragen. Es stammt aber auch aus den Anden, die sich im Osten der Wüste mehr als 5000 m hoch in den Himmel recken. Dort oben schneit und regnet es viel häufiger als an der Küste, immerhin zehn Flüsse schicken ihr Wasser in Richtung der Wüste bei Nazca.

Die Regenmengen in den Anden haben sich aber in den letzten 5000 Jahren immer wieder verändert. Sie hängen stark von einem Hochdruckgebiet ab, das meist über Südamerika irgendwo in der Nähe von Bolivien liegt. In manchen Jahrzehnten und Jahrhunderten verschob sich dieses Hoch einige Hundert Kilometer nach Norden. Dann regnete es in den Bergen über Nazca häufiger und

Um in der Trockenheit der Wüste überleben zu können, legten die Nazca tiefe Brunnen an, die sogenannten *puquios*.

die Flüsse brachten ihr Wasser zuverlässig in die Wüste. In anderen Zeiten aber wanderte das Hoch weiter nach Süden, die Niederschläge wurden spärlich und die Flüsse trockneten aus.

Das aber war für die alten Hochkulturen eine Katastrophe, denn die Flüsse sind die Lebensadern der Wüste. Genau wie die ägyptische Kultur vom Nil hing die Nazcakultur von den Andenflüssen ab. Vom Küstennebel allein können zwar die Wüstenpflanzen leben, nicht aber die Baumwolle und die Bohnen, die auf den Feldern der Bauern heute noch so wie damals wachsen.

Unterirdische Flüsse

Trotz dieser Klimaschwankungen blühte die Hochkultur der Nazca acht Jahrhunderte lang – vor allem, weil die Menschen mit einem ausgeklügelten Bewässerungssystem das kostbare Nass verteilten. Vorbild für dieses System war wohl der Fluss Nazca selbst, der an einer Stelle unter die Erde verschwindet und etwa 15 km entfernt als mächtige Quelle wieder aus dem Wüstenboden schießt. Genau an diese Stelle haben die Nazca ihre religiöse Metropole Cahuachi gebaut, in der sechs mächtige Stufenpyramiden und mindestens 40 weitere Gebäude standen. Während normale Flüsse in der Wüstensonne rasch austrocknen können, führen solche unterirdischen Flüsse viel länger Wasser. Deshalb gruben die Baumeister der Nazca Brunnen zu wasserführenden Schichten tief unter dem Wüstenboden. Diese *puquios* waren eine Art Versicherung für längere Dürreperioden.

Auf die Technik allein wollten sich die Nazca aber wohl nicht verlassen. Denn wenn das Hoch über Bolivien nach Süden wanderte, blieb der Niederschlag in den Hochlagen für lange Zeit fast völlig aus – und dann drohten auch die *puquios* zu versiegen. In solchen unsicheren Zeiten suchten die Nazca wie viele andere Hochkulturen auch Hilfe bei ihrer Religion und deren Priestern. Und tatsächlich haben Archäologen viele Gegenstände gefunden, die höchstwahrscheinlich Opfergaben an die Götter waren. Dass die Nazca auch Menschen aus ihrer eigenen Gemeinschaft geopfert haben, ist nach neuesten Erkenntnissen nicht gesichert.

Kultstätten in der Wüste

Fast allen Religionen gemeinsam ist, dass sie immer auch Kultstätten, Tempel oder Kathedralen errichten. Im Fall der Nazca handelte es sich aber um keine Gebäude, die waren in diesem Klima nicht notwendig, sondern um Prozessionswege.

Diese entstanden wohl auf Grundlage der Tierschaubilder, die bereits die Menschen der Paracaskultur an den Hängen der Berge angelegt hatten. Diese Kultur erlebte ihre Blütezeit zwischen 800 und 200 v. Chr. in der gleichen Region.

Die Nazca übernahmen im Anschluss daran, d. h. zwischen 200 v. Chr. und 600 n. Chr., diese Art der Götterhuldigung, verlegten sie aber in die Ebene. Mit der Zeit entwickelten sie ihre Figuren dann zu Prozessionswegen weiter. Bis zu 20 km waren diese Wege lang, die Linien einer Figur kreuzten sich aber nie.

Ihre gigantischen Bilder und Prozessionswege schufen die Nazca mit einer denkbar einfachen Technik. Der Wüstenboden in dieser Gegend ist mit einer dünnen Geröllschicht aus rostroten Eisen- und Manganoxiden bedeckt. Diese dünne Schicht schoben die Menschen von den Prozessionswegen weg und darunter kam der beigegelbe Wüstenboden zum Vorschein. Und weil es in der Wüste fast nie regnet, blieben die Scharrbilder bis heute erhalten. Nur die Prozessionen der Nazca gibt es nicht mehr. Als sich um das Jahr 600 das regionale Klima wieder änderte, blieb der Regen für lange Zeit aus. Auch die Prozessionen konnten daran nichts ändern. Schließlich verschwand die Kultur der Nazca im Dunkel der Geschichte.

MARIA REICHE

„Wenn mein Vater nicht im Krieg gefallen wäre, wäre aus mir eine kleine deutsche Spießbürgerin geworden.“ Maria Reiche erinnerte sich 1975 in einem Gespräch mit dem Schriftsteller Bruce Chatwin an diese Wende in ihrem Leben, das 1903 in Dresden begann. Die zweite, wohl noch entscheidendere Wende kam, als die 29-Jährige sich beim deutschen Konsul in der peruanischen Stadt Cuzco als Hauslehrerin für dessen Kinder bewarb. Den Rest ihres Lebens verbrachte sie dann fast nur in Peru. Und die längste Zeit erforschte sie – zwischen 1946 und ihrem Tod 1998 – die riesigen Scharrbilder in der Wüste bei Nazca. Die Krönung ihrer Bemühungen um den Schutz dieses weltweit einmaligen Kulturerbes war sicher die Anerkennung der Scharrbilder als „Welterbe der Menschheit“. Die Urkunde dazu nahm die 91-Jährige 1994 von der Weltkulturorganisation UNESCO entgegen.

Auf dieser Luftaufnahme der Ebene von Nazca sind die Scharrfigur „Spinne“ und einige der berühmten Nazcalinien deutlich zu erkennen.

Das irdene Reptil

Eine gewaltige Schlange windet sich über einen Bergrücken im US-Bundestaat Ohio. Das aus Erde geformte Reptil ist ungefähr 400 m lang, sein Körper zwischen 30 cm und 1 m hoch. Wer hat diesen „Schlangenhügel“ errichtet? Und warum? Fragen, auf die Wissenschaftler noch immer keine eindeutigen Antworten gefunden haben.

Bereits in den 1840er-Jahren war Wissenschaftlern die eigenartig geformte Struktur aufgefallen, die inzwischen als „Great Serpent Mound“ bekannt ist. Der Kopf des Reptils umschließt ein seltsames Oval, der Körper schlängelt sich in sieben Windungen durchs Gelände und endet in einem eingerollten Schwanz. Die Neugier der Fachwelt war geweckt: Hatten die Erbauer des Hügels vielleicht Spuren hinterlassen, die auf ihre Identität hinwiesen? Frederic Putnam vom Peabody Museum der Harvard University war der Erste, der sich auf die Suche machte. Seine von 1887 bis 1889 dauernden Grabungen lieferten zwar mehr Informationen über die Anlage. Doch es fanden sich keinerlei Kunstgegenstände, Scherben, Knochen oder sonstige Hinweise, aus denen man die Geschichte des Schlangenhügels hätte rekonstruieren können.

Wer waren die Erbauer der Schlange?

Lange hatten Wissenschaftler die Indianer der sogenannten Adenakultur in Verdacht, die etwa in der Zeit von 1000 v. Chr. bis 200 n. Chr. in Ohio und anderen Bundesstaaten der heutigen USA lebten. Schließlich waren zwei Grabhügel dieser Kultur in der Nähe der Riesenschlange gefunden worden.

Andererseits hatte Frederic Putnam in der Nachbarschaft des Schlangenhügels auch ein jüngeres Dorf der Fort-Ancient-Kultur entdeckt, die etwa von 1000 bis 1650 entlang des Flusses Ohio siedelte. Vielleicht haben die Bewohner dieses Dorfes ja auch die große Schlange errichtet? Dafür sprechen einige Holzkohlereste, die Wissenschaftler in den 1990er-Jahren im Great Serpent Mound entdeckt und auf die Zeit um 1070 datiert hatten. Viele Experten halten den Schlangenhügel daher inzwischen für ein Werk der Fort-Ancient-Kultur. Andere glauben dagegen eher an eine Arbeit der Adena, zumal eine weitere Radiocarbon-Untersuchung den Hügel auf 300 v. Chr. datierte. Hat die Fort-Ancient-Kultur die Figur von den Adena übernommen?

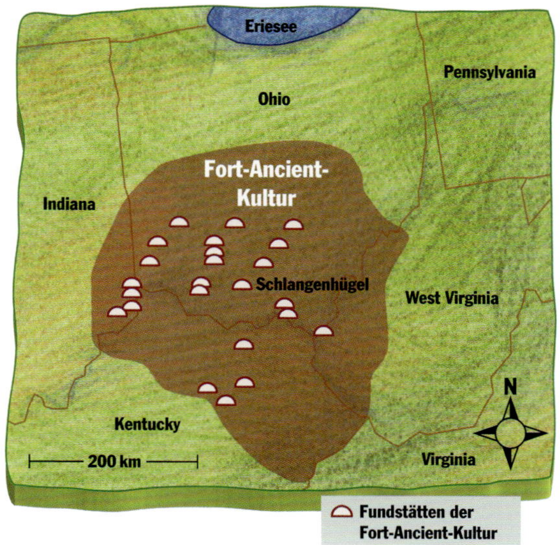

Die Spuren der Fort-Ancient-Kultur haben Wissenschaftler vor allem in den US-Bundesstaaten Ohio, Kentucky und Indiana gefunden. Möglicherweise haben diese Menschen auch den Schlangenhügel errichtet.

Religion und Astronomie

Noch rätselhafter als die Identität ihrer Erbauer ist aber der Zweck der Schlange. Ausschließen können die Archäologen immerhin, dass es sich um ein Grab handelt. Denn bisher wurden in dem Hügel keine menschliche Überreste gefunden. Viel wahrscheinlicher ist eine religiöse Bedeutung. Denn in vielen indianischen Kulturen spielen Schlangen als mächtige Geister der Unterwelt eine wichtige Rolle.

Möglicherweise hat das rätselhafte Reptil aber auch eine astronomische Bedeutung. Denn sein Kopf ist auf die untergehende Sonne am Tag der Sommersonnenwende ausgerichtet. Die Windungen seines Körpers könnten außerdem mit den Sonnenaufgängen bei Winter- und Sommersonnenwende sowie während der Tagundnachtgleiche im Frühling und Herbst zu tun haben. Sogar als Darstellung einer Sonnenfinsternis haben manche Betrachter das Riesenreptil schon interpretiert. Schließlich scheint es ja diesen seltsamen ovalen Gegenstand zu verschlingen. Die Sonne? Oder vielleicht doch eher ein Ei? Oder soll dieses Oval vielleicht das Auge des Reptils darstellen? Noch hat der Great Serpent Mound nur einen Teil seiner Geheimnisse preisgegeben.

EIN ZOO AUS ERDE

Der Great Serpent Mound ist zwar der größte, aber keineswegs der einzige Erdhügel in Tierform. Auch in anderen Regionen der US-Bundesstaaten Ohio, Wisconsin, Iowa, Illinois und Minnesota waren die Moundbuilder (engl. für Hügelbauer) tätig. So gibt es Hügel in Form von Vögeln, Bären, Hirschen, Büffeln oder Raubkatzen. Rätselhaft ist der Alligator Mound in Ohio. Da es in dieser Region gar keine Alligatoren gibt, halten manche Experten diesen Hügel eher für ein Opossum, andere für einen Salamander oder einen Panther.

Alle Wege führen nach Chaco

Sie legten ein Netz gigantischer Straßen an und bauten mehrgeschossige Häuserkomplexe: Die indianische Hochkultur der Anasazi gibt den Wissenschaftlern bis heute Rätsel auf. Hatten die riesigen Straßen kultische Zwecke? Und gehörte zu den Ritualen der Indianer auch der Verzehr von Menschenfleisch?

Nicht alle Indianer zogen auf dem Pferderücken durch das weite Land, lebten von der Jagd und bauten unterwegs Tipis auf. Die Anasazi beispielsweise waren Vorfahren der sogenannten Pueblo-Indianer und wurden um 700 n. Chr. sesshaft (*pueblo* bedeutet auf Spanisch „Dorf"). Auf ihren Feldern, die sie mit einem ausgeklügelten System bewässerten, bauten sie vor allem Mais und Bohnen an. Diese Ureinwohner Nordamerikas hinterließen eindrucksvolle Baudenkmäler – lange bevor sich weiße Siedler in den Westen aufmachten.

Ein ausgedehntes Wegenetz

Es ist vor allem das Wegenetz dieser präkolumbischen Indianer, das Wissenschaftler noch heute rätseln lässt: Die Anasazi bauten Straßen mit einer Breite zwischen 2 und 9 m. Die Gesamtlänge des Netzes ist gewaltig: Sie wird auf fast 650 km geschätzt. In der Regel führen die Wege über lange Strecken strikt geradehaus, ändern aber hier und da plötzlich die Richtung. Mancherorts wurden Hindernisse wie Senken, Hügel oder Felsen nicht umgangen, obwohl das den Straßenbau sicher vereinfacht hätte. Während man früher annahm,

Das Pueblo Bonito im Chaco Canyon war die größte Siedlung der Anasazi. Der d-förmig angelegte Bau enthielt dabei mehr als 600 Räume und war über fünf Stockwerke hoch.

MENSCHENFRESSER?

Seit etwa 30 Jahren streiten Experten darüber, ob die Anasazi Menschenfleisch verzehrten. Der Grund: Immer wieder finden sich in Wohnkomplexen der Anasazi neben Tierknochen auch abgeschabte Menschenknochen. Die Knochen weisen Schnittverletzungen auf, wie sie beim Abziehen von Muskelfleisch vom Knochen entstehen. Obendrein wurde angeblich an Feuerstellen und in historischem Kot menschliches Protein gefunden. Gegner der These vermuten, bei den Fundorten könne es sich um Grabstellen und bei den Schnittverletzungen um die Folgen ritueller Bestattungsmethoden handeln.

dass die Straßen der Anasazi immer nur geradeaus gebaut worden seien, sprechen Wissenschaftler heute von geraden „Segmenten“, aus denen die Straßen zusammengesetzt wurden. Diese Segmente laufen sogar streckenweise parallel, im Abstand von einigen Dutzend Metern. Und nicht selten enden die Straßen im Nichts.

Umstrittene Datierungsversuche

Für den Bau dieser geheimnisvollen Straßen wurde stellenweise großer Aufwand betrieben: An einigen Stellen bestehen die Wege aus einem 10–50 cm tiefen Straßenbett, das mit gestampftem Lehm verfüllt wurde, alternativ sind sie in Sandstein eingegraben, um den Straßenverlauf zu glätten. An vielen Abschnitten wurde aber offensichtlich nur der Boden geebnet und Steine wurden weggeräumt. Begrenzt werden die Straßen oft von Erd- oder Steinkanten.

Das macht es schwierig, heute den tatsächlichen Straßenverlauf zu rekonstruieren. Die bekannten Streckenabschnitte wurden vor allem mithilfe von Luftbildaufnahmen identifiziert; von der Erde aus lassen sie sich oftmals nicht mehr erkennen. Auch der Zeitpunkt des Baus und der Nutzung ist unklar. Rückschlüsse ziehen die Archäologen anhand von anderen Bauwerken am Wegesrand oder archäologischen Fundstücken. Doch ob die Straßen und die Reste in der Nähe wirklich zeitlich zusammenpassen, ist natürlich nicht zu beweisen und daher umstritten. Zwischen 900 und 1100 n. Chr., so nehmen die meisten Archäologen an, gab es Fußverkehr auf den Straßen – denn Räder, Fuhrwerke oder Lasttiere kannten die Anasazi nicht.

Das größte Rätsel ist daher die Breite der Straßen – für Fußgänger hätten auch Wanderwege genügt. Zudem verbinden die Wege auch keine Wohnstätten in dem großen Siedlungsgebiet in New Mexico – einige Siedlungen waren schon Geisterstädte, als die Straßen gebaut wurden.

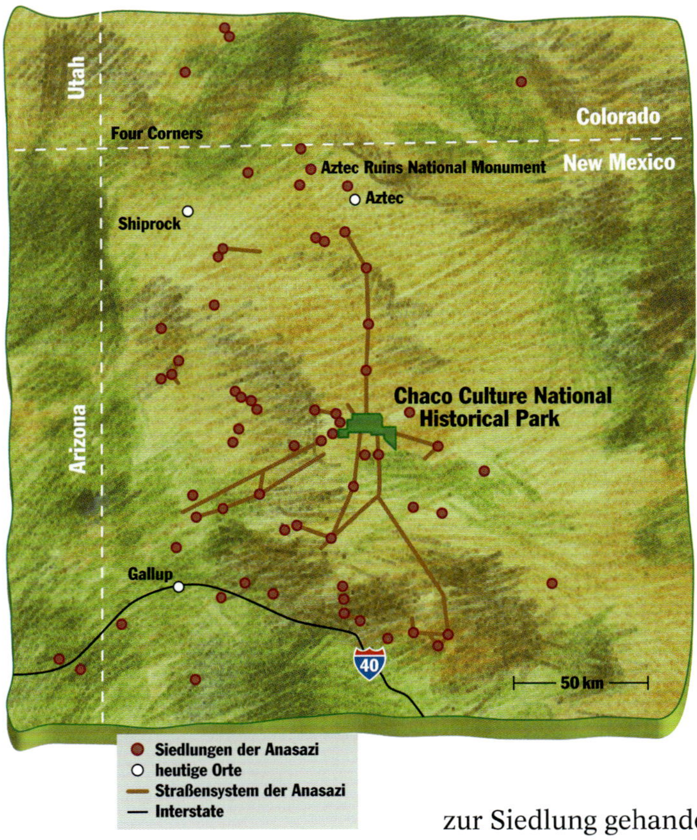

Diese Karte zeigt den Verlauf der wichtigsten Straßen der Anasazi, die offenbar vom Chaco Canyon ausgehen. Heute ist dieser Canyon, in dem viele Ruinen von Siedlungen besichtigt werden können, ein Nationalpark.

Welchen Zweck hatten die Straßen?

Das Straßennetz scheint eher strahlenartig von einer Felsformation, dem Chaco Canyon, auszugehen. Dort befindet sich eines der größten Bauwerke der Indianer, das Pueblo Bonito mit mehr als 600 Räumen. Die erste Vermutung der Wissenschaftler war daher, bei dem Wegesystem rund um den Chaco Canyon habe es sich um Wege zur Siedlung gehandelt: Auf den Wegen könnten die Anasazi ihre Ernten zur Lagerung gebracht oder auch Baumaterial für die Errichtung des Pueblo Bonito transportiert haben. Für eine solche Interpretation spricht auch die Art und Weise, wie die frühen Baumeister ihre bis zu fünfstöckigen Großhäuser errichteten. Sie verbauten mehr als 240 000 Baumstämme in den Gebäuden – in einer Gegend, die zu dieser Zeit schon weitgehend gerodet war. Wissenschaftler konnten anhand der Jahresringe der Stämme feststellen, dass sie aus bis zu 75 km Entfernung herangeschafft wurden.

Funde wie Tonscherben am Rand der Straßen deuten auf Handelswege hin, doch für einen regelmäßigen Warenverkehr findet man zu wenige Feuerstellen, an denen die Kaufleute eine Rast eingelegt haben könnten. Zudem scheint die Kultur der Chaco Anasazi nur wenig Waren aus dem Süden importiert zu haben.

Andere Wissenschaftler gehen davon aus, dass die Straßen für kultische Zwecke gebaut und genutzt wurden, etwa als Parade- und Prozessionsstraßen. Diese Theorie wird dadurch gestützt, dass einige moderne Pueblo-Indianer „heilige Wege“ kennen, auf denen sie zeremoniell zu wichtigen kulturellen Stätten pilgern – eine gute Begründung für den großen Aufwand dieses Straßenbaus.

Doch warum ist das Netz dieser Kultstraßen so unvollständig? War ein noch längeres Netz aus Straßen zwar geplant, wurde aber nur in Teilstücken verwirklicht? Viele Fragen bleiben offen.

Erdzeichen in der „Grünen Hölle“

Der Amazonas samt seinen zahllosen Nebenflüssen gilt noch immer als Symbol für ungebändigte Natur, für tropischen Dschungel, der seit Urzeiten ein paar Indianern als „primitiven“ Jägern und Sammlern einen bescheidenen Lebensraum bot, weit entfernt von jeder „Hochkultur“. Neue überraschende Entdeckungen bringen jedoch dieses klischeegeprägte Weltbild ins Wanken.

Der Rio Purus gehört zu den längsten und wasserreichsten Flüssen, die sich durch das Amazonastiefland Perus und Brasiliens schlängeln. Die breiten, regelmäßig überschwemmten Flussauen, *várzea* genannt, sind dank ihrer fruchtbaren Auenböden und des Fischreichtums relativ dicht besiedelt, ganz im Unterschied zum höher gelegenen Land abseits der Flüsse, der *terra firme*. Schon dem englischen Entdecker William Chandless, der dem Lauf des Purus in den 1860er-Jahren folgte, fiel auf, dass die Hütten der Indios in den Talauen oft von Gräben und Palisaden umgeben waren. Er dachte an befestigte Siedlungen, wurde aber von den Einwohnern eines Besseren belehrt: Sie erklärten ihm die bemerkenswerten Anlagen als Plätze für Feste und Zeremonien.

Die skrupellose Abholzung des Regenwaldes bringt im westlichen Amazonastiefland immer wieder unerwartete künstliche Strukturen ans Tageslicht.

Umweltsünder bringen Kulturzeugen ans Tageslicht

Wie früher allgemein üblich reiste Chandless auf dem Wasserweg durch die tropischen Regenwälder Amazoniens, begnügte sich hier und dort mit einem kurzen Blick hinter die dichten Waldvorhänge an den Flussufern. Die *terra firme* blieb ihm daher fast ganz verborgen, ein weißer Fleck auf der Landkarte, der erst seit wenigen Jahrzehnten vor allem mithilfe von Satellitenaufnahmen erkundet wird. Die Augen der künstlichen Erdtrabanten durchdringen das Kronendach des Regenwaldes jedoch nur unvollkommen, zeichnen lediglich ein grobes Bild der Landschaft ohne Details. Seit allerdings die Wälder auf weiten Flächen gnadenlos abgeholzt und niedergebrannt werden, treten auf Luftbildern interessante Strukturen zutage, sogenannte Geoglyphen („Erdzeichen“) – dabei handelt es sich in der vermeintlich kulturlosen „Wüste“ der *terra firme* zweifellos um Relikte längst vergangener Kulturen. Denn auf natürliche Weise können die mehrere Hundert Meter großen Anlagen aus Gräben und Erdwällen, die geometrischen Muster und die schnurgerade in die Landschaft gezeichneten Straßen nicht entstanden sein.

Viele offene Fragen

Geoglyphen stellen Forscher vor knifflige Aufgaben und regen fantasievolle Zeitgenossen zu oftmals abenteuerlichen Spekulationen an. Bei der noch relativ am Anfang stehenden Erforschung der Erdzeichen im westlichen Amazonastiefland wird dies wohl nicht anders sein. Einige Erkenntnisse lassen sich aber bereits festhalten. In einer 2018 veröffentlichten Studie werden in einem Gebiet von 400 000 km^2 1000 bis 1500 Erdzeichen ermittelt, rund 600 von ihnen sind bereits identifiziert. Anhand von Kohlefunden geht man von einer Besiedlungszeit seit mehr als 4000 Jahren aus. Die Geoglyphen im westlichen Amazonien stammen demnach mit ziemlicher Sicherheit aus präkolumbianischer Zeit.

> **„Allein rund um den Fluss Tapajós müssen in präkolumbianischer Zeit etwa eine Million Menschen gelebt haben.“**

Immerhin lässt sich inzwischen auch die erbrachte Bauleistung und der Stand der Technik sowie die Organisation in Zahlen fassen. Für den Bau einer einzigen Anlage waren schätzungsweise 300 Bauarbeiter erforderlich. Diese große Zahl an Menschen wurde durch neueste Studien untermauert: Allein im südlichen Amazonasgebiet, rund um den Fluss Tapajós, müssen demnach in präkolumbianischer Zeit etwa eine Million Menschen gelebt haben – eine Zahl, die man bisher für ganz Amazonien angenommen hatte. Was aber bewirkte die drastische Abnahme der Bevölkerung in den letzten Jahrhunderten? Vielleicht Naturkatastrophen oder – was wahrscheinlicher ist – der „Fluch des weißen Mannes“: eingeschleppte Krankheiten, denen die indigene Bevölkerung bald in Scharen zum Opfer fiel?

Herrschergräber oder Zweckbauten?

Die entscheidende Frage zielt aber auf den Zweck der unter tropischem Klima in schweißtreibender Arbeit errichteten Anlagen. Weshalb nahmen die Menschen diese Mühen auf sich? Wurden hier Grabstätten für Herrscher errichtet? Dieses Motiv erscheint für die Erdzeichen der *terra firme* im westlichen Amazonien eher unwahrscheinlich. Viele Geoglyphen in Südamerika (und anderen Gegenden der Welt) zeigen echte Tiere oder Fabelwesen und enthüllen so möglicherweise religiöse Wurzeln.

Demgegenüber wirken die Geoglyphen Amazoniens eher wie Zweckbauten, wie befestigte Dörfer oder Kultstätten. Dafür spräche das markante Graben-Wall-System. Merkwürdig ist nur, dass die Gräben im Unterschied zu mittelalterlichen europäischen Festungen nicht vor, sondern hinter den Wällen verlaufen. Da drängt sich einem eine Idee auf: Möglicherweise waren diese speziellen Geoglyphen nichts anderes als natürliche Speisekammern mit wassergefüllten Gräben, in denen sich Fische, Schildkröten und andere Wassertiere über die Trockenzeit hinweg bis zum nächsten großen Regen halten konnten.

Nicht jedes geheimnisvolle Muster in einem Feld ist kreisförmig.

Kunst im Kornfeld

Mysteriöse Muster in Getreidefeldern erregen seit 30 Jahren die Gemüter: Kornkreise hat man dieses Phänomen getauft. Sind sie übernatürliche Zeichen oder einfach Schabernack?

Am 18. April 2017 wurde er gemeldet: der erste Kornkreis der Saison 2017, in Tarlton Down nahe Cherlington in der englischen Grafschaft Gloucestershire. Es war ein unscheinbarer Kreis in einem Rapsfeld, die Pflanzen kaum niedergedrückt – aber ein exakter Kreis. Und, erst auf den zweiten Blick ersichtlich, mit einem zweiten Kreis in seinem Inneren. Im Verlauf des Jahres wurden viele weitere Kreise entdeckt, verschiedene Websites erklärter Kornkreis-Fans listen bis zu 44 der Phänomene weltweit für das Jahr 2017 auf, Dunkelziffer unbekannt. Alljährlich zieren die geometrisch niedergedrückten Halme die Felder der Welt. Wissenschaftler und Parawissenschaftler fragen nach dem Ursprung der kunstvollen Gebilde. Ganz einig ist man sich bis heute nicht, allerdings konnten viele der anfänglichen Theorien widerlegt werden.

Vom Kreis zum Mandala

Es begann 1978 auf dem Feld des Bauern Ian Stevens und handelte sich damals noch um einen einfachen, aber exakt in das Kornfeld gedrückten Kreis. Bald häuften sich ähnliche Ereignisse und riefen die Presse auf den Plan. Zu Beginn der 1990er-Jahre wurden aus den einfachen Kreisen und Ringen komplexe Strukturen. Je fantastischer die Muster wurden, desto dramatischer fielen auch die Erklärungsversuche aus: Unter Ufo-Anhängern war von Landungsspuren unbekannter Flugobjekte die Rede oder von Botschaften außerirdischer Lebensformen. Esoteriker vermuteten, es handle sich um Hilfeschreie der geplagten Mutter Erde oder um göttliche Zeichen. Wissenschaftlicher klang die Erklärung, die Kreise bildeten sich durch stationäre oder aus ionisiertem Gas zusammengesetzte Wirbelwinde oder durch den Einfluss anderer unbekannter Naturenergien. Für möglich hielten einige auch militärische oder industrielle Geheimversuche. Der Deutsche Jagdschutzverband behauptete mehrmals, die Kornkreise entstünden durch das Treiben brünftiger Hirsche, eine andere biologische Erklärung beruft sich auf Pilzgeflechte, die die Halme verändern. Trotz aller Bemühungen war aber eine wissenschaftliche Erforschung der Phänomene nicht möglich. Mehrere Versuche, die Entstehung zu beobachten, scheiterten.

Von Menschen gemacht

Am 9. September 1991 lüftete das britische Boulevardblatt *Today* das Geheimnis. Doug Bower und Dave Corley, zwei Rentner aus Southampton, behaupteten in einem Interview, sie hätten die meisten Kornkreise in nächtlichen Geheimaktionen erschaffen. Für viele bestätigte sich damit, was sie schon lange vermutet hatten. Andere aber beharren weiter darauf, die „echten" Korngebilde seien übernatürlichen Ursprungs.

In der Zeitschrift *Zeitgeist* plauderten im Jahr 2003 „Alex", „Mole" und „Jo" anonym über ihre nächtlichen Aktionen. Die drei haben sich der Kunst der Kornkreiskreationen verschrieben. Es gibt keine „echten" und „falschen" Kornkreise, sagen sie. Alle Kreise seien „echt", erschaffen von Kornkreiskünstlern wie ihnen. An etwa drei bis vier Wochenenden im Jahr treffen sie sich in der Dunkelheit mit Gleichgesinnten. Davor haben sie die Muster am Computer entworfen. Dann braucht man nur noch ein langes Seil und ein Brett, das man per Seilschlaufe unter den Füßen befestigen kann.

„An etwa drei bis vier Wochenenden im Jahr treffen sie sich in der Dunkelheit mit Gleichgesinnten."

Wie es funktioniert

Zu Beginn stellt sich eine Person mit dem Seilende ins Feld, und zwar dorthin, wo das Zentrum des Kreises sein soll. Die zweite Person hält das andere Seilende und trampelt im geplanten Radius einen Pfad als Außenbegrenzung des ersten Kreises. So ist die erste Form vorgegeben, die der Dritte mit dem Brett flachtreten kann. Auf diese Weise entstehen weitere Kreise, bis das Naturkunstwerk vollendet ist. Inzwischen existieren grafische Wunderwerke im Korn, die aussehen wie Mandalas, kunstvoll entworfen und aufwendig verziert. Echte Kornkreis-Mystiker bleiben deshalb dabei: Bei einigen ließe sich eine menschliche Beteiligung nicht nachweisen.

Auch diese äußerst kunstvolle Formation wurde in einem Feld im südenglischen Wiltshire entdeckt.

URALTE LEGENDEN
DER MENSCHHEIT

Eine Felszeichnung der Aborigines zeigt einen Fisch: Hinweis auf eine Sintflut?

Die große Flut

Sie war laut Bibel die größte Katastrophe der Menschheitsgeschichte, denn als Strafe Gottes vernichtete die Sintflut nicht nur die sündigen Menschen, sondern „alles Leben, was sich bewegte“. Spätestens mit dem Aufkommen der modernen Naturwissenschaft beschäftigten sich dann Forscher mit der Frage, welches Naturereignis diese riesige Überschwemmung wohl ausgelöst haben könnte.

„Die Flut ergoss sich über die Erde 40 Tage lang … Die Wasser schwollen an und mehrten sich gewaltig auf der Erde …; alle hohen Berge unter dem ganzen Himmel wurden bedeckt … 150 Tage lang.“ Die Erzählung von der Sintflut in der Bibel mag zwar die bekannteste sein, aber sie ist bei Weitem nicht die Einzige. Auch in anderen Kulturkreisen finden sich ähnliche Darstellungen. Deutliche Übereinstimmungen gibt es mit dem sumerisch-babylonischen Gilgmesch-Epos und dem griechischen Deukalion-Mythos. Die Geschichte einer weltweiten Flut wird außerdem in der altisländischen Prosa Edda erzählt und aus dem Chinesischen Altertum der Zeit Kaiser Yaous gibt es Sagen, dass sich „Fluten bis zum Himmel türmen.“ Die amerikanischen Indianer kennen ebenfalls derartige Geschichten und selbst die australischen Aborigines haben einen solchen Mythos. Da liegt es nahe, anzunehmen, dass tatsächlich einmal große Fluten die Menschen bedroht haben und als traumatische Ereignisse in Literatur und Legenden verarbeitet wurden. Doch wodurch könnte eine so große Katastrophe ausgelöst worden sein?

„Die Erzählung von der Sintflut in der Bibel mag zwar die bekannteste sein, aber sie ist bei Weitem nicht die Einzige.“

Kein globales Ereignis

Sicher ist, dass es nicht „die eine“ große Flut gab, auf die sich all die verschiedenen Schilderungen beziehen. Sie wäre sonst heute in Form einer speziellen geologischen Schicht (etwa Lehm) an den verschiedensten Orten der Erde im selben Gesteinshorizont zeitlich nachweisbar. Ein solches Zeugnis für ein erdumspannendes Überschwemmungsereignis fehlt aber. Somit bleibt nur die Möglichkeit eines lokalen oder regionalen Ereignisses – und das widerspricht auch nicht den Darstellungen, die von einer überfluteten Welt berichten: Der Begriff „Welt“ bezog sich damals immer nur auf einen begrenzten bekannten Raum, z. B. das Mittelmeergebiet.

Sintflut durch Regen und Tsunamis

Lange Zeit wurde von vielen Wissenschaftlern die Annahme vertreten, dass alle mesopotamischen Flutmythen, auf denen die biblische Sintflutsage größtenteils fußt, auf die traumatische Erfahrung der lokalen Schwemmfluten von Euphrat und Tigris zurückgehen. Das konnte jedoch durch archäologische Untersuchungen nicht bestätigt werden. Das Gleiche gilt für jenen Erklärungsversuch, der die Sintflut im minoischen Zeitalter auf den Ausbruch des Vulkans Thera auf der Insel Santorin und den nachfolgenden Tsunami zurückführt. Diese Eruption erfolgte nämlich zwischen 1625 und 1530 v. Chr.,

In vielen Epochen war die Sintflut auch ein Thema in der Kunst und spiegelte den jeweiligen Zeitgeist wider – hier eine Darstellung von Gustave Doré, der 1866 die fatalen Auswirkungen der biblischen Sintflut illustrierte.

SCHLAG AUS DEM ALL

Die in der biblischen Sintflutsage angeführte „überirdische“ Ursache erfüllt die Theorie am besten, die von Meteoriten als Auslöser ausgeht. 1932 wurde der Meteorit Wabar in der Wüste Saudi-Arabiens entdeckt. Sein Einschlag mit der Sprengkraft der Hiroshima-Atombombe könnte große Flutwellen ausgelöst haben. Er wurde zunächst auf 4000 v. Chr. datiert; laut neueren Untersuchungen stammt er aber erst aus dem 15. bis 18. Jh. n. Chr. Der Wabar-Meteorit scheidet als Auslöser der sumerischen Flutkatastrophe somit aus. Dasselbe gilt für den Krater Jabal Waqf es Swwan in Jordanien. Wegen der relativ geringen Erosion wurde dessen Alter erst auf 10 000 Jahre geschätzt. Nach neueren Untersuchungen stammt er aber aus dem Eozän, also einer Zeit vor 56 bis 37 Mio. Jahren.

während die Textfunde des babylonischen Epos von der Sintflut mindestens auf das 18. Jh. v. Chr. datieren.

Eine andere Erklärung nimmt ein schweres Erdbeben als Grundlage, das den gesamten östlichen Mittelmeerraum am 21. Juli 365 n. Chr. erschütterte. Die dadurch ausgelösten Tsunamis liefen über die flachen Küsten und zerstörten Siedlungen. Gab es ein ähnlich schweres Ereignis Tausende Jahre zuvor? Tatsächlich sind Erdbeben keine Seltenheit in dieser Region, sie erfolgen sogar in zyklischen Abständen. Und das ist gleichzeitig der Knackpunkt aller Theorien, die auf Tsunamis basieren, zu der auch ein Erdrutsch am Ätna vor 8000 Jahren als Auslöser einer Riesenwelle gehört: Die Häufigkeit solcher Ereignisse widerspricht einer außerordentlichen Sintflut.

Uralte Mythen in Ton (13. Jh. v. Chr., akkadische Keilschrift): Auch im Gilgamesch-Epos gibt es eine große Flut.

Meeresanstieg oder Supermonsun?

1997 traten US-amerikanische Marinegeologen mit der aufsehenerregenden Behauptung an die Öffentlichkeit, die Sintflut, die in der Bibel geschildert wird, gehe auf einen Wassereinbruch ins Schwarze Meer zurück. Er ereignete sich, als es nach dem Ende der letzten Eiszeit durch das Abschmelzen der Gletscher zu einem weltweiten Anstieg des Meeresspiegels kam. Er stieg etwa im 7. Jt. v. Chr. in vergleichsweise kurzer Zeit auf das Niveau des Bosporus. Am nördlichen Ende dieser Meerenge gab es – laut der Theorie – damals noch einen natürlichen Damm zwischen Schwarzem und Marmarameer. Diese Landbrücke hielt dem steigenden Druck nicht stand und brach. Gigantische Wassermassen ergossen sich in das Schwarzmeerbecken und überfluteten mit der zehnfachen Wucht der Niagarafälle die tiefer gelegenen Küstenbereiche am Schwarzen Meer. Die Bevölkerung wanderte daraufhin ins Zweistromland aus und nahm die Berichte dieser großen Flut als kollektive Erinnerung mit.

Aber es gibt auch eine Theorie, die direkt dort ansetzt, wo die biblische Sintflut ihren geografischen Ursprung hat: 2003 untersuchten deutsche Geowissenschaftler Meeresablagerungen aus dem nördlichen Roten Meer. Nach ihren Erkenntnissen war die heute sehr trockene Region noch vor einigen Tausend Jahren durch eine lange Feuchtperiode geprägt. Zwischen 7000 und 4500 v. Chr. hatte das Oberflächenwasser des Roten Meeres einen geringeren Salzgehalt als heute. Die Folge war ein monsunartiges Klima. Die Theorie wird durch Untersuchungen von in Sedimentgestein gefundenen uralten Blütenpollen unterstützt. Also könnte die biblische Sintflut auch ein Wetterphänomen gewesen sein – ein in seinen Ausmaßen katastrophales, ähnlich wie die monsunbedingten Überschwemmungen in Pakistan 2010 oder Indien 2013 oder Bangladesch 2017.

Sodom und Gomorrha: Rätselhafte Apokalypse

In den Mythen vieler Völker, Kulturen und Religionen ist von großen, einst blühenden Städten die Rede, die von einem Tag zum anderen ausradiert wurden, urplötzlich versanken oder durch Erdstöße oder Feuersbrünste zerstört wurden.

An der Tatsache, dass sich solche Desaster ereignen können, ist nicht zu zweifeln, das belegen zahlreiche Beispiele aus historischer und unserer Zeit: Pompeji wurde bei einem Ausbruch des Vesuv von Glutlawinen vernichtet, Bam im Iran oder Port-au-Prince auf Haiti durch Erdbeben in Schutt und Asche gelegt, Hiroshima und Nagasaki gingen im atomaren Inferno unter.

Weil solche Katastrophen so viel Leid verursachen, werden sie in religiösen Mythen meistens als Strafe der Götter für sündhaftes Verhalten der Einwohner gedeutet, um ihnen die beängstigende Willkür zu nehmen. Auch beim Untergang der Städte Sodom und Gomorrha im Nahen Osten geht die Bibel von einer Strafe Gottes aus: „Da ließ der Herr Schwefel und Feuer regnen auf Sodom und Gomorrha, vom Herrn vom Himmel herab“ (Genesis 19,24) und „Siehe, das war die Sünde deiner Schwester Sodom“ (Hesekiel 16,49). Und im Koran ist das Ende der beiden Städte ebenfalls Thema: „Wir werden auf die Bevölkerung dieses Landstrichs wegen ihrer Missetaten gewiss ein Strafgericht vom Himmel herabbringen.“ (Sure 29:34, 35 – al-‘Ankabut).

Suche nach Fakten

In allen drei großen Glaubensgemeinschaften, die im Nahen Osten ihre Wurzeln haben, gilt das Ende der zwei Städte als sprichwörtliches Urbild einer von Gott gesandten Strafe. Kritische Wissenschaftler forschen nach Ort, Zeitpunkt und möglichen Ursachen der legendären Katastrophe, stoßen dabei jedoch häufig an die Grenzen ihres Könnens. Zumindest der Ort des Geschehens scheint heute bekannt: Sodom und Gomorrha lagen offenbar am südöstlichen Ufer oder im näheren Umfeld des Toten

***Der Untergang von Sodom*: Illustration aus einer Chronik von 1411**

Meeres, vielleicht in der Nähe der heutigen Orte Bad edh-Dhra (für Sodom) und Numeira (für Gomorrha). Allerdings scheint nur Letzterer durch ein Feuer zerstört worden zu sein, auch sollen beide Städte mit einem zeitlichen Unterschied von 250 Jahren untergegangen sein. 2015 vermeldeten amerikanische Archäologen, in der jordanischen Region Tall el-Hammam eine riesige Stadt aus der Bronzezeit gefunden zu haben – auf sie würden alle Merkmale Sodoms zutreffen. Einen Beweis für die Richtigkeit dieser These gibt es bis heute nicht.

Feuer oder Wasser?

Interessanter als das Wo bleibt aber das Warum. Die schriftlichen Quellen beschreiben für Sodom und Gomorrha einen Feuersturm, bei dem Feuer und Schwefel vom Himmel gefallen sein sollen. „Sodom" bedeutet tatsächlich „brennend", Gomorrha aber „überschwemmt": Wie konnten am Toten Meer zwei so unterschiedliche Elemente wie Feuer und Wasser aufeinandertreffen?

„Wie konnten am Toten Meer zwei so unterschiedliche Elemente wie Feuer und Wasser aufeinandertreffen?"

Die Theorie vom Einschlag eines fremden Himmelskörpers, eines Asteroiden, erscheint noch recht plausibel, ein Atomschlag auf die Städte durch außerirdische Besucher, wie u. a. vom Schweizer Schriftsteller Erich von Däniken vermutet, dagegen nicht.

Tiefe Gräben

Die geologische Situation spricht eher für irdische Ursachen, vor allem die Lage des Toten Meeres im Jordangraben. In und an den Rändern geologischer Gräben ereignen sich häufig Erdbeben. Am Grund solcher Gräben lagern sich oft Sedimente ab, die Kohlenwasserstoffe enthalten. Aus solchen Sedimenten steigt das leicht brennbare Methan auf, in regelmäßig durchmischten Seen bis zur Wasseroberfläche, wo es sich in der Atmosphäre verflüchtigt.

Ist der See jedoch sehr tief und salzig wie das Tote Meer, dann verhindert die Last der Wassersäule die gefahrlose Entgasung. Es bilden sich sogenannte Methantaschen in den untersten Wasserschichten. Löst dann beispielsweise ein Erdbeben einen Erdrutsch aus, wird die stabile Schichtung durcheinandergebracht. Methan entweicht in großen Mengen und kann sich an den Feuerstellen in den Orten am Ufer entzünden: Es regnet Feuer und Schwefel vom Himmel. Und dem Erdrutsch folgt auch noch ein Tsunami, der die Küste überflutet. So gesehen haben die alten Namen von Sodom und Gomorrha wohl durchaus ihre Richtigkeit.

Der Schweizer Ufo-Forscher Erich von Däniken trägt seit mehr als 40 Jahren Indizien dafür zusammen, dass Außerirdische vor Jahrtausenden Einfluss auf die Entwicklung der Menschheit genommen haben. So soll auch die Astronomie der Maya von Außerirdischen begründet worden sein, was Däniken durch die Deutung von Symbolen und bildlichen Darstellungen in Mayareliefs zu belegen versucht.

Der Turmbau zu Babel von Pieter Brueghel d. Ä. (1563)

Vermessenes Projekt der Antike?

Er gilt als die bekannteste Bauruine der Antike: der Turm zu Babel. Nur wenige Bauwerke des Altertums sind selbst nach ihrem Verschwinden so im kollektiven Gedächtnis der Menschen haften geblieben. Das ist der Darstellung in der Bibel zu verdanken. Den Turm gab es wirklich.

„Wohlan, lasst uns Ziegel streichen und sie hart brennen! ... Lasst uns eine Stadt und einen Turm bauen, dessen Spitze bis in den Himmel reicht! Wir wollen uns einen Namen machen, damit wir nicht in alle Welt zerstreut werden!“, heißt es im Alten Testament über den Baubeginn des Turms zu Babel. Auch wie die Geschichte ausging, ist bekannt: Gott stieg herab, um dem vermessenen Streben der Menschen ein Ende zu machen. Dazu bediente er sich eines subtilen Mittels: Er verwirrte die Sprache der Bauleute und zerstreute sie über die ganze Erde.

Mythos mit wahrem Kern

Bis heute haben sich aber immer wieder Bauleute zusammengefunden, um Städte, Hochhäuser und mehrere Hundert Meter hohe Türme zu errichten. Sie werden sogar immer höher und erreichen inzwischen (fast) den Himmel, ohne dass eine Strafe auf dem Fuße folgt. Die Geschichte vom Turmbau zu Babel und der babylonischen Sprachverwirrung ist nach Meinung der Fachleute ein Mythos mit einem wahren Kern. Wahrscheinlich spiegelt er die Eindrücke der Israeliten wider, die in babylonische Gefangenschaft verschleppt worden waren und sich nun mit der hochentwickelten Zivilisation und den technologischen Fähigkeiten im Land zwischen Euphrat und Tigris konfrontiert sahen.

Und auch der Turm selbst hat eine historische Basis: Dank der Grabungsarbeiten des deutschen Archäologen Robert Koldewey wissen wir, dass es den Turm zu Babel tatsächlich gegeben hat, und zwar als Mittelpunkt einer Tempelanlage, deren Fundamente er 1913 freilegte. 2017 fand man zudem eine Steintafel aus dem 6. Jh. v. Chr., auf welcher der Turm abgebildet ist. Urkundlich erwähnt wird er erstmals in den Annalen des assyrischen Königs Sanherib 689 v. Chr. Er ließ nach der Eroberung den Tempel zerstören. Seine Nachfolger begannen mit dem Wiederaufbau. Das Bauwerk verfiel aber im Lauf der Zeit, und erst Alexander der Große ließ 323 v. Chr. die Reste abreißen, um den Turm neu zu errichten. Doch dazu kam es nicht, da Alexander wenige Monate später verstarb.

Die Zikkurat von Ur liegt im Süden des heutigen Irak und ist mehr als 4000 Jahre alt. In den 1980er Jahren wurde die Anlage restauriert. Der massive Bau aus Lehmziegeln hat eine Höhe von 25 m und wurde früher vom Tempel für den Mondgott Nanna gekrönt.

„Götterberge"

Es hat allerdings nicht nur diesen einen Turm gegeben, sondern zahlreiche babylonische Türme im Gebiet zwischen Euphrat und Tigris, die sich perlschnurartig über das gesamte Zweistromland verteilen. „Zikkurat" werden diese typischen pyramidenartigen Stufenbauwerke im Babylonischen genannt, was so viel heißt wie „Götterberg". Und damit ist ihre Funktion schon klar: Die Zikkurat war ein Höhenheiligtum, geschaffen von Menschen, die ihre Götter ursprünglich von den Bergen aus anbeteten, sich dann aber, nachdem sie sich in den fruchtbaren Schwemmlandebenen angesiedelt hatten, einen künstlichen Ersatz schaffen mussten.

Der Blick in den Himmel

Darüber hinaus gab es noch eine weitere Bedeutung. Sie ist zumindest bei der Zikkurat von Borsippa nachgewiesen und kam farblich auch durch entsprechend emaillierte Außenziegel zum Ausdruck. Danach war jede Stufe einem der damals sieben bekannten Planeten geweiht. Außerdem wurden wahrscheinlich vom Dach des Gebäudes aus Sternbeobachtungen vorgenommen, um Prognosen für die Zukunft zu erstellen. Astronomie und Astrologie waren für die Bewohner Mesopotamiens untrennbar miteinander verbunden und nur die Priester durften diese Geheimwissenschaft studieren. Vielleicht war auch dieser Aspekt den Israeliten in Gefangenschaft suspekt genug, um daraus zumindest den Wunsch abzuleiten, Gott möge eingreifen.

Mythos Bundeslade

„Aron habrit“ heißt die Bundeslade auf Neuhebräisch. Bis 587/586 v. Chr. war sie der zentrale Kultgegenstand des Volkes Israel. Doch in diesem Jahr wurde das jüdische Volk ins Babylonische Exil verschleppt. Der Tempel in Jerusalem wurde geplündert. Seitdem gilt die Bundeslade als verschollen.

Nach Exodus 25,10–20 muss die Bundeslade schön und faszinierend zugleich gewesen sein: Die Truhe aus Akazienholz war mit Gold überzogen, auf ihrem Deckel befanden sich zwei Cherubim mit ausgebreiteten Flügeln. An den Seiten der Truhe waren zwei Tragbalken angebracht. Im Innern wurden die steinernen Gesetzestafeln mit den zehn Geboten aufbewahrt, außerdem laut Neuem Testament der grünende Stab des Aaron und ein Krug Manna.

Eine Rekonstruktion der geheimnisumwitterten Truhe, die in einem israelischen Kibbuz ausgestellt ist.

Ein eigenwilliges Machtsymbol

Als eine Art Glücksbringer wurde die Bundeslade dem Zug des Volkes Israel ins Gelobte Land vorangetragen. Ihre Macht ermöglichte es, den Jordan trockenen Fußes zu durchqueren; und um die Mauern Jerichos getragen, führte sie auch zur Eroberung dieser stark befestigten Stadt. Allerdings garantierte dieses Symbol der Anwesenheit Gottes nicht immer das Kriegsglück.

„Die Truhe aus Akazienholz war mit Gold überzogen, auf ihrem Deckel befanden sich zwei Cherubim mit ausgebreiteten Flügeln.“

In der Schlacht von Aphek (um 1050 v. Chr.) wurde sie von den Philistern erbeutet und im Tempel ihres Gottes Dagon in der Stadt Aschdods neben dessen Statue aufgestellt. Doch das brachte kein Glück: Als die Einwohner Aschdods am nächsten Morgen den Tempel besuchten, fanden sie die Dagon-Statue vornüber gefallen mit dem Gesicht auf dem Boden. Ein anderes Mal lagen Dagons Kopf und seine beiden Hände abgeschlagen auf der Schwelle. Schließlich schickte man die Bundeslade nach Israel zurück. Unter König David erhielt sie ihren endgültigen Standort im Tempel zu Jerusalem. Hier wurde sie im Allerheiligsten aufbewahrt, das der Hohepriester nur einmal im Jahr während des Versöhnungstages (Jom Kippur) betreten durfte, um dort den Namen Gottes auszusprechen und um Sühne für das Volk Israel zu bitten.

Auf einer Buchmalerei von 1490 sieht man König David und die Bundeslade.

587/586 v. Chr. eroberte Nebukadnezar II. Jerusalem und verschleppte das jüdische Volk ins Babylonische Exil. Dabei wurde auch der Tempel geplündert – seitdem gelten große Teile seines Schatzes, einschließlich der Bundeslade, als verschollen. Vermutlich wurde die Lade zerstört. Allerdings berichten die Spätschriften des Alten Testaments, dass die Bundeslade vom Propheten Jeremia und einigen Helfern weggetragen und in einer Höhle verborgen wurde. Dort soll sie bleiben, „bis Gott die Volksgemeinschaft wieder zusammenbringt und gnädig ist."

Die Bundeslade in anderen Texten

Doch die Bundeslade und ihre Geschichte ist bei Weitem kein Monopol der Bibel. In den Überlieferungen anderer Religionen spielt sie ebenfalls eine wichtige Rolle. So wird sie etwa im Koran an mehreren Stellen erwähnt, ihre Beschreibung deckt sich weitgehend mit der biblischen. Auch hier garantiert sie im Kriegsfall göttliches Einwirken.

Die Überlieferung der äthiopischen Kirche erzählt, dass die Bundeslade vom Gefolge Meneliks, dem Sohn Salomons und der Königin von Saba, gestohlen und durch ein Replikat ersetzt worden sei. Die ursprüngliche Lade befände sich heute in Aksum, der heiligen Stadt Äthiopiens. Hier werde sie in der Kirche der Heiligen Maria von Zion aufbewahrt und von einem Mönch ständig bewacht. Tatsächlich gibt es dort eine Kiste, genannt Tabot, die einmal im Jahr während einer Prozession von Seidentüchern verhüllt durch die Stadt geführt wird. Ihre Form entspricht aber nicht den biblischen Beschreibungen.

Ein Objekt, dem so viel Macht zugesprochen wird und das von so vielen Mythen umgeben ist, weckt zu allen Zeiten das Interesse der Menschen. Und so machten sich viele „Jäger des verlorenen Schatzes" auf die Suche: Im Lauf der Geschichte gab es immer wieder Berichte dar-

DIE BUNDESLADE IN SÜDAFRIKA

In Südafrika, im Grenzgebiet zu Simbabwe, leben die Lemba. Dieses Volk hat wahrscheinlich jüdische Ursprünge, was durch einen Gentest nahegelegt wird. Und so erscheint es auch nicht länger verwunderlich, dass die Lemba einen ähnlichen Mythos besitzen wie die Israeliten mit der Bundeslade: Die „Trommel der Ahnen" *(ngoma lugundu)* führte einst das Volk zusammen und kennzeichnete es als auserwähltes Volk. Sie half den Lemba im Kampf, indem sie die Gegner betäubte. Und sie war auch der Aufbewahrungsort für kultische Gegenstände.

Kirchen in ganz Äthiopien bewahren Kopien der Gesetzestafeln auf, deren Originale sich in einer Kiste in Aksum befinden sollen. Bei einer feierlichen Prozession tragen orthodoxe Priester die Kopien durch die Stadt.

über, die Bundeslade sei angeblich gefunden worden. Allerdings stützen sie sich in allen Fällen nur auf Aussagen und ein konkreter Gegenstand wurde nie präsentiert.

„Jäger des verlorenen Schatzes"

Trotzdem haben auch immer wieder Archäologen versucht, die Truhe zu finden. So wollte 1911 der Engländer Montagu Brownlow Parker, Earl of Morley, nachdem er einen hohen islamischen Aufsichtsbeamten bestochen hatte, nachts im Felsendom Ausgrabungen vornehmen. Bevor er jedoch die Grotte unter der Moschee erreichen konnte, wurde er entdeckt.

In den 1920er-Jahren behauptete dann der Amerikaner Antonia Frederick Futterer, im Berg Nebo in Jordanien einen Geheimgang gefunden zu haben, auf dessen verschlossenem Eingang die Hieroglypheninschrift zu lesen sei: „Hierin liegt die goldene Bundeslade." Doch anschauliche Beweise blieb er schuldig, denn die Inschrift war später nicht mehr vorzufinden. Ähnlich erging es 1981 dem Amerikaner Tom Crotser, der sich im selben Berg auf die Suche machte. Er behauptete, am Ende eines Ganges eine Krypta gefunden zu haben mit einem Gegenstand, den er für die Bundeslade hielt. Doch er machte nur einige Fotos, die nichts Überzeugendes erkennen ließen.

„Doch anschauliche Beweise blieb der Amerikaner schuldig, denn die Inschrift war später nicht mehr vorzufinden."

Die Bundeslade ist und bleibt verschwunden, auch wenn seit wenigen Jahren wieder archäologische Ausgrabungen am Tempelberg erlaubt sind. Aber vielleicht muss sie aus der Sicht Israels gar nicht mehr gefunden werden – im Buch Jeremias 3,16 wird nämlich prophezeit, dass, sobald Jerusalem wieder Mittelpunkt des jüdischen Volkes geworden ist, die Bundeslade keine Bedeutung mehr haben und keine zweite mehr hergestellt werden wird.

Wurde Methusalem wirklich 969 Jahre alt?

969 Jahre soll laut Bibel Methusalem (oder Metuschelach) geworden sein. Der nachgewiesen älteste Mensch der Welt, die Französin Jeanne Calment, war dagegen „nur" 122 Jahre alt. Was also ist dran an Methusalems extremem Alter?

Es gibt wohl keinen, der sich nicht ein langes und erfülltes Leben wünscht, vorausgesetzt, man bleibt bis ins hohe Alter gesund und geistig fit. Und manche Lebewesen können ja tatsächlich sehr alt werden, beispielsweise Bäume. Aber Menschen? Oder sind derartig hohe Altersangaben in der Bibel nur symbolisch zu verstehen?

Altersrekorde in der Bibel

Methusalem ist nicht der einzige Greis in der Bibel. Jered wird 962 Jahre alt, Noah 950, Adam bringt es auf 930 Jahre, Mahalalel kann sich immerhin 895 Jahre des Lebens erfreuen und Henoch darf 365 Jahre leben. Von allen Erklärungsversuchen, die Bibelkenner und Wissenschaftler gegeben haben, sind drei besonders wahrscheinlich, weil sie am logischsten sind: Bei den hohen Zahlen könnte es sich beispielsweise um Schreibfehler handeln. Oder das zugrunde liegende Zahlensystem wurde seither geändert. Vielleicht hat auch in der Kalenderrechnung ein Übergang von Mondperioden zu Sonnenperioden stattgefunden (d. h., eine Mondperiode entspricht einem Monat im Sonnenjahr). Umgerechnet vom Mond- zum Sonnenkalender wäre Methusalem mit etwa 78 Jahren gestorben. Und das war für die damalige Zeit immer noch ein hohes Alter.

Probleme bereitet diese Zählweise in Mondzyklen jedoch bei den Angaben für das Zeugungsalter der Patriarchen. Laut Genesis 5,21 wurden Henoch und Mahalalel beide im Alter von 65 Jahren Vater, was dann allerdings bei dem verwendeten Umrechnungsfaktor eine Zeugungsfähigkeit im Alter von etwa fünfeinhalb Jahren ergibt!

Symbolik der Zahlen

So wird auch von Religionswissenschaftlern und Theologen angenommen, dass Zahlen in der Zeit, als das Alte Testament entstand, nicht die heutige absolute Bedeutung hatten. Sie sollten vielmehr ausdrücken, dass man Achtung vor diesen Personen haben soll, weil sie ein reiches und gutes Leben hatten. Deshalb sind die Altersangaben in der Bibel wohl nicht wörtlich zu nehmen.

Methusalem mit seiner Frau und zweien seiner Kinder, dargestellt in einem Holzschnitt von Hans Sebald Beham (1530).

Das Gralsgeheimnis

Viele Mythen kreisen um den Heiligen Gral, um seine Herkunft und Beschaffenheit. Ist das alles nur Legende oder gibt es das Heiligtum wirklich?

Für Ludwig II., der die Gralssage liebte, malte Wilhelm Hauschild 1882 auf Schloss Neuschwanstein das Wandgemälde *Das Gralswunder*.

Vor über 800 Jahren hatte der Ritter Parceval die Gelegenheit, eines der größten Rätsel der Menschheit zu lüften. Aber davon ahnte er nichts, als er im Schloss des schwer kranken „Fischerkönigs" Zeuge einer geheimnisvollen Prozession wurde. Jünglinge trugen eine blutbefleckte Lanze durch die Halle, gefolgt von einem Mädchen mit einem goldenen Gefäß. Hätte der Ritter nach dem Sinn der Zeremonie gefragt, so hätte er erfahren: Mit dieser Lanze wurde der gekreuzigte Jesus verletzt, und der Krug war nichts Geringeres als der Heilige Gral! Doch der Ritter war zu gut erzogen, um seiner Neugierde nachzugeben. Dabei hätten allein seine Fragen die Burg von ihrem Fluch und den „Fischerkönig" von seinem Leid befreit … erzählt die erste bekannte Gralsgeschichte des französischen Dichters Chrétien de Troyes aus dem 12. Jh.

Literarische Tradition

Nach Chrétien de Troyes wurde die Gralssuche unzählige Male literarisch verarbeitet. Die verschiedenen Geschichten nennen den suchenden Held mal Parzival, Bors, Galahad oder Gawain, mal ist der Gral ein Stein, mal das Salbendöschen

JOSEF VON ARIMATHÄA

In seinem Werk „Estoire du Saint Graal" vermutet Robert de Boron im Jahr 1200, der Gral sei die Schale, aus der Jesus beim letzten Abendmahl trank. Der reiche Jude Josef von Arimathäa hätte das Gefäß an sich genommen und bei der Kreuzigung Christi Blut damit aufgefangen. Nachdem der heimliche Christ den Heiland beigesetzt hat, wurde er von den Römern für Jahre eingemauert. Mithilfe des Grals überlebte er. Einige Legenden besagen, dass Josef später nach Glastonbury in England reiste und zur Verwahrung des Grals die erste britische Kirche baute: die Glastonbury Abbey.

der Maria Magdalena, die Bundeslade oder – und das ist die gängigste Auslegung – der Abendmahlskrug Christi. Einigkeit herrscht hingegen über die wundersamen Fähigkeiten des Grals: Er verleiht irdisches Glück, ewige Jugend und beschert himmlische Speisen.

Wo ist der Gral verborgen?

Nur wenige Jahre nach Chrétien de Troyes beschreibt der deutsche Dichter Wolfram von Eschenbach in seiner Version *Parzival* den Gral als Edelstein, der sich in der Burg Munsalvaesche befände. Man vermutet, dass Munsalvaesche sich von „mons salveiges" ableitet, altfranzösisch für „wilder Berg". Eschenbach könnte damit die Burg Wildenberg im Odenwald gemeint haben. Die meisten späteren Werke verlegten den Gral jedoch in das Umfeld der Pyrenäen. Die Kostbarkeit soll nämlich nur kurze Zeit nach der Kreuzigung Christi ins Gebiet des heutigen Spanien oder Frankreich gebracht worden sein. Als eine der möglichen Gralsherbergen wurde Saintes-Maries-de-la-Mer beschrieben. Jener Theorie zufolge flüchteten Maria Magdalena, Maria Jacobé und Maria Salomé nach Christi Kreuzigung mit dem Gral im Gepäck an die südfranzösische Küste. An der Landungsstelle der Marien entstanden später ein Frauenkloster und das gleichnamige Städtchen, das noch heute fast ausschließlich vom Tourismus der Wallfahrer lebt. Den Gral aber hat man dort nie gefunden.

„Die wundersamen Fähigkeiten des Grals: Er verleiht irdisches Glück, ewige Jugend und beschert himmlische Speisen."

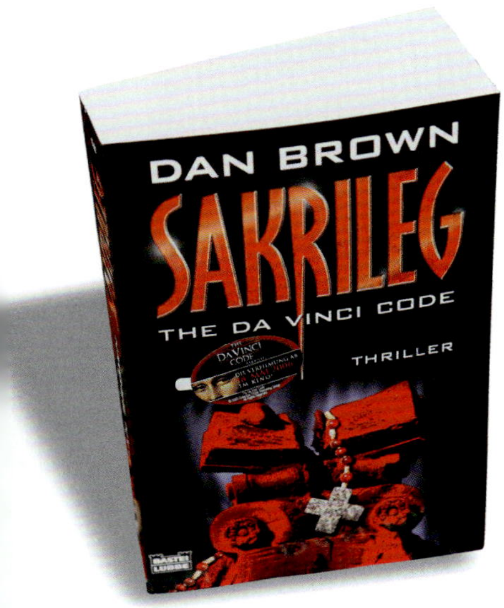

Dan Browns Bestsellerroman *Sakrileg* spielt gekonnt mit der Gralslegende.

Der *Da Vinci Code*

Einer nicht ganz neuen Theorie verhalf der Erfolgsautor Dan Brown zum medienwirksamen Durchbruch. In seinem Bestseller *Sakrileg* beschreibt er den Gral nicht als Gegenstand, sondern als Symbol für eine Ehe zwischen Jesus und Maria Magdalena. Auf Leonardo da Vincis Gemälde *Das letzte Abendmahl*, so die These, sitzt nicht der jugendlich-androgyne Johannes neben Jesus an der Tafel, sondern Maria Magdalena. Die beiden Figuren sind spiegelbildlich zueinander dargestellt, der Zwischenraum zwischen ihnen bildet ein großes V: das Zeichen des weiblichen Schoßes und des Kindes, das Maria von Jesus empfangen haben soll. Sind also die Nachkommen Jesu der wahre heilige Schatz?

Wahrheit oder Legende

Dan Browns Roman ist natürlich Fiktion, die mit dem angeblichen Wissen geheimer Bünde und der Neuinterpretation von alten Zeichen und Symbolen spielt. Auf welche Quellen sich aber Chrétien de Troyes stützte oder ob der Gralsmythos nicht einfach seiner Fantasie entsprungen ist, wissen wir nicht. Fakt ist: Würde es sich bei dem Gral um Jesu Trinkgefäß beim schlichten Abendmahl handeln, dann wird es wohl nicht aus Gold gewesen sein. Ein Krug aus Holz aber hätte die Zeiten nicht überdauert.

Die Wunder der Bibel

Für viele religiöse Menschen sind Wundertaten ein Beweis für Gottes Macht und Güte. Gerade am Wahrheitsgehalt solcher Wunder scheiden sich die Geister: Skeptiker halten sie für pure Fiktion. Gibt es einen Mittelweg zwischen beiden Positionen?

Im Alten und im Neuen Testament werden viele Ereignisse und Erscheinungen geschildert, die wie Wunder aussehen. Da sind die zehn Plagen, mit denen Gott Ägypten straft, oder die Teilung der Wasser des Roten Meeres durch Moses. In den Evangelien ist von zahllosen Wunderheilungen die Rede. Aber sind diese Ereignisse wirklich so rätselhaft? Blitz und Donner, erst recht eine Mond- oder Sonnenfinsternis galten in grauer Vorzeit als göttliche Zeichen. Eine andere Erklärung dafür hatte man ja nicht. Doch als das Zeitalter der Aufklärung anbrach, begannen selbst gläubige Menschen nach wissenschaftlich belegbaren Ursachen und Antworten für die in der Bibel angeführten Wunder zu suchen. In vielen Fällen mit Erfolg.

Selbstentzündende Büsche und stocksteife Schlangen

So heißt es etwa über Moses: „Und er sah, dass der Busch mit Feuer brannte und ward doch nicht verzehrt“ (Exodus 3,2). Dieser „brennende Dornbusch“, so Botaniker, könnte ein Busch aus der Familie der Rutaceae sein. Die Pflanze sondert aromatische Öle ab, die sich an heißen Tagen entzünden können.

Als Moses und sein Bruder Aaron beim Pharao um die Freilassung ihres Volkes bitten und abgewiesen werden, wirft Aaron zornig seinen Stab auf den Boden. Vor den Augen des Pharao verwandelt er sich in eine Schlange (Exodus 7,8–13). Reptilienkenner wissen: Drückt man eine bestimmte Stelle am Nacken einer Schlange, dann wird die Sauerstoffzufuhr zu ihrem Gehirn

Moses** und der **brennende Dornbusch aus der Schule Raffaels (16. Jh.)

unterbrochen. Ihr Kreislauf bricht zusammen – das Reptil wird steif wie ein Stock. Bekommt die Schlange aber rechtzeitig Luft, dann bewegt sie sich wieder.

Der israelische Wissenschaftler Benny Shannon vom psychologischen Institut der Universität in Jerusalem meint, dass bei den religiösen Riten der Israeliten im biblischen Zeitalter auch bewusstseinsverändernde Drogen eine Rolle gespielt hätten. Seiner Ansicht nach stand auch Moses unter dem Einfluss von Drogen, als er auf dem Berg Sinai Gott zu hören glaubte.

Die zehn Plagen

„Er verwandelte ihre Ströme in Blut und ihre Bäche, ... er sandte Hundsfliegen unter sie ... und Frösche. Ihren Ertrag gab er der Schabe und ... der Heuschrecke ... Ihren Weinstock zerschlug er mit Hagel ..." Auch für die berühmten Plagen, mit denen Gott Ägypten strafte, weil es das Volk Israel gefangen hielt, gibt es naturwissenschaftliche Erklärungen. Zu Zeiten der Nilüberschwemmung vermehren sich Lurche und Insekten, darunter auch die Hundsfliege, ungewöhnlich stark. Froschplagen gab und gibt es auch in anderen Ländern. 2010 etwa blockierten Tausende von Fröschen eine Autobahn in Griechenland. 1967 wurde in Afrika ein Heuschreckenschwarm mit einer Ausdehnung von 30 × 60 km beobachtet: Die 60 Mrd. Tiere vertilgten täglich etwa 900 000 t Pflanzen. Nicht nur der Nil, auch Binnengewässer wie etwa 1998 der Flückinger See in der Schweiz färben sich „blutrot", wenn sich die Burgunderalge rasant vermehrt. Die „Nilkrätze" ist eine für Mensch und Tier gefährliche Blatternart. Der juckende, stechende Ausschlag verwandelt sich manchmal in offene Geschwüre. Und Hagel hat es nachweislich in der Vergangenheit auch am Nil gegeben – wenn auch sehr selten.

Moderne Froschplage: Im Mai 2010 wagen sich Tausende Frösche über die Egnatia-Autobahn in Nordgriechenland.

Ein Übersetzungsfehler

„Da nun Mose seine Hand reckte über das Meer ließ es der Herr hinwegfahren ... und die Wasser teilten sich voneinander." (Exodus 14,21) Die Legende von der Teilung des Roten Meeres beruht schlicht auf einem Übersetzungsfehler. Mit der hebräischen Bezeichnung „Yam suph" war nämlich eigentlich das sogenannte Schilfmeer gemeint, eine Sumpflandschaft im Nildelta. Hier führte Moses sein Volk sicher hindurch – während die schweren Streitwagen der ägyptischen Verfolger im Morast versanken.

Dennoch: Bisher lassen sich nicht alle „biblischen Wunder" wissenschaftlich erklären. Eines der größten Wunder – die Erschaffung des Universums – erfolgte nach heutigem Wissensstand durch den „Urknall". Aber die Frage bleibt: Was war davor? Zumindest religiöse Menschen brauchen dafür keine Erklärung.

Hier wird die Legende inszeniert: Touristen besuchen gern den *Tisch und Stuhl von Barbarossa* in der Barbarossahöhle.

Der Kaiser im Kyffhäuser

In einer Höhle des Kyffhäuserberges in der Nähe des Harzes soll der Stauferkaiser Friedrich I. (1122–1190), genannt Barbarossa, mit seinen Getreuen schlafen und eines Tages wieder erwachen. Dann wird er das Reich retten und zu neuer Herrlichkeit führen. Einige deutsche Herrscher haben sich dieser Legende für ihre eigenen Zwecke bedient.

Auch wenn sich keinerlei echte Spuren des Kaisers hier finden lassen – die Legende ist besonders präsent am Kyffhäuserdenkmal oder in der Barbarossahöhle. Die Höhle besteht aus einem Labyrinth aus Anhydrit, der sich durch die Luftfeuchtigkeit oberflächlich zu Gips umwandelt. Die Schichten hängen dann wie abfallende Tapeten an den Decken und Wänden – was den besonderen Reiz dieser geheimnisvollen Welt ausmacht.

„Allerdings war es zu Anfang gar nicht der rotbärtige Kaiser, der in der Höhle schlief.“

Wer schläft im Kyffhäuser?

Allerdings war es zu Anfang gar nicht der rotbärtige Kaiser, der in der Höhle schlief. Bis zum 16. Jh. drehte sich die Sage nicht um ihn, sondern um seinen Enkel Kaiser Friedrich II. (1194–1250): Er hatte die Rolle des schlafenden Reichsherrschers zuerst inne und später musste er sie an Karl den Großen (747/48–814) abtreten. Beide waren sehr wichtig für die Idee eines universellen deutschen Kaisertums. So errichtete Karl der Große als Erster nach den Römern ein fast ganz Europa umfassendes Herrschaftsgebiet; und Kaiser Friedrich II., Oberhaupt des Heiligen Römischen Reiches, war durch seine hohe Bildung und seine modernen Regierungsmethoden, mit denen er das universelle Kaisertum zu behaupten versuchte, die große Ausnahmeerscheinung unter den deutschen Herrschern des Mittelalters. Nach dem Tod dieser beiden Herrscher zerfiel das Staatsgebilde bzw. geriet in eine Regierungskrise.

Wie aber kam nun Barbarossa, der Großvater Friedrichs II., zur Rolle des schlafenden Reichsretters? Das ist vermutlich das Produkt einer Vermischung, die der Stadtarzt Adelphus zu Landshut 1519 vornahm. Er beschrieb Friedrich II. als Barbarossa mit einem langen roten Barte und ließ ihn in einem „holen Perg" hausen.

Gefährliche Nachfolger

Als Deutschland im 19. Jh. in viele Kleinstaaten zersplittert war, regte sich die Sehnsucht nach politischer Einheit. Dies gab dem Kyffhäusermythos neue Nahrung. Nach der Reichsgründung 1871 ging es dann nicht mehr um die nationale Einigung, sondern der Mythos diente als Begründung für das Weltmachstreben des deutschen Kaiserreiches unter Wilhelm II., das mitverantwortlich war für den Ausbruch des Ersten Weltkriegs. Nicht von ungefähr fiel in diese Zeit auch die Errichtung des Kyffhäuserdenkmals, das zwei Kaiser zeigt: nicht nur Friedrich Barbarossa, sondern auch Wilhelm I., den ersten Kaiser des Hohenzollernreiches. In Form eines Reiterstandbildes wird er so als Erbe des Staufers präsentiert.

Selbst Adolf Hitler bezog sich auf den Mythos des Reichsretters. Nicht umsonst nannte er „sein" Deutschland das „Dritte Reich", das 1000 Jahre währen sollte. Die Geschichte hat anders entschieden. Und dass Barbarossa je wieder erwacht, glauben wohl nur noch wenige.

Das 81 m hohe Kyffhäuserdenkmal bei Bad Frankenhausen ist Barbarossa und Kaiser Wilhelm I. gewidmet.

Ein Fell aus Gold

Gold fasziniert die Menschen schon seit Jahrtausenden. Es hat Künstler zu grandiosen Werken angeregt, Stoff für Mythen geliefert ... und nicht zuletzt zahllose Menschen in den Tod getrieben.

Mit zwei Feuer schnaubenden Stieren das Marsfeld vor der Stadt zu pflügen, war eines von Jasons Abenteuern, um das Goldene Vlies zu erringen (Illustration von Lancelot Speed, um 1900).

Die Sage vom Goldenen Vlies spielt hauptsächlich an der Nahtstelle von Europa und Asien: im Kaukasus und am östlichen Ufer des Schwarzen Meeres, in einer Region, die in der Antike Kolchis hieß und die sich weitgehend mit dem heutigen Georgien deckt. Es treten all die Figuren auf, die man auch in anderen Geschichten rund um Gier, Liebe und Leidenschaft findet: die reichen, aber treulosen Mächtigen, schöne und eifersüchtige Frauen, wagemutige und goldgierige Helden. Zu diesen zwar idealtypischen, aber durchaus realistischen Figuren kommt dann eine ungewöhnliche Gestalt: ein Widder, der ein goldenes Fell trägt und zudem noch fliegen und sprechen kann.

Die ersten Kapitel der Geschichte sind schnell erzählt: Ein König ist seiner Gemahlin überdrüssig, trennt sich von ihr und heiratet eine andere Schöne, die sich aber bald ihres Stiefsohnes entledigen möchte, weil ihr ein eigener Sohn als Thronfolger vorschwebt. Die geschiedene Königin erkennt die Gefahr, in der sich ihr Spross befindet, und sie bittet die Götter um Hilfe. Jetzt tritt der legendäre Widder mit dem Goldfell in Aktion. Er befördert den rechtmäßigen Thronfolger auf seinem Rücken über das Schwarze Meer in die Kolchis und setzt ihn dort sicher ab. Er lässt sich sogar sein kostbares Fell widerstandslos als Opfergabe an die Götter über die Ohren ziehen. Dieses Fell, das Goldene Vlies, wird in einem heiligen Hain aufgehängt.

Der Mythos – nüchtern betrachtet

Wenn man versucht, nach einem möglichen wahren Kern dieser Geschichte zu forschen, drängen sich gleich drei wichtige Fragen auf: Gibt oder gab es in dieser Ecke der Welt überhaupt nennenswerte Goldvorkommen, die den Mythos genährt haben könnten? Die Sage vom Goldenen Vlies ist mehrere Jahrtausende alt. Wurden eventuell vorhandene Goldlagerstätten damals bereits ausgebeutet? Und vor allem: Wie erhielt der Widder sein Goldfell? Es sind ihm sicher keine goldenen Haare von Natur aus gewachsen.

Die erste Frage lässt sich klar beantworten: Der geologische Aufbau des Kaukasus mit einem Kern aus Granit und anderen Tiefengesteinen, Flanken aus metamorphen Gesteinen und Rändern aus Sedimentgesteinen sowie lockeren Ablagerungen in den Niederungen lässt Goldlagerstätten in der Kolchis der Antike erwarten – sowohl in Form von Goldquarzgängen im festen Fels als auch in Form von Goldbeimengungen im vom Wasser verfrachteten Lockermaterial. Heute ist der Schatz weitgehend ausgebeutet. Georgien gehört schon längst nicht mehr zu den bedeutenden Goldförderländern der Welt. Dafür hat das Land jedoch einen besonderen Superlativ zu bieten: Im Jahr 2007 entdeckten georgische und deutsche Forscher im Revier von Sakdrissi rund 50 km südwestlich der georgischen Hauptstadt Tiflis das älteste bislang bekannte Goldbergwerk der Welt. Schon vor etwa 3500 Jahren wurde dort das begehrte Edelmetall gefördert, eine wissenschaftliche Sensation und neben den zahllosen Objekten aus Gold in den Museen des Landes ein eindeutiger Beleg für die lange Tradition des Goldbergbaus in der Kolchis – womit die zweite Frage beantwortet wäre.

„Wie erhielt der Widder sein Goldfell? Es sind ihm sicher keine goldenen Haare von Natur aus gewachsen."

Ein Holzschnitt von 1580 zeigt Methoden des Goldbergbaus in Europa – die Arbeit in einer Mine war ein echter Knochenjob!

Wie kommt das Gold ins Fell?

Die Erkundung und Ausbeutung von Goldlagerstätten ist schwierig. Oft muss in großen Tiefen bei unerträglich hohen Temperaturen und in engen Stollen gearbeitet werden und fast immer enthalten die Gesteine nur einen sehr geringen Anteil des Metalls. Eine andere Technik zur Goldgewinnung ist das Goldwaschen. Es wird in Mitteleuropa hier und dort noch betrieben, meistens als Freizeitbeschäftigung. Dabei kommt auf 1000 kg durchforsteten Sand als Ertrag lediglich ein Zehntel Gramm Gold. Gold zu waschen ist also spannend, aber auch nicht unbedingt ertragreich. Am besten sind die Erträge beim Goldwaschen bei Partikeln von Sandkorngröße aufwärts. Winzige Goldflitter schweben dagegen einfach im Wasser und sind kaum zu packen. Mitunter wiegen 200 000 bis 300 000 Goldflitter zusammen nur ein einziges Gramm! Und hier kommt das goldene Fell wieder ins Spiel: In den wolligen Fellen geschlachteter Schafe, die ins Wasser der Flüsse gelegt werden, verfängt sich nämlich der feine Goldstaub, er wird wie in einem Sieb festgehalten. Und diese Methode wurde im antiken Kolchis angewandt.

Aber wie erging es dem Fell des Widders, der schon lebendig golden war? Die Argonauten, die Elite altgriechischer Helden, machten sich um 1250 v. Chr. unter Jasons Führung auf die Suche nach dem Goldenen Vlies und brachten die legendäre Kostbarkeit nach vielen Abenteuern nach Iolkos.

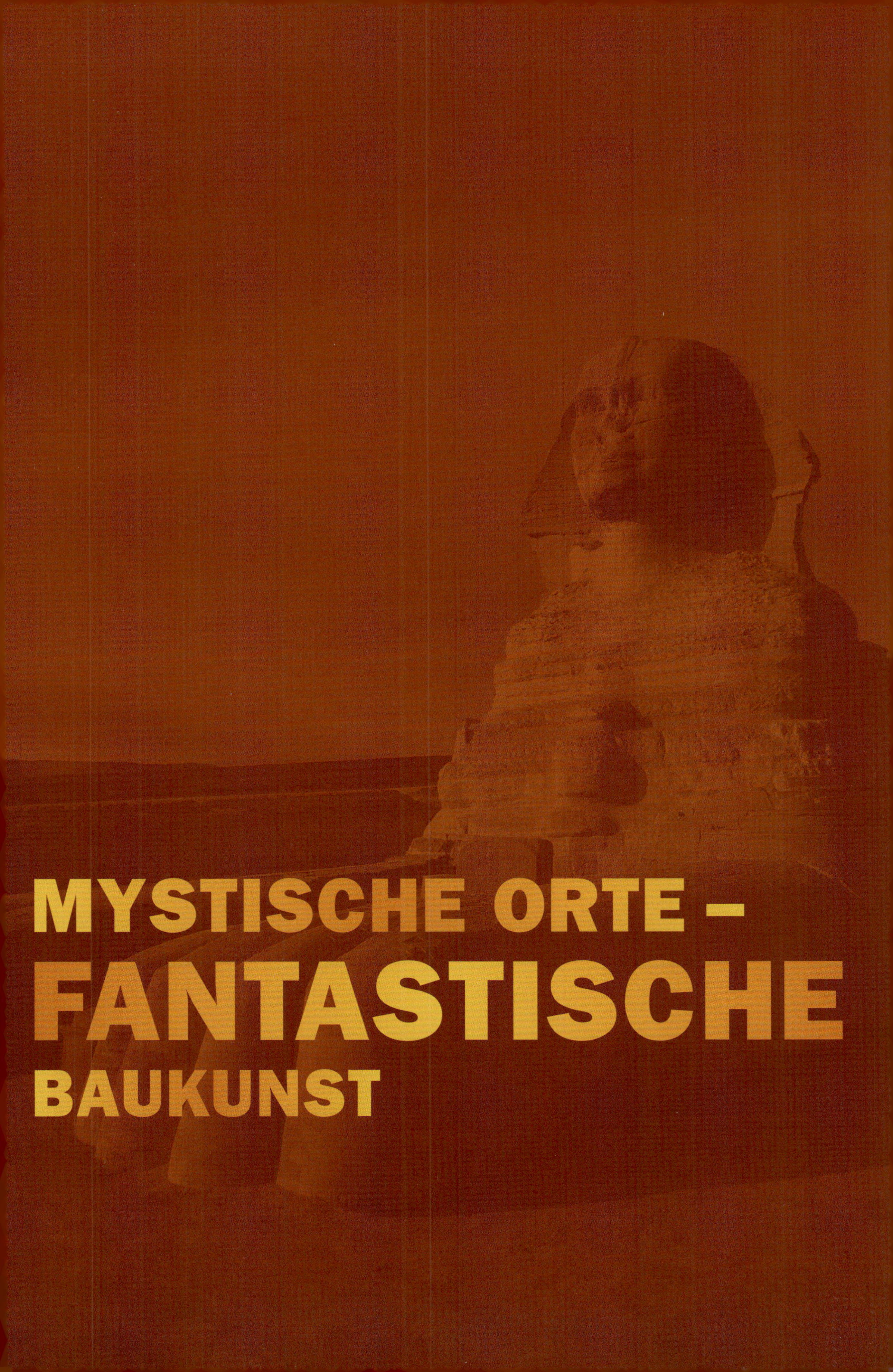

MYSTISCHE ORTE – FANTASTISCHE BAUKUNST

Versank Atlantis im Schwarzen Meer?

Zu den faszinierendsten Geschichten der Menschheit gehört Platons Erzählung über das Inselreich Atlantis. Viele Diskussionen über den Wahrheitsgehalt dieser Geschichte hat es seitdem gegeben und ebenso viele Versuche, Atlantis zu lokalisieren: Lag es im Atlantik, war es die Insel Santorin, Helgoland oder etwa ein heute überschwemmter Küstenabschnitt im Schwarzen Meer?

Atlantis – kaum ein anderer Mythos hat die Menschheit über Jahrhunderte hinweg so fasziniert, ist so lebendig geblieben wie die Geschichte dieses Inselkontinents und seines plötzlichen Untergangs. Seit der griechische Philosoph Platon (427–347 v. Chr.) um das Jahr 360 v. Chr. die Geschichte von Atlantis niederschrieb, wird eine mögliche Existenz von Atlantis diskutiert. Während Platons Texte zu Atlantis nicht mehr als 15 Seiten eines modernen Taschenbuchs füllen, umfasst die Folgeliteratur mehr als 20000 Bände. So reich an Informationen Platons Bericht über dieses Inselreich ist, so arm ist er an Hinweisen auf die Fragen: Wo hat Atlantis gelegen und wann ist es untergegangen?

Ein Paradies auf Erden

Nimmt man Platons Informationen, die in den Dialogen *Timaios* und *Kritias* zu finden sind, als historische Wahrheit, dann muss dieses mythische Inselreich im Atlantik gelegen haben. Denn

Platon spricht von „jenseits der Säulen des Herakles" – womit die Straße von Gibraltar gemeint ist. Platon erzählt weiter, dass sich auf der Hauptinsel von Atlantis ein Königreich entwickelt habe, das an Reichtum, Wissen und Macht seinesgleichen suchte.

Die klimatischen Bedingungen seien so gut gewesen, dass sie mehrere Ernten im Jahr ermöglichten und eine blühende Pflanzen- sowie unermessliche Tierwelt hervorbrachten. An Getreide, Öl und Wein habe kein Mangel geherrscht, sogar Elefanten soll es dort gegeben haben. Aber auch das Staatswesen sei hoch entwickelt gewesen: Das gesamte Reich war in zehn Königtümer gegliedert, deren Herrscher sich wie in einem Staatenbund im Wechsel von jeweils fünf oder sechs Jahren zu einer Art Weltgipfelkonferenz auf der Hauptinsel versammelten. Hier wurde sie in der durch Ringkanäle gegliederten prächtigen Hauptstadt Poseidonia abgehalten.

Die Werke des Philosophen Platon – auf diesem römischen Mosaik im Gespräch mit seinen Schülern dargestellt – wurden alle in Dialogform verfasst.

Der Untergang

Aber weder Reichtum noch Weltruhm konnten Atlantis vor dem moralischen Verfall retten. Neid und Habsucht missfielen den Göttern. Als die Atlanter schließlich die übrige Welt in Kriegszügen erobern wollten, war ihr Untergang programmiert. Ihre Flotte wurde nach einem Angriff auf Ägypten und die Streitmacht der Griechen vernichtet. Bald darauf, so Platon, „entstanden gewaltige Erdbeben und Überschwemmungen. Und da versank während eines schlimmen Tages und einer schlimmen Nacht das ganze streitbare Geschlecht scharenweise unter die Erde. Und ebenso die Insel Atlantis, indem sie in den Fluten des Meeres unterging."

Gab es Atlantis wirklich – und wenn ja, wo?

Bleibt die heiß diskutierte Frage, wo und wann sich diese Katastrophe ereignet haben könnte, wenn man Atlantis als konkreten Ort und dessen Untergang als historisches Ereignis annimmt. Platon lässt seinen Hauptredner Kritias im gleichnamigen Werk betonen, dass seine Geschichte nicht erfunden sei, sondern sich wirklich so zugetragen habe. Für viele Althistoriker und Philologen ist dies aber keineswegs ein Beweis für die Realität des Inselstaates. Möglicherweise war das für seine Überheblichkeit bestrafte Atlantis einfach nur ein (erfundener) Gegenentwurf zu Platos idealem Staat, den er in seinem wichtigsten Werk, der *Politeia,* beschreibt. Im Gegensatz dazu glauben viele Atlantisforscher, dass Platons örtliche und zeitliche Angaben falsch sind oder durch die Überlieferung verzerrt wurden.

Das beginnt bereits mit den von Platon gemachten Zeitangaben, was den Ursprung und die Überlieferung dieser Geschichte betrifft. Rechnet man von heute aus zurück, ging Atlantis vor mehr als etwa 11 600 Jahren unter, und zwar im Atlantik. Übriggeblieben seien danach nur die Azoren, Madeira, die Kapverdischen und die Kanarischen Inseln – die ehemaligen Gipfel der höchsten Berge auf der versunkenen Hauptinsel.

Die ägäische Insel Thera (Santorin) und die benachbarten Inseln Theresia und Aspronisi sind Überreste eines gesprengten Vulkankegels. Die gewaltige Naturkatastrophe im 17. Jh. v. Chr. ist jedoch die einzige Parallele, die sich mit dem Bericht Platons ziehen lässt.

Aber auch andere Inseln wurden schon von Atlantissuchern ins Spiel gebracht. Einige glauben, in Santorin das alte Atlantis gefunden zu haben, selbst Helgoland wurde schon damit identifiziert. Die rote Sandsteininsel wurde nach dem Zweiten Weltkrieg von dem Pastor und Hobbyarchäologen Jürgen Spanuth zum ehemaligen Atlantis gemacht. Er griff in seinen Büchern die bei den Nationalsozialisten beliebte Theorie Alfred Rosenbergs auf, wonach Atlantis im Nordseeraum gelegen habe oder gar dem sagenhaften Thule gleichzusetzen sei. Der Geoarchäologe Eberhard Zangger behauptete gar, dass es sich bei Atlantis um eine verzerrte Darstellung Trojas handle. Mit diesen und den vielen anderen Theorien, die den Inselkontinent in fast allen Gegenden der Erde zu finden meinen, tut sich die etablierte Wissenschaft schwer.

Atlantis – ein Opfer der Sintflut?

Mitte der 1990er-Jahre sorgten die US-amerikanischen Geologen William Ryan und Walter Pitman mit der Entdeckung für Furore, dass um 5600 v. Chr. das Schwarzmeerbecken und seine Küste von einer gewaltigen Überschwemmung heimgesucht worden sei, die auch den Ursprung der Sintflutmythen des Vorderen Orients bilde. Diese These wurde von Siegfried und Christian Schoppe durch eine Verbindung zu Atlantis ergänzt. Danach lebten vor rund 7500 Jahren Menschen auf der „Schlangeninsel“ im Schwarzen Meer. Sie hatten eine hohe Kultur entwickelt, die auch die frühere nördliche und nordwestliche Küste dieses Binnengewässers umfasste.

Doch dann, in einer Warmzeit, geschah die Katastrophe: Der Meeresspiegel stieg stark an und dadurch brach am Bosporus der natürliche Damm zwischen Mittelmeer und dem tiefer gelegenen Schwarzen Meer. Das einschießende Salzwasser zerstörte die blühenden Landschaften – und damit das, was Siegfried und Christian Schoppe für die Kultur der Atlanter halten. Die Überlebenden flohen nach Ägypten und ins Zweistromland oder in die restlichen Teile Europas. Hier revolutionierten sie nicht nur die Landnutzung und den Landbau, sondern brachten auch die Geschichte des Untergangs ihrer Kultur mit. So interessant diese These klingt – beweisbar ist sie genauso wenig wie alle anderen Atlantistheorien.

Pyramide unter Wasser?

Die Tauchgründe vor der japanischen Insel Yonaguni sind inzwischen ziemlich beliebt. Denn sie bieten nicht nur eindrucksvolle Begegnungen mit Hammerhaien, sondern auch eine steinerne Attraktion: Am Grund des Ozeans steht eine gewaltige Pyramide, deren Entstehung noch immer umstritten ist.

Im Jahr 1987 entdeckte ein örtlicher Taucher und Tourismusunternehmer namens Kihachiro Aratake in den Fluten vor Yonaguni eine riesige Formation aus Sand- und Tonstein, die verdächtig an ein Bauwerk erinnert. Auf einer Fläche von etwa 150 × 40 m erhebt sich eine Art Pyramide bis etwa 5 m unter die Wasseroberfläche. Das ganze Monument ist rund 27 m hoch und gliedert sich in Terrassen und breite Stufen, zwischen denen fast senkrechte Wände aufragen.

Kreative Kräfte

Rasch begann sich auch die Wissenschaft für die spektakuläre Entdeckung zu interessieren. Hatte man das Erbe einer jahrtausendealten, längst versunkenen Kultur vor sich? Liegen vor Yonaguni die Überreste eines asiatischen Atlantis? Eine verführerische Theorie. Zumal eine ganze Reihe von Details auf ein Werk aus Menschenhand hinzudeuten scheinen. Die Verfechter dieser These – unter anderem Masaaki Kimura, emeritierter Professor für Geophysik an der Ryukus-Universität – verweisen auf glatte parallele Flächen, auf scharfe Kanten und rechte Winkel. Dazu noch Gräben, auffällige runde Löcher und in den Fels gravierte Linien, in denen manche Zeichnungen von Tieren und Menschen erkennen wollen. All das kann kein Werk der Natur sein!

„Gräben, auffällige runde Löcher und in den Fels gravierte Linien. All das kann kein Werk der Natur sein!“

Es gibt eine zweite Forscherfraktion, die genau das für wahrscheinlich hält. Etliche Geologen weisen darauf hin, dass der Sandstein vor Yonaguni vor etwa 20 Mio. Jahren in vielen parallelen Schichten auf dem Meeresgrund abgelagert wurde. Zudem ziehen sich zahllose senkrechte Risse durch das Material. Das Gestein hat also genügend Sollbruchstellen, an denen die Kräfte des Meeres und die häufigen Erdbeben angreifen können. Unter diesen Umständen können die Naturgewalten nach Ansicht etlicher Experten durchaus eine solche „Pyramide“ geschaffen haben. Und in den angeblichen Zeichnungen sieht so mancher Geologe auch nicht mehr als natürliche Kratzer. Der Streit geht also weiter.

Geheimnisvolle Steinmonumente

Mehr als 3000 in Reihen stehende steinerne Monolithe und andere Steinkolosse prägen die Landschaft der bretonischen Gemeinde Carnac. Die verwitterten Oberflächen lassen all diese Granitblöcke noch geheimnisvoller erscheinen. Bis heute ist ihre genaue Bedeutung nicht bekannt – genauso wenig wie die ähnlicher Monumente weltweit.

Es scheint fast so, als sei eine Reihe vorzeitlicher Jäger oder Krieger versteinert, um für die Ewigkeit von ihrem Leben und ihren Taten Zeugnis ablegen zu können. Diesen Eindruck muss jedenfalls ein Besucher haben, wenn er die mehr als 3000, oft tonnenschweren Steinriesen (Menhire) der Gemeinde Carnac in der Bretagne besucht – nicht ohne Grund werden sie auch als das „steinerne Heer von Carnac" bezeichnet. Der Name des bretonischen Ortes weist ebenfalls auf die Granitblöcke hin. Er leitet sich von keltisch *karn* oder *carn* ab, was so viel wie „Steinhügel/Steingrab" bedeutet.

Über eine Strecke von 3 km kann man die aus dem lokalen Granit bestehenden und von der nahen Atlantikküste stammenden Blöcke verfolgen, die unterschiedlich groß und in mehreren Gruppen arrangiert sind. Die Blöcke sind zwischen 0,5 und 4 m hoch, die größten Steine stehen dabei immer am westlichen Ende der jeweiligen Reihe. Die ursprüngliche Gesamtlänge dieser Reihen belief sich vermutlich sogar auf 8 km. Ihnen schlossen sich noch Dolmen (an Tische erinnernde Grabstätten aus Stein) und Steinkreise an.

Die weltweite Kultur der großen Steine

Diese bearbeiteten oder unbearbeiteten Steinblöcke werden als Zeugnisse der sogenannten Megalithkultur (von griech. *megas*, groß, und *lithos*, Stein) gesehen, zu der auch das berühmte Stonehenge in England gehört. Doch diese über Mittel-, Nord- und Osteuropa sowie in der Bretagne, Normandie und Großbritannien verbreiteten Großsteinmonumente als Zeugnis einer einzigen Kultur zu sehen, ist unzutreffend. Außer dass die jeweiligen Erbauer große Steine verwendeten, gab es zwischen ihnen so gut wie keine Gemeinsamkeiten.

Die Megalithbauten sind noch nicht einmal ein rein europäisches Kulturerbe. Sie finden sich auch außerhalb Europas, etwa in der Türkei, in Südrussland, Georgien, Syrien und Palästina, ferner auf der Osterinsel oder in den Hochkulturen Mesoamerikas, in Indien, Indonesien und Korea. In Afrika sind ebenfalls megalithische Bauten anzutreffen, so in Marokko, Tunesien, Algerien und in der Zentralafrikanischen Republik, in Gambia und in Senegal.

Ältere Theorien gingen davon aus, dass sich – zumindest entlang der Atlantikküste – die Idee, große Steinmonumente zu errichten, durch „missionierende“ Seefahrer ausbreitete. Doch solche Annahmen über die alleinige Verbreitung der Megalithidee durch Wanderung werden heute mehrheitlich abgelehnt. Selbst in Europa liegen entweder zu große Zeitspannen oder zu große Entfernungen zwischen dem Auftreten der regionalen Megalithbauformen. Viel mehr spricht einiges für eine unabhängige Entwicklung, die bei verschiedenen Kulturen zu unterschiedlichen Zeiten auftrat. Wenngleich die Datierung der Megalithwerke lückenhaft und unzuverlässig ist, gehen Forscher davon aus, dass sie erstmals um 4700 v. Chr. in Frankreich und letztmals um 1500 v. Chr. in England errichtet worden sind.

„Außer dass die jeweiligen Erbauer große Steine verwendeten, gab es zwischen ihnen so gut wie keine Gemeinsamkeiten.“

Grabsteine oder Observatorien?

Wozu diese zyklopischen Monumente dienten, ist bis heute unbekannt und lässt sich daher nur vermuten. Geht man vom Stein als Symbol der Ewigkeit und den Fundzusammenhängen aus, dann könnten sie als Begräbnisort und Denkmäler für die Toten (vor allem für herausragende Persönlichkeiten wie Stammesfürsten oder Priester) gedient haben: Einige der Megalithbauwerke waren einst mit einem heute längst erodierten Erdmantel umgeben und bildeten Grabkammern. Eine andere wahrscheinliche Theorie, die eine auf astronomischen Kriterien basierende Ausrichtung mancher Bauten nahelegt, deutet diese als jungsteinzeitliche Observatorien. Diese Observatorien wurden dann zur Ermittlung bestimmter Tage im Jahreslauf verwendet. Denn das Neolithikum war durch den Übergang von einer Jäger- und Sammlerkultur zu einer Ackerbau und Viehzucht betreibenden Kultur gekennzeichnet, was einen irgendwie gearteten Kalender erforderlich machte.

Stonehenge – Kalender oder Kultstätte?

Auch wenn die Steine von Stonehenge schon lange nicht mehr alle aufrecht stehen, faszinieren sie noch immer und sind bis heute geheimnisumwittert. Wer hat dieses megalithische Monument errichtet? Wie wurde diese technische Meisterleistung vollbracht und welchem Zweck diente sie?

Man kann vor den Erbauern Stonehenges in der englischen Grafschaft Wiltshire nur den Hut ziehen: Bis zu 50 t wiegen die Steine, die zur berühmtesten, weil dauerhaftesten Steinsetzung der Jungsteinzeit zusammengesetzt wurden. Sie besteht aus einer Grabenanlage, die eine Ansammlung megalithischer Steine umschließt.

Zur Sommersonnenwende sind viele „moderne Druiden" an den Steinkreisen von Stonehenge zu finden.

Der Aufbau der Anlage

Auf den ersten Blick ist zu erkennen, dass diese eindrucksvolle Stätte aus mehreren konzentrischen Kreisen gebildet wird. Am auffälligsten ist ein äußerer Ring von Pfeilersteinen, die von Decksteinen überbrückt werden. Weiter innen findet man eine hufeisenförmige Struktur aus ursprünglich fünf sogenannten Trilithen, d. h.

Die Pfeilersteine des äußeren Rings wurden von Decksteinen überbrückt, die einen geschlossenen Kreis bildeten.

jeweils zwei Tragsteinen, die von einem Deckstein überbrückt werden. Die kreis- und hufeisenförmig angeordneten Steine in Stonehenge sind jedoch nur der äußere Rahmen dieses jungsteinzeitlichen Monuments. Nicht weniger interessant sind die einzelnen „Detailsteine“, die größtenteils im Inneren des hufeisenförmigen Teils der Anlage zu finden sind: Der sogenannte Altarstein ist ein großer Block aus grünem Sandstein, während alle anderen Steine im inneren Kreis Blausteine (Dolerit) sind. Der Opferstein ist ein in den Boden eingesunkener Stein, der etwas abseits vom Zentrum liegt. Der schräg stehende Heel Stone (Fersenstein) ist auch als Frias Heel bekannt.

Ferner wurden in der Vergangenheit in direkter Nachbarschaft von Stonehenge zahlreiche Hügelgräber, ein sogenannter Cursus (ein langestrecktes rechteckförmiges Erdwerk) sowie die Erdwall-Rundgraben-Anlagen (Henges) von Woodhenge und Durrington Walls und nicht zuletzt Spuren eines prähistorischen Dorfes entdeckt. 2014 dann eröffneten britische Forscher, sie hätten durch eine neueartige Scan-Methode Hunderte von Gräbern und Tempeln rund um Stonehenge entdeckt, manche davon mutmaßlich bis zu 6000 Jahre alt. Danach soll der Megalith-Kreis das Zentrum einer Vielzahl von verstreut liegenden rituellen Monumenten gewesen sein. 2015 wurde im Rahmen des „Stonehenge Hidden Landscape Project“ nur 3 km entfernt, im Boden unter Durrington Walls, ein weiteres, noch größeres Steinmonument entdeckt. Bis zu 4,5 m sollen die einzelnen Steine groß sein, die allerdings keinen Ring bilden, sondern in einer Reihe aufgestellt waren. 30 dieser Brocken sollen sich noch im Boden befinden. Durch den

Einsatz moderner Technik werden also immer weitere Stücke des Rätsels gelüftet – vielleicht kann die Wissenschaft auf diese Weise eines Tages auch den Zweck von Stonehenge komplett entschleiern. Denn trotz aller Theorien ist bis heute die genaue Bedeutung der Anlage nicht geklärt. Sicher ist nur, dass sie zu einer Zeit entstand, als der Mensch im sogenannten Neolithikum (Jungsteinzeit) das Jäger- und Sammlerdasein aufgab, um zum Ackerbauern und Viehzüchter zu werden. Die Beobachtung des Sonnenlaufs, aber auch des Standes der beiden Sternhaufen Hyaden und Plejaden, lieferten die Grunddaten für den nun notwendigen Kalender.

Ein Generationenprojekt

Stonehenge wurde über einen Zeitraum von rund 2000 Jahren errichtet – eine unglaubliche technische und logistische Leistung, wenn man bedenkt, dass Menschen unterschiedlichster Herkunft über so lange Zeit hinweg jeweils motiviert und eingebunden werden mussten. Die Archäologen unterteilen die Entstehungsgeschichte dieses Monuments in verschiedene Phasen: Stonehenge Eins, Zwei und die in sechs Abschnitte unterteilte Phase Drei. 3100 v. Chr. entstanden Wall und Graben, gefolgt von hölzernen Palisaden. Um 2500 v. Chr. wurden dann Paare bis zu 4 t schwerer, blau schimmernder Steine aufgestellt, die aus dem 400 km entfernten Wales per Boot und auf Rollen herangeschafft wurden. Einige Zeit später entstand der 5 m hohe sogenannte Sarsenkreis aus 30 bearbeiteten Steinen, innerhalb derer die fünf Trilithen aufragen. Etwa 1600 v. Chr. wurde die Anlage aufgegeben.

WEITERE STEINKREISE

Stonehenge ist zwar der bekannteste, aber nicht der einzige Steinkreis dieser Art. Archäologen haben auf den Britischen Inseln, dem europäischen Kontinent und sogar in Afrika weitere derartige Monumente entdeckt. Gemeinsames Merkmal aller ist: Es sind runde oder ovale Arrangements aus zumeist stehenden Menhiren oder Findlingen. Was die Zahl dieser recht verbreiteten Bauwerke insgesamt betrifft, so stehen die Britischen Inseln mit 700 an der Spitze. Hier häufen sie sich vor allem in Cornwall, in Nordirland im County Cork und am Fluss Dee in Schottland. Die eindrucksvollsten weiteren Steinkreisanlagen sind der Ring von Brodgar auf Mainland, der größten der Orkneyinseln, und der Steinkreis von Callanish auf Lewis, einer Insel der äußeren Hebriden vor der schottischen Küste.

Von den ursprünglich 60 Steinen des Rings von Brodgar sind noch 27 erhalten.

Den Sonnenlauf im Visier

Stonehenge scheint, was die Ausrichtung und Position einiger seiner Steine angeht, als eine Art gigantischer Kalender gedient zu haben: mit dem 21. Juni (Sommersonnenwende), dem 21. oder 22. Dezember (Wintersonnenwende) sowie dem 21. März und dem 23. September, dem Frühlings- und dem Herbstanfang mit den gleich langen Tagen und Nächten. Beispielsweise ging am Morgen des längsten Tages die Sonne direkt über dem Fersenstein auf und ließ ihre Strahlen in gerader Linie ins Innere des Bauwerks zwischen die Hufeisenanordnung fallen. Es ist unwahrscheinlich, dass sich eine solche Ausrichtung zufällig ergab. Die Menschen der Frühzeit hatten eine sehr enge Beziehung zur Natur und dem Jahreslauf. Die genaue Beobachtung und Kenntnis der verschiedenen Erscheinungen war lebenswichtig. Sie bestimmten die Jahreszeiten und damit Aussaat und Ernte. Und Stonehenge könnte geholfen haben, sie vorauszusagen, um so das Überleben der Menschen zu sichern.

Die Geheimisse der Pyramiden

Die Pyramiden von Gizeh sind das einzige erhaltene der sieben Weltwunder der Antike. Bis heute diskutieren Wissenschaftler, wie diese Meisterwerke genau errichtet wurden. Immer wieder gibt es zudem Spekulationen, ob neben den bekannten Kammern noch weitere existieren – und falls ja, wofür sie dienen.

Sie müssen nach ihrer Fertigstellung wie gewaltige geschliffene Diamanten im Sonnen- und vor allem im Mondlicht geleuchtet haben. Das jedenfalls berichten antike Schriftsteller über die drei großen Pyramiden von Gizeh. Kein Wunder, denn diese altägyptischen Königsgräber, die zwischen 2620 und 2500 v. Chr. in der 4. Dynastie auf einem 1000 × 2000 m großen Kalksteinplateau errichtet wurden, waren mit polierten Platten aus Tura-Kalkstein verkleidet, von denen sich später viele in Gebäuden der Stadt Kairo wiederfanden. Ihre Spitze soll vergoldet gewesen sein.

Die Bauwerke gehörten zu einer ausgedehnten Begräbnisstätte, die unter dem Namen „Nekropole von Gizeh" bekannt ist und neben Sakkara und Theben als die bedeutendste Anlage dieser Art des Alten Ägypten gilt. Denn neben den Pharaonen wurden hier auch ihre Familienmitglieder sowie Beamte und Priester bestattet. So entstanden bis zum Ende des Alten Reiches in der 6. Dynastie mehrere Hundert Gräber. Hinzu kamen Tempelanlagen und Arbeiterdörfer.

Übermenschliche Dimensionen

Angesichts der gewaltigen Dimensionen der drei Pyramiden können wir nur staunen. So war die Cheopspyramide, auch Große Pyramide genannt, ursprünglich 146,6 m hoch (heute 138,75 m). Sie wurde aus rund 2 Mio. Steinblöcken errichtet, deren durchschnittliches Gewicht bei 2,5 t liegt. Im Innern befindet sich die sogenannte Große Galerie mit einer Höhe von 8 m und einer Länge von 47 m.

Die Chephren- oder Mittlere Pyramide hatte ursprünglich eine Höhe von 143,5 m (heute 136,4 m). Durch ihren etwas höher gelegenen Standort wirkt sie gewaltiger als die

Die Große Galerie in der Cheopspyramide führt in einen Vorraum zur Königskammer und vermittelt einen Eindruck von der Größe der Pyramide.

Cheopspyramide. Zudem ragt ihre Spitze über deren Spitze hinaus, weshalb sie oft irrtümlich für die Cheopspyramide gehalten wird.

Die Mykerinospyramide, die auch Kleine Pyramide genannt wird, ist die kleinste der drei Grabbauten. Sie war ursprünglich 65 m (heute 62 m) hoch und ist somit nicht einmal halb so hoch wie ihre beiden „Geschwister".

Es wird oft bemerkt, dass beim Bau der Pyramiden keinerlei beräderte Fuhrwerke zum Einsatz kamen: Dies heißt aber nicht, dass die Ägypter „zu dumm" gewesen wären – die Erfindung hat sich nicht aufgedrängt, weil Räder im Sand kaum sehr hilfreich gewesen wären. Das Rätsel des Transports der Steine zumindest scheint gelöst: 2017 wurde ein antiker Papyrus gefunden, der beschreibt, wie die riesigen Blöcke, aus denen die Pyramiden errichtet wurden, an die Baustelle kamen. Arbeiter hoben Kanäle aus, sodass die tonnenschweren Steine per Boot fast bis zur Pyramide transportiert werden konnten.

Faszinierende Kammern und Schächte

Dass die Pyramiden Grablegen von Pharaonen waren, steht außer Frage. Deshalb mussten sie eine irgendwie geartete Grabkammer besitzen, wo der Herrscher seine letzte Ruhe fand – umgeben von seinen Herrschaftsinsignien, Gebrauchsgegenständen und Waffen; denn er sollte ja auch im Jenseits standesgemäß leben können. Die Cheopspyramide ist jedoch die Ausnahme dieser Regel: Sie verfügt nämlich als einzige der ägyptischen Pyramiden nicht nur über eine, sondern sogar drei Grabkammern und darüber hinaus gibt es noch die Große Galerie. Ferner fand man verschiedene (Druck-) Entlastungskammern und „Luftschächte", von denen die meisten überaus präzise nach den Himmelsrichtungen ausgerichtet sind.

Die Gründe hierfür sind, wie so oft, umstritten, die Ausrichtung belegt aber die astronomischen Fähigkeiten der Baumeister.

Drei Kammern, drei Namen

Die eine Kammer der Cheopspyramide wird als „Felsenkammer" bezeichnet, da sie unterhalb der Pyramide im Felsgestein liegt und als unvollendeter Raum nach Meinung der Forscher die Unterwelt darstellen sollte. Dann gibt es die „Königinnenkammer", die auf der unteren Ebene der Pyramide eingerichtet wurde und von der frühe Erforscher annahmen, dass hier das Grab der Gemahlin des Pharao seinen Ort habe; und schließlich die „Königskammer", die als oberster Raum etwa in der vertikalen

Mitte des Bauwerks ihren Platz hat. In dieser Kammer kann man noch die Überreste eines (leeren) steinernen Sarkophags besichtigen. Alle drei Kammern waren bereits von Grabräubern entdeckt und seit Napoleons Ägyptenfeldzug (1798/99) auch von Wissenschaftlern untersucht worden.

Neuere „Kammerforschungen"

Ab Sommer 1986 führten elektronische Hilfsmittel zur Entdeckung weiterer, bis dahin unbekannter Kammern in der Cheopspyramide. Die französischen Architekten Jean-Pierre Goidin und Gilles Dormion bohrten einige winzige Löcher durch über 2 m starkes Gestein in der Westwand der Königinnenkammer und stießen auf einen 3 m breiten sowie rund 5,5 m hohen, offenbar vollständig mit Quarzsand gefüllten Raum. Ferner orteten sie hinter der nordwestlichen Wand der Königinnenkammer noch einen weiteren Hohlraum. Bis heute sind allerdings die beiden Neuentdeckungen nicht geöffnet worden.

„Die Architekten bohrten einige winzige Löcher durch über 2 m starkes Gestein in der Westwand der Königinnenkammer."

1993 untersuchte dann der Münchener Ingenieur Rudolf Gantenbrink in Zusammenarbeit mit dem Deutschen Archäologischen Institut in Kairo mithilfe des Miniroboters Upuaut-2 die beiden „Luftschächte" der Königinnenkammer. Diese Schächte haben im Gegensatz zu denen der Königskammer keine Öffnungen an den Außenwänden der Pyramide. Der „elektronische Archäologe" entdeckte nach ungefähr 40 m eine in einer Schachtbiegung verkantete Eisenstange von einer früheren Untersuchung. Deshalb war eine weitere Erkundung dieses Schachts unmöglich. Jedoch will man eines Tages diese Stange wieder vollkommen entfernen.

Erfolgreicher drang Upuaut-2 in den südlichen Schacht ein, stieß aber nach 65 m auf einen Blockierstein aus der Bauzeit, der eine weitere Kammer vermuten ließ. Diese Steinplatte wurde im Jahr 2002 mit einem Roboterfahrzeug durchbohrt und mit einer Kamerasonde inspiziert. Das Ganze brachte jedoch ein enttäuschendes Ergebnis: Hinter dem Stein liegt ein leerer Hohlraum, der ebenfalls durch einen Blockierstein verriegelt ist. Besondere Entdeckungen wurden bei dieser Inspektion nicht gemacht.

Noch ein Hohlraum, aber kein Erkenntnisgewinn

2017 entdeckten Forscher mithilfe von Myonen-Partikeln, einem Überbleibsel kosmischer Strahlung, im Innern der Pyramide oberhalb der Großen Galerie einen 30 m langen Hohlraum. Welchen Zweck er hat, ist nicht geklärt, eine Erkundung ist vielleicht irgendwann in der Zukunft mithilfe kleiner Roboter möglich. Der italienische Professor Giulio Magli interpretiert ihn als Raum für den „eisernen Thron", der in einigen Papyrustexten erwähnt wird.

Und so wird es, wie schon bei den von Goidin und Dormion entdeckten Räumen, noch viele Vermutungen geben, bis irgendwann die Rätsel wirklich gelöst sind.

Gilles Dormion bei einer endoskopischen Untersuchung in einem Gang der Cheopspyramide.

Sieg über die Menhire

Immer wieder verschwinden die riesigen Steinmonumente auf der Ebene von Cauria in Korsika in Nebelschwaden. Für Archäologen passt dies symbolisch gut zu ihrem Wissen über die Megalithstrukturen: Auch deren Erbauer verbergen sich im Dunst der Frühgeschichte.

Eine tonnenschwere Steinplatte, 3,4 m lang und 2,9 m breit, liegt in 1,8 m Höhe auf sechs senkrecht im Karstboden steckenden Steinplatten. Hier haben Menschen der Megalithkultur zwischen 3000 und 1500 v. Chr. eines ihrer typischen Steinkistengräber errichtet. Aber niemand weiß, weshalb sie das Ganze zunächst in die Erde, später aber auf den Boden bauten.

Etwa 300 m von diesem sogenannten Dolmen entfernt gibt es einen ganzen Menhirfriedhof. Unterschiedlich lange meterhohe Granitsäulen liegen dort. Und erneut kennt niemand ihre Funktion. War dies hier vielleicht irgendwann ein Observatorium?

Dolmen und Säulenfriedhof bilden jedenfalls zwei Ecken eines gleichseitigen Dreiecks, dessen dritte Ecke ein wenig den Nebel lüftet, der die Megalithen von Korsika sonst einhüllt: 3 m hohe Granitsäulen stehen hier in einer Doppelreihe. Auch diese Menhire wurden von Menschen der Megalithkultur aufgerichtet, die von der Schweine- und Kleinviehzucht lebten.

Menhire mit Kuhhörnern

Dann aber fielen die Angehörigen einer Rinderzüchterkultur in Korsika ein, die Torreaner genannt werden. Die neuen Herren prägten den Megalithanlagen ihren Stempel auf: Oben meißelten sie Gesichter in die Menhire. Und seitlich schlugen sie runde Vertiefungen in diese Steinköpfe, in die sie Kuhhörner steckten.

Machten die Torreaner so aus den Steingräbern oder Sonnentempeln der Megalithkultur Denkmäler ihres Sieges? Niemand weiß es. Nur eines ist sicher: Um 1000 v. Chr. verlieren sich auch die Spuren der Torreaner.

Bauernfestungen

Kreisrunde Steinmauern mit einem Durchmesser bis zu 15 m und einer ähnlichen Höhe standen vor 2000 Jahren im Norden Schottlands und auf den Orkney-, Shetland- und Hebrideninseln. Die fensterlosen Mauern wirken wie Trutzburgen. Waren es wirklich Festungen?

Entstanden sind diese „Brochs“ wohl aus den Rundhäusern, die 600 oder 700 v. Chr. auf den britischen Inseln typisch waren. Im stürmischen Norden Schottlands und vor allem auf den Inseln davor wuchsen aber kaum Bäume und Bauholz war Mangelware. Steine gab es dagegen genug und so säumten Bruchsteinmauern die Rundbauten, Holz wurde vor allem für den Dachstuhl benutzt.

Hohle Mauern

Mit der Zeit wurden die Mauern immer dicker und höher. Erste Brochs entstanden um 400 v. Chr., der Letzte wurde wohl noch 800 n. Chr. genutzt. Heute kennt man die Reste von mehr als 500 Brochs in Schottland und auf den davorliegenden Inseln.

Aber waren es hier immer noch Bauernhäuser oder entwickelten sich langsam trutzige Festungen aus den Rundhäusern? Eine Antwort liefert die Bauweise: Ein Broch hatte fast immer innerhalb der kreisrunden Außenmauer eine zweite, dünnere Innenmauer. Zwischen beiden Mauern klaffte ein Spalt, der weniger als 1 m breit war. Dort gab es Treppen, manchmal verbanden aber auch alle paar Meter Steinplatten beide Mauern miteinander.

Tierische Heizung

Vielleicht dienten diese Platten als Vorratsspeicher? Ein wenig mehr weiß man über das Innenleben eines Brochs. Vermutlich waren mithilfe langer Stützbalken mehrere Stockwerke eingezogen, die Menschen lebten aber offenbar nur in den oberen Stockwerken, während im Erdgeschoss der Stall lag. Im kalten Winter heizte so das Vieh mit seiner Körperwärme die darüberliegende Wohnung. Und die doppelten Außenwände hielten die eiskalten Winterstürme draußen. Vermutlich waren die Brochs also mächtige Bauernhäuser, die mit ihren Festungsmauern vielleicht auch Feinden, vor allem aber der Witterung trotzten.

Der Broch Dun Carloway, der wahrscheinlich im 1. Jh. v. Chr. errichtet wurde, steht auf der zu den Äußeren Hebriden gehörenden Isle of Lewis und ist verhältnismäßig gut erhalten.

Ein Taucher aus dem Team von Franck Goddio inspiziert eine vor etwa 2000 Jahren im Meer versunkene, mit Hieroglyphen bedeckte Granitstele, die etwa 6 km von Alexandria entfernt gefunden wurde.

Die Suche nach Kleopatras Palast

Franck Goddio fand 1992 im Meer vor der ägyptischen Stadt Alexandria Reste des Portus Magnus, des bedeutendsten Hafens der Antike. 1996 war Goddio sicher, den Palast Kleopatras entdeckt zu haben, der in der Nähe gestanden sein soll.

In einem Interview von 2010 erzählte Goddio: „Nach sechsjähriger Vermessung des Meeresbodens vor Alexandria und in der Bucht von Abukir begannen wir im Jahr 2000 mit den Ausgrabungen und stießen bald auf Reste eines sehr großen Gebäudes … Wir fanden eine Hieroglypheninschrift, die besagte: ‚Du bist in der Stadt Heraklion' … Es war einfach unglaublich."

Alexdandria war um die Zeitenwende prachtvoller als Rom. Die Stadt hatte schätzungsweise 500 000 Einwohner, eine riesige Bibliothek und viele berühmte Bürger. Doch infolge einer oder gar mehrerer Naturkatastrophen versank ein Drittel der Stadt im Meer. Dazu gehörte das sogenannte Königsviertel mit seinen Tempeln und Palästen ägyptischer und ptolomäischer (griechischer) Herrscher. Auch die Nachbarstädte Heraklion und Kanopus, erwähnt von Autoren jener Zeit, verschwanden – mit ihnen der Palast der Königin Kleopatra.

Gold im Rhein?

Kistenweise Gold und Edelsteine, versenkt im Rhein: Noch heute suchen Menschen nach dem sagenhaften Schatz aus dem *Nibelungenlied*. Erfolg hatten sie bisher noch nicht. Liegt auf dem Grund des größten deutschen Flusses immer noch ein Vermögen?

Der kühne Recke Siegfried erobert den gewaltigen Schatz der sagenhaften Nibelungen. Am Wormser Königshof heiratet er Kriemhild, die schöne Schwester des Burgunderkönigs Gunther. Doch Hagen von Tronje, ein Diener Gunthers, tötet Siegfried auf hinterhältige Weise und luchst seiner Witwe Kriemhild den Nibelungenschatz wieder ab. Dann versteckt er ihn an einem geheimen Ort.

Das Versteck bleibt ein Rätsel

Doch wo genau Hagen von Tronje das Gold und die Juwelen verschwinden ließ – dieses Geheimnis wird im *Nibelungenlied* nicht verraten. Die Erzählung endet damit, dass Siegfrieds Witwe Kriemhild sich fürchterlich rächt, indem sie ihren Bruder, König Gunther, töten lässt und Hagen von Tronje erschlägt. Nun kennt niemand mehr das Versteck. Ist der Schatz also unwiederbringlich verloren? Und: Gab es den sagenhaften Nibelungenschatz überhaupt?

Das *Nibelungenlied* ist das wohl bekannteste deutsche Heldenepos und wurde etwa 1200 n. Chr. in Mittelhochdeutsch niedergeschrieben. Der Verfasser ist unbekannt, man weiß jedoch, dass

Tapeten aus Goldblech

Der Palast muss prächtig gewesen sein. Der römische Dichter Lukan (39–65 n. Chr.) berichtet, die Räume seien mit dickem Goldblech ausgekleidet, die Fliesen aus Onyx, die Türen mit Smaragdbesetzten Schildkröten verziert. Die Schätze, die Goddio in unzähligen Tauchgängen bergen konnte, sind beachtlich und wurden auf vielen internationalen Ausstellungen gezeigt. Mehr als 5000 Objekte konnten Goddio und seine Taucher in den ersten 18 Jahren bergen: Opferteller aus der Pharaonenzeit, riesige Statuen, Sphinge, kleine Amulette und Münzen mit dem Bild Kleopatras, Säulen und Stelen. Ein großer Teil der Funde stammt tatsächlich aus der Zeit der geheimnisvollen Königin vom Nil.

„Mehr als 5000 Objekte konnte Goddio in den ersten 18 Jahren bergen: Opferteller, Statuen, Sphinge, Amulette und Münzen.“

Eine Erdverflüssigung

Aber warum und wann ging alles unter? Vor 1600 Jahren hatte es in dem Gebiet um das heutige Alexandria eine Reihe schwerer Erdbeben gegeben, einschließlich großer Flutwellen. Heraklion und Kanopus versanken durch ihr eigenes Gewicht. Es ist das Phänomen der Erdverflüssigung: Die Bauwerke versanken demnach im scheinbar sicheren aus Lehm und weichen Sedimenten bestehenden, aber mit Wasser gesättigten Boden, als die Erschütterungen den Zusammenhalt des Bodens zerstörten und das Wasser herausdrückten. Am Ende aber muss im 8. Jh n. Chr. alles sehr schnell gegangen sein, denn die Forscher fanden auch Schmuck und Münzen – ein Zeichen dafür, dass die Bewohner wohl Hals über Kopf flüchteten.

Wo aber liegt unter meterdicken Sedimenten Kleopatras Palast? Auf der ebenfalls versunkenen, 300 × 50 m kleinen ehemaligen Insel Antirhodos fand Goddio ebenfalls Spuren von zwei großen Gebäuden. Das eine könnte seiner Meinung nach der ehemalige Palast sein, das andere ein der Göttin Isis geweihtes Heiligtum.

Der französische Unterwasserarchäologe Franck Goddio zeigt eine kleine Bronzestatue. Entdeckt wurde sie in einem Gebäude, das ein der Göttin Isis geweihter Tempel war.

Noch eine sehr lange Suche?

Doch Goddio, der sich und seine Theorien gut vermarkten kann, ist Autodidakt. So fehlte es nicht an Kritik von Archäologen und Historikern von Rang, zumal Goddio seine Funde und Erkenntnisse nicht in unabhängigen wissenschaftlichen Fachmagazinen publizierte. Der Althistoriker und Kleopatra-Biograf Manfred Clauss kommentiert: „Auch wenn Goddio unrecht haben sollte, so ist ihm zumindest zu verdanken, dass man jetzt weiß, wie die Topografie des königlichen Hafens und des Privathafens war.“

Goddio formuliert heute vorsichtiger und spricht davon, dass die Königin „den Palast benutzt habe“. Sein Ziel aber sei sowieso viel mehr, Alexandrias Hafen zu rekonstruieren. Denn: Selbst nach bald 20 Jahren archäologischer Forschung seien erst 5 Prozent des Gebiets untersucht. Vielleicht findet sich Kleopatras Palast ja noch.

er mündliche Erzählungen aufgriff. Die Zeile über den Schatz, die noch heute Menschen in Aufregung versetzt, lautet in der gängigen Übersetzung: „Er ließ ihn bei dem Loche (oder: Lochheim) versenken in den Rhein." Und das, was Hagen von Tronje dort laut Sage versteckte, war angeblich nicht wenig: Mehr als 100 Karren voller Gold und Edelsteinen.

Das „echte" Rheingold können Touristen bei Neuenburg aus dem Fluss waschen – das ist fast so mühsam wie die Suche nach dem Schatz der Nibelungen, verspricht aber viel mehr Erfolg.

Wilde Schatzsucherspekulationen

Der bevorzugte Ort der Suche ist seit Jahrhunderten deshalb der Rhein bei Worms, denn am Wormser Königshof spielen große Teile des *Nibelungenliedes*. Mit „Loch" könnte eine tiefe, unpassierbare Stelle im Rhein gemeint sein, so wie das bekannte „Schwarze Loch" bei Germersheim. Doch unzählige Versuche – selbst mithilfe von Echolot und Radar – förderten kein Nibelungengold im Rhein zutage. Ende der 1930er-Jahre suchte man sogar mit einem extra dafür gebauten Schwimmbagger den Fluss nach Gold ab, doch auch diese Aktion war vergebens.

Versenkte Hagen den Schatz vielleicht doch nicht im Rhein, sondern nur in Rheinnähe in einer anderen Art Loch? Vielleicht in eine Höhle? Das möglicherweise gemeinte Dorf Lochheim, das auf alten Urkunden verzeichnet ist, gibt es heute nicht mehr. Eine andere Hypothese geht davon aus, dass das sagenhafte Gold unter einem Acker im Dörfchen Rheinbach versteckt ist. Doch fündig geworden ist bislang auch dort niemand.

Ein literarischer Schatz

Fachleute, vor allem Literaturwissenschaftler und Mittelalterhistoriker, sind davon nicht sonderlich überrascht. Sie halten die Suche ohnehin für völlig vergeblich: Sie argumentieren, dass der Schatz nur Teil einer sagenhaften Erzählung ist und niemals wirklich existiert hat. Andererseits hat das *Nibelungenlied* aber durchaus historische Bezüge: So beschreibt es den Untergang der Burgunder in der Zeit der germanischen Völkerwanderung. Einzelne Figuren in der Erzählung lassen sich historischen Personen zuordnen, beispielsweise der burgundische König Gunther und seine Brüder, die Mitte des 5. Jh. im Kampf gegen die Hunnen fielen. Deshalb lässt es sich auch nicht endgültig ausschließen, dass ein Körnchen Wahrheit im sagenhaften *Nibelungenlied* steckt – und dass es Siegfrieds verschwundenen Schatz wirklich gegeben hat.

MYTHOS RHEINGOLD

Dass es im Rhein Gold gibt, ist unumstritten – auch wenn es sich nicht um den berühmten Nibelungenschatz handelt, sondern um natürliches Flussgold. Schon die Römer suchten im Rhein danach und am Hoch- und Oberrhein boomte die Goldwäscherei vom Mittelalter bis ins 19. Jh. hinein. Doch die Suche war mühsam: Denn das Gold im Rhein kommt in winzigen Partikelchen vor. Größere Goldkörner hat man bisher nur in der Nähe der Rheinquelle gefunden, vor allem in der Schweiz. Für Aufregung sorgten Mitte der 1990er-Jahre gleich zwei spektakuläre Funde: Kurz hintereinander fanden dort Hobbygoldwäscher zwei Nuggets von rund 50 bzw. 120 g Gewicht. Wissenschaftliche Untersuchungen ergaben keine Anhaltspunkte dafür, dass diese Nuggets nicht aus dem Rhein stammen.

Auch wenn es nur die Sonne ist, die den Rhein hier golden aufleuchten lässt – ganz ausschließen, dass es den Nibelungenschatz gibt, kann man nicht.

Als der Wald starb

Die Besucher der Osterinsel interessieren sich vor allem für die riesigen Moai-Figuren und die Geheimnisse, die sie umgeben. Doch vielleicht noch rätselhafter ist, wie die Kultur unterging, die diese Statuen erschaffen hatte.

Wenigstens ist der Ursprung ihres Namens geklärt, ebenso die Herkunft ihrer Ureinwohner: Der holländische Seefahrer Jacob Roggeveen gab der Insel den Namen „Osterinsel", weil er am 5. April 1722, dem Ostersonntag, auf sie gestoßen war – so wie auf die berühmte Nadel im Heuhaufen, denn im Radius von 2000 km erstreckt sich nur der Pazifik ohne irgendein anderes Stückchen festen Boden um das rund 163 km² winzige Eiland. Sicher ist mittlerweile auch, dass die Osterinsel, in der Sprache der Ureinwohner Rapa Nui („Nabel der Welt") genannt, von Polynesiern aus westlicheren Zonen des Pazifiks besiedelt wurde. Doch schon an der Antwort auf die Frage, wann dies geschah, scheiden sich die Geister der Experten: Das Besiedlungsdatum schwankt ihrer Ansicht nach vom 5. bis 17. Jh. n. Chr.

Vom Nabel zum einsamsten Fleck der Welt

Roggeveen war von den Hunderten von Moai-Figuren tief beeindruckt, sie mussten ebenso wie zahllose kleine Plastiken und in Holz oder Stein geritzte Schriftzeichen die Zeugen einer weit entwickelten Kultur, einer längst vergangenen Blütezeit sein. Der Holländer bemerkte aber auch, dass viele Skulpturen umgestürzt und zerstört waren. Hatte hier einer der im Pazifik häufigen Tsunami gewütet oder waren unbekannte Bilderstürmer am Werk gewesen? An den Glanz vergangener Zeiten erinnerte zu Beginn des 18. Jh. jedenfalls nichts mehr. Es herrschten vielmehr Not und Elend. Die Insulaner hungerten und verhungerten, z. B. weil die von Natur aus geringen Fischbestände im Meer nur wenig Nahrung boten und es im kargen Inneren der Insel kaum pflanzliche Kost gab. Dabei müssten dort eigentlich Pflanzen unter dem subtropischen Klima üppig gedeihen. Dank umfangreicher Untersuchungen weiß man heute, dass auf der Insel bis etwa zum 13./14. Jh. paradiesische Zustände herrschten: Rapa Nui hatte große Palmenwälder, eine stabile Gesellschaftsordnung und bis zu 15 000 Einwohner.

„An den Glanz vergangener Zeiten erinnerte zu Beginn des 18. Jh. nichts mehr. Es herrschten vielmehr Not und Elend."

Den Ast, auf dem man sitzt …

Doch wieso hatten sich die Verhältnisse auf der Insel so dramatisch verändert? Der US-amerikanische Geografieprofessor Jared M. Diamond, der sich intensiv mit dem rätselhaften Untergang

Heute präsentiert sich die Osterinsel mit ihren Moai-Statuen als karg und lebensfeindlich – vor Jahrhunderten war dies ganz anders.

der Inselkultur beschäftigt hat, spricht von einem Ökozid – nach Ablauf und Ursachen einer durch menschliche Eingriffe in die Natur verursachten Katastrophe. Die Einwohner der Osterinsel hätten den sprichwörtlichen „Ast, auf dem sie saßen" abgesägt: Das Verhängnis begann nach dieser Ansicht Ende des 13. Jh. mit der radikalen Abholzung der ursprünglichen Palmenwälder.

Anders als Diamond – der davon ausging, dass die Bewohner die Wälder abholzten, um die riesigen Steinstatuen auf Rollen zu bewegen – haben jüngere Studien von Archäologen aus Kiel und den USA einen anderen Grund identifiziert: Die Inselbewohner hätten den süßen Saft aus den Palmenstämmen gegessen und das Holz zum Kochen der Mahlzeiten genutzt. Bis 1850 wurde der Boden aber noch bewirtschaftet – weil die Bauern faustgroße Lavasteine auf den Feldern verteilten und damit die Erosion aufhielten. Zwar wurde die Insel abgeholzt, von einem Kollaps aber könne nicht die Rede sein.

Mit dem Rücken zur Welt

Welchen Zweck die Moai-Statuen hatten, ist noch immer unklar. Vermutlich gehörten sie jedoch zu einem Ahnen- und Herrscherkult. Auffällig ist, dass fast alle dieser Steinfiguren an der Küste ihren Rücken dem Meer zukehren – warum weiß man bis heute nicht. Auch, weshalb die Bevölkerung der Insel so stark zurückging. Wegen der fehlenden Lebensgrundlage? Oder durch von Europäern eingeschleppte Krankheiten? Fest steht: Immer mehr Menschen wollen ihn sehen, den geheimnisvollen „Nabel der Welt", und reisen deshalb auf die kleine Pazifikinsel.

Die Hallig Südfall entstand durch die „Grote Mandrenke“ im Januar 1362. Davor gehörte das Gebiet zur damaligen Insel Strand.

Das „Atlantis“ im Wattenmeer

Wie viele Orte in historischer Zeit an der Nordseeküste in den Fluten versunken sind, weiß niemand genau. Von einem dieser Dörfer kennt man aber zumindest den Namen: Rungholt. Er wird in alten Sagen und Chroniken genannt und regt seit jeher die Fantasie an.

Untergangsmythen ähneln sich meist sehr: Eine reiche, blühende Stadt fällt einer Naturkatastrophe zum Opfer, versinkt beispielsweise mit Mann und Maus im Meer. Erklärungen zu den Ursachen des Desasters liefern die Sagen gleich mit. Danach werden die Einwohner von den Göttern für Sünden und ausschweifenden Lebensstil bestraft. So die Legenden – auch die über Rungholt.

Zwischen Dichtung und Wahrheit

Aber nun die nüchternen Fakten: Im Nordfriesischen Wattenmeer gibt es viele Hinweise auf frühere Besiedlung – Reste von Schleusen, Warften und Zisternen, Ziegelsteine und Keramiktöpfe, u.a. rund um die Hallig Südfall. Dort könnte der legendäre Ort gelegen haben, allerdings war Rungholt weniger blühende Hafen- und Handelsstadt denn eher ein stattliches Marschenbauerndorf. Der Zeitpunkt des Untergangs lässt sich auf wenige Tage genau angeben: Mitte Januar 1362, als die „Grote Mandrenke“, eine der verheerendsten Springfluten des Mittelalters, an den Küsten der Deutschen Bucht schätzungsweise 10000 Menschen in den Tod riss.

Aber warum wurden die Marschen im heutigen Rungholtwatt besonders hart getroffen? Eine historische Form der Bodennutzung rückt dabei zunehmend in den Mittelpunkt der Erklärungsversuche: der Abbau von Salztorf. Salz bescherte Rungholt, wo vermutlich 1500 bis 2000 Menschen lebten, wohl etwas Wohlstand, doch diese Art der Gewinnung hat ihre Tücken. Zum einen wird die Bodenoberfläche durch den Abbau des Torfs unter das ursprüngliche Niveau abgesenkt, zum andern sacken entwässerte Torflager stark ab – wodurch das kaum durch Deiche geschützte Marschenland immer tiefer unter den mittleren Hochwasserpegel geriet.

Die Geheimnisse der Area 51

Das Gebiet mit der Bezeichnung Area 51 regt wie kaum ein anderer Ort der Erde spekulative Geister an. Denn es ist ein militärisches Sperrgebiet und gehört der United States Air Force sowie dem US-Verteidigungsministerium. Werden dort nur neue Flugzeuge getestet – oder auch außerirdische Technologie?

Eine Warntafel am Rand des Geländes der Area 51 – die streng abgeschirmte Militärbasis ist seit Jahrzehnten ein beliebtes Ziel von Ufo-Gläubigen und Veschwörungstheoretikern, die das Gebiet auch immer wieder beobachten.

Wie lautet der Superlativ von „geheimnisvoll“? Ganz einfach: Area 51 (die Bezeichnung stammt übrigens noch von den alten Gebietseinteilungen, die zur Zeit der Atombombentests in Nevada vorgenommen wurden). Seit Jahren gibt es die abenteuerlichsten Spekulationen darüber, was in diesem militärischen Sperrgebiet eigentlich vor sich geht. So wird u. a. behauptet, dass auf diesem Gelände die Trümmer oder vollkommen erhaltene abgestürzte außerirdische Raumschiffe gelagert und getestet werden; Treffen und geheime Gespräche mit Außerirdischen stattfinden; geheimnisvolle Energiewaffen entwickelt werden; Aktivitäten in Verbindung mit einer angeblichen Schattenregierung der Welt durch die Illuminaten ablaufen und in geheimen Filmstudios Bilder der Apollo-Landungen auf dem Mond gefälscht worden sein sollen.

Dies alles klingt zwar nicht gerade glaubwürdig, aber die Area 51 eignet sich hervorragend als Kristallisationspunkt für solche filmreifen Behauptungen. Denn letztendlich ist in Bezug auf sie nur wenig wirklich sicher, selbst ihre Existenz wurde erst 2013 von der CIA offiziell bestätigt. Der Bereich ist Teil des riesigen Luftwaffenstützpunkts Nellis und wird als Testgebiet für Technologien und Waffensysteme sowie Trainingsbereich für die US-Streitkräfte genutzt. Es habe – so das US-Verteidigungsministerium – in diesem Rahmen teilweise besondere Aktivitäten auf der Basis gegeben, die aber Verschlusssache seien.

Hightechflugzeuge im Testbetrieb

Dazu gehörten (und gehören) natürlich die Entwicklung und Erprobung neuer Flugzeuge. Auf der langen Liste der hier getesteten Flugzeuge stehen u. a. die Prototypen der Spionageflugzeuge U-2 und ihres Nachfolgers SR-71 Blackbird, aber auch der berühmte, kaum vom Radar zu erfassende Stealth-Bomber. Hinzu kommt seit 1967 die Erprobung von Beuteflugzeugen sowjetischer Bauart. Ferner gibt es Gerüchte, nach denen auch die Stealth-UAV-Aufklärungsdrohne, ein kleiner Stealth-Truppentransporter und eine ebenso getarnte Cruise Missile hier getestet wurden. Jedenfalls ist ein Teil der in diesem Gebiet besonders häufigen Ufo-Sichtungen mit Sicherheit auf die Testflüge dieser Flugzeuge zurückzuführen, die zumeist auch noch bei Nacht stattfanden.

Der SR-71 *Blackbird* war eines der zunächst streng geheimen Flugzeuge, das in der Area 51 getestet wurde.

Spekulationsobjekt Groom Lake

Zentraler Ort dieser Testaktivitäten ist der zwischen zwei Gebirgszügen liegende 5 km² durchmessende Groom Lake. Dabei handelt es sich um einen ausgetrockneten Salzsee, an dessen südwestlichem Ausläufer der Luftwaffenstützpunkt und damit auch die geheimnisvolle Area 51 liegt.

Es verwundert nicht, dass dieser Ort 1955 als ideales Testgelände für das damals neue geheime U-2-Spionageflugzeug ausgewählt wurde, war doch die betonharte Oberfläche des Salzsees ein idealer Start- und Landeplatz für die schwer zu handhabende Maschine.

Ein streng gesichertes geheimes Testgelände

Aus der für die U-2 errichteten Behelfsbasis wurde im Lauf der Zeit durch die weiteren Flugzeugprojekte eine immer größere Anlage. Das gilt vor allem für die Länge der Startbahnen. So wurde die Hauptstartbahn auf 2600 m ausgebaut. Satellitenfotos zeigen noch weitaus mehr Landebahnen, von denen jeweils zwei parallel verlaufen und rund 3000 m lang sind, sowie einen riesigen Hangar, der alle anderen Gebäude dieser Art überragt.

Die Sicherheitsvorkehrungen nahmen drastisch zu: Eine zivile Mine musste schließen, das Gebiet rund um die Basis wurde zum Sperrgebiet erklärt und später noch weiter ausgedehnt. Es ist mit Radarstationen, versteckten Bewegungsmeldern und sogar auf menschliche Ausdünstungen reagierende Schweißsensoren bestückt: Eindringlinge dürfen ohne Vorwarnung erschossen werden.

All dies ist Wasser auf die Mühlen von Verschwörungstheoretikern – doch es scheint, als würde der Mythos um die geheimste Militärbasis der Welt entzaubert: Die frühesten Projekte unterliegen nicht mehr der Geheimhaltung und der Schleier hebt sich etwas.

IM SOG DER VERGANGENHEIT – RÄTSEL DER GESCHICHTE

Menschlicher „Stammbusch“

Lange Zeit gingen Wissenschaftler von einem Stammbaum der Menschen aus, mit Wurzeln in Afrika und vielen Zweigen in alle Teile der Welt. Doch etliche Knochenfunde brachten das Bild ins Wanken. Wie also breitete sich der Mensch über den Globus aus?

Friedemann Schrenk vom Forschungsinstitut Senckenberg veranschaulicht die zahlreichen Verästelungen des Stammbuschs der Menschenaffen, zu denen auch die Gattung *Homo* gehört.

Spezialisten für Frühmenschforschung wie Friedemann Schrenk vom Forschungsinstitut Senckenberg in Frankfurt a. M. vertreten seit einiger Zeit das Bild eines „Stammbuschs“. Der hat eben meist keinen Hauptstamm, sondern viele kleinere Stämme und Verästelungen, die nebeneinander wachsen. Genau dieses „Multikultibild“ zeigt auch die Geschichte der Menschheit, in der es viele Linien gibt, von denen immer wieder einige gleichzeitig nebeneinander bestanden.

Werkzeugmacher in Afrika

In mühsamer Feldarbeit müssen Paläanthropologen – im Bild Louise Leakey (rechts) und Meave Leakey – auf dem ganzen Globus ihre Indizien und Knochenfunde zusammentragen.

Lange galt folgendes Bild als gesichert: Vor ungefähr 2,2 Mio. Jahren entstand demnach im Osten Afrikas der *Homo habilis,* aus dem sich vor rund 1,75 Mio. Jahren der *Homo ergaster* entwickelte, dem dann vor etwa 1,5 Mio. Jahren der *Homo erectus* folgte. Der wiederum war nicht nur der direkte Vorgänger des modernen Menschen *Homo sapiens,* sondern verwendete bereits Werkzeuge und verstand sich aufs Feuermachen.

Schon 2007, aber noch mehr 2017 wurde dieses Bild allerdings nachhaltig erschüttert. Fred Spoor vom Max-Planck-Institut für evolutionäre Anthropologie in Leipzig und seine Kollegen unterzogen einen rund 1,8 Mio. Jahre alten Schädel eines *Homo habilis* einem CT-Scan. Es stellte sich heraus, dass *Homo habilis* anatomisch zwar viel primitiver war, sein Gehirnvolumen aber dem von *Homo erectus* entsprach. Das aber passt so gar nicht zu der Behauptung, der *Homo erectus* habe sich über die Zwischenstufe *Homo ergaster* aus dem *Homo habilis* entwickelt. Vielmehr müssen vor 2,1 bis 1,6 Mio. Jahren drei Frühmenschenarten – *Homo habilis, Homo erectus* und *Homo rudolfensis* – nebeneinander existiert und den gleichen Lebensraum geteilt haben.

Lebte „Adam" am Turkanasee?

Umso interessanter wird durch diese Erkenntnisse die Frage nach dem Urahnen, von dem sich genetisch alle Menschen ableiten. Lange Zeit nahm man an, ihm am nächsten komme der *Homo rudolfensis,* eine Frühmenschenart, die bereits 1972 am Turkanasee in Kenia entdeckt worden war (in der Kolonialzeit hieß der See Rudolfsee).

Am 11. August 1991 fand Friedemann Schrenk dann in Malawi den Unterkiefer eines weiteren *Homo rudolfensis,* der mindestens 500 000 Jahre älter als der Fund von Kenia ist. Damit schien klar, dass der *Homo rudolfensis* mit rund 2,5 Mio. Jahren nicht nur die älteste Art der Gattung *Homo* ist, zu der auch der moderne Mensch *Homo sapiens* gehört. Er ähnelt diesem auch viel mehr als der *Homo habilis:* Mit 750 cm³ ist sein Gehirn relativ groß, Werkzeuge verwendete

VIELE MODERNE MENSCHENTYPEN

Auch der moderne Mensch lief nicht immer als einzige Linie der Gattung *Homo* über die Erde. Zu diesem Schluss kamen 2010 Svante Pääbo und Johannes Krause vom Max-Planck-Institut für evolutionäre Anthropologie (EVA) in Leipzig: Das Erbgut von einem Fingerglied eines Frühmenschen, der vor rund 40 000 Jahren etwa zeitgleich mit modernen Menschen und Neandertalern in Südsibirien lebte, erwies sich als so unterschiedlich von *Homo sapiens* und *Homo neanderthalensis,* dass er zu einer bisher unbekannten Menschenlinie gehören muss. Da vor 100 000 bis 60 000 Jahren auf der indonesischen Insel Flores mit den sogenannten Hobbit-Menschen *Homo floriensis* und auf der Insel Sulawesi vor 200 000 Jahren zwei weitere Menschenlinien existierten, gab es damals also mindestens fünf Linien der Gattung *Homo* in Eurasien, von denen nur der moderne Mensch überlebt hat.

Die in Dmanissi gefundenen Knochen eines *Homo erectus* – hier von David Lordkipanizade, dem Generaldirektor des Georgischen Nationalmuseums, präsentiert – belegen, dass Vertreter der Gattung *Homo* viel früher als lange angenommen nach Eurasien vorgedrungen waren.

er ebenfalls recht eifrig. Allerdings könnte die Geschichte der Hominiden noch weiter zurückreichen: Ein in Äthiopien entdeckter Unterkiefer, der anatomisch zum Teil dem des Homo habilis entspricht, wurde auf 2,8 Millionen Jahre datiert.

Prototyp eines Entdeckers

Zumindest die These vom Stammbusch scheint sich jedoch zu bestätigen, zumal die verschiedenen Arten wohl häufig sehr bereitwillig ihre Heimat verließen. So bestimmten Mitarbeiter des Nationalmuseums von Georgien für versteinerte Knochen, die sie 2007 in der Nähe der mittelalterlichen Ruinenstadt Dmanissi im äußersten Süden ihres Landes ausgegraben hatten, ein Alter von 1,77 Mio. Jahren. Schon damals haben die Menschen ihre Wiege Afrika weit hinter sich gelassen. Mit ihren relativ langen Beinen waren die Menschen von Dmanissi wohl bereits ähnlich gute Langstreckenläufer wie der moderne Mensch heute.

Apropos Wiege: 2017 veröffentlichten Forscher aus Tübingen eine Studie, in der sie die zwei einzigen Funde der Hominiden-Art *Graecopithecus freybergi* – aus dem Süden Griechenlands – auf rund 7 Mio. Jahre datierten. Damit sind sie nicht nur älter als afrikanische Funde, sie zeigen die Evolution des Menschen in neuem Licht: Begann die menschliche Geschichte auf dem Balkan und nicht in Afrika?

„Der *Homo erectus* hat ganz im Stil späterer Entdecker offensichtlich auch erste Grundlagen der Seefahrt beherrscht."

Wie auch immer die Diskussion um diese umstrittene These ausgeht, Entdeckungsreisen müssen den Frühmenschen im Blut gelegen haben. Denn sie tauchten nicht nur im heutigen Georgien an der Grenze zwischen Asien und Europa auf. Zur gleichen Zeit erreichten sie auch die indonesische Insel Java. Folglich hat der *Homo erectus* ganz im Stil späterer Entdecker offensichtlich auch erste Grundlagen der Seefahrt beherrscht.

Frühmenschen erobern die Welt

Ob der *Homo erectus* wirklich nur nach Asien bis an die Grenzen des Kaukasus und nach China vorgedrungen ist, bleibt dagegen erst einmal im Dunkeln. Vielleicht waren die Frühmenschen vor 1,8 Mio. Jahren ja auch schon in Amerika und Australien, haben dort aber keine Spuren hinterlassen. Oder diese Spuren sind noch nicht entdeckt worden. Sicher ist bisher nur, dass sich Frühmenschen schon vor 1,8 Mio. Jahren in die Welt aufmachten.

Trotz der enormen Wanderlust aber steht die Wiege der modernen Menschen nach wie vor in Afrika. Bis vor Kurzem ging man davon aus, dass die Art *Homo sapiens* in den Savannen des östlichen Afrika entstand. Doch dann wurden 2017 in Marokko die fossilen Überreste von Menschen unserer Art gefunden – und auf ein Alter von 300 000 Jahren datiert. Doch nicht nur das Alter ist spektakulär, die Wissenschaftler gehen davon aus, dass *Homo sapiens* zu diesem Zeitpunkt bereits ganz Afrika besiedelt hatte. Eine These besagt, dass die Art bereits vor 500 000–600 000 Jahren entstand.

Vor ungefähr 120 000 Jahren tauchten jedenfalls die ersten modernen Menschen im heutigen Israel und am Persischen Golf auf. Damals hatten sich die Gletscher der vorletzten Eiszeit noch weiter als heute zurückgezogen. Die Temperaturen lagen ein wenig höher als heute und in Mitteleuropa tummelten sich Flusspferde. Nach wenigen Tausend Jahren kam die Eiszeit zurück und beendete wohl das Intermezzo des *Homo sapiens* im Nahen Osten.

Wanderung in mehreren Wellen

Vor 50 000 oder 60 000 Jahren klappte die Entdeckungsreise von *Homo sapiens* erheblich besser, bis nach Südostasien kam er damals. Sogar in Australien hinterließ er seine ersten Spuren – und zwar bereits vor ungefähr 44 000–48 000 Jahren.

Als der *Homo sapiens* aber vom heutigen Dschibuti in Afrika aus auf die Arabische Halbinsel übersetzte, kam der Vormarsch nach Europa und Zentralasien erst einmal im westlichen Asien für 5000–10 000 Jahre ins Stocken. Erst als die Eiszeit eine Pause machte, brachen vor rund 45 000 Jahren die Menschen in einer neuen Welle von dort in das südliche Sibirien auf und erreichten vor 30 000 Jahren die auch damals eisfreien arktischen Gebiete Sibiriens. Wohl gleichzeitig begann der lange Marsch des *Homo sapiens* aus dem Zwischenstopp im westlichen Asien in die Mittelmeerregion und nach Süd- und Westeuropa. Osteuropa erreichten unsere Vorfahren wohl eher über den Kaukasus oder die Küste des Schwarzen Meeres. Und als dann auch noch die Beringstraße auf dem Höhepunkt der letzten Eiszeit trockenfiel, nutzten die Menschen ihre Chance und wanderten von Sibirien nach Amerika. Damit hatten sie den Globus erobert.

So ungefähr könnte der *Homo erectus* ausgesehen haben – Szene aus der französischen Dokumentation *Homo sapiens.*

Neandertaler im Klimawandel

So geheimnisvoll die Neandertaler auch erscheinen, ihr Verschwinden ist noch rätselhafter. Vor etwa 130 000–30 000 oder gar 24 000 Jahren lebten sie in ganz Europa – also zu einer Zeit, in der sich ihr naher Verwandter, der *Homo sapiens*, ebenfalls in Europa ausbreitete. Doch während dessen Siegeszug nicht aufzuhalten war, starb der Neandertaler aus. Trug der moderne Mensch Schuld daran?

Die Frühmenschenforschung rechnet in sehr langen Zeiträumen, hieb- und stichfeste Beweise sind da Mangelware. Also arbeiten Wissenschaftler wie Adrian Briggs und Svante Pääbo vom Max-Planck-Institut für evolutionäre Anthropologie in Leipzig mit Indizien. Sie nahmen sich Knochen des Neandertalers vor, die zwischen Spanien und Russland gefunden wurden. Hierbei analysierten sie die „mitochondriale DNA" – diese liefert die Informationen für den Aufbau mikroskopisch kleiner „Kraftwerke" in den Zellen. Das Ergebnis: Sie fanden viel weniger Unterschiede als bei diversen Individuen des modernen Menschen. Daraus leiten die Forscher ab, dass vor 38 000 bis 70 000 Jahren sich jeweils extrem wenige weibliche Neandertaler in Europa effektiv vermehrten.

WER IST MIT WEM VERWANDT?

Als Svante Pääbo (Foto) und Johannes Krause das Erbgut der Neandertaler im Frühjahr 2010 entschlüsselt hatten, erlebten sie eine Überraschung: Die Neandertaler sind mit den modernen Menschen zwischen Westeuropa und dem Süden und Osten Asiens ein wenig enger verwandt als mit den Afrikanern. Das wiederum lässt sich am einfachsten erklären, wenn in wenigen Fällen Neandertaler und moderne Menschen Kinder miteinander zeugten, nachdem der *Homo sapiens* Afrika bereits verlassen hatte. Als wahrscheinlichen Ort für die wenigen „Techtelmechtel" zwischen den beiden Menschentypen nehmen die Forscher den Nahen Osten an, wo Neandertaler und moderne Menschen vor rund 100 000 Jahren mehrfach aufeinandertrafen. Anscheinend aber waren diese Begegnungen wohl nur selten fruchtbar. Im Erbgut heutiger Menschen finden sich jedenfalls nur 1–4 % vom Erbgut der Neandertaler.

Bevölkerungsengpass

Mit „effektiv vermehren" meinen die Forscher, dass diese Neandertalerfrauen Großmutter wurden, weil ihre Töchter selbst Kinder bekamen (da mitochondriale DNA immer nur von der Mutter vererbt wird, finden die Forscher nur die weibliche Linie in diesem Erbgut). Diese geringe Dichte kann verschiedene Gründe haben, etwa eine sehr hohe Kindersterblichkeit. Genaueres aber wissen die Forscher nicht. Daher können sie auch nicht exakt bestimmen, wie viele

Die Rekonstruktion der Stiftung Neanderthal Museum in Mettmann zeigt einen Neandertaler bei der Verarbeitung einer Wildbeute. Signifikante Merkmale der Physiognomie der Neandertaler sind Überaugenwülste und dominante Kiefer.

Neandertaler damals insgesamt gelebt haben. Nach neuesten Erkenntnissen waren es wohl nur ein paar Tausend. Zum Vergleich: Heute leben rund 700 Mio. moderne Menschen in Europa.

Konkurrenz und Eiszeit

Die Forscher wissen nicht, ob es in der Neandertalergeschichte dauerhaft so wenig Individuen gab, eventuell bedingt durch deren zu geringe Fortpflanzungsbereitschaft oder -fähigkeit. Neben der Theorie des Neandertalers als „Fortpflanzungsmuffel" gibt es noch eine ganze Reihe weiterer Überlegungen.

Große Säugetiere, also auch Menschen, können selbst in kleinen Populationen lange überleben – wenn keine äußeren Bedrohungen hinzukommen. Im Fall des Neandertalers könnten dies der „fruchtbarere" *Homo sapiens* als besser angepasster Konkurrent im selben Lebensraum und die besonders harschen Bedingungen auf einem Höhepunkt der Eiszeit gewesen sein.

Vielleicht haben auch Seuchen oder Nahrungsmangel der kleinen Population der Neandertaler zugesetzt. Eine neuere Hypothese geht davon aus, dass der *Homo sapiens* einen kleinen entscheidenden Vorsprung hatte, weil stets neue Menschen aus Afrika nachzogen. Das Rätsel um das Verschwinden der Neandertaler ist also noch immer nicht restlos gelöst.

Auf diesem Pfeiler von Göbekli Tepe sind wohl ein Fuchs und ein Arm dargestellt.

Tempel aus der Steinzeit

Die Jäger und Sammler der Steinzeit gelten nicht gerade als geniale Baumeister. Doch auf dem Göbekli Tepe in Südostanatolien haben sie die vielleicht älteste Tempelanlage der Welt erbaut. Wie war das möglich? Wer hat ihr Werk wieder zugeschüttet? Und was sagt der Fund über die Steinzeitmenschen aus?

Die Bildhauer haben einen steinernen Zoo geschaffen. Auf hohen Säulen prangen die Reliefs von Löwen und Füchsen, Schlangen und Enten. Geier und Eber mit mächtigen Stoßzähnen sind in Skulpturen festgehalten. Das Besondere: Die tierbegeisterten Steinmetze lebten vor etwa 11 000 Jahren, am Ende der letzten Eiszeit.

Die ersten Architekten

Ihre Kunstwerke graben türkische und deutsche Archäologen seit 1995 aus dem Geröll des Göbekli Tepe („Berg mit Nabel") in der Nähe des türkischen Ortes Sanliurfa aus – auch nach dem plötzlichen Tod von Grabungsleiter Klaus Schmidt 2014, der die Stätte 1994 entdeckt hatte. Was sie finden, sind die ältesten bekannten

Überreste kunstvoll gestalteter Bauwerke. Niemand hatte solche Zeugnisse aus dieser Zeit erwartet. Denn als die Anlage auf dem anatolischen Hügel entstand, streiften ihre Erbauer noch als Jäger und Sammler durch die Lande. Und Architektur, so hatte man lange angenommen, hätten eben erst sesshafte Bauern geschaffen – das war ein Irrtum.

„Und Architektur, so hatte man lange angenommen, hätten eben erst sesshafte Bauern geschaffen."

Menschen, die noch nicht einmal Keramik herstellen konnten, errichteten auf dem Göbekli Tepe gewaltige Bauwerke, deren Pfeiler sie mit dem Faustmeißel aus einem Steinbruch hämmerten. Die Verzierungen verraten, dass die Jäger nicht einzig und allein ans Überleben dachten. „Göbekli Tepe war ein Kultplatz, an dem sich die Menschen aus religiösen Gründen versammelten", war sich Klaus Schmidt sicher.

Wie viele Menschen dabei zusammenkamen, weiß man nicht, doch müssen die Zusammenkünfte für die damalige Zeit regelrechte Großveranstaltungen gewesen sein. Die schwersten auf dem Hügel gefundenen Steine wiegen etwa 50 t. „Um die zu bewegen ..., braucht man etwa 500 Leute", schätzte Schmidt. Dauerhaft haben diese Menschen allerdings wohl nicht auf dem Göbekli Tepe gelebt, die Archäologen haben keine Hinweise auf Wohnräume gefunden. Wenn die Riten beendet waren, löste das Jägervolk seine Versammlung auf und zerstreute sich bis zum nächsten Treffen.

Vom Jäger zum Bauern

Das Bild einer in getrennte Familiengruppen zersplitterten Steinzeitgesellschaft scheint also nicht ganz zu stimmen. Auch die bisherigen Vorstellungen vom Übergang zum sesshaften Leben müssen nach den Funden vielleicht ergänzt werden. Wenn sich ein Volk von Jägern und Sammlern zu einer Gesellschaft von Ackerbauern und Viehzüchtern wandelt, muss es dafür einen Grund geben. Zu starke Bejagung des Wildes, Überbevölkerung oder einen Klimawandel nennen die Lehrbücher als mögliche Ursachen.

Klaus Schmidt hatte aber auch noch eine andere Erklärung. Die vielen Teilnehmer der Treffen auf dem Göbekli Tepe habe man irgendwie ernähren müssen. Die Gemeinschaft hätte daher begonnen, das in der Umgebung wachsende Wildgetreide am Fuß des Hügels gezielt anzubauen. Nicht natürliche Zwänge, sondern die Riten hätten demnach zur Erfindung des Ackerbaus motiviert.

Auf der gesamten, noch nicht vollständig freigelegten Anlage vermuten Archäologen bis zu 200 dieser mächtigen Pfeiler (im Bild eine Raubtierskulptur).

Doch der Göbekli Tepe sollte sich nicht zu einer Siedlung sesshafter Bauern entwickeln. Ein aus der Ebene ragender karger Kalksteinhügel ohne Wasser wäre dafür auch nicht gerade der günstigste Platz gewesen. Stattdessen endet die Geschichte des Kultplatzes um 7500 v. Chr. Damals begann die sesshafte Lebensweise mehr und mehr, die Jäger- und Sammlerkultur abzulösen. Und die Bauern hatten kein Verständnis mehr für die alten Riten, so glaubte Schmidt. Das mag der Grund dafür sein, dass sie die Stätte zuschütteten – für die Archäologen ein Glücksfall.

Wo bitte geht's zur Osterinsel?

Zwischen Hawaii, Neuseeland und der Osterinsel ähneln sich die Kulturen verblüffend und unterhalten sich die Menschen in ähnlichen Sprachen, traditionell beteten sie die gleichen Götter an und nutzten die gleichen Methoden in Landwirtschaft und Handwerk – das lässt sich nur durch einen engen Kontakt erklären. Aber wie hielten die Polynesier lange vor der Erfindung von Hochseeschiffen den Kontakt zwischen ihren Inseln aufrecht, die oft mehr als 1000 km auseinander liegen?

Einfach kann das nicht gewesen sein, schließlich leben die Polynesier heute auf 294 000 km² Land, das sich in Form unzähliger, zum Teil winziger Inseln auf ein Gebiet von 50 Mio. km² zwischen Hawaii im Norden, der Osterinsel im Südosten und Neuseeland im Südwesten verteilt. Rechnet man Neuseeland mit seinen 270 000 km² weg, bleibt mit 24 000 km² für alle restlichen Inseln die Fläche des Bundeslandes Mecklenburg-Vorpommern. Diese Inseln aber liegen weit verstreut in dem oft stürmischen Meeresgebiet des sogenannten Polynesischen Dreiecks, das mehr als die elffache Fläche der gesamten Europäischen Union einnimmt.

Die Suche nach dem Ursprung

Welche Menschen diese gigantische Fläche ursprünglich besiedelten, entdeckte Jonathan Friedlaender von der Temple University im US-amerikanischen Philadelphia im Jahr 2008, als er das Erbgut der Polynesier analysierte. Vor ungefähr 3500 Jahren brachen Menschen aus China und Taiwan auf und erreichten über die Philippinen das Inseldreieck Tonga, Fidschi und Samoa. In mehr als zwei Jahrtausenden kamen sie dann auch zu den abgelegensten Inseln.

Sie segelten oder paddelten in Kanus mit zwei Rümpfen, die über eine Plattform oder mit Streben verbunden waren. Diese Ausleger- oder Doppelrumpfkanus lagen ähnlich stabil im Wasser wie ein genauso breites Boot mit einem durchgehenden Rumpf, benötigten aber erheblich weniger Baumaterial und Ingenieurkunst. Bis zu 15 km weit segeln diese Vorgänger der modernen Katamarane unter vollem Segel in einer Stunde. In die größten Exemplare passte eine Besatzung von bis zu 200 Kriegern.

Umsichtige Steuermänner

Bleibt die Frage, wie die Polynesier zielsicher zu den wenige Quadratkilometer großen Inseln fanden. Um bei der Suche nach neuen Inseln möglichst lange Strecken zurücklegen zu können, waren nur 20–25 Menschen an Bord. Den Rest der Ladekapazität füllten Tiere, Saatgut und Nutzpflanzen, Reiseproviant und Werkzeuge. Ohne irgendeine Orientierungshilfe wären die Seeleute dennoch dem Zufall ausgeliefert gewesen. Bei der Navigation übernahm daher das Sternbild „Kreuz des Südens“ die Rolle des Nordsterns auf der Nordhalbkugel und zeigte in sternenklaren Nächten die Richtung nach Süden an. Da größere Inseln die Wellen noch in einigen Hundert Kilometern Entfernung verändern, konnten die Seeleute an der Form der Wellen ablesen, ob eine Insel voraus liegen könnte oder nicht. Auch charakterische Wolkenformationen über den Inseln halfen bei der Orientierung aus der Ferne.

Mit Palmwedeln und Muscheln bastelten die Polynesier an Land sogenannte Stabkarten, die Landmarken oder die Bewegung und Richtung von Strömungen und Wellen nachbildeten. Mit diesem theoretischen Rüstzeug „lasen“ die Navigatoren die See und führten ihre Boote sicher durch die Inselwelt, bis sie dann vor rund 800 Jahren die Osterinsel und vor ungefähr 700 Jahren Neuseeland erreichten und damit an die Grenzen Ozeaniens stießen.

DIE IDEEN THOR HEYERDAHLS

Der Norweger Thor Heyerdahl vermutete, die Polynesier seien ursprünglich von Südamerika aus in die Südsee aufgebrochen. Technisch war das möglich, wie er 1947 bewies. Damals hatte er Stämme aus Balsaholz mit Hanfseilen zu einem fast 14 m langen und gut 5 m breiten Floß zusammengebunden. Nach 101 Tagen erreichten sechs Mann auf dem Kon-Tiki genannten und in Peru gestarteten Gefährt nach fast 7000 km die Atolle des Tuamotu-Archipels in der Südsee. Trotz seines riskanten Experiments überzeugte Thor Heyerdahl die Fachwelt nicht. Wenn die Polynesier mit den für Südamerika typischen Balsaflößen gekommen waren, wieso hätten sie dann plötzlich Doppelrumpfkanus bauen sollen? Und Gemeinsamkeiten zwischen den Sprachen Polynesiens und Südamerikas gab es genauso wenig wie Ähnlichkeiten in Religion und Gesellschaftsformen. Endgültig widerlegt wurde die Theorie durch Lapita-Scherben, verzierte Tonfragmente, die sich eindeutig von West nach Ost über die pazifische Inselwelt verbreitet hatten.

Den Unbilden des Wetters ausgesetzt segelten Männer, Frauen und Kinder in Doppelrumpfkanus über den Pazifik.

Geheimnisvolles Bronzeblech

Etwa 3600 Jahre lang ruhte sie in der Erde, bis illegale „Schatzsucher“ sie im Sommer 1999 ausgruben. Was die Räuber zuerst für einen alten Eimerdeckel hielten, entpuppte sich als ein Fund, der bei Frühgeschichtlern Herzklopfen und Kopfzerbrechen auslöste. Seit 2013 gehört die Himmelsscheibe von Nebra zum UNESCO-Weltdokumentenerbe.

Die Jagd endete in der Schweiz: Ein Hehler hatte dem Landesarchäologen von Sachsen-Anhalt Teile eines bronzezeitlichen Schatzes angeboten, der in einem Feld bei Nebra nahe Naumburg ausgegraben worden war. Zum Schein war der Archäologe auf das Angebot eingegangen. Doch als der Hehler in einer Tiefgarage in Basel das Prunkstück präsentierte, griff die Kriminalpolizei zu.

„Weißt du, wie viel Sternlein stehen ...“

Zurück in Sachsen-Anhalt löste die Himmelsscheibe Begeisterungsstürme aus. Denn auf dem runden Bronzeblech, etwa so groß wie ein Pizzateller, erkennt man eine nächtliche Szene: Neben knapp 20 Sternen sind zwei Mondphasen dargestellt. Am Rand befanden sich zwei sogenannte Horizontbogen und es fährt ein Boot über den Nachthimmel – alles in dünner Goldfolie auf der Bronze eingelegt. Die Scheibe war zusammen mit Schwertern

Die Horizontbögen auf der Himmelsscheibe markieren möglicherweise zu kultischen Zwecken und als Anhaltspunkt für den Ackerbau Sonnenauf- und Sonnenuntergang zur Sommer- und Wintersonnwende. Zur Beobachtung richtete man die Scheibe vielleicht zum Brocken hin aus – einem Berg, den man vom Fundort, dem Mittelberg bei Nebra, aus sehen kann.

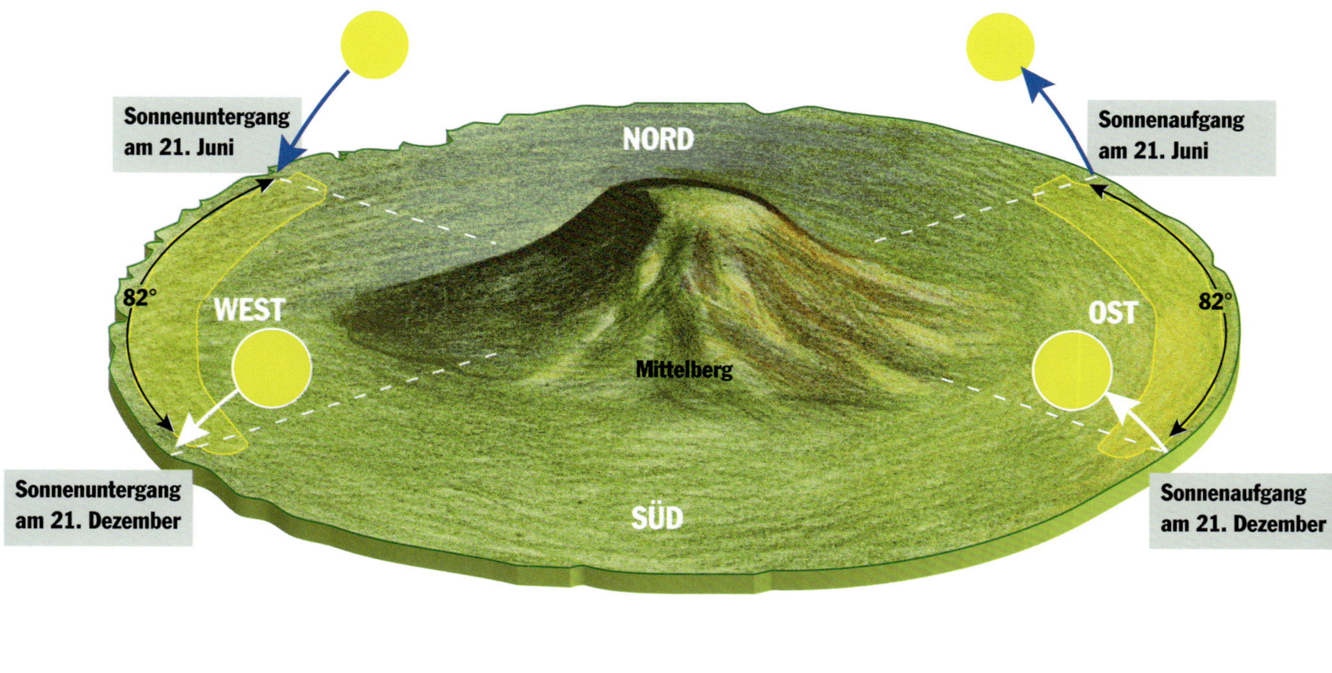

und Beilen gefunden worden. Dieser Beifund war um das Jahr 1600 v. Chr. vergraben worden. Damit wäre der Fund mindestens 3600 Jahre alt – und die älteste Himmelsdarstellung Mitteleuropas.

Puzzlespiel mit Hightechmethoden

Doch es meldeten sich sofort Zweifler – war die Scheibe eine geschickte Fälschung? Analysen konnten zumindest diese Frage klar beantworten: Während heute gehandelte Metalle entweder fast chemisch rein oder als genau spezifizierte Legierungen auf den Markt kommen, sind den Metallen aus dem Mittelalter und der Vorzeit immer eine ganze Reihe anderer Elemente beigemischt – Metalle, die bereits im Erz steckten. Und weil das Erz in jeder Mine eine unterschiedliche Zusammensetzung hat, erhalten historische Objekte aus Metall einen chemischen „Fingerabdruck", mit dem man die Herkunft des Metalls bestimmen kann.

So konnte man eindeutig nachweisen, dass die Metalle aus der Himmelsscheibe nicht in den letzten 100 Jahren verhüttet worden waren und das Kupfer in der Scheibe aus derselben Mine stammte wie das der Schwerter und Beile. Auch die passende Mine – sie liegt im österreichischen Mitterberg – wurde ermittelt. Das Gold auf der Scheibe dürfte dagegen in Siebenbürgen geschürft worden sein.

Die Physiker entdeckten mit modernster Technik, dass die Goldauflagen der Scheibe anhand unterschiedlicher Silber- und Zinnanteile in drei Gruppen eingeteilt werden können. Die Archäologen glauben, dass ein Künstler zunächst Monde und Sterne auf der Scheibe anbrachte. Anschließend – vielleicht Jahrzehnte später – wurden die Horizontbogen aufgebracht und zuletzt das Schiff. Vermutlich entstand die Himmelsscheibe im Zeitraum zwischen 2000 und 1600 v. Chr. Warum aber wurde die Scheibe nicht in einem Schritt gefertigt? Gab es neue Rituale oder neues astronomisches Wissen? Und warum wurde zuletzt ein Schiff auf der Scheibe eingefügt, das einer ägyptischen Sonnenbarke gleicht?

Christian Neelmeijer vom Forschungszentrum Rossendorf e. V. untersuchte die Goldzusammensetzung der Himmelsscheibe von Nebra mithilfe von Protonenstrahlung.

Astronomische Deutungsversuche

Ein Geheimnis ist auch, ob die Sterne ein Sternbild darstellen. Menschen, die Punkte auf einer Fläche zufällig verteilen sollen, neigen dazu, die Punkte in etwa gleichem Abstand voneinander zu setzen. Deshalb glaubt man, dass zumindest die Gruppe von sieben Sternen neben dem rechten Horizontbogen etwas zu bedeuten hat: Vielleicht stellt sie die Plejaden dar, einen Sternhaufen, von dem man mit bloßem Auge sieben helle Sterne ausmachen kann.

Die gängige Deutung der Scheibe geht davon aus, dass sie Termine zur Bestellung von Feldern fixiert. Doch wozu dienten die geheimnisvollen Horizontbogen, die jeweils einen Winkel von etwa 82,5 Grad überdecken? Bestimmte man damit am Fundort die Sonnwenden? Und warum ist die Scheibe rundherum gelocht? War sie auf Stoff aufgenäht? Der Krimi um die Himmelsscheibe ist abgeschlossen – das Rätselraten um sie wird noch lange weitergehen.

Drei Jahre vor seinem Tod konnte Kambyses II. Ägypten noch unterwerfen, das Land am Nil blieb bis 404 v. Chr. persisch. Das Bild von Adrien Guignet (1816–1854) zeigt Kambyses II. und den unterlegenen Pharao Psammetich III. (Bildmitte).

Die verschwundene Armee des Kambyses

Nicht selten spielte widriges Wetter im Krieg eine vernichtende Rolle. Vor 2500 Jahren verschwand eine gewaltige Armee des altpersischen Königs Kambyses II. spurlos in der ägyptischen Wüste. In einem Sandsturm? Ein niederländischer Ägyptologe hat das jahrtausendealte Rätsel wahrscheinlich gelöst.

Um 525 v. Chr. brach Kambyses II. (um 558–522 v. Chr.), der „König von Babylon", mit 50 000 Soldaten zu einem Feldzug nach Ägypten auf, das er noch im gleichen Jahr eroberte. Zwei Jahre später, so berichtet der griechische Geschichtsschreiber Herodot (um 490 bis etwa 425 v. Chr.), habe sich der Despot am berühmten Orakel von Siwa rächen wollen, da es seinen Untergang prophezeit habe. Dazu kam es aber nicht. Das Heer, das Kambyses hierzu in die Wüste geschickt hatte, erreichte die Oase wohl nie und die Männer wurden nie gefunden. Mit seiner Prophezeiung sollte das Orakel indes Recht behalten: Ein Jahr nach dem Verschwinden seiner Soldaten starb der Perserkönig durch einen tödlichen Unfall.

Parteiisches Wetter?

Beim Untergang der spanischen Armada (1588) kämpfte ein Orkan auf der Seite der Engländer als Verbündeter mit, beim historischen Waterloo (1815) verschaffte ein Gewitter mit Wolkenbrüchen der Allianz von Briten und Preußen Vorteile – es gibt manche Beispiele dafür, wie das Wetter den Ausgang eines Krieges beeinflusst hat. Nach Herodot wurden die Truppen von Kambyses II. beim Versuch, das heilige Orakel von Siwa zu plündern, von einem schweren Sandsturm dahingerafft.

Nicht jede Aussage des „Vaters der Geschichtsschreibung“ darf für bare Münze genommen werden, Herodot war gewiss nicht unbefangen, waren doch zu dessen Lebzeiten Griechen und Perser Erzfeinde. Ein Sandsturm könnte wahrscheinlich sein – und doch ist Herodot offenbar ein Opfer der Propaganda geworden. Das vermutet der niederländische Ägyptologe Olaf Kaper von der Universität Leiden: Eher zufällig fand er in der Oase Dachla den Beweis für die Existenz eines Mannes, der gegen Kambyses II. rebellierte. Vermutlich besiegte der aufständische Petubastis III. mit einer viel kleineren Truppe das große Heer seines Widersachers. Damit diese Schmach nicht bekannt wurde, erfand Darius I., der Nachfolger von Kambyses II., die Legende vom vernichtenden Sandsturm, folgert Kaper. Es werden auch keine 50 000 Soldaten gewesen sein, denn so viele Männer in die Wüste zu führen, ist organisatorisch kaum möglich und für die Zerstörung eines Orakels auch nicht erforderlich.

Grab für eine ganze Armee

Wie groß die Armee von Kambyses II. auch immer war – ohne bleibende Spuren zu hinterlassen, konnte sie eigentlich nicht verschwinden. Moderne Verfahren wie die GPS-Technik versprechen Erfolge auf der Suche nach dem verschwundenen Heer. Wie schwierig es jedoch ist, in einem Sandmeer Spuren zu entdecken und zu sichern, mussten Mitte der 1990er-Jahre zwei italienische Archäologen erfahren. Die beiden Brüder fanden menschliche Gebeine. Als dann eine zweite Expedition folgte, um die Knochen genauer zu untersuchen, hatte der wandernde Sand diese schon wieder unter sich begraben. Immerhin sind seither einige Funde zutage gefördert worden: eingegrabene Tonkrüge, die als Trinkwasserdepots gedeutet werden, Knochen, Dolche, Speerspitzen und Teile eines Zaumzeugs aus der Perserzeit. Vielleicht gelingt es mithilfe ausgeklügelter Analysen doch noch, ein wenig mehr Licht in das Dunkel zu bringen.

„Moderne Verfahren wie die GPS-Technik versprechen Erfolge auf der Suche nach dem verschwundenen Heer.“

Wie endete das Reich Kusch?

Südlich des altehrwürdigen Ägyptischen Reiches entwickelte sich im benachbarten Nubien ein mächtiges Imperium: das Reich Kusch. Seine Herrscher werden auch die „schwarzen Pharaonen“ genannt. Doch 300 n. Chr. ging die geheimnisvolle Hochkultur unter.

Der griechische Geschichtsschreiber und „Reisejournalist“ Herodot (um 490 bis etwa 425 v. Chr.) nannte Kusch „ein Land voller Wunder“. Der Handel zwischen Schwarzafrika und Ägypten war dessen wichtigste Einnahmequelle. Gold, Silber, Ebenholz und Straußenfedern wurden exportiert, ebenso Elfenbein, Rinder – und Sklaven.

Die Hochkultur währte rund sieben Jahrhunderte, die Gründe ihres Untergangs liegen im Nebel der Geschichte. Fiel sie einem Klimawandel zum Opfer? Waren es Erdbeben oder verheerende Sandstürme? Oder der Einfall von Kriegern aus dem heutigen Äthiopien? Auch die Ausdehnung des Landes in westlicher und östlicher Richtung ist nicht bekannt, die Wüste hat die Spuren verweht. Kusch gehört jedenfalls zu den geheimnisvollsten Reichen der Alten Welt – noch immer.

Das Blatt wendet sich

Kusch ist das ägyptische Wort für Nubien, dem nördlichen Sudan. Die alten Ägypter unternahmen wiederholt Eroberungszüge. Schließlich unterwarfen sie das Reich, dessen Bewohner in ägyptischen Darstellungen als Schwarzafrikaner verschiedener Stämme und Völker erscheinen.

Doch das „Neue Reich“ Ägyptens ging unter und um 750 v. Chr. kam es in Nubien abermals zu einer Staatenbildung. Die ersten nubischen Könige herrschten sogar über Oberägypten. 300 v. Chr. verlagerten die „schwarzen Pharaonen“ ihren Regierungssitz nach Meroe, einem Ort etwa 250 km nordöstlich vom heutigen Khartum. Er wurde zu einem Hauptumschlagplatz für den Warenverkehr zwischen Schwarzafrika und Ägypten. Auf dem Höhepunkt, so schätzen Archäologen, hatte Meroe 20 000 – 25 000 Einwohner.

Die Herrscher übernahmen auch die Vorliebe ägyptischer Pharaonen, sich und ihre Familienangehörigen in Pyramiden bestatten zu lassen. Archäologen entdeckten Reste einst prachtvoller Paläste und Tempel und das größte Pyramidenfeld der Erde.

Das Problem ist nur: Über ihre Erbauer weiß man fast nichts. Lediglich aus der Zeit, als im Nordsudan noch ägyptische Hieroglyphen verwendet wurden, sind die Namen nubischer Herrscher bekannt. Ab 150 v. Chr. begann sich jedoch eine eigene meroitische Kultur zu entwickeln. Sie löste sich bald von ägyptischen

Die im Gegensatz zu ihren ägyptischen Vorbildern viel kleineren Pyramiden von Meroe stehen wie überdimensionale Grabsteine dicht beisammen.

In Naqa, einer weiteren bedeutsamen nubischen Stätte, haben die Reste etlicher Tempel die Jahrhunderte überlebt.

Einflüssen und es entwickelte sich auch ein eigenes Schriftsystem. Es besteht aus 23 Buchstaben und kennt sogar ein Zeichen für Worttrennungen. Nach dem Untergang des Landes Kusch wurde Meroitisch von der griechischen Schrift verdrängt – und vergessen.

Das Volk von Kusch verehrte ägyptische Gottheiten, wie u. a. dieses Armrelief mit Darstellung der geflügelten Göttin Mut belegt.

Rätselhafte Schriftzeichen bis heute

1909 gelang es dem Engländer Francis L. Griffith zwar, die Buchstaben zu entziffern. Bis auf wenige Ausnahmen versteht man die Bedeutung der meisten Wörter aber auch heute noch nicht.

Einige wenige Wissenschaftler sehen es aber als ihre Lebensaufgabe an, die meroitischen Zeichen zu enträtseln. Zu ihnen gehört Jochen Hallof, Dozent für Ägyptologie und Meroitistik an der Universität Würzburg. In den Ruinen einer ehemaligen nubischen Festung, die heute vom Nasser-Stausee überflutet ist, wurden neben ägyptischen, griechischen, koptischen, arabischen und türkischen Schriften auch Aufzeichnungen in Meroitisch entdeckt. Sie befinden sich auf drei zusammengehörigen Scherben einer Amphore, geschrieben mit schwarzer Tusche. Nach Ansicht Hallofs handelt es sich dabei um ein Zahlensystem von eins bis zu einer Million – der höchsten bis zur Ankunft der Europäer in Afrika gefundenen Zahl. Doch die Schrift bleibt bis heute rätselhaft. Selbst eine ganze Reihe steinerner Schrifttafeln, die französische Archäologen 2018 in der Nekropole Sedeingna fanden, – der größte Fund dieser Art bisher – bringt die Forschung nicht weiter. Die Schrift entzieht sich weiterhin ihrer Entzifferung. Und das Reich der schwarzen Pharaonen seiner Entschleierung.

Der Mechanismus von Antikythera zeugt von einer noch höheren technischen Fertigkeit der Griechen als lange Zeit angenommen.

Computer aus Bronze

Es scheint nur ein Brocken Kalk zu sein, etwa so groß wie ein Notebook, zerbrochen in rund 80 Teile. Was darin steckt, ist Wissenschaftlern auch mehr als 100 Jahre nach seiner Entdeckung nicht völlig klar.

Als im Jahr 1900 Schwammtaucher vor der griechischen Insel Antikythera ein antikes Wrack entdeckten, ahnte wohl niemand, dass sich darin eine wissenschaftliche Sensation verbergen würde. Neben Statuen und Kunstschätzen holten sie einen Brocken aus Kalkstein vom Meeresgrund, der nach dem Auseinanderbrechen einen erstaunlichen Inhalt offenbarte: Zahnräder aus Bronze.

Meisterhafte Technik

Ein Teil der Fragmente „verschwand" in den Depots des Archäologischen Nationalmuseums in Athen; aus den größeren Brocken schlossen Archäologen, dass es sich bei dem Fund wohl um die Reste eines Kalenderrechners aus dem 2. Jh. v. Chr. handelte.

Fast 100 Jahre nach der Entdeckung erfuhr der Dokumentarfilmer Tony Freeth von dem Fund. Er regte neue Untersuchungen an, darunter dreidimensionale Röntgenaufnahmen. Dabei entdeckte man Beschriftungen: Bedienungsanleitungen des Erbauers für den Benutzer. Forscher konnten so erstmals versuchen, den Mechanismus von Antikythera am Computer virtuell zusammenzusetzen.

Ergebnis der Puzzlearbeit: Der Apparat war weit mehr als „nur" ein Kalender. Nachdem man ein Datum eingestellt hatte, zeigte er präzise wie ein Schweizer Uhrwerk Phase und Position des Mondes sowie Sonnen- und Mondfinsternisse an. Der Mechanismus offenbarte zudem die Termine der Olympischen und anderer antiker Spiele. Nicht sicher ist, ob eines der Zahnräder der Berechnung des Standes von Mars, Merkur und Venus diente, wie Inschriften auf dem Gerät nahelegen. Doch wer hatte zu jener Zeit solch ein astronomisches Wissen und vor allem auch die technischen Fähigkeiten? Geht es gar auf ältere Pläne des berühmten Erfinders Archimedes (um 285–212 v. Chr.) zurück, wie Freeth vermutet?

„Der Apparat zeigte präzise wie ein Schweizer Uhrwerk Phase und Position des Mondes an."

Wo war die Schlacht im Teutoburger Wald?

Hoch reckt Hermann der Cherusker sein Schwert über die Wälder bei Detmold. Als eines der großen Nationaldenkmäler aus dem 19. Jh. sollte das monströse Standbild im territorial zersplitterten Deutschland eine nationale Identität stiften, indem es auf eine glorreiche germanische Vergangenheit Bezug nahm. Hier im Teutoburger Wald sollen Hermanns Truppen die Römer vernichtend geschlagen haben. Wirklich?

Eines war die Schlacht im Teutoburger Wald mit dem Sieg über die Römer 9 n. Chr. sicher nicht: die Geburt der deutschen Nation. Die Germanen waren kein einheitliches Volk – und sie selbst sahen sich auch nicht so. Es handelte sich viel mehr um verschiedene Stämme mit Gemeinsamkeiten in Religion, Sprache und Kultur. Es war somit ein Zweckbündnis, das den Römern eine der schwersten Niederlagen in der Regierungszeit des Augustus bereitete.

Das Ende der Expansion

Die Schlacht hatte nachweislich historisch weitreichende Folgen, markierte sie doch einen Wendepunkt in den Expansionsplänen der Römer östlich des Rheins und nördlich der Alpen. Deren Ziel, die Siedlungsgebiete germanischer Stämme zwischen Rhein und Elbe dauerhaft zu beherrschen, wurde einige Jahre später aufgegeben; der Rhein blieb fortan (mit Ausnahme des obergermanisch-rätischen Limes) die Ostgrenze des Römischen Reiches.

Rund 20 Jahre zuvor waren die Römer mit ersten Expeditionen an Elbe und Saale vorgedrungen. In der Folgezeit unterwarfen sie einzelne Stämme, suchten aber auch unter den Germanen Verbündete. Genau das wurde Publius Quinctilius Varus, seit 7 n. Chr. Statthalter des Kaisers Augustus in Germanien, zum Verhängnis.

Ein gewiefter Gegenspieler

Denn sein Gegner war der Cheruskerfürst Hermann, der die Römer sehr gut kannte. Bereits als Kind oder in seiner Jugend soll er als Geisel nach Rom gekommen sein. Hier wurde er zum römischen Offizier ausgebildet. Arminius, so sein römischer Name, galt als verlässlicher Bundesgenosse, der vermutlich in den römischen Ritterstand erhoben wurde und als Kommandeur der Hilfstruppen diente. Somit verfügte er über gute Kenntnisse des römischen Militärwesens, was für den Aufstand von großem Nutzen war.

1838 begonnen, wurde das Hermannsdenkmal erst nach dem Deutsch-Französischen Krieg von Kaiser Wilhelm I. 1875 feierlich eingeweiht.

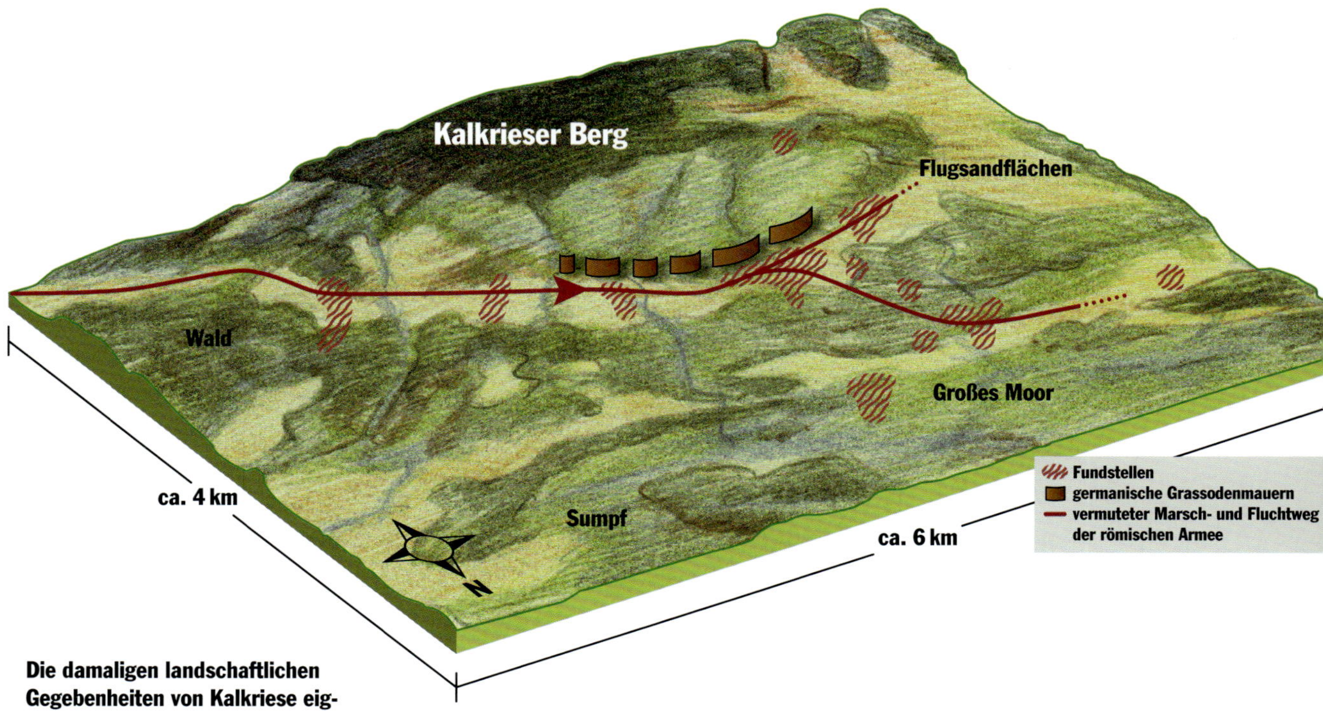

Die damaligen landschaftlichen Gegebenheiten von Kalkriese eigneten sich gut für einen Hinterhalt: Der Kalkrieser Berg auf der einen, Sümpfe und Wälder auf der anderen Seite hatten einen in die Länge gezogenen Heereszug zur Folge. Ein Ausweichen war kaum möglich, eine geordnete Schlachtformation auch nicht. So waren die Römer den aus der Deckung – u. a. Mauern aus Grassoden – heranstürmenden Germanen schutzlos ausgeliefert.

Vernichtende Niederlage

Er konnte für seinen Kampf nicht nur seinen Stamm, sondern auch die Marser, Chatten, Angrivarier und Brukterer zu einem Bündnis bewegen. Durch seine Kenntnisse war Arminius in der Lage, die Schwachstellen der römischen Militärtechnik zu nutzen. Und als Tischgenosse des Varus konnte er diesen in Sicherheit wiegen.

Arminius wusste nur zu gut, dass die Kriegskunst der Römer auf freiem Feld überlegen war. Daher lockte er sie in einen Hinterhalt: Varus muss mit einem 15–20 km langen Heereszug unterwegs gewesen sein. Er bestand aus drei Legionen, drei Alen (Reitereinheiten) und sechs Kohorten, insgesamt 15 000–20 000 Soldaten. Dazu kamen noch 4000–5000 Reit-, Zug- und Tragtiere. Dieser gewaltige Tross bewegte sich durch ein unwegsames Gelände aus Wäldern, Sümpfen und Moorböden. So hatten die Römer keine Chance, eine Kampfformation zu bilden, als Arminius' Truppen sie aus den höher gelegenen Wäldern plötzlich angriffen und bis fast auf den letzten Mann aufrieben.

„Arminius wusste nur zu gut, dass die Kriegskunst der Römer auf freiem Feld überlegen war."

Zahlreiche Theorien, ein Favorit

Ausführlich berichten die Quellen, vor allem Sueton in seiner Biografie des Kaiser Augustus, über den Ablauf der Schlacht. Doch die Suche nach deren Ort beschäftigt die Historiker seit nunmehr fast 900 Jahren. Den Anfang machte der mittelalterliche Geschichtsschreiber Otto von Freising, der in seiner Chronik die Schlacht in Augsburg lokalisierte. Erst die Wiederentdeckung der Werke des römischen Geschichtsschreibers Tacitus – *Germania* und *Annales* – lenkte den Blick nach Norddeutschland. In seinen Anfang des 2. Jh. verfassten Annalen verlegt er die Schlacht in den *saltus Teutoburgiensis,* in den Teutoburger Wald.

Seitdem veröffentlichten unzählige – seriöse und weniger seriöse – Historiker die unterschiedlichsten Theorien zur exakten Lokalisierung der Schlacht. Nicht selten spielten dabei lokalpatriotische Motive eine große Rolle. Die von den meisten Historikern favorisierte Theorie führt nicht in den Teutoburger Wald, sondern ins Osnabrücker Land – in die Fundregion Kalkriese am Wiehengebirge, wo um 1690 Bauern erstmals römische Münzen fanden. Bereits 1885 nannte der damals bedeutendste Historiker, Theodor Mommsen, Kalkriese als wahrscheinlichen Ort der Varusschlacht. Doch erst über 100 Jahre später sollte sich seine These erhärten.

1987 entdeckte der pensionierte britische Offizier und Sondengeher Major Tony Clunn 160 Silbermünzen und zwei Spielsteine. Danach fanden systematische Untersuchungen statt, die bis heute andauern. Sie förderten weitere Münzen zutage, die allesamt vor dem Jahr 9 n. Chr. geprägt wurden. Vor allem jedoch die freigelegten militärischen Ausrüstungsgegenstände, Knochen und Wallanlagen deuten auf eine Schlacht hin. Die Tatsache, dass die Funde über mehrere Kilometer verteilt sind, korrespondiert mit den überlieferten Schilderungen des Kampfgeschehens, das sich auf mehrere Scharmützel verteilte.

Nur war es die Varusschlacht, die hier tobte? Für das Jahr 15 berichtet Tacitus von einer weiteren Schlacht zwischen Germanen und Römern, die ebenfalls zu den Funden und der Topografie von Kalkriese passen könnte – letzte Gewissheit gibt es also zwar nicht, aber die Mehrzahl der Archäologen ist davon überzeugt, dass Varus und seine Männer in Kalkriese den Tod gefunden haben.

Noch immer graben Archäologen bei Kalkriese Fundstücke aus, u. a. jenes Amulett, das als Talisman diente, seinem römischen Besitzer aber offensichtlich kein Glück bescherte.

Die Untersuchung des Grabtuchs im Jahr 1988 – hier entnimmt ein Forscher eine Stoffprobe – wurde penibel dokumentiert.

Streitfall Turiner Grabtuch

In der Chiesa Catholica di Torino wird seit Hunderten von Jahren ein Tuch ausgestellt. Deutlich ist darauf ein Gesicht zu erkennen. Gehört es dem Gottessohn – oder ist das Grabtuch von Turin nur eine Fälschung?

Es ist ein Stück Leinengewebe, 4,37 m auf 1,11 m groß, an den Rändern durch Brandspuren beschädigt. Doch weltweit erweckt kein Stück Stoff mehr Interesse. Das liegt an den Abdrücken, die man auf dem Tuch erkennt: Sie zeigen eine Person, die eine Dornenkrone trägt. Die Abdrücke Jesu, das glauben viele Menschen (und pilgerten auch 2015 in Scharen zu einer Ausstellung in Turin).

Naturwissenschaft versus Glaube

Tatsächlich enthält das Tuch Blutspuren. Wissenschaftler vermuten, dass einst ein Toter mit Blutgruppe AB und einer Körpergröße von etwa 1,80 m darin eingehüllt war. Allerdings gibt es auch Spuren von zermahlenem Ziegelstein und Zinnober, mit denen der Abdruck vielleicht nachgezeichnet wurde. Dass er von Jesus stammt, wird bezweifelt. Experten führten eine C14-Untersuchung durch, bei der mittels des radioaktiven Zerfalls eines speziellen Kohlenstoffatoms das Alter organischer Stoffe bestimmt wird. Ihr Ergebnis: Das Tuch stammt aus dem 13. Jh.

Aber: Leinen – so eines der Gegenargumente – enthält Lignin, das mit der Zeit zu Vanillin zerfällt. Tests ergaben aber einen sehr unterschiedlichen Vanillingehalt an verschiedenen Stellen des Leinens. Wurde der Stoff also „unsichtbar" ausgebessert? Dass an dem Stoff genäht wurde, steht außer Zweifel. Schließlich wurde er 1532 beschädigt aus einem Kirchenbrand gerettet. Hatte man beim C14-Test also zufällig eine neuere Stelle Stoff erwischt? Ein Botaniker der Universität Jerusalem will zudem Pollen und pflanzliches Material aus Palästina im Tuch gefunden haben. 2018 untersuchten Forscher, wie das Blut aus den Wunden Jesu über den Körper geflossen sein muss. Dieses „Blutungsmuster" deckt sich nicht mit den Blutflecken auf dem Turiner Grabtuch …

Ende einer Supermacht

Von 600 bis 900 n. Chr. herrschten die Maya auf der zentralamerikanischen Halbinsel Yucatán. Sie lebten in großen Städten mit prächtigen Pyramiden und Palästen. Doch urplötzlich verschwand die Hochkultur von der Bildfläche, es blieben nur Ruinen. Bis heute rätseln Archäologen über die Ursachen.

Nach dem Kollaps der Mayakultur wurde diese von toltekischen Einflüssen überlagert: Weihrauchgefäß in Gestalt des Regengottes Chac.

Die vermeintliche Supermacht war nie ein einheitlicher Staat, sondern bestand aus einer Reihe unabhängiger Stadtstaaten, die miteinander kooperierten, aber oft genug auch gegeneinander Krieg führten.

Hausgemachte Probleme

Viele Archäologen bezweifeln, dass eine mögliche Invasion einen derart raschen und flächendeckenden Bevölkerungsrückgang ausgelöst hat. Das Gebiet der Maya von der Größe Deutschlands erstreckte sich zwischen der Halbinsel Yucatán im Süden des heutigen Mexiko bis zu den heutigen Staaten El Salvador und Honduras. Geringe Niederschläge in dieser Steppenlandschaft machten schon bald eine Bewässerung der Felder notwendig.

Die Hochkultur basierte daher auf einer ausgeklügelten Landwirtschaft, die ausgedehnte Bewässerungssysteme unterhielt. Um die seltenen Niederschläge besser vorherzusagen, entwickelten die Maya sich zu begnadeten Mathematikern, die perfekte Kalender schufen.

Als die Bevölkerung wuchs, stieg auch der Nahrungsbedarf und die Landwirtschaft wurde zunehmend intensiver. Bald waren die Böden so ausgelaugt, dass Hungersnöte entstanden und ein Stadtstaat nach dem anderen zusammenbrach. So argumentieren die Anhänger einer ökologischen Katastrophe.

Folgen der Politik?

Auch eine große Dürre könnte für den Niedergang der Hochkultur verantwortlich sein, wie viele Wissenschaftler jahrelang glaubten. Warum aber wurden dann ausgerechnet die Städte zuerst verlassen, die bestens mit Wasser versorgt waren? Neuere Forschungen gehen davon aus, dass nach der Eroberung der Stadt Clakmul durch den Rivalen Tikal ein Machtvakuum entstand. Das komplizierte Geflecht aus Allianzen und Feindschaften im Maya-Reich zerbrach, die Städte waren organisations- und führerlos – und wurden von der Bevölkerung aufgegeben.

Ein Opfer des launischen Klimas?

Die prachtvollen Tempel von Angkor Wat zeugen zwar vom einstigen Glanz der Metropole der Khmer, bei der Suche nach den Ursachen ihres rätselhaften Untergangs liefern die Bauten aber keine Indizien. Aufschlussreicher ist eine Art „Tagebuch" von Mutter Natur …

Die Funde im heutigen thailändisch-kambodschanischen Grenzgebiet reichen bis in die Steinzeit zurück. Die Geschichte des von den Khmer getragenen Reiches Angkor (oder Kambuja) umfasst davon die Zeit zwischen dem 9. und dem 15. Jh. n. Chr. – ein langer Zeitraum, in dem viel geschehen sein kann: Kriege, Unruhen, Machtkämpfe … Aber was soll einem militärisch gut gerüsteten Staat mit angeblich 70 000 Kriegselefanten und etwa 1 Mio. Einwohnern schon passieren? Und verwandelten nicht die ausgeklügelten Be- und Entwässerungssysteme das Land in eine Reiskammer Südostasiens – trotz des wechselfeuchten tropischen Klimas?

Vom Klima abhängig

Das Wort „wechselfeucht" meint, dass in den Ländern am westlichen Rand des tropischen Pazifiks ein Klima mit ausgeprägten feuchten und trockenen Jahreszeiten herrscht, ein Klima, auf das

Die Natur erobert Angkor Wat Stück für Stück zurück, auch wenn es schon seit dem 16. Jh. als buddhistisches Heiligtum diente – noch heute ist es ein Pilgerziel buddhistischer Mönche.

man sich vor allem in der Landwirtschaft einstellen muss. Die Reste ausgedehnter Wasserreservoire belegen, dass die Einwohner Angkors diese Lektion gelernt hatten. Bei einer neuartigen Laseruntersuchung im Jahr 2016 fanden Wissenschaftler zweierlei: In der Nachbarschaft von Angkor Wat lag eine riesige Stadt namens Mahendraparvata, von der bisher nur ein winziger Teil bekannt war. Außerdem zeigte es sich, dass die Bewässerungssysteme der alten Khmer weit fortschrittlicher waren als bisher angenommen. Normalerweise kamen sie mit den Wasserreserven über die Trockenzeiten – ohne Missernten, Hungersnöte, und soziale Krisen, die das Reich für Feinde anfälliger machen konnten. Doch eine Faustregel besagt auch: Je wechselfeuchter ein Klima ist, desto größer ist die Gefahr verheerender langjähriger Dürreperioden und Zeiten verheerender Wolkenbrüche.

Über solche Wetterkapriolen berichten die Inschriften an den Bauwerken Angkor Wats nichts, wohl aber die unterschiedlich breiten Jahresringe im Holz uralter Bäume. Sie sind vor allem die Grundlage der Dendrochronologie. Diese dient zunächst der Altersbestimmung von Fundschichten, bei der die Muster der Jahresringe in Hölzern exakt datiert werden. Zugleich geben diese Muster aber auch den Witterungsablauf in bestimmten Jahren oder Jahrzehnten wieder, weisen z. B. auf Dürrezeiten hin. Demnach spricht eine Serie sehr dünner Jahresringe im Holz über 1000 Jahre alter Zypressen in einem Nationalpark Indochinas für schlechte Wachstumsbedingungen während der drei ersten Jahrzehnte des 15. Jh. – wohl durch Wassermangel bedingt.

Bodenradaraufnahmen der NASA bilden rund um Angkor ein riesiges Gebiet mit Bewässerungssystemen, Gräben sowie städtischen und landwirtschaftlichen Flächen ab. Wissenschaftler der Universität von Sydney haben auf dieser Basis Angkor neu vermessen, das wohl noch etliches größer war als lange angenommen.

Untergangsszenario „El Niño“

Dürrezeiten mit den durch sie verursachten ökologischen und ökonomischen Krisen sind am Rand des tropischen Westpazifiks bis in unsere Zeit hinein nicht selten. Heute werden sie mit dem Phänomen El Niño in Verbindung gebracht (der Name „das Christkind“ leitet sich vom Zeitpunkt seines Auftretens um Weihnachten ab): Normalerweise treiben Passatwinde warme Wassermassen quer über den Pazifik gegen die Küsten Südostasiens, wo dann feuchte Luft in größere Höhen aufsteigt und zur Bildung von Regenwolken angeregt wird. Wenn sich jedoch in El-Niño-Jahren die Passatwinde abschwächen, kehren sich die Meeresströmungen um und die warmen Wassermassen aus dem Osten versiegen. Dann aber bleiben auch die Regengüsse in Südostasien aus.

Vieles spricht also dafür, dass das mächtige Reich Angkor im 15. Jh. zum einen das Opfer einer Naturkatastrophe und zum anderen das Opfer seines eigenen, ungebremsten 600 Jahre währenden Wachstums wurde.

Der Abwurf der Atombombe über Hiroshima am 6. August 1945 sollte Japan ohne weitere Verluste für die USA zur Kapitulation zwingen, war aber zugleich eine Drohgebärde in Richtung UdSSR.

An der Schwelle zum Atomkrieg

Es ist heute längst kein Geheimnis mehr, dass die Welt in den 1960er-Jahren – besonders während der Kubakrise – am Rand eines Atomkriegs stand. Weniger bekannt ist hingegen, dass Pläne für einen nuklearen Erstschlag schon 1945 formuliert wurden. Nur war selbst den Strategen nicht bewusst, dass ihnen dazu die Waffen fehlten.

Bereits im Dezember 1945 – die UdSSR war offiziell noch ein Alliierter – befahl US-Präsident Harry S. Truman, Pläne für einen Militärschlag gegen die Sowjetunion zu entwickeln. Das von General Eisenhower entwickelte Szenario war für einen Überraschungsangriff der Sowjetunion, die sich als künftiger Gegner abzeichnete, oder auch als Grundlage für einen Präventivschlag gedacht. Bis zu 30 Atombomben sollten auf 20 strategisch bedeutsame Städte abgeworfen werden, u. a. Moskau, Leningrad, Baku und Taschkent.

Erweiterte Liste und Landkarte der Zerstörung

Am 5. März 1946 hielt dann Winston Churchill in Fulton, Missouri, seine berühmte Rede über den „Eisernen Vorhang" und die entsprechende Eindämmungsstrategie. Nur wenige Monate später erweiterten die US-Strategen die Nuklearkriegsplanung als Operation Pincher auf einen Angriff mit 50 Atombomben. Ihre zum Einsatz kommende Zahl wurde zwei Jahre später sogar auf 133 erhöht. Die Medien veröffentlichten gar eine Landkarte, die den Einsatz der mit Atombomben bestückten B-29-Bomber von einem US-Stützpunkt in Libyen zeigte. Bei der „Operation Bushwacker" sollten jedoch nicht nur Städte bombardiert werden, sondern man wollte auch die UdSSR besetzen und eine Marionettenregierung einrichten.

Was die Kriegsplaner allerdings nicht wussten: Sie operierten mit fiktiven Zahlen, die wahren wurden selbst ihnen vorenthalten. Schon nach den Bombenabwürfen über Hiroshima und Nagasaki im August 1945 war das atomare Arsenal aufgebraucht, sodass bei einer verzögerten Kapitulation Japans das konventionelle Bombardement hätte fortgeführt werden müssen. Und 1946 befanden sich in den US-Arsenalen nicht viel mehr als eine Handvoll Bomben!

KATASTROPHALE EREIGNISSE – OFFENE FRAGEN

Katastrophen – für immer unvorhersehbar?

Wäre es nicht ein Segen für die Menschheit, wenn Experten Erdbeben oder Vulkanausbrüche präzise vorhersagen könnten? Aber viele Fachleute scheuen sich vor Vorhersagen zu geologischen Katastrophen und sind sehr skeptisch gegenüber Kollegen, die Prognosen wagen.

Unerwartete Vulkanausbrüche können selbst in dünn besiedelten Gebieten, wie hier auf Island, katastrophale Folgen nach sich ziehen.

Später Nachmittag am 12. Januar 2010: Ein gewaltiges Erdbeben erschüttert Haiti und zwei Tsunami, ausgelöst durch Erdrutsche unter dem Meeresspiegel, überspülen Teile der Küste. Die Folgen sind verheerend: Mehr als 310 000 Menschen werden getötet und 1,85 Mio. werden obdachlos … Am 11. März 2011 ereignet sich ein schweres Erdbeben in Japan, in dessen Folge ein Tsunami weite Teile der Nordostküste überflutet. Im Atomkraftwerk Fukushima kommt es dadurch zum Super-GAU, die Region muss evakuiert werden … Kein Wunder, dass Wissenschaftler nach Methoden suchen, um Erdbeben und Vulkanausbrüche vorherzusagen.

Drei Fragen: „Wo, wann, wie?"

Ein Netz von Erdbebenwarten und Vulkanobservatorien umspannt den Globus. Wie der Name GEOWARN, eines in den Ländern der EU eingerichteten Dienstes verrät, dient ihre Arbeit neben der Dokumentation und Grundlagenforschung vor allem der Frühwarnung vor verheerenden geologischen Naturereignissen. Drei wichtige Fragen stehen im Mittelpunkt der Forschung. Die erste Frage – „Wo?" – ist dabei noch relativ leicht zu beantworten: Sowohl Erdbebenherde als auch aktive Vulkane häufen sich an den Rändern der sogenannten tektonischen Platten, z. B. am Rand der Pazifischen Platte sowie in einem Gürtel, der vom westlichen Mittelmeer quer durch die Landmassen der nördlichen Erdhalbkugel bis an den Pazifik verläuft. Da ist es naheliegend, eine Datenbank einzurichten, bei der man nur die geografischen Koordinaten eines Ortes eingeben muss, und sofort wird das jeweilige Risiko ermittelt. Doch leider funktioniert dieses System nicht perfekt. Auf der globalen Risikokarte gibt es große weiße Flecken. Denn das Plattenmosaik ist bisher nur in groben Umrissen bekannt und Erdbeben sowie Vulkanausbrüche ereignen sich auch im Innern der Platten.

Aus heiterem Himmel?

Wie schon bei der Beantwortung der ersten Frage kann die Statistik auch bei der Frage nach dem „Wann?" des nächsten Bebens oder der nächsten Eruption Hinweise geben. Bei manchen tektonischen Ereignissen ist nämlich ein gewisser Rhythmus zu erkennen. Der Supervulkan unter dem Yellowstone-Plateau erlebte z. B. in der jüngsten Erdgeschichte starke Ausbrüche im Abstand von rund 600 000–800 000 Jahren. Seine vorerst letzte Eruption ereignete sich vor gut 600 000 Jahren …

Angesichts derart langer Zeiträume verwundert es nicht, dass sich Vulkanologen bei ihren Prognosen eher darauf konzentrieren, konkre-

FATALE FLUTEN

Erdbeben, deren Herd unter dem Meeresboden liegt („Seebeben"), lösen oft seismische Wogen oder Tsunami aus. Sie rasen mit mehr als 800 km/h über die tiefen Ozeane, haben dort eine sehr große Länge (einige 100 km), aber nur eine geringe Höhe (meist 30–80 cm). In seichten Küstengewässern werden sie durch die Reibung am Meeresboden stark gebremst und türmen sich so zu im Extremfall 30–50 m hohen Wasserwänden auf.

- **Um solche Desaster zu verhindern, ist die rechtzeitige Erkennung seismischer Wogen notwendig. Im Pazifik gibt es seit über 40 Jahren Frühwarnsysteme – doch wenn wie bei der Tsunami-Katastrophe 2011 in Japan das Epizentrum nahe der Küste liegt, kann auch dieses System kaum Schutz bieten. Im Indischen Ozean wurde nach der Katastrophe an Weihnachten 2004 das deutsch-indonesische Frühwarnsystem GITEWS eingerichtet. Seit Ende 2008 ist es in Betrieb.**
- **Auch die Natur hat ein Frühwarnsystem: Da Erdbebenwellen schneller als die Tsunami sind, sorgen sie für kostbaren Zeitgewinn. Die höchste Alarmstufe ist aber erreicht, wenn das Meer an der Küste schnell um mehrere Meter fällt oder steigt.**

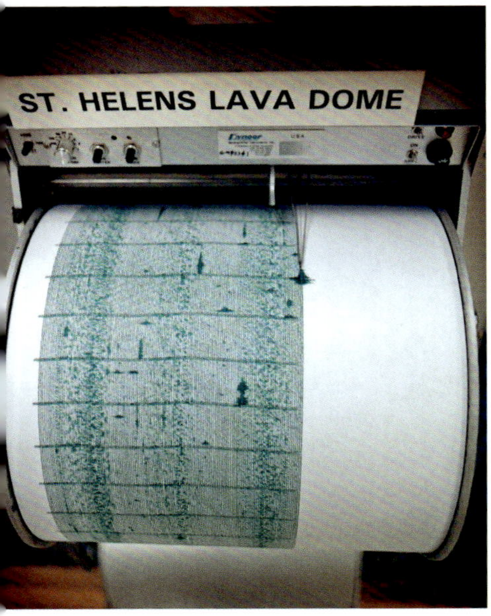

Nicht erst seit seinem gewaltigen Ausbruch im Jahr 1980 wird der Mount St. Helens genauestens überwacht.

te Warnhinweise aufzuspüren: Sie horchen mit Mikrofonen ins Erdinnere, um das Knirschen bewegter Krustenbruchstücke zu registrieren, beobachten Schwankungen des Grundwasserspiegels und der Wassertemperatur, ermitteln Art und Menge austretender Gase (beim Erdbebenrisiko etwa von Radon) und zeichnen nicht zuletzt die schwächsten Erdstöße auf, die auch vor Vulkanausbrüchen schwarmartig auftreten.

Eine zentrale Rolle, um Vorhersagen treffsicherer machen zu können, spielt heute die Überwachung von Deformationen der Erdoberfläche durch Bewegung in der Erdkruste. Mit GPS-, Laser- und Radarmessungen lassen sich Veränderungen in der Größenordnung weniger Zentimeter ermitteln. Am 10. Mai 1980 wölbte sich an der Nordflanke des Mount St. Helens ein über 90 m hoher Wulst empor. Gut eine Woche später erfolgte die Haupteruption – einer der stärksten Vulkanausbrüche des letzten Jahrhunderts. Die Zahl der Opfer war damals verhältnismäßig gering, da man aufgrund der Beobachtungen das Gebiet weiträumig abgesperrt hatte.

Alltagsereignis oder Desaster?

Tagtäglich wird unser Planet von Erdstößen erschüttert, ständig ist irgendwo ein Vulkan aktiv oder rumort zumindest. Ob derartige tektonische Vorgänge Alltagsereignisse bleiben oder zu Katastrophen führen, das „Wie?“ des jeweiligen Ereignisses also, hängt keineswegs nur von seiner Stärke ab. So ist der in den Medien nach Erdbeben öfters genannte Magnitudenwert auf der Richterskala nicht immer ausschlaggebend dafür, ob tatsächlich die Grenze zum Katastrophenbeben überschritten wird. Liegen die Herde in nur geringer Tiefe, können auch schon relativ schwache Beben zur Katastrophe führen. Auch Vulkane können sehr unterschiedlich sein. Vulkane, die zähflüssiges Magma fördern, sind mit größter Vorsicht zu betrachten, denn sie verursachen häufig auch Schlammströme und/oder Glutlawinen.

Pessimistische Bilanz

Die meisten Experten kommen zu einer pessimistischen Einschätzung bezüglich potenzieller Prognosen. Selbst wenn die Frühwarnsysteme einigermaßen gut funktionieren, bleiben noch immer die sehr kurzen Vorwarnzeiten, um betroffene Gebiete evakuieren zu können. Vulkanausbrüche geben den Menschen meist mehr Zeit, doch der Zeitgewinn wird oft durch blitzschnelle „Katastrophen nach der Katastrophe“ (Schlammströme und Glutlawinen) aufgezehrt. Aber vielleicht können ganz neue Ansätze der Vorhersage doch noch eine Verbesserung bringen (s. S. 198).

AUSNAHMEN BESTÄTIGEN DIE REGEL

Erdbeben und Vulkanausbrüche ereignen sich zwar vor allem an den Rändern der tektonischen Platten, aber auch auf den Platten ist man vor katastrophalen Ereignissen nicht absolut sicher, so auch nicht in Mitteleuropa, das sich innerhalb der Eurasischen Platte erstreckt.

- **Die Erdbebenherde reihen sich hauptsächlich an den Rändern der großen Grabenzone auf, die unseren Kontinent durchzieht, am Oberrheingraben (u. a. Basel Oktober 1356), auf der Schwäbischen Alb (Albstadt November 1911) und in der Kölner Bucht (Roermond April 1992).**
- **Am größten ist die Gefahr katastrophaler Vulkanausbrüche in Mitteleuropa in der französischen Chaîne des Puys (Aktivität bis ins hohe Mittelalter) und in der Vulkaneifel (verheerende Eruption vor etwa 12 900 Jahren), wo bis heute CO_2-Quellen Magma im Untergrund vermuten lassen.**

Technikwunder mit schweren Mängeln

Über 1500 Menschen starben bei der bis dahin größten Schiffskatastrophe, nur 703 überlebten. Viel mehr hätten gerettet werden können, wenn das Schiff vorschriftsmäßig konstruiert worden wäre. Das behaupteten zumindest die amerikanischen Wissenschaftler Jennifer Hooper McCarty und Timothy Foecke nach einer fast zehnjährigen Recherche: Auf der Werft Harland & Wolff in Belfast hatte man sich Anfang des vorigen Jahrhunderts das ehrgeizige Ziel gesetzt, gleich drei Giganten des Meeres zu bauen, und das möglichst gleichzeitig: Die *Titanic*, deren Schwesterschiff *Olympic* und die noch größere *Britannic*.

Sie wurde von der Reederei White Star Lines als unsinkbar beworben. Doch bereits auf ihrer Jungfernfahrt kollidierte die *Titanic* in der Nacht zum 15. April 1912 mit einem Eisberg – und sank. Lange glaubte man, dass die *Titanic* zerbrach, weil sie unterging. Doch heute geht man davon aus, dass sie unterging, weil sie zerbrach.

Gefährliche Schwachstellen

Für jedes Schiff brauchte man rund 3 Mio. Nieten. Durch diesen gewaltigen Bedarf drohten bald Lieferengpässe. So wurden nun auch kleine Schmieden mit der Nietenproduktion beauftragt. Aber diese handgefertigten Nieten waren offenbar von geringerer Qualität als erforderlich. Teilweise handelte es sich sogar um Hohlnieten. Auch fehlte es der Werft laut McCarthy und Foecke für den gleichzeitigen Bau von drei Schiffen an genügend erfahrenen Nietern, sodass Hilfskräfte eingesetzt werden mussten. Und: Während schon seit einigen Jahren Stahlnieten der Standard waren, verwendete man bei Harland & Wolff überwiegend Eisennieten.

Die beiden Wissenschaftler – beide sind Metallurgen – untersuchten eine ganze Reihe von aus dem Wrack der *Titanic* geborgenen Nieten. In vielen der Eisennieten fanden sich hohe Aschekonzentrationen, ein Qualitätsmangel, der die Nieten brüchig machte. Diese Tatsache und eine Analyse vieler Fotos und Filmaufnahmen des Wracks, ließen für McCarthy und Foecke nur einen Schluss zu: Als der 296 m lange

Der in mehr als 3800 m Tiefe liegende rostüberkrustete Bug der *Titanic* bietet einen gespenstischen Anblick.

Ozeanriese den Eisberg seitlich rammte, verloren viele Nieten ihre Köpfe. Tatsächlich zeigen 1996 vom vorderen Teil des *Titanic*-Wracks gemachte Aufnahmen nicht etwa ein großes Kollisionsloch – sondern sechs schmale Spalten, einige davon 90 m lang. Es sind die Stellen, an denen die Rumpfplatten auseinanderbrachen, vielleicht allein schon durch die Kollision.

Anfang 2017 sorgte der Titanic-Experte und Journalist Senan Molony für Furore, als er auf Fotos einen schwarzen Strich im vorderen Bereich der Außenhaut des Schiffes ebenfalls für den Untergang verantwortlich machte: Ein tagelang in einem Kohlebunker wütendes Feuer hatte genau die Stelle des Rumpfes geschädigt, die später mit dem Eisberg kollidierte. Das Feuer hätte wegen der Hitzeentwicklung nicht gelöscht werden können und sei von der Reederei verschwiegen worden.

Bild oben: Ein Poster wirbt für eine Fahrt, die die *Titanic* nie antreten konnte. Am 20. April 1912 sollte sie von New York aus nach Großbritannien zurückfahren.

Schneller Untergang wegen minderwertiger Nieten?

Neben der „Feuertheorie“ gibt es ein weiteres Problem, das für den schnellen Untergang verantwortlich sein könnte: Bei der *Titanic* wurden zwar auch Stahlnieten verwendet, aber nur in der Rumpfmitte, weil ein Schiff dort bei starkem Wellengang am massivsten belastet wird. Im August 2005 entdeckten Forscher in etwa 500 m Entfernung vom auseinandergebrochenen Bug- und Heckteil zwei weitere Rumpfstücke, jeweils 12 × 27 m groß. Der Schiffbauexperte Robert Long kam dadurch zu dem Schluss: „Wir dachten, dass die *Titanic* zerbrach, weil sie sank. Jetzt wissen wir: Sie sank, weil sie zerbrach.“ Qualitätsnieten im ganzen Schiffsrumpf hätten die *Titanic* nach der Kollision länger über Wasser gehalten, eine richtige Reparatur nach dem Feuer ebenfalls. Der Zusammenstoß mit dem Eisberg erfolgte kurz vor Mitternacht. Bereits um 2.20 Uhr verschwand die *Titanic* von der Wasseroberfläche. Kaum zwei Stunden danach, um 4.10 Uhr, traf die *Carpathia* ein und nahm die Überlebenden an Bord.

Dass Billignieten so viele Menschen das Leben kosteten, wird von der Harland & Wolff-Werft, die es noch heute gibt, bestritten. Schließlich habe das Schwesterschiff *Olympic* 24 Jahre die Meere befahren, bis es 1935 abgewrackt wurde. Die *Britannic* lief 1916 auf eine Mine und sank. Vielleicht war es dann doch das Feuer, das Senan Molony ausgemacht haben will, das die Titanic in einer Kombination aus „Feuer, Eis und krimineller Fahrlässigkeit“ auf den Meeresgrund schickte?

Bild unten: Die *Titanic* verlässt, von Schleppern unterstützt, Anfang April 1912 ihren Bauhafen in Belfast.

Ein Bild mit Symbolcharakter – die *Hindenburg* mit Hakenkreuz über der Skyline von New York.

Ein Gigant verbrennt

Fotos und Filmaufnahmen des brennenden Luftschiffs *Hindenburg*, das 1937 kurz vor der Landung in Lakehurst im US-Bundesstaat New Jersey in Flammen aufging, werden seitdem immer wieder von Laien und Fachleuten abgespielt und analysiert. Und immer wieder geht es dabei um die Frage: War es ein Unfall – oder handelte es sich um einen Anschlag auf das nationalsozialistische Prestigeobjekt?

„Nichts dergleichen“, sagt der Amerikaner Addison Bain. Der pensionierte NASA-Ingenieur hat die *Hindenburg*-Katastophe jahrelang untersucht. Dann kommt er zum Fazit: Nicht der hochexplosive, für den Auftrieb notwendige Wasserstoff (rund 200 000 m^3) war schuld am Unglück, auch kein Saboteur – sondern ein von den deutschen Ingenieuren entwickelter neuer Außenanstrich. Er sollte die Haut des Luftgiganten vor Witterungseinflüssen schützen. Doch stattdessen erwies er sich als gewaltiger Brandbeschleuniger – so Bain im Jahr 2009.

Auf allen Aufnahmen, die es von dem Unglück gibt, ist zu sehen, dass helle Flammen am Heck der *Hindenburg* auflodern – und sich dann rasend schnell zum Bug und nach unten (!) ausbreiten. Bain, der sich als Raketentechniker mit brennendem Wasserstoff auskennt: „Bei Triebwerken, die mit Wasserstoff angetrieben werden, ist an den Düsen außer wabernder Hitze kaum etwas zu sehen.“ Zudem: Da Wasserstoff nur ein Vierzehntel so schwer ist wie Luft, verbrennt er nach oben. Das ist aber aus den Filmaufnahmen nicht ersichtlich. Im Gegenteil: Man hat den Eindruck, als würde der gesamte Rumpf sowohl oben wie unten und an den Seiten in Sekundenschnelle von Flammen um-

„Der neue Außenanstrich erwies sich als gewaltiger Brandbeschleuniger.“

hüllt. Wäre am Heck, wo das Feuer begann, zunächst Wasserstoff freigesetzt worden, dann wäre es mangels Auftrieb sofort abgesackt. Das tat es aber nicht, vielmehr blieb die *Hindenburg* noch eine Zeitlang in der Waagerechten.

Gefährliche Funken

Deshalb richtete Bain den Blick auf die Außenhaut des Luftschiffs. Einigen Theorien zufolge hatte sich diese Außenhaut elektrisch aufgeladen, weil sich die *Hindenburg* in den Stunden vor der Landung in der Nähe von Gewitterwolken befunden hatte. Durch den Abwurf der Landeseile, die am Aluminiumgerippe des Luftschiffs befestigt waren, wurden ihre Enden am Boden nass und damit leitend. Die elektrische Ladung wurde freigesetzt, Funken entstanden. Doch, so Bain, diese entzündeten zunächst nicht den Wasserstoff – sondern die Außenhaut selbst.

Bain hatte sich aus einem Archiv Originalproben dieser Außenhaut besorgt. Ihre Analyse mithilfe von Elektronenmikroskop und Spektrograf ergab: Die Zeppelinhaut, so wie sie erstmals bei der *Hindenburg* Verwendung fand, war mit einer Art Lackbeschichtung versehen. Das waren fünf Lagen Zellulosebutyratacetat mit einem Beigemisch von Aluminiumpulver. Der Grundanstrich enthielt Eisenoxid. Damit sollte die Hülle besonders dicht und fest sein und unempfindlich gegen Feuchtigkeit. Doch es war ein teuflisches Gemisch, was Bain in einem Experiment beweisen konnte: Er befestigte eine kleine Probe der Zeppelinhaut zwischen zwei Metallstäben, an die er eine Spannung von 30 000 V anlegte. Ein Augenzeuge erzählt: „Es machte Puff, die Probe entflammte – und war verschwunden." Die Schlussfolgerung: Brennender Wasserstoff allein hätte nicht so schnell die gesamte Hülle der *Hindenburg* in Brand gesetzt. Es war der Lack, der zuerst in Flammen aufging.

Es grenzt an ein Wunder, dass bei der *Hindenburg*-Katastrophe 1937 von 97 Menschen, die sich an Bord aufgehalten hatten, 61 lebend aus der Feuerhölle gerettet werden konnten.

Geheimgehaltene Konsequenzen

Den Luftschiffkonstrukteuren von damals macht Bain keinen Vorwurf, die ahnten vor der Katastrophe nichts von der Gefährlichkeit des Anstrichs. Aber anschließend zogen sie offensichtlich ihre Lehren daraus. Der Außenanstrich für das im Bau befindliche Luftschiff *Graf Zeppelin II* (1940 abgewrackt) erhielt als Beimischung Kalziumsulfamat. Dies wurde in der Textilindustrie für feuerfeste Imprägnierungen verwendet. Statt Aluminiumpulver wurde Bronzepulver beigemischt, das zwar schwerer, dafür aber weniger feuergefährlich ist. Die Halteseile wurden mit Grafit imprägniert, um sie vor Feuchtigkeit zu schützen.

Aber diese Änderungen wurden geheimgehalten. Wollte man die Sabotagetheorie aufrechterhalten, um Fehler deutscher Ingenieurkunst zu vertuschen? Oder war es einfach die Furcht vor Industriespionage? So einleuchtend die Erklärung von Bain klingt, eindeutig bewiesen ist noch nichts.

Flug in den Tod

Im Ersten Golfkrieg wurde ein Zivilflugzeug abgeschossen – Jahre später bekamen die Hinterbliebenen eine „freiwillige" Entschädigung, der für den Abschuss verantwortliche Offizier jedoch einen Orden.

3. Juli 1988: Der Airbus A300B2, Iran-Air-Flug 655, startete um 10.17 Uhr vom iranischen Bandar Abbas mit Ziel Dubai. Sieben Minuten später traf ein erstes Geschoss den Flügel, ein zweites zerfetzte den Rumpf. 290 Menschen starben, darunter 66 Kinder.

Den Befehl zum Abschuss erteilte William C. Rogers, Kapitän des US-Kriegsschiffes *USS Vincennes*, das gerade im persischen Golf gegen iranische Kanonenboote kämpfte. Als sich das Flugzeug näherte, meldete das ultramoderne Kampfsystem Aegis angeblich den „IFF Code in Mode II", gleichbedeutend mit dem Angriff eines feindlichen F14-Kampfjets. Mehrmals soll die Besatzung versucht haben, per Funk Kontakt aufzunehmen. Der Passagierflieger antwortete nicht.

Softwarefehler? Menschliches Versagen? Absicht?

Von Letzterem war zumindest die iranische Regierung überzeugt. Zwar bedauerte US-Präsident Ronald Reagan den Vorfall als „menschliche Tragödie". Das Eingeständnis eines Fehlers erfolgte hingegen nie. Die Crew der *Vincennes* habe sich nur gegen einen potenziellen Angriff wehren wollen.

Die Fakten unterstützen diese Behauptung allerdings nicht: Die *Vincennes* befand sich zur Zeit des Abschusses illegal in iranischem Hoheitsgewässer. Die Aussage der Crew, der Airbus sei 4 km westlich seiner Route geflogen, konnte später widerlegt werden. Ob tatsächlich auf allen Frequenzen Warnfunksignale gesendet wurden, bleibt bis heute unklar. Klar ist aber, dass die Bandaufnahmen des Kriegsschiffes nur den „IFF Code in Mode III" aufgezeichnet hatten – ein Zivilflugzeug ohne feindliche Absicht! Und selbst wenn die Technik versagt hätte: Wie konnte ein langsam aufsteigender Airbus mit einem schnellen Kampfjet im Angriffsflug verwechselt werden? War vielleicht wirklich schlicht menschliches Versagen die Ursache, was angesichts der damatischen Folgen niemand zugeben wollte? Eine Frage, die wahrscheinlich für immer unbeantwortet bleiben wird.

Am 21. Jahrestag des Abschusses von Iran-Air-Flug 655 werfen Iraner zum Gedenken der Opfer Blumen ins Meer.

Auf einer schwarzen Granitplatte in Tallinn stehen die Namen der Opfer des *Estonia*-Unglücks.

Mysteriöser Untergang

Als das Fährschiff *Estonia* am frühen Morgen des 28. September 1994 in wenigen Minuten in den Fluten der Ostsee versank, hatten die meisten der 989 Menschen an Bord keine Chance. Nur 137 von ihnen überlebten den schlimmsten Schiffsuntergang, den Europa in Friedenszeiten erlebt hat – und noch immer erscheint vieles an der Katastrophe äußerst mysteriös.

Um 1.24 Uhr sendet die *Estonia* auf dem Weg vom estnischen Tallinn in das schwedische Stockholm einen verzweifelten Notruf: „Wassereinbruch im Fahrzeugdeck. Wir haben 30° Schlagseite…“ Damit bricht der Funkruf ab und die *Estonia* versinkt viel schneller in der stürmischen Ostsee, als Fachleute das in Friedenszeiten für möglich hielten: Nur mehrere Torpedotreffer, etliche Fliegerbomben, Explosionen oder schwere technische Fehler können so starke Schäden verursachen, dass eine 155 m lange Fähre wie die *Estonia* in wenigen Minuten von den Radarschirmen verschwindet.

War sie wirklich die Ursache? Die Bugklappe der *Estonia* wird aus dem Wasser gehoben.

Technische Probleme?

Offiziell meldet die Untersuchungskommission unter schwedischer Führung, dass die Scharniere des riesigen Bugtors der Fähre bei rauer See so stark belastet wurden, dass sie brachen. Eine spätere Simulation der TU Hamburg-Harburg scheint dies zu bestätigen. Bei voller Fahrt brachen dann die Wellen das mächtige Tor völlig ab und Wassermassen schossen in das Fahrzeugdeck – die *Estonia* bekam starke Schlagseite. Ohne Sicht auf das abgerissene Bugtor versuchten die Offiziere auf der Brücke vermutlich, die *Estonia* in den Wind zu drehen, damit Wellen und Wind das Schiff wieder aufrichten könnten. Zunächst aber verstärkten dabei die Wassermassen im Innern die Schlagseite noch, die hinteren Fenster barsten und weitere Wasserströme schossen in die Fähre, die endgültig kenterte.

Militärische Geheimnisse?

Zweifel an dieser Erklärung weckte die Geheimniskrämerei vor allem der schwedischen und estnischen Regierungen. So versuchte Schweden lange Zeit den Ort der Katastrophe abzuriegeln, angeblich um die Totenruhe nicht zu stören. Der ehemalige estnische Außenminister Trivimi Velliste nannte einen ganz anderen Grund für diese Maßnahmen. Damals wurden wohl häufiger geheime Militärgerätschaften aus Russland nach Estland geschmuggelt und mit der *Estonia* nach Schweden gebracht. Vermutlich ging es von dort direkt in die USA. Zugeben konnte das damals neutrale Schweden so etwas kaum – im Gegenteil: Das Wrack sollte mit einem Betonsarkophag umgeben werden. Zur Vertuschung? Erst später räumte die schwedische Regierung ein, dass es solche Überfahrten gegeben habe. Die Spekulationen bleiben: Hat das russische Militär oder der Geheimdienst KGB die *Estonia* mit Torpedos versenkt? Oder steckt der US-Geheimdienst CIA hinter den Ereignissen? Wie dem auch sei, endgültig geklärt ist der *Estonia*-Untergang bis heute noch nicht.

MASSENGRAB OSTSEE

Die letzten Kriegsmonate verwandelten die Ostsee 1945 in ein nasses Grab für insgesamt mehr als 20 000 Menschen. Allein 9000 Flüchtlinge aus den von der Roten Armee abgeriegelten Ostprovinzen ertranken und erfroren z. B. am 30. Januar 1945, als Torpedos das frühere Kreuzfahrtschiff *Wilhelm Gustloff* versenkten. Da das Schiff als Militärfahrzeug mit Tarnfarbe versehen und mit Flugabwehrkanonen bewaffnet war und 918 bewaffnete Marinesoldaten an Bord hatte, galt diese Versenkung als durch das Kriegsvölkerrecht gedeckt.

- **Das Schiff war für knapp 2000 Menschen ausgelegt. Als es mit weit mehr als 10 000 Personen an Bord aus der heute in Polen Gdynia genannten Hafenstadt ablegte, war es also völlig überladen. Daher lief das Schiff durch tiefes Fahrwasser weit vor der Küste, wo das sowjetische U-Boot S-13 lauerte. Nur 1252 Menschen wurden bei dieser wohl größten Katastrophe der Seeschifffahrt gerettet.**
- **Auch das deutsche Frachtschiff *Goya* war mit mehr als 7000 Flüchtlingen und einem 200 Mann starken Panzerregiment völlig überladen, als es am 16. April 1945 von zwei Torpedos eines sowjetischen U-Boots versenkt wurde. Das Schiff sank in sieben Minuten. Aus der 3 °C kalten Ostsee konnten nur 176 Menschen geborgen werden.**

Stählerner Sarg im Nordmeer

Am Vormittag des 12. August 2000 registrierten norwegische Seismologen zwei Explosionen in der Barentssee. Am selben Tag verschwand das russische Atom-U-Boot *Kursk* bei einer Manöverübung, mit 118 Mann an Bord – das U-Boot lag manövrierunfähig auf dem Meeresgrund und ein Teil der Mannschaft wartete auf Hilfe. Vergeblich. Der Untergang der *Kursk* war eine Tragödie – und ist bis heute eine Geschichte voller Rätsel.

Die *Kursk* war der ganze Stolz des gebeutelten russischen Militärs, ein Koloss aus Stahl, gespickt mit Marschflugkörpern und Torpedos: 154 m lang, angetrieben von zwei Atomreaktoren. Erst Mitte der 1990er-Jahre war es in Betrieb genommen worden, ein Hightechfahrzeug. Warum also sank das U-Boot?

Doch das ist nur die Erste von vielen Fragen, die mit dieser Katastrophe zusammenhängen. Den Hinterbliebenen der Besatzung lagen außerdem noch zwei weitere Fragen am Herzen: Hätten Besatzungsmitglieder gerettet werden können, wenn das russische Militär früher auf ausländische Hilfsangebote eingegangen wäre? Und: Warum gab die Flottenleitung erst am 14. August, zwei Tage nach Verschwinden der *Kursk*, bekannt, das Schiff liege steuerungsunfähig in 108 m Tiefe? Auch der offizielle Untersuchungsbericht, den die russische Generalstaatsanwaltschaft im Juli 2002 veröffentlichte, lässt vieles offen.

Zahllose Spekulationen und Vermutungen

Ursache für das Unglück, so der Bericht, sei eine Torpedoexplosion an Bord der *Kursk* gewesen, die eine Kettenreaktion auslöste. Offenbar explodierte ein Übungstorpedo, das ausbrechende Feuer verursachte die Detonation der gesamten Torpedokammer: Mit aufgeschlitztem Bug versank der Koloss. Doch da der offizielle Abschlussbericht nur in wenigen Auszügen veröffentlicht wurde – der Rest soll nach dem Willen des russischen Staates aus Sicherheitsgründen 25 Jahre lang geheim bleiben – beginnen hier schon die Spekulationen: Wurde der Torpedo versehentlich zu früh gezündet, sodass er noch an Bord explodierte? Oder war die Ausrüstung der *Kursk* so schlecht gewartet, dass hochentzündlicher Torpedo-Treibstoff freigesetzt wurde und explodierte? Als Konsequenz aus dem Unglück zog die Militärführung jedenfalls den von ihr bis dahin benutzten Treibstoff aus dem Verkehr. Angeblich hatte ein hochrangiges Besatzungsmitglied bereits vor dem Auslaufen der *Kursk* einen der Torpedos als defekt gemeldet, was aber ignoriert worden war. Ein Strafverfahren gegen die Marine stellte die russische Staatsanwaltschaft jedoch ergebnislos ein.

Aber es geistern noch andere Thesen durch die Medien: Russische

Militärexperten hatten zunächst ein „ausländisches U-Boot" ins Spiel gebracht: Es soll die *Kursk* gerammt und/oder beschossen haben. Es hieß auch, eine Seemine aus dem Zweiten Weltkrieg könne das Unglück verursacht haben. Vielleicht wurde das Atom-U-Boot sogar bei dem Manöver von einem eigenen russischen Kreuzer versehentlich mit einer Rakete beschossen. Aufgrund der Geheimhaltungspolitik der russischen Regierung ist nichts davon zu beweisen – aber auch nicht zu widerlegen.

Die Retter kommen zu spät

Fragen wirft auch die Rettungsaktion auf: Das russische Militär schwieg nicht nur zwei Tage, sondern zögerte auch, Hilfe von norwegischen und britischen Experten anzunehmen. Doch den Russen gelang es nicht, ins Innere vorzudringen. Erst eine Woche nach dem Unglück konnten norwegische Taucher endlich an der Notausstiegsluke der *Kursk* andocken. Sie kamen zu spät für die Männer an Bord. Dabei hatten 23 Mann die Explosionen zunächst überlebt und sich in den hintersten Heckabschnitt geflüchtet. Hier müssen sie noch eine Zeitlang gelebt haben, maximal drei Tage: Bei der Bergung des Wracks entdeckte man Notizen, die einige der Männer in diesen letzten Stunden und bei vollständiger Dunkelheit geschrieben hatten. Die Hoffnung auf Rettung hatten sie da schon aufgegeben.

> **„Bei der Bergung des Wracks entdeckte man Notizen, die einige der Männer in ihren letzten Stunden geschrieben hatten."**

Viele Angehörige der Matrosen fragen sich bis heute, warum die Flottenführung nach dem Unglück zunächst Hoffnungen weckte, man könne noch Überlebende retten. Und warum sie nur bruchstückweise und widersprüchlich über den Stand der Dinge informierte. Nachlässigkeit oder Überforderung? Der frisch gewählte russische Präsident Wladimir Putin unterbrach seinen Sommerurlaub auf der Krim in den Augen vieler Russen zu spät. Politische Konsequenzen zog er aber in den Monaten nach dem Unglück, als er immer wieder angeblich verantwortliche Militärs entließ oder degradierte.

Im Sommer 2001 wurde das U-Boot mithilfe niederländischer Ingenieure gehoben. Man schleppte es zu Untersuchungen in einen Marinehafen bei Murmansk. Nachdem die atomaren Antriebsreaktoren ausgebaut waren, wurde die *Kursk* in Einzelteile zerlegt und verschrottet.

Bei dieser Fahrt pflügt die *Kursk*, der Stolz der russischen Flotte, 1999 noch machtvoll durch die Barentssee.

Der Fall „9/11“

New Yorker Fernsehteams übertrugen am 11. September 2001 die schrecklichen Bilder live in alle Welt: Sie zeigten den Einsturz der beiden rund 415 m hohen Türme des World Trade Centers an der Südspitze von Manhattan. War es, wie offiziell angegeben, ein Attentat islamistischer Terroristen? Oder steckte, wie Verschwörungstheorien besagen, die US-Regierung dahinter?

Dies ist die offizielle Version der Ereignisse: Mehrere Gruppen von Islamisten bringen am Morgen des 11. September vier Passagierflugzeuge in ihre Gewalt. Um 8.46 Uhr rammt die erste Maschine den Nordturm des World Trade Centers (WTC 1). Um 9.03 Uhr fliegt ein zweites Flugzeug in den Südturm (WTC 2). Beide Türme kollabieren später infolge der Einschläge und der ausgebrochenen Brände. Die dritte der entführten Maschinen rast um 9.38 Uhr im Tiefflug in das Pentagon, das US-Verteidigungsministerium in Washington. Die vierte stürzt um 10.06 Uhr nahe dem Ort Shanksville im US-Bundesstaat Pennsylvania fast senkrecht in die Tiefe, nachdem Passagiere versucht haben, die Flugzeugentführer zu überwältigen. Insgesamt kommen bei den Anschlägen mehr als 3000 Menschen ums Leben.

Schon wenige Tage nach den Anschlägen präsentierte das FBI der geschockten Öffentlichkeit eine Liste mit den Namen der Flugzeugentführer. Und kurz darauf bezichtigt die US-Regierung unter Präsident George W. Bush den Islamisten Osama bin Laden als Drahtzieher des Verbrechens. Vergeltung werde folgen.

War die US-Regierung Auftraggeber?

Um fast alle großen Katastrophen ranken sich nach kurzer Zeit Gerüchte und Spekulationen. So auch hier. Die abenteuerlichste Behauptung: US-Präsident Bush und das FBI seien die eigentlichen Verursacher der Tragödie. Denn Ziel des Anschlags sei es gewesen, einen Anlass für ein militärisches Eingreifen der USA in den erdölreichen Gebieten des Mittleren Ostens und in Afghanistan, wo sich Osama bin Laden versteckt hielt, zu schaffen. Die Terroristen selbst werden als „irregeleitete Kamikaze-Handlanger“ bezeichnet, ihr Angriff sollte von der eigenen

PENTAGON UND SHANKSVILLE

Auch beim Ende von Flug 77 (Pentagon-Attacke) und Flug 93 (Shanksville) wittern Skeptiker Vertuschungsversuche über die wahren Vorgänge.

- **Warum, so fragen sie, versagte in beiden Fällen die Luftabwehr? Zeit genug wäre gewesen, die Maschinen abzuschießen: Flug 77 wurde von NORAD, dem Luft- und Weltraum-Verteidigungskommando, von dem Augenblick an verfolgt, in dem ein zweites Flugzeug um 9.03 Uhr in den Südturm des WTC einschlug. Doch erst um 9.36 Uhr erhielt ein Pilot den Auftrag, Flug 77 zu verfolgen. Ein prominenter Anhänger der Verschwörungstheorie (Mark R. Elsis): „Dafür gibt es nur eine Erklärung: Unserer Luftwaffe war befohlen worden, am Boden zu bleiben.“**
- **Im Fall von Shanksville geben seismografische Aufzeichnungen die Absturzzeit mit 10.06 Uhr an. Die offizielle „9/11“-Kommission nennt jedoch 10.03 Uhr. Frage der Skeptiker: Was geschah in den dazwischen liegenden drei Minuten? Wurde die Maschine doch von einem Abfangjäger abgeschossen? Falls ja, warum wird das verschwiegen?**
- **Nicht in Rechnung stellen all diese Theorien, dass am 11. September eine ungeheure Verwirrung herrschte, weil der komplizierte Regierungs- und Militärapparat auf einen Angriff im eigenen Land überhaupt nicht vorbereitet war.**

Insgesamt kommen bei den Anschlägen des 11. September 2001 mehr als 3000 Menschen ums Leben.

Beteiligung ablenken. Als Beleg für diese Behauptung gilt den Verschwörungstheoretikern u. a., dass in einem Strategiepapier amerikanischer Militärexperten vom September 2000 empfohlen wird, die USA sollten den Zusammenbruch des Ostblocks dazu nutzen, eine Weltmachtposition zu erringen. Dieses Vorhaben innenpolitisch möglichst schnell durchzusetzen sei aber nur möglich „im Fall eines katastrophalen und beschleunigenden Ereignisses – wie etwa eines neuen Pearl Harbor."

Angebliche Beweise

Von dieser (oder einer ähnlichen) Annahme ausgehend, führen die Anhänger der Verschwörungstheorien dann ihre „Beweise" ins Feld. So beispielsweise, dass das FBI Hinweise auf eingereiste Islamisten und verdächtige Pilotenausbildungen sowie Warnungen von ausländischen Geheimdiensten vor bevorstehenden Anschlägen des Terrornetzwerks al-Qaida bekommen hatte. Doch nichts geschah, um sie zu stoppen. Bedenkt man jedoch, wie viele derartige Warnungen ständig beim FBI eingehen, wird durchaus verständlich, dass selbst berechtigten Warnungen nicht immer nachgegangen werden konnte.

Nach dem Einsturz der beiden Türme des World Trade Centers stehen Feuerwehrleute fassungslos inmitten der Zerstörung.

Oder: Direkt vor dem 11. September habe es einen auffälligen Lkw-Verkehr zu den Garagen der Türme gegeben. Danach seien „wahrscheinlich Ladungen für kontrollierte Sprengungen angebracht worden." Auf den Filmaufnahmen vom Einsturz der Türme ist zu sehen, dass „Explosionswolken" waagrecht aus den Fenstern noch nicht eingestürzter Stockwerke schießen. Ein „Beweis" für eine Sprengung? Wahrscheinlich handelt es sich eher um Staub, der durch die Druckwelle der einbrechenden Gebäudeteile aus den tiefer liegenden Stockwerken herausgejagt wurde.

Es kann nicht sein, was nicht sein darf

Im Grunde, so steht zu vermuten, steckt hinter all diesen, oft mehr als abenteuerlich anmutenden Theorien, wahrscheinlich etwas ganz anderes: Hilflosigkeit. Hilflosigkeit angesichts dieser ungeheuerlichen Demütigung einer Weltmacht, die sich fast unbesiegbar wähnte. Und da einfach nicht sein kann, was nicht sein darf, sucht man, möglicherweise unbewusst, eine Erklärung, die den USA wieder den aktiven Part in diesen Ereignissen zurückgibt – und sei es der des eigentlichen Bösewichts.

Sturz in den Abgrund

Der scheinbar feste Boden unter unseren Füßen ist nicht immer so verlässlich, wie es scheint. Unbekannte oder neu entstehende Hohlräume, aber auch Erdrutsche können völlig unerwartete katastrophale Unglücke verursachen.

Die Einwohner von Guatemala-Stadt, der Hauptstadt des gleichnamigen Landes in Zentralamerika, sind mit Naturereignissen wie Vulkanausbrüchen, Erdbeben oder Wirbelstürmen leider sehr vertraut. Auch am 29./30. Mai 2010 wütet wieder einmal ein Tropensturm in Zentralamerika. Der „Agatha" getaufte Sturm beschert u. a. Guatemala immense Wolkenbrüche. Stellenweise fallen mindestens 350 l Regen auf jeden Quadratmeter Boden, es kommt verbreitet zu Erdrutschen, mehr als 150 Menschen sterben.

Ein Albtraum wird wahr

Mit Erdrutschen kennen sich die Guatemalteken besser aus, als es ihnen lieb ist – mit dem Phänomen, das in Fachkreisen „Erdfall" genannt wird, hatten sie aber noch nicht zu tun. Erdfälle sind kessel-, trichter- oder schachtartige Landschaftsformen, die normalerweise durch Lösungsvorgänge in leicht löslichen Gesteinen wie Gips, Steinsalz oder Kalkstein entstehen. Solche Gesteinsarten fehlen unter der Metropole, sie steht auf vulkanischen Aschen. Dennoch gähnt am Abend des 29. Mai mitten in Guatemala-Stadt ein knapp 20 m breiter und 100 m tiefer Abgrund. Er hat ein dreistöckiges Haus verschlungen, mehrere Gebäude balancieren bedrohlich auf der Kante. Die Geologen stehen vor einem Rätsel – ein Erdfall in Gesteinen, in denen eigentlich gar keine Lösung stattfinden kann?

Zumindest eines scheint klar: Der enge zeitliche Zusammenhang zwischen den Wolkenbrüchen und dem Erdfall spricht dafür, dass innerhalb kurzer Zeit eine große Menge Wasser in den Untergrund gelangte und dort einen Hohlraum schuf – allerdings nicht durch Lösung, sondern durch Ausspülung der kaum verfestigten Aschen. Aber wie kam das Wasser so schnell in die Tiefe? Ein Experte gibt dem maroden Abwassernetz der Hauptstadt die Schuld. Es befördert das Regenwasser durch Lecks quasi direkt an

Mitten in Guatemala-Stadt entstand nach einem schweren Unwetter ein gewaltiges, rund 100 m tiefes Loch.

Ein Bild der Zerstörung – wie von einer gewaltigen Baggerschaufel abgegraben, erscheint der Unglücksort bei Nachterstedt von oben gesehen.

die unterirdische Erosionsfront. Niemand weiß, wie viele Höhlen dadurch schon geschaffen wurden. So bleibt für die Einwohner der Stadt vorläufig nur ein sehr ungutes Gefühl.

Auf Sand gebaut

Erdfälle der klassischen Art sind bei uns regional weit verbreitet, beispielsweise in Thüringen und Sachsen-Anhalt. Allein in Thüringen stürzt die Erde pro Jahr im Schnitt an 10–20 Stellen ein. Dank unseres feuchten Klimas sammelt sich oft Wasser in den entstehenden Kesseln und bildet Erdfallseen, meist kleine, manchmal auch stattliche wie den 10 ha großen Burgsee in Bad Salzungen.

Den Concordiasee im Salzlandkreis Sachsen-Anhalts könnte man ebenfalls für einen großen Erdfallsee halten, doch diese Vermutung führt in die Irre. Das Gewässer ist vielmehr ein Relikt des Braunkohlebergbaus, ein Tagebau, der seit 1996 geflutet wird. Von dem oberhalb des Sees liegenden Ort Nachterstedt aus hat man einen guten Blick auf den Concordiasee – aber so eine Lage kann gefährlich sein: Am 18. Juli 2009 gegen 4.40 Uhr bricht vom Ufer bei Nachterstedt ein breiter Landstreifen ab. Der Erdrutsch reißt ein Einfamilienhaus komplett, ein Mehrfamilienhaus teilweise mit sich. Drei Personen bleiben bis heute vermisst, dürften im Schlaf umgekommen und in den mehr als 4,5 Mio. m^3 Erdreich begraben worden sein.

Die Ursachen bleiben im Dunkeln

2013 wurden zwei Gutachten zum Unglück vorgestellt, in denen hoher Druck im Grundwasser als „Hauptursache“ verantwortlich gemacht wird. Offiziell gilt die Unglücksursache und der Ablauf aber als nicht geklärt. Denkbar wäre beispielsweise, dass in der Epoche des früheren Tiefbaus angelegte Stollen eingestürzt sind. Vielleicht hat ein Mikrobeben den Rutsch ausgelöst. Tatsächlich wurde etwa um 4.40 Uhr ein schwaches Beben registriert. Dabei ist allerdings fraglich, ob die Erdstöße der Auslöser waren oder ob die Erschütterungen umgekehrt die Folge des Erdrutsches waren.

Die Verknüpfung mit dem Erdbeben führt zu einem Phänomen, das relativ oft bei Beben zu beobachten ist und also auch hier vielleicht mitgewirkt hat: eine spontane Bodenverflüssigung. Dabei verwandeln sich lockere Sedimente schlagartig in einen zähflüssigen Brei. Betroffen sind davon vor allem Sande und Tone. Bei Sanden kommen Sedimente mit gleichmäßiger Körnung und abgerundeten Körnern besonders leicht in Bewegung. Entscheidend ist zudem der Wassergehalt der Schichten, denn das Wasser vermindert die Reibung zwischen den Körnern. Möglicherweise wurden bereits mit dem Start der Flutung des Tagebaus die Weichen zum Unglück von Nachterstedt gestellt, denn dadurch stieg auch der Grundwasserspiegel an.

Die Böschung wird seit 2013 saniert und verdichtet, dabei kam es 2016 zu einem erneuten Abrutschen von Erdreich.

Fatale Fehlerkette

Die *Deepwater Horizon* war nur eine von vielen Ölbohrplattformen im Golf von Mexiko, dessen Ölreichtum von den USA schon lange ausgebeutet wird. Die Plattform wurde 2001 in Betrieb genommen und führte 2009 die bis dahin tiefste Unterwasserbohrung überhaupt durch – in 1260 m tiefem Wasser wurde damals nochmals 10 685 m tief gebohrt. Man kann also davon ausgehen, dass man auf der *Deepwater Horizon* mit komplexen Bohrungen Erfahrung hatte. Trotzdem kam es während einer weiteren Bohrung, am 20. April 2010, zur Katastrophe – was war schiefgegangen?

Die Explosion der Ölbohrplattform *Deepwater Horizon*, bei der elf Menschen ums Leben kamen, war der Beginn einer der größten Umweltkatastrophen in der Geschichte der Menschheit. Bis zu 1 Mio. t Rohöl verschmutzten in der Folgezeit den Golf von Mexiko.

Ölbohrungen unter schwierigsten Bedingungen

Zunächst lief alles ganz normal, als man begann, das Erdölfeld in einer Tiefe von rund 5500 m unter dem Meeresspiegel zu erschließen. Ungefähr 1500 m ist der Golf von Mexiko an dieser Stelle tief. Von der *Deepwater Horizon* aus gesteuert, drang der Bohrmeißel von dort in den Meeresboden ein, bis er weitere 4000 m tiefer das Erdölfeld erreichte. Weil ungeheure Mengen von Gestein auf diesem Lager liegen, steht das Öl dort unter gewaltigem Druck.

Damit dieser Druck das Öl nicht durch das Rohr nach oben schießen lässt, pumpt man in solchen Fällen eine schwere Flüssigkeit nach unten, die wie ein Deckel auf dem Öllager liegt. Diese Flüssigkeit kühlt gleichzeitig den Bohrmeißel. Der Bohrstrang wird

Im Juli 2010 wird ein spezieller ***Blow Out Preventer*** **zum Ort der** ***Deepwater-Horizon*****-Katastrophe gebracht – doch erst im September konnte der zerstörte BOP durch einen neuen ersetzt werden.**

von einem Kunststoffrohr eingehüllt, das „Riser" genannt wird. Zwischen dem Riser und dem Bohrstrang steigt die eingepumpte schwere Flüssigkeit vom Bohrmeißel aus wieder nach oben und trägt das zertrümmerte Material mit in die Höhe. Ohne diese dauernde Spülung würde sich der Meißel im zermahlenen Gestein festfressen.

Risse im Zement

Sobald die Lagerstätte erreicht ist, holt die Mannschaft den Bohrstrang heraus und führt stattdessen im Riser ein sogenanntes Futterrohr aus Stahl in die Tiefe, in das dann flüssiger Zement gepumpt wird. Dieser steigt zwischen Futterrohr und Riser wieder nach oben und verdrängt dabei die Spülflüssigkeit. Vermutlich härtete dann aber der Zement zwischen Stahlrohr und Riser nicht richtig aus. Durch Risse und Kanäle im Zement könnte sich das im Erdöl ebenfalls vorhandene Erdgas seinen Weg nach oben gesucht haben. Möglicherweise trat auch Gas in das jetzt mit Flüssigkeit gefüllte Bohrloch ein.

Ein solcher „Kick" passiert ab und zu und im Fall der *Deepwater Horizon* führte er letztlich zu der verheerenden Explosion. Um einen solchen Gasaustritt zu verhindern, tritt normalerweise der *Blow Out Preventer* (BOP) in Aktion. Dieses 15 m hohe und 200 t schwere Teil direkt über dem Bohrloch soll mit hydraulischen Schiebern einen unkontrollierten Öl- und Gasausbruch stoppen. Versagen die ersten beiden Typen dieser Verschlüsse, bleibt als dritte Möglichkeit eine Reihe von Schiebern, die Hindernisse im Rohr durchschneiden und so die Bohrung abdichten.

Versagende Notbremse

Obwohl der BOP unter der *Deepwater Horizon* in diversen Tests nach den von den Ölbehörden abgezeichneten Prüfprotokollen fehlerfrei funktionierte, versagte er beim Ernstfall genauso wie der manuelle Notschalter. So kam es zur Explosion und zu den Lecks, aus denen das Erdöl in den Golf von Mexiko strömte.

Am Ende wirft die *Deepwater-Horizon*-Katastrophe die Frage auf, ob es trotz aller technischen Neuentwicklungen jemals möglich sein wird, ähnliche Katastrophen zu verhindern. Und: Soll man trotz Risiko weiter im Meer bohren? Die Tendenz zeigt leider in diese Richtung: Das Unternehmen BP, das die Plattform betrieb, fährt wieder satte Gewinne ein, und die US-Regierung unter Donald Trump will diese Art der Erdölförderung massiv ausbauen.

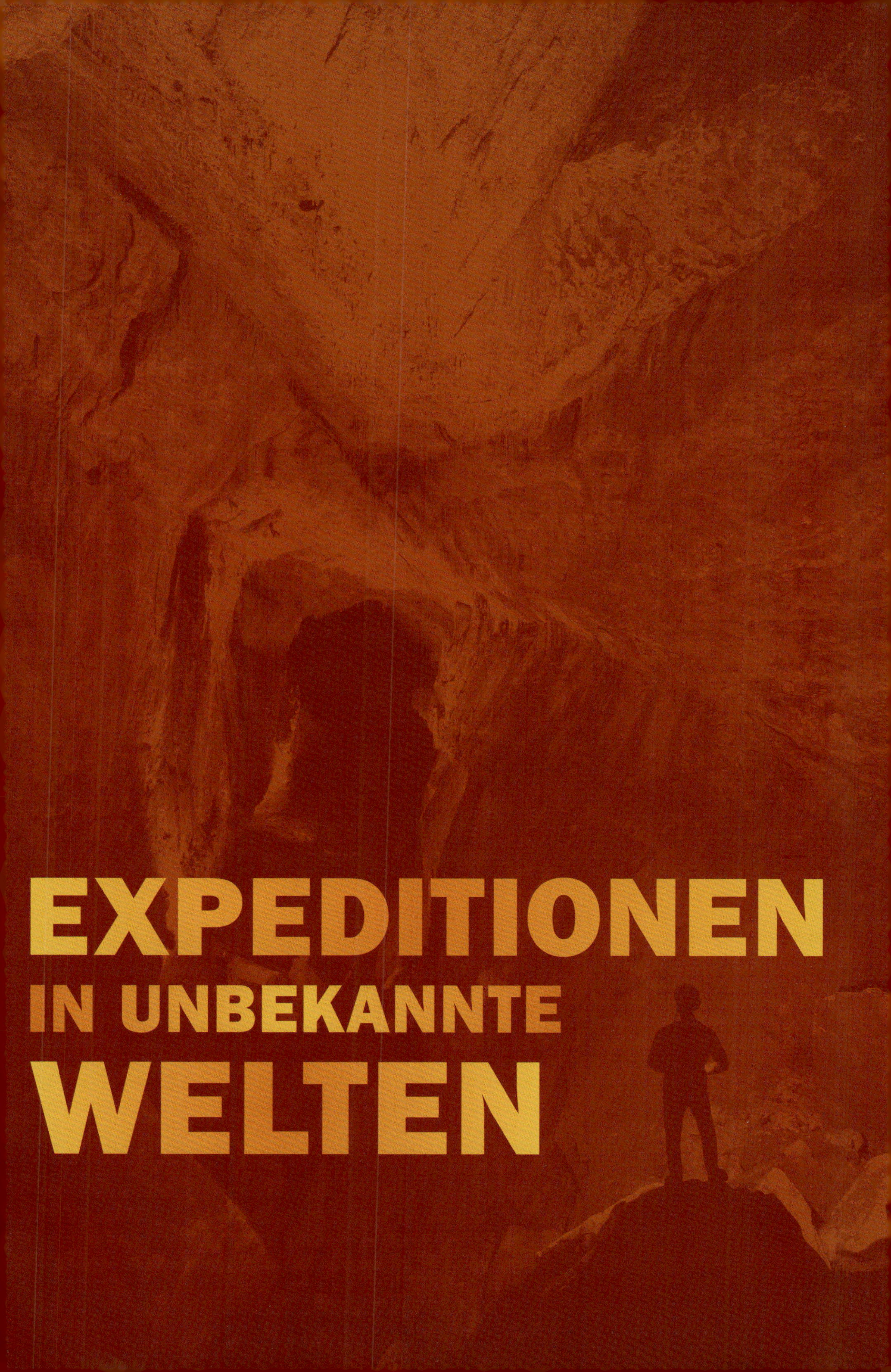
EXPEDITIONEN
IN UNBEKANNTE
WELTEN

Werden wir bald auch in der Tiefsee leben?

Wir wissen mehr über die Oberfläche des Mondes als über den Boden der Tiefsee. Dabei bedecken die Ozeane zwei Drittel der gesamten Erdoberfläche. Wird dieser „achte Kontinent“ irgendwann der Lebensraum einer wachsenden Menschheit?

Im April 2010 präsentierte sich der australische Meeresbiologie Lloyd Godson im Legoland Deutschland als Unterwassermensch der besonderen Art: Er verbrachte 14 Tage ununterbrochen in einem 4 m² großen Container in einem Aquarium.

Die beiden Männer frieren. Schon seit viereinhalb Stunden kauern Donald Walsh, Leutnant der US-Navy, und sein junger Schweizer Kollege Jacques Piccard im Kommandostand des Tiefsee-Tauchschiffs *Trieste*. Dann endlich – ein leichter Stoß. Walsh greift zum Ultraschalltelefon und meldet: „Wir sind unten!“ „Unten“ – das ist die Sohle des Challenger-Tiefs im Marianengraben auf dem Boden des Pazifiks, 10 740 m unter dem Meeresspiegel. Das ist an diesem 23. Januar 1960 um 13.10 Uhr Ortszeit tiefer als je zuvor ein Mensch gelangte.

Dieser für die Meeresforschung denkwürdige Tag war der Starttermin für die Eroberung der Tiefsee durch modernste Technologien. Heute, knapp 60 Jahre später, hat die Verteilung der Schätze der Tiefsee durch die Vergabe von Lizenzgebieten und Schürfrechten längst begonnen. Gesucht wird aber nicht nur nach Erdöl- und Gasfeldern, auch Lagerstätten von Manganknollen oder Methanhydrat stehen im Fokus der Suchaktionen.

Und auch was das Leben in der Tiefsee angeht, sind die Überraschungen noch lange nicht vorbei. Forscher vermuten, dass mindestens 1 Mio. Arten noch gar nicht entdeckt sind, und dazu das Zehn- oder sogar 100-Fache an Mikrobenarten.

Können einige davon Grundstoffe für neue Medikamente sein? Oder Hinweise auf Lebensformen ferner Planeten geben? In der Nähe von Unterwasservulkanen tummeln sich beispielsweise Bakterien, denen extrem hohe Temperaturen und Sauerstoffmangel nichts ausmachen. Auch der Einfluss der Meeresströmungen auf das Klima ist Gegenstand der Forschung. Was etwa wird geschehen, wenn der Golfstrom seinen Kurs ändern oder gar versiegen sollte? Und was wird, wenn die Eiskappen weiter schmelzen?

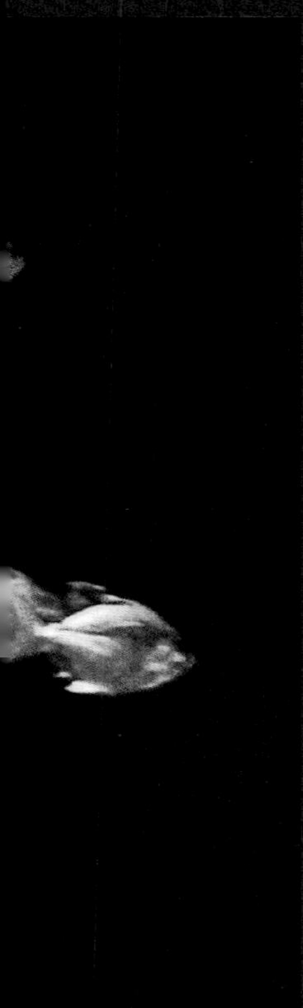

Lebensräume unter Wasser

Um diese Fragen zu lösen, versuchen Menschen, sich dem Meer anzupassen, ja sogar darin zu leben. Bereits 1964 errichtete die US-Marine vor den Bahamas die Unterwasserstation „Sealab I“ in dem fünf „Aquanauten“ in 60 m Wassertiefe lebten. Innen- und Außendruck waren gleich, eine Luke im Boden ermöglichte den freien Ein- und Ausstieg zur maritimen Umgebung ohne Druckausgleich. Nach „Sealab II“ (1965) folgte vier Jahre später „Sealab III“ in 180 m Wassertiefe vor der kalifornischen Küste. Und in einer Druckkammer des Deutschen Zentrums für Luft- und Raumfahrt in Köln wurde in den 1990er-Jahren der bisher tiefste „freie“ Tauchgang mit Menschen simuliert: 615 m. Inzwischen gibt es Hotels unter Wasser, wenn auch nur in geringer Tiefe. Japanische Baufirmen haben jedoch schon Pläne für submarine Vorstädte ausgearbeitet. Es sind riesige Lebensräume, die durch Tunnel mit dem Festland verbunden sind.

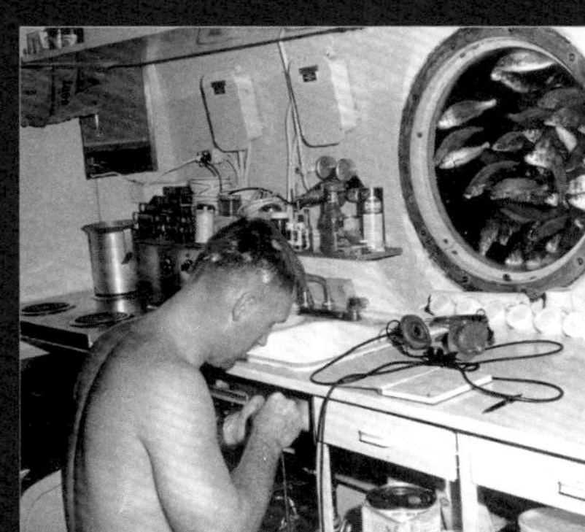

Der Taucher Berry Cannon bei der Arbeit in Sealab II, das Mitte der 1960er-Jahre in 60 m Tiefe vor der kalifornischen Küste bei San Diego verankert wurde.

Atmen wie die Fische?

Aber wird der Mensch sich eines Tages im Wasser frei bewegen und atmen können wie ein Fisch? Schon 1964 konnten Journalisten in New York einen Hamster bestaunen, der in einem transparenten Würfel innerhalb eines Aquariums saß. Die Wände des Würfels bestanden aus einer Folie, die kein Wasser durchließ, wohl aber den darin enthaltenen Sauerstoff – primitive künstliche Kiemen. Dieses Verfahren wird mithilfe der modernen Nanotechnologie weiter verbessert werden. Schon ist die Rede von operativ einsetzbaren Kiemen. Wird der *homo sapiens* irgendwann zum *homo aquaticus*?

Deutschland erwarb 2006 Lizenzrechte für eine Region mit Manganknollen im Zentralpazifik. Seither untersuchen Mitarbeiter der Bundesanstalt für Geowissenschaften und Rohstoffe das Vorkommen und die Bedingungen für eine mögliche Gewinnung.

Staubsauger für Manganknollen

Am Grund der Tiefsee liegen unermessliche Reichtümer. Man braucht beispielsweise nur die Manganknollen aufzusammeln, die vor allem im Pazifik zu finden sind, und schon kann man die relativ wertvollen Buntmetalle darin nutzen. Soweit zumindest die Theorie. Doch die Praxis scheint – wie so oft – anders auszusehen.

Genau genommen entstehen diese Schätze der Tiefsee in den obersten Schichten der Weltmeere. Dort schwimmen sehr viele kleine Lebewesen, von denen sich etliche mit einem Kalkpanzer gegen Feinde schützen. Sterben diese Organismen, schweben sie in die Tiefe. Ab einer bestimmten Wassertiefe löst sich die Kalkschicht auf. Dabei werden gleichzeitig alle möglichen Inhaltsstoffe der Organismen frei, zu denen auch Spurenelemente wie Mangan, Eisen oder Kobalt gehören. Diese Substanzen rieseln weiter in die Tiefe. Direkt über dem Meeresgrund sorgt eine komplizierte Folge chemischer Reaktionen dann dafür, dass viele in den Schwebeteilchen enthaltene Metalle sich im Wasser lösen.

Haizähne als „Auslöser"

Lange bleiben diese Metalle aber nicht gelöst: Sobald sie ausreichend Sauerstoff und eine feste Oberfläche in Form eines zu Boden schwebenden Sandkorns oder auch eines Haizahns finden, scheiden sie sich dort als „Oxide" genannte chemische Verbindungen wieder ab. Ein kleines Metallkügelchen entsteht, an dem sich im Lauf der Zeit immer mehr Metall anhängt. In Jahrmillionen entsteht dann eine zwiebelförmige Knolle. Analysiert man diese Knollen, findet man darin ungefähr 3 % Buntmetalle wie Kobalt, Kupfer und Nickel, 8–9 % Eisen und 27 % Mangan, der Rest besteht aus Sauerstoff.

Solche nach ihrem Hauptmetall „Manganknollen" genannten bis zu 20 cm großen Gebilde entstehen im Prinzip fast überall in den Weltmeeren, die Menge dieser Knollen aber verändert sich mit den Umweltbedingungen in der jeweiligen Tiefe. Entdeckt wurden die „Metallkartoffeln" bereits bei der Expedition des britischen Forschungsdampfschiffs *Challenger* 1872–1876. Erst als während der Ölkrise der 1970er-Jahre Erdöl vorübergehend knapp wurde, gerieten die Manganknollen in den Blick von Bergbauunternehmen. Und da auf dem Festland die bekannten Metallvorkommen schon stark ausgebeutet waren, versprachen die Manganknollen dicke Gewinne.

METHANHYDRAT

In der Tiefsee lagern auch gigantische Mengen sogenannter Methanhydrate – im Grunde nichts anderes als gefrorenes Erdgas vermischt mit Wasser. Auch wenn ein wirtschaftlicher Abbau der Methanhydrate noch in ferner Zukunft liegt, sehen einige Wissenschaftler in ihnen einen Weg aus der Energieknappheit. Andere sind aber deutlich pessimistischer und sehen im Methanhydrat aus zwei Gründen Gefahren für das Weltklima: Sie befürchten, dass sich bereits durch die bisherige Klimaerwärmung das starke Treibhausgas Methan aus einem Teil der Hydrate lösen könnte. Außerdem ist auch die geplante Verbrennung des Erdgases keineswegs klimaneutral.

Ein unbeständiger Goldrausch

Der erste Boom des Manganknollenbergbaus fand schon bald wieder ein Ende. Denn bereits das Heraufholen der Knollen aus 4000–6000 m Tiefe erwies sich als äußerst schwierig. Den meisten Erfolg versprach noch die Idee, die Knollen mit einer Art überdimensionalem Staubsauger zu Schiffen oder schwimmenden Plattformen zu pumpen. Bald aber fielen die Metallpreise wieder und niemand wollte noch in teure „Meeresstaubsauger" investieren. Auch der deutsche Preussag-Konzern, der gemeinsam mit internationalen Partnern bereits mehr als 1000 t Knollen aus den Tiefen geholt hatte, stellte seine Aktivitäten wieder ein.

Immerhin wurde inzwischen die lange Zeit ungelöste Frage nach den Rechten für eine Ausbeutung des Meeresgrunds gelöst: Die Vereinten Nationen gründeten eine Internationale Meeresbodenbehörde (IMB) in Kingston, der Hauptstadt Jamaikas, die wirtschaftliche Aktivitäten auf hoher See regeln soll.Rund 170 Nationen erkennen inzwischen die IMB an.

Als ab 2003 die Preise für Buntmetalle wieder kräftig stiegen, ergriff die deutsche Bundesanstalt für Geowissenschaften und Rohstoffe die Gelegenheit beim Schopf und kaufte 2006 Lizenzrechte für ein Gebiet, das 400–800 Mio. t Manganknollen mit rund 12–25 Mio. t Buntmetallen enthalten soll. Seither gab es eine Reihe von Expeditionen. 2019 soll ein Manganknollen-Kollektor getestet werden. Dabei geht es auch um die Auswirkungen auf die Meeresumwelt.

Manganknollen, hier auf einem zu Forschungszwecken gehobenen 50 × 50 cm großen Stück Meeresboden, gelten vielen als Rohstofflieferanten der Zukunft.

Schätze auf dem Boden der Meere

Nach Angaben der UNESCO sind in der 4000-jährigen Geschichte der Seefahrt etwa 3 Mio. Schiffe in den Weltmeeren untergegangen. Etwa 200 000 davon sollen lohnende Fracht an Bord gehabt haben und 3000 von ihnen sogar unschätzbare Reichtümer.

Im Sommer 2010 fanden Taucher in der Ostsee vor den Aaland-Inseln in einem Wrack 70 intakte Champagnerflaschen. Experten vermuten, dass die edlen Tropfen ein Geschenk des französischen Königs Ludwig XVI. (1754–1793) an den Zaren waren. Wert des Fundes: Etwa 1,5 Mio. Euro – nicht schlecht für ein paar Flaschen, aber wenig gemessen am Wert der Schätze, die bereits gehoben wurden oder noch unentdeckt am Meeresboden liegen. Zahlenangaben von 600 Mrd. Euro sind im Umlauf.

Aber wem gehört all dieses Gold und Silber, diese Edelsteine und kunsthistorisch wertvollen Stücke? Wo und wie kann man sie finden? Das „Archivo de Indias", das staatliche Handelsregister im spanischen Sevilla, ist eine der wichtigsten und ersten Quellen auf der Suche nach verlorenem Reichtum. Denn dort befinden sich die Namen und Frachtlisten aller Schiffe der berühmten „Silberflotte" – und die letzten Positionsangaben jener, die untergingen.

Geleitzüge voller Gold und Silber

In diesem Archiv fand Mel Fisher, ein ehemaliger Hühnerzüchter aus Indiana, erste Spuren der berühmten Galeonen *Nuestra Señora de Atocha* und *Santa Margerita*, die ebenfalls zur Silberflotte gehörten. Von 1560 bis etwa 1789 segelten jährlich zwischen 30 und 90 Galeonen von Sevilla in die spanischen Kolonien Mittelamerikas. Nach dem Überwintern kehrten sie in regelrechten Geleitzügen mit enormen Schätzen zurück. Englische Freibeuter, Niederländer und Franzosen machten Jagd auf sie. Aber noch gefährlicher waren die Wirbelstürme. Am 6. September 1622 gerieten 23 Schiffe vor der kubanischen Nordküste in einen Hurrikan: Neun

Wie wohl mehr als 200 Jahre alter Champagner schmeckt? Misstrauisch schnuppert eine Journalistin bei einer Verkostung der im Sommer 2010 geborgenen Flaschen an einem Glas. Der Champagner erwies sich tatsächlich als noch genießbar und war von annehmbarer Qualität.

liefen auf Korallenriffe und versanken, darunter auch die *Santa Margerita* und die *Atocha*. Die Überlebenden konnten einen Teil der Ladung bergen – den Rest suchte Mel Fisher 16 Jahre lang!

Am 20. Juli 1985 wurde er fündig – in nur 7 m Wassertiefe! Geborgen wurden über 40 t Silber und Gold, darunter 100 000 spanische Gold- und Silbermünzen und kostbarste kolumbianische Smaragde. Damaliger Wert: 45 Mio. US-Dollar.

Der lange Weg zum Vermögen

Vor Beginn einer jeden Suche sind meist zähe Verhandlungen mit den zuständigen Behörden vonnöten, um eine Genehmigung zu erhalten. Wird dann tatsächlich ein Schatz gefunden, wollen alle ein Stück vom Kuchen abhaben. Um die *San José*, ein vor der kolumbianischen Küste gesunkenes Schiff, dessen Wrack 2015 entdeckt wurde, ist ein heftiger Streit zwischen Regierungen und Bergungsfirmen entbrannt. Kein Wunder, es geht wohl um bis zu 17 Mrd. Dollar! Denn die *San José* gehörte zur sogenannten Silberflotte, die Silber, Gold und Edelsteine aus Südamerika nach Spanien schaffte. Häufig erhebt das Land, unter dessen Flagge das Schiff fuhr, Ansprüche, ebenso das Land, in dessen Hoheitsgewässern es sank. Im April 2018 kündigte Kolumbien an, mit der Bergung „bald zu beginnen".

„Die San José gehörte zur sogenannten Silberflotte, die Silber, Gold und Edelsteine aus Südamerika nach Spanien schaffte. "

Übrigens: Viele Kostbarkeiten der von Fisher geborgenen Schätze sind in seinem Museum in Key West ausgestellt. Dazu gehörte auch ein schwerer Goldbarren aus dem Wrack der *Santa Margerita*, der im April 2010 gestohlen wurde. Wert: über 500 000 Dollar.

Die rund 150 Bermudainseln (hier die Inseln Castle Island und Charles Island) markieren die Nordspitze des sogenannten Bermudadreiecks.

Verschwunden im Bermudadreieck

Das Meeresgebiet zwischen den Bermudainseln, Puerto Rico und der Südspitze Floridas gilt als äußerst gefährlich. Angeblich sind dort auffällig viele Flugzeuge und Schiffe spurlos verschwunden. Aber stecken wirklich Außerirdische oder seltsame Naturphänomene dahinter?

Am besten dokumentiert ist das Verschwinden von sechs Flugzeugen mit 27 Mann Besatzung am 5. Dezember 1945. Damals starteten in Fort Lauderdale fünf Avenger-Torpedobomber der US-amerikanischen Marine zu einem Übungsflug mit der laufenden Nummer 19.

Ein verkaterter Übungsleiter?

Das Wetter war nicht schlecht und die Maschinen schon vollgetankt, als der Leiter des Übungsfluges, Leutnant Charles C. Taylor, gerade einmal eine halbe Stunde vor dem auf 13.45 Uhr angesetzten Start zur Einweisung erschien. Seine Bitte, einen anderen Ausbilder einzusetzen, lehnte der diensthabende Offizier ab, weil kein Ersatz zur Verfügung stand. Also musste Leutnant Taylor fliegen, obwohl er nach einigen Berichten ziemlich verkatert war.

Nach dem verspäteten Start um 14.10 Uhr schien zunächst alles zu klappen. Um 15 Uhr hatte das letzte Flugzeug seine Bomben abgeworfen. Laut Flugplan sollten die Maschinen nun noch etwas nach Osten auf den Atlantischen Ozean hinausfliegen. Dann sollten sie nach Norden abdrehen, über die Bahamas fliegen und nördlich dieser Inseln direkt Kurs zurück nach Fort Lauderdale nehmen.

Flug in den Tod

Gegen 16 Uhr gab es dann ein möglicherweise fatales Funkgespräch zwischen dem Chefflugausbilder Robert Fox und Charles Taylor. Taylor berichtete, seine Schüler hätten wohl einen falschen Kurs genommen und er habe daraufhin die Führung übernommen. Allerdings seien offensichtlich beide Kompasse an Bord seines Flugzeugs ausgefallen und sie hätten sich verirrt. Er habe aber Inseln entdeckt, bei denen es sich um die Florida Keys handeln dürfte.

Da diese Inseln im Süden Floridas liegen, befahl Fox Flug 19 mit der tief im Westen stehenden Sonne über dem linken Flügel zu fliegen. Dadurch müssten die Bomber nach Norden fliegen, und so sicheres Festland erreichen. In Fort Lauderdale rechnete der Leitende Flugoffizier die vermutliche Route von Flug 19 nach und kam zu dem Ergebnis, dass die Maschinen in der zur Verfügung stehenden Zeit unmöglich bis zu den Keys, sehr wohl aber bis zu den Bahamas gekommen sein könnten. Nicht die Flugschüler, sondern der Ausbilder hatte sich geirrt: Offensichtlich waren die gesichteten Inseln die Bahamas und der Flug von dort nach Norden würde sie aufs Meer hinaus und damit in den Tod führen.

Um 16.30 Uhr wurde Flug 19 daher aufgefordert, der untergehenden Sonne nach Westen entgegenzufliegen, um nach Florida zurückzukommen. Taylor zweifelte aber wohl noch immer, um 16.45 Uhr fing man einen Funkspruch an seine Schüler auf, in dem

Höchstwahrscheinlich war ein fataler Irrtum des ausbildenden Offiziers Leutnant Taylor dafür verantwortlich, dass die Maschinen des Flug 19 immer weiter aufs Meer hinausflogen und schließlich mangels Benzin abstürzten.

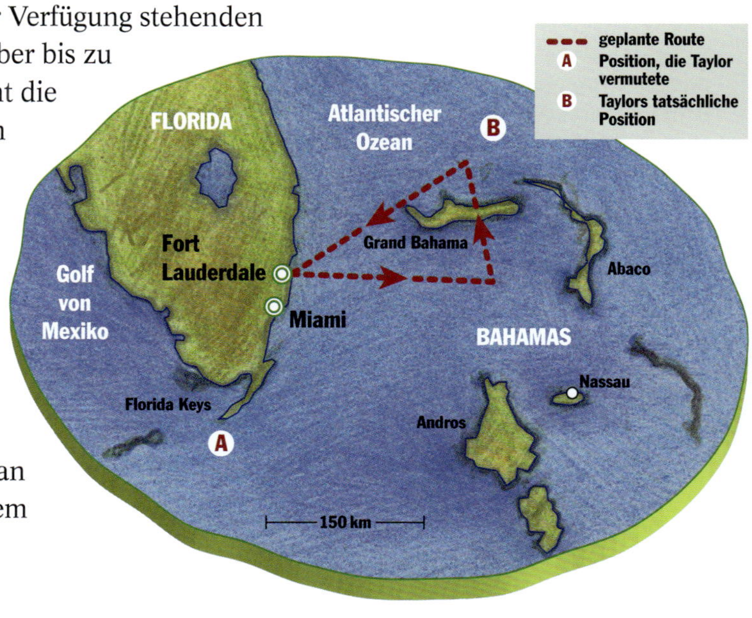

er sie aufforderte, weitere 45 Minuten nach Norden zu fliegen. Und um 17.03 Uhr befahl er sogar, nach Osten zu fliegen und führte Flug 19 so immer weiter aufs Meer hinaus. Erst um 17.16 kam der Befehl, nach Westen zu fliegen, „bis wir die Küste erreichen oder uns der Treibstoff ausgeht." Letzteres trat dann wohl ein und die Flugzeuge mussten bei einem rasch aufziehenden Sturm notwassern. Vorher aber war es um 17.50 Uhr endlich gelungen, die Maschinen anzupeilen: Sie befanden sich tatsächlich nördlich der Bahamas und weit draußen über dem Atlantischen Ozean.

Um 19.27 starteten zwei Suchflugzeuge vom Typ Martin PBM Mariner vom Marinestützpunkt Banana River in Florida. Auch eines dieser Flugzeuge sollte mit seinen 13 Mann Besatzung nie mehr auftauchen. Um 19.50 sichtete ein Tanker 30 m hohe Flammen auf dem Meer, gleichzeitig verschwand die Maschine von den Radarschirmen eines US-Flugzeugträgers. Vermutlich war einer der Tanks des Suchflugzeugs explodiert, ein bekanntes Problem bei diesem Typ.

Im Dezember 1945 verschwanden fünf Avenger-Torpedobomber spurlos im Bermudadreieck (das Bild zeigt andere Flugzeuge des selben Typs). Das Unglück wurde später zu einem gewaltigen Rätsel aufgebauscht.

Ein Mythos entsteht – und wird wieder zerstört

Diese tragischen Ereignisse machte 1974 der US-Autor Charles Berlitz in seinem Bestseller *Das Bermuda-Dreieck: Fenster zum Kosmos?* zur Grundlage für seine Behauptung, im Bermudadreieck geschehe Unfassbares: 37 Flugzeuge und 38 Schiffe zählte er auf, die dort verschwunden sein sollen. Eine eindeutige Lösung bot Berlitz nicht an, sprach aber von Toren in andere Dimensionen, in denen Flugzeuge und Schiffe verschwanden und durch die Ufos auf unsere Welt kämen. Diese doch reichlich fantasievollen Erklärungsversuche führten zu einer Flut von weiteren Büchern und Filmen zum „Bermudarätsel". Ein Mythos war geboren.

Im Zuge dessen versuchten sich Wissenschaftler auch an ernsthafteren Erklärungen für die angebliche Häufung von Unglücksfällen in diesem Gebiet. Eine Theorie: Große Methanausbrüche aus den in dieser Region weit verbreiteten untermeerischen Lagerstätten von Methanhydrat könnten den Auftrieb des Wassers verändern und so die Schiffsuntergänge auslösen. Das aufsteigende Gas könnte sogar die Flugzeugabstürze verursachen, glaubten die Befürworter dieser Erklärung. Geoforscher sind aber inzwischen davon überzeugt, dass im Bermudadreieck nicht genug Methan aufsteigt, um ein Schiff oder Flugzeug zu gefährden.

Was also passiert im Bermudadreieck wirklich? Nichts Besonderes, meinte schon 1975 Lawrence Kusche, der die von Charles Berlitz aufgezählten Unfälle überprüft hatte: In etlichen Fällen sollen laut Berlitz Flugzeuge und Schiffe bei strahlendem Sonnenschein verschwunden sein, doch zu dieser Zeit tobten in Wirklichkeit Stürme in der Region. Einige der genannten Katastrophen fanden sogar nicht einmal im Bermudadreieck statt, sondern im Pazifik oder vor der Küste Portugals. Am Ende stellte Lloyd's Register of Shipping lapidar fest: Im Bermudadreieck gibt es nicht mehr Schiffs- und Flugzeugkatastrophen als in vergleichbaren Meeresregionen.

Die Antarktis – ein Platz für Menschen?

Inzwischen ist die Bevölkerung der Erde auf mehr als 7,5 Mrd. Menschen angewachsen. Der Planet platzt gewissermaßen aus allen Nähten – könnte in Zukunft eine der lebensfeindlichsten Regionen der Erde den Menschen als neuer Lebensraum dienen?

Gemeint ist die Antarktis, das Südpolargebiet mit dem praktisch menschenleeren Kontinent Antarktika im Mittelpunkt. Er zählt im Polarsommer auf gut 13 Mio. km^2 etwa 4000 Einwohner, fast ausschließlich Wissenschaftler. Und in der monatelangen Polarnacht leben dort sogar noch weniger Menschen. Rein von der freien Fläche her gesehen, könnte man den sechsten Kontinent demnach durchaus als Ausweichquartier empfehlen. Allerdings nur für Auswanderer, denen ein extrem kaltes, trockenes und stürmisches Klima nichts ausmacht. Außerdem sollten diese Neusiedler angesichts der riesigen Entfernungen zum nächsten besiedelten Kontinent auch keine Probleme mit der Abgeschiedenheit der Region haben.

Mehr als nur Eis

Zwölf große Staaten einigten sich 1961 im Antarktisvertrag relativ problemlos darauf, das Südpolargebiet nur für friedliche, nicht kommerzielle, sondern vor allem wissenschaftliche Zwecke zu nutzen. Der Grund war vermutlich, dass sie rund um den Südpol keine großen materiellen Reichtümer erwarteten und wegen der abgeschiedenen Lage auch keine strategischen Interessen verfolgten. Die territorialen Ansprüche wurden quasi „auf Eis" gelegt, in diesem Fall auf ein Eis, das zu den größten Schätzen unseres Planeten gehört. Denn es umfasst in gefrorener Form etwa drei Viertel der irdischen Süßwasserreserven, in bester Trinkwasserqualität.

An Wassermangel wird also die Kolonisation der Antarktis gewiss nicht scheitern. Hinzu kommen die inzwischen entdeckten immensen Bodenschätze – Energieträger wie Erdöl, Erdgas, Kohle und Uranerz sowie die verschiedensten Metalle. Die antarktischen Winde könnten noch dazu einen beachtlichen Anteil schier unerschöpflicher erneuerbarer Energie beisteuern. Mit Energie und Rohstoffen ist die Region folglich ebenfalls gut versorgt, und das an Fischen und anderen Meerestieren reiche Südpolarmeer könnte für die Siedler auch genug Nahrung bieten.

Ein Inuit demonstriert am kanadischen Baker Lake wie man mit einfachsten Hilfsmitteln Fische fängt.

Erfolgsgeschichte, 2. Auflage?

Es wäre nicht das erste Mal, dass Polarregionen der Erde besiedelt würden. Die Inuit, Aleuten und andere arktische Völker haben dies schon vor Jahrhunderten bis Jahrtausenden getan und sich seither in einer eigentlich für den Menschen lebensfeindlichen Umwelt erfolgreich behauptet. Allerdings folgten sie dabei im hohen Norden einem Prinzip, das man heute als „nachhaltige Nutzung der natürlichen Ressourcen" bezeichnen würde.

Diese Art mit den von der eisigen Natur gegebenen Voraussetzungen umzugehen, ist freilich den Menschen aus anderen Weltregionen fremd. Sollten sie ihren Lebensraum in die Antarktis ausdehnen wollen, müssten sie entweder ihre Lebensweise vollkommen umstellen oder einen unglaublichen technischen und energiefressenden Aufwand betreiben, um ihren derzeitigen Lebensstil beibehalten zu können. Beides sind wohl keine realistischen Optionen – zumindest nicht für die nächsten Jahrzehnte.

„Die arktischen Völker behaupten sich schon seit Jahrhunderten in einer eigentlich lebensfeindlichen Umwelt."

So werden wohl nach dem Auslaufen des Antarktisvertrags im Jahr 2041 nicht etwa Siedler, sondern nur am Raubbau an den Bodenschätzen interessierte Kolonisten in die Antarktis kommen.

Terra preta – die schwarze Erde

Die großflächige Abholzung der tropischen Regenwälder schreitet beispielsweise in Brasilien mit rasantem Tempo und verheerenden Folgen fort. Dem Schwund der „Grünen Lunge der Welt“ kann man nur eine gute Seite abgewinnen: Er bietet die Chance zu neuen Entdeckungen – und keineswegs nur in der Pflanzen- und Tierwelt Amazoniens.

Die Vernichtung der Regenwälder beginnt meistens mit der Arbeit der Bulldozer. Sie hinterlassen beim Bau von Erdpisten im grünen Waldkleid rostrote Spuren, die auf Satellitenbildern klar zu erkennen sind. Rot leuchtet der Boden auch an den Stellen aus den grünen Wäldern heraus, an denen frische Erdrutsche Lücken in die Vegetation gerissen haben. In den feuchten und wechselfeuchten Tropen ist Rot die vorherrschende Farbe des Bodens, andere Farbtöne sind viel seltener. In der Bodenkunde werden die dort häufigsten Bodentypen deshalb traditionell zu den „tropischen Roterden“ oder Latosolen (ziegelrote Böden) zusammengefasst.

Reiche Vegetation auf armem Boden

Der üppige Pflanzenwuchs in der Regenwaldzone könnte zu der Annahme verleiten, er würde durch einen besonders fruchtbaren Boden genährt. Aber im tropischen Regenwald konzentriert sich

LEBEN HOCH ÜBER DEM BODEN

Um das komplizierte Geflecht des Lebens in den noch intakten Waldgebieten des Amazonas zu erforschen, müssen die Wissenschaftler den sicheren Urwaldboden verlassen. Denn am Boden lebende Tiere sind in den tropischen Regenwäldern in der Minderheit. Die meisten Geschöpfe, ob nun Tiere oder Pflanzen, zieht es vom finsteren Waldboden hinauf in die lichtdurchfluteten oberen Etagen der Bäume. Angefangen hat die Erforschung der Kronenregion „direkt vor Ort“ in den 1980er-Jahren mit den waghalsigen Unternehmungen des US-amerikanischen Biologen Donald R. Perry in den Wäldern Zentralamerikas. Er begnügte sich noch mit der einfachen Seiltechnik der Alpinisten, heute kommen u. a. Seilbahnen, Luftschiffe, Ballons und Drohnen zum Einsatz. Die moderne Technik bietet mitunter 50 bis 60 m über dem Erdboden einen tiefen Einblick in ein Biotop, das schätzungsweise 40 % aller Arten des Regenwaldes beherbergt.

Nach der Abholzung bleiben in Amazonien meist nur unfruchtbare rote Böden zurück.

Ein amazonischer Bauer betrachtet einen Bodenschnitt in einem *Terra-preta*-Gebiet.

die Biomasse fast ausschließlich in den Pflanzen selbst. Für den Boden bleibt quasi „nichts übrig“: Die tropischen Roterden gehören zu den unfruchtbarsten Böden der Erde – und das vor allem aus zwei Gründen. Zum einen verläuft die Mineralisierung, die Zersetzung der abgestorbenen organischen Substanz, dank der hohen Temperaturen sehr schnell und gründlich. Es bildet sich kaum Humus, der bei anderen Böden als Nährstoffspeicher dient. Zum andern sind die in den tropischen Böden enthaltenen Tonminerale schlechte Speicher, weil ihr Schichtaufbau dafür ungeeignet ist.

Doch immer wieder stößt man beim Roden des Urwalds auf eine Bodenart, die überhaupt nicht hierher zu passen scheint: die *Terra preta*. Diese „Schwarze Erde“ erinnert mit ihrem dicken, durch organische Substanzen pechschwarz gefärbten Oberboden an eine Schwarzerde, den typischen Boden der Steppenzone – also eines völlig anderen Lebensraumes als dem des tropischen Regenwaldes. Was zunächst sehr verwirrend wirkt, klärt sich jedoch rasch auf: Man findet Bodenbestandteile, die von Natur aus nicht hierher gehören, beispielsweise Tonscherben. Die *Terra preta* Amazoniens ist damit kein natürlich gewachsener Boden, sondern ein wahrscheinlich von präkolumbischen Indiobauern in jahrzehntelanger Arbeit durch Zufuhr von organischem, kohlenstoffhaltigem Dünger (u.a. Dung und Holzkohlenasche) und sorgsame Bodenpflege geschaffener sogenannter Kultosol.

Ein Silberstreif am Horizont

Während sonst in den dünn besiedelten Gebieten der Regenwaldzone von alters her Raubbau am Boden betrieben wird und einfach die Anbaufläche gewechselt wird, wenn der Boden ausgelaugt ist, steht die *Terra preta* für eine Form der nachhaltigen Bodennutzung – selbst für Experten eine überraschende Entdeckung. Zeigt die tropische Schwarzerde doch, dass es möglich ist, selbst den ausgelaugtesten Boden mit relativ geringem Aufwand in ein auf Dauer ertragreiches Substrat zu verwandeln.

Damit würde man gleich mehrere Fliegen mit einer Klappe erlegen: Stehen Anbauflächen mit dauerhaft hohem Ertrag zur Verfügung, müssen für die Ernährung der wachsenden Weltbevölkerung nicht ständig Regenwaldareale gerodet und/oder niedergebrannt werden (was die Kohlendioxidbelastung der Atmosphäre und dadurch den Treibhauseffekt enorm erhöht). Und gleichzeitig dient jedes Gramm Kohlenstoff, das langfristig im Humus der *Terra preta* gespeichert bleibt, dem Klimaschutz.

Im Reich der Riesenpflanzen

Die Gattung Lobelia kommt in rund 400 Arten vor, hauptsächlich in subtropischen und tropischen Ländern. Manche Lobelien sind beliebte Zierpflanzen, andere haben dagegen eine bizarre Gestalt, wie jene, die in den Hochlagen des Ruwenzori wachsen.

Ihr Vorkommen passt gut zum Ruwenzori, denn das dritthöchste Gebirge Afrikas (etwa 5100 m ü. M.) ist neben den Riesenvulkanen Ostafrikas ein geologischer Sonderfall und erinnert in seinem Aufbau aus alten vulkanischen Gesteinen eher an die Gebirge, die den deutschen Oberrheingraben säumen. Mit denen verbindet den Ruwenzori das feuchte und wolkenreiche Klima. An den Westhängen der Bergriesen wird in 2200 m Meereshöhe die jährliche Niederschlagsmenge auf 2500 l Regen pro Quadratmeter geschätzt. Es regnet praktisch täglich – ein Klima dem der Ruwenzori den Namen „Regenmacher" verdankt.

„An den Westhängen der Bergriesen wird die jährliche Niederschlagsmenge auf 2500 l Regen pro Quadratmeter geschätzt."

Pflanzenvielfalt im Nebel

Wie in den Hochgebirgen allgemein üblich, gliedert sich die Vegetation des Gebirges stockwerkartig in mehrere Höhenstufen. Sie reichen von den Bergregenwäldern in den unteren bis zu den mitunter verschneiten Felsschuttfluren in den höchsten Lagen. Beim Aufstieg durchquert man zwischen etwa 2000 und 3000 m Meereshöhe das Stockwerk der Nebelwälder. Meist verhüllen Nebelschwaden und Wolkenfetzen das üppige Pflanzenkleid dieser Stufe. Doch wenn die Sonne

Die Riesenlobelien sind zwar nicht die einzigen Pflanzengiganten im Ruwenzori, sie prägen ihn jedoch am stärksten.

durchkommt, ist die unglaubliche Fülle verschiedenster Arten und Wuchsformen zu erkennen: Kräuter und Sträucher, Bambusgräser, bis etwa 30 m hohe Bäume, auf denen sich Moose, Flechten, Orchideen, Farne angesiedelt haben. Eine Gruppe sonderbarer Gewächse zieht jedoch die Blicke geradezu magisch an, vor allem in den Moorgebieten: Die niedrigeren sehen wie auf kurze, unverzweigte Stämme gespießte Blumenkohlköpfe aus, die höheren erinnern an mehrere Meter hohe Kerzen, jeweils mit einer Blattrosette an der Basis. Beide Gruppen gehören vorwiegend zu den Lobelien, die höheren meistens zur Riege der Riesenlobelien, die im Ruwenzorigebirge mit eigenen Arten vertreten sind: beispielsweise mit *Lobelia deckenii*, einer typischen Schopfbaum-Lobelie, oder *Lobelia mildbraedii*, einer Wollkerzenpflanze, die 4 m Höhe erreichen kann (davon ein bis zu 2 m langer Blütenstand mit vielen Einzelblüten).

ÜBERRASCHENDE ÄHNLICHKEITEN

Die Riesenlobelien kommen nicht nur im Ruwenzori vor, sondern über die Vulkangebirge Ostafrikas bis hinauf ins äthiopische Hochland. Dabei werden sie aber teilweise durch die sehr ähnlichen Riesengreiskräuter ersetzt. Dass das Hochgebirgsklima als wichtigster Faktor das Bild der Flora stark prägt, zeigt auch eine charakteristische Pflanzenart der Hochanden: die *Puya raimondii*, mit ihrem bis zu 8 m hohen Blütenstand unübersehbar und als Bromeliengewächs ein Beispiel für die sogenannte Konvergenz der Wuchsformen. Dieser Fachbegriff bedeutet, dass Pflanzen unabhängig von ihrer Zugehörigkeit zu einer bestimmten Art unter ähnlichen ökologischen Bedingungen auch eine sehr ähnliche Gestalt annehmen können.

Jede Nacht Winter, jeden Tag Sommer

Lobelien schätzen Feuchtigkeit sehr. Und daran besteht auf dem Ruwenzori wahrlich kein Mangel. Dürre ist deshalb kaum einmal ein Stressfaktor, wohl aber die vor allem in den Vormittagsstunden intensive UV-Strahlung. Dagegen schützen sich die Hochgebirgspflanzen, u. a. die Wollkerzengewächse, durch eine auffällig dichte Behaarung. Wie eine Sonnencreme hält sie die gefährlichen Strahlen ab.

Das größte Problem stellen aber die häufigen Frostwechsel dar, die besonders die empfindlichen Fortpflanzungsorgane der Pflanzen schädigen. Auch in unseren Breiten schwankt die Luft- und Bodentemperatur öfter um den Gefrierpunkt, doch bei Weitem nicht so oft wie in den tropischen Hochgebirgen, wo ein Tageszeitenklima herrscht: Am Tag kann sich die Bodenoberfläche auf 40 °C erwärmen, während in der Nacht die Temperaturen das ganze Jahr unter 0 °C sinken. Eine wärmende „Unterwäsche" aus Blattrosetten schützt ein wenig vor dem extremen Klima in Bodennähe, am sichersten ist jedoch sozusagen die „Flucht in die Höhe". Und genau dies tun die Riesenlobelien auf dem Ruwenzori – was zu den verblüffenden Riesengewächsen geführt hat.

Häufiger Nebel, starke Niederschläge und heftige Temperaturschwankungen kennzeichnen das Klima im ostafrikanischen Ruwenzorigebirge.

Wer die tiefste Höhle der Welt, die Voronya-Höhle in Georgien, erkunden will, muss sehr gut klettern können.

Verborgen im ewigen Dunkel

Die menschlichen Sinne sind eigentlich nicht auf ewige Dunkelheit eingestellt – kein Wunder, dass Höhlen vielen Menschen unheimlich sind. Andere dagegen finden sie äußerst faszinierend: Höhlenforscher sind zwar erst seit wenigen Jahrzehnten dabei, die Höhlen der Erde zu erforschen, doch sie haben schon viel Licht ins Dunkel gebracht.

Speläologen (Höhlenkundler) definieren eine Höhle als „natürlichen, mehr als menschengroßen unterirdischen Hohlraum“. Die Betonung liegt dabei auf „mehr als menschengroßer“ – demnach ist der Mensch das Maß aller Höhlen, ein Fuchsbau wird folglich nicht zu den Höhlen gerechnet, ebenso wenig ein künstlich geschaffener Hohlraum wie beispielsweise eine Grotte, ein Bergwerksstollen oder ein U-Bahn-Netz, so groß es auch sein mag.

Tiefer – Größer – Länger

In keiner anderen naturwissenschaftlichen Disziplin purzeln die nationalen und internationalen Rekorde häufiger als in der Speläologie, was natürlich den Ehrgeiz der Höhlenforscher erst recht beflügelt und noch schneller zu Neuentdeckungen führt. Als tiefste Höhle der Welt gilt derzeit mit mehr als 2190 m die Voronya-Höhle in Georgien; wohl keine Höhlenkammer ist größer als die Sarawak-Kammer der Gua-Nasib-Bagus-Höhle in einem Karstgebirge auf Borneo, in der man bequem die Flotte einer

Fluggesellschaft mittlerer Größe parken könnte; aneinandergereiht würden die Gänge der Mammut-Höhle im US-amerikanischen Mammoth Cave National Park, der längsten bekannten Höhle unseres Planeten, in der Luftlinie von Flensburg bis nach Frankfurt am Main reichen.

Angesichts derartiger Rekordwerte stellt sich natürlich sofort eine naheliegende Frage: Wie entstehen diese unterirdischen Giganten? Darauf kennen die Experten nur eine überzeugende Antwort: In der Regel durch winzige Wassertropfen. Oder um ein altes Sprichwort zu gebrauchen: „Steter Tropfen höhlt den Stein." Bis auf wenige Ausnahmen sind Höhlen charakteristische Elemente der Karstlandschaften und bilden sich also durch die Lösungsverwitterung bestimmter Gesteine wie beispielsweise Kalkstein, Dolomit oder Gips in versickerndem, tropfendem, fließendem oder stehendem Wasser.

IM REICH DER SCHÖNEN LAU

2018 waren 13,5 km vermessen, damit ist die Blautopfhöhle bei Blaubeuren das drittlängste Höhlensystem Deutschlands. Außerdem ist sie Teil des ausgedehnten Höhlensystems der Schwäbischen Alb mit einem etwa 150 km² großen Einzugsgebiet. Das System liegt zu einem großen Teil unter dem Karstwasserspiegel, seit allerdings ein trockener Zugang gegraben wurde, sind zeitraubende und gefährliche Tauchfahrten zur Erkundung nicht mehr unbedingt nötig. Das auch für den Laien hervorstechendste Merkmal der Blautopfhöhle besteht darin, dass sie in einem Quelltopf endet – nach Eduard Mörike der Lebensraum der schönen Lau, einer Wassernixe. Nach starken Niederschlägen quellen aus ihm mitunter pro Sekunde gut 26 m³ Wasser – eine Abflussmenge, die der eines kleinen Flusses entspricht. Allerdings hat das Wasser dann nicht mehr die typische blaugrüne Farbe, sondern ist durch mitgeführte Schlammpartikel getrübt.

Wo sich die Natur Zeit lässt

Die Erosions- oder Korrosionskräfte brauchen bei der Bildung der Höhlen unglaublich viel Zeit – hier geht es nicht um Jahre, sondern um Jahrtausende. Manchmal vergehen bis zur Entstehung einer Höhle sogar 100 000 Jahre und mehr. So war beispielsweise die Entstehung der Tropfsteine in der Lechuguilla-Höhle in den USA, eine der schönsten Tropfsteinhöhlen der Welt, ein äußerst langwieriger Prozess. Im Durchschnitt kann man für Bodentropfsteine (Stalagmiten) ein Wachstum von 0,1 bis 0,2 mm pro Jahr ansetzen – im berühmten Aven Armand in Frankreich misst ein solcher Tropfstein in der Höhe 33 m, jeder kann sich selbst ausrechnen, wie lange es dauert, bis ein derartiges Sintergebilde entstanden ist.

Jochen Hasenmayer bereitet sich im Sommer 2001 auf einen weiteren Tauchgang mit seinem U-Boot *Speleonaut* vor. Der seit einem Tauchunfall gelähmte Hasenmayer gehört zu den Pionieren der Erforschung der Blautopfhöhle.

Allerlei Höhlenbewohner

Zu dem oft sehr hohen Alter der unterirdischen Hohlräume passt die Tatsache, dass sie zuweilen skurrile, urtümliche Lebewesen beherbergen, wie den blinden Grottenolm, der die Fähigkeit zu sehen im Lauf seiner Entwicklung verlor und sich in der Finsternis lieber auf seinen hervorragenden Tastsinn verlässt. Fledermäuse navigieren stattdessen mithilfe der Echolot-Ortung traumwandlerisch sicher durch ihre unterirdischen Quartiere. Der Höhlenbär, als Skelett Attraktion mancher Schauhöhle in Mitteleuropa, gehört hingegen nicht zu den echten Höhlentieren. Er war vielmehr im Eiszeitalter nur Gast, suchte damals Schutz vor Kälte, Schnee und Eis, genauso wie die Menschen der Steinzeit.

Beim Besuch einer Höhle fragt sich bestimmt so mancher, was die unterirdischen Schlupfwinkel seinerzeit so anziehend machte. Mit ihrem Lichtmangel und dem feucht-kühlen Wetter unter Tage wirken die Höhlen eher abschreckend. In Eishöhlen wie der Eisriesenwelt in Österreich, der weltweit größten, wachsen sogar im Hochsommer Tropfsteine aus purem Eis.

Paradoxes „Höhlenwetter“

Doch das unterirdische Wetter und Klima birgt ohnehin zahlreiche Widersprüche, die Experten Kopfzerbrechen bereiten. Beispielsweise stellte sich bei Untersuchungen im Schweizer Hölloch, dem zweitlängsten Höhlensystem Europas (rund 200 km vermessene Gänge) überraschenderweise heraus, dass es dort tief unter der Erdoberfläche ausgerechnet in den Kaltzeiten des Eiszeitalters ausgesprochen warm war.

Der Höhlenforscher erscheint zwergenhaft angesichts der gewaltigen Ausmaße einer Halle in der Lechuguilla-Höhle im US-Bundesstaat New Mexico.

Der paradoxe Temperaturverlauf erklärt sich nur durch das komplizierte Wechselspiel zwischen der „Fußbodenheizung“ der Höhlen und ihrem „Kühlwasserkreislauf“: Aus dem heißen Erdinnern wird den Höhlen ständig Wärme zugeführt, nicht viel, aber messbar. Diesem Wärmgewinn stehen Wärmeverluste durch Schmelz- und Regenwasser entgegen, das durch Spalten im umgebenden Gestein in den Hohlraum eindringt. In den Warmzeiten, in denen kein Bodeneis die Spalten blockierte, war der abkühlende Effekt des Wassers am stärksten. Unterbrach hingegen in den Kaltzeiten der Dauerfrostboden den Wasserzustrom, dann blieb der Höhle (samt ihren Bewohnern) der Wärmegewinn durch die Erdwärme. Und in der Folge wurde das Höhlenwetter wärmer – und die Höhlen als Schutzräume begehrt.

Aufgrund der in ihr herrschenden Hitze kann die Höhle von Naica nur in gekühlten Schutzanzügen erforscht werden.

Kristalle mit Gardemaß

In der Nähe des Städtchens Naica im mexikanischen Bundesstaat Chihuahua entdeckte man im Jahr 2000 in einer Erzmine in 300 m Tiefe eine ganz besondere Höhle: Gigantische Selenitkristalle sind dort gewachsen – sie gelten als die größten der Welt.

In der Umgebung des Städtchens Naica wird seit fast 200 Jahren Erzbergbau betrieben. Wie in anderen Bergbaurevieren auch stießen die Kumpel beim Vortrieb der Stollen immer wieder auf natürliche Hohlräume im Gestein – und auf unterirdische Glitzerwelten. Denn Boden, Wände und Decken der Grotten sind mit Kristallen überzogen, die im künstlichen Licht wie Bergkristalle funkeln. Einen Höhepunkt bildet dabei die Cueva de los Cristalles, die „Höhle der Kristalle". Der Vergleich mit Bergkristallen führt allerdings in die Irre. In der Mine von Naica bestehen die von der Natur geschaffenen Kristalle nämlich nicht aus Quarz, sondern aus Selenit, einer meist glasartig-durchsichtigen Variante von Gips. Dies allein wäre schon bemerkenswert, doch die enorme Größe einzelner Kristalle ist noch beeindruckender: Die längsten messen bis zu 14 m und sind bis zu 55 t schwer. Wie sind diese Kolosse entstanden?

Ein Rezept für Riesenkristalle

„Man nehme …" eine Höhle als unterirdischen Kochtopf, fülle ihn mit mineralhaltigem Wasser (in diesem Fall Kalziumsulfat), schalte eine mit noch heißem Magma gefüllte Kammer als Heizplatte ein und dann nehme man sich fast unendlich viel Zeit und achte akribisch auf die Temperatur. Eine entscheidende Schwelle liegt bei 54–58 °C. Oberhalb dieses Punktes scheidet sich (Hochtemperatur-)Anhydrit, der „wasserlose" Verwandte des Gips, aus; fällt die Temperatur darunter, nimmt der Anhydrit Wasser auf, verwandelt sich so in Gips bzw. Selenit, das sich an vorhandenen Kristallkeimen anlagert und diese im Lauf der Zeit zu riesigen Kristallen heranwachsen lässt. Was „im Lauf der Zeit" in diesem Fall bedeutet, mag eine Zahl illustrieren: Die größten Exemplare in der „Höhle der Kristalle" sind bis zu 400 000 Jahre alt.

PHÄNOMENE DER TIER- UND PFLANZENWELT

Die tödlichsten Viren der Welt?

Marburg, Ebola und Lassa heißen die mikroskopisch kleinen Erreger, die Angst und Schrecken hervorrufen, wann immer sie in Erscheinung treten. Dabei gibt es durchaus Mittel, diese Killerviren in Schach zu halten – wenn man nur wüsste, wo sie sich verbergen.

Nicht der tropische Regenwald, sondern die beschauliche deutsche Universitätsstadt Marburg wird am 25. August 1967 zum Ausgangspunkt der panischen Angst vor Killerviren. Innerhalb weniger Tage werden 23 Menschen mit Symptomen in die Kliniken der Stadt eingeliefert, die auch erfahrene Ärzte und Krankenschwestern schockieren. Die Patienten haben nach anfänglichen leichten Erkältungsanzeichen hohes Fieber, bluten aus praktisch allen Körperöffnungen und sogar aus der Haut. Die Ärzte finden keine Mittel, die Blutungen zu stoppen, fünf offensichtlich mit einem unbekannten Erreger Infizierte sterben. Marburg, Hessen, Deutschland, vielleicht sogar ganz Europa oder der Rest der Welt könnte vor einer absolut tödlichen und durch nichts aufzuhaltenden Epidemie stehen. Aber dann passiert nichts mehr – seit die Patienten auf Isolierstationen liegen, scheint die Seuche gestoppt.

Ein Virus wird entlarvt

Werner Slenczka vom Institut für Hygiene der Marburger Universität und seine Kollegen haben bald eine heiße Spur zum „Täter“. Sie führt zu den Behring-Werken, die als Hersteller von Impfstoffen weltbekannt sind. Jeder Einzelne der Erkrankten hatte dort mit Grünmeerkatzen zu tun, die alle mit einer einzigen Lieferung aus Uganda im Herzen Afrikas importiert worden waren. In diesen Affen sollte ein Impfstoff gegen die tückische Kinderlähmung Polio produziert werden. Mit der gleichen Meerkatzenlieferung arbeiteten Menschen auch in Labors in Frankfurt am Main und in Belgrad. Auch dort erkrankten mehrere Menschen und

Auch für Südliche Grünmeerkatzen endet eine Marburg-Infektion meist tödlich.

auch dort lief sich die neue Seuche rasch tot, als die Patienten auf der Isolierstation lagen. Am Ende sterben in Mitteleuropa sieben von 31 Infizierten an dieser unheimlichen Krankheit.

Nur mit Handschuhen, Papierkitteln und Gesichtsmasken schützen sich Werner Slenczka und seine Kollegen bei der fieberhaften Suche nach dem Erreger vor der heimtückischen Infektion, bessere Sicherheitsmaßnahmen gibt es zu dieser Zeit einfach nicht. Nach drei Monaten melden sie einen Erfolg: Mit 1000 nm misst der Erreger gerade einmal einen tausendstel Millimeter. Unter den Elektronenmikroskopen der Forscher aber taucht eine Art Minihirtenstab auf, der ähnlich dem Stab des Papstes am oberen Ende eine Rundung hat.

Kaum identifiziert, verschwindet der inzwischen auf den Namen „Marburg-Virus" getaufte Erreger auch schon wieder. Erst neun Jahre später taucht er in der Demokratischen Republik Kongo wieder auf – so denkt man zumindest: 318 Menschen am Ebola-Fluss leiden praktisch unter den gleichen Symptomen wie die Marburger Laborarbeiter. Diesmal aber sterben mit 280 beinahe alle Infizierten. Und die Forscher finden schließlich doch deutliche Unterschiede zum Marburg-Virus. Nach dem Ort der ersten Epidemie wird dieses verwandte Virus daher Ebola genannt.

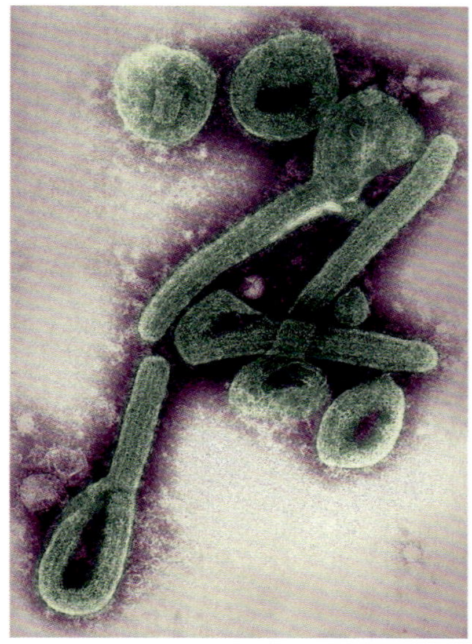
Unter dem Rasterelektronenmikroskop konnte das Marburg-Virus eindeutig identifiziert werden.

Auf der Jagd nach einem Virus

Zum größten Ebola-Ausbruch bisher kam es 2014 in mehreren westafrikanischen Ländern: Laut der Weltgesundheitsorganisation WHO erkrankten mehr als 28 000 Menschen am Virus, mehr als 11 000 erlagen der Krankheit. Erstmals schaffte die Infektion den Sprung außerhalb Afrikas, es gab bestätigte Fälle in den USA, in Großbritannien und Spanien. 60–70 % aller mit diesem Virus infizierten Menschen sterben, allerdings ist Malaria mit mehr als 3 Mio. Verstorbenen pro Jahr ein viel gefährlicherer Killer. Doch immerhin sind den Medizinern bei der Malaria die genauen Umstände einer Ansteckung bekannt, auch mehrere Therapieformen gibt es. Nach der Epidemie von 2014 wurde die Forschung nach einem Ebola-Impfstoff verstärkt. Bei einem erneuten Ausbruch der Krankheit im Mai 2018 in der Demokratischen Republik Kongo kam das experimentelle und zu diesem Zeitpunkt noch nicht zugelassene Medikament erstmals zum Einsatz.

Um Krankheiten wie das Ebolafieber und die Marburg-Infektion besser verstehen zu können, setzen die Forscher auch darauf, die „Wurzel des Übels" zu identifizieren: den Reservoirwirt, der gegen die Symptome des Virus immun ist und in dem das Virus überleben kann, ohne dass sein Wirt gleich stirbt. Denn auch wenn die Infektion inzwischen gut bekannt ist, konnte ihre Herkunft immer noch nicht restlos geklärt werden.

Eine heiße Spur führt in den Kongo. Goldsucher, die in stillgelegten Minen statt auf Edelmetall auf große Scharen von Nilflughunden stießen, erkrankten an einer Marburg-Infektion. Seitdem

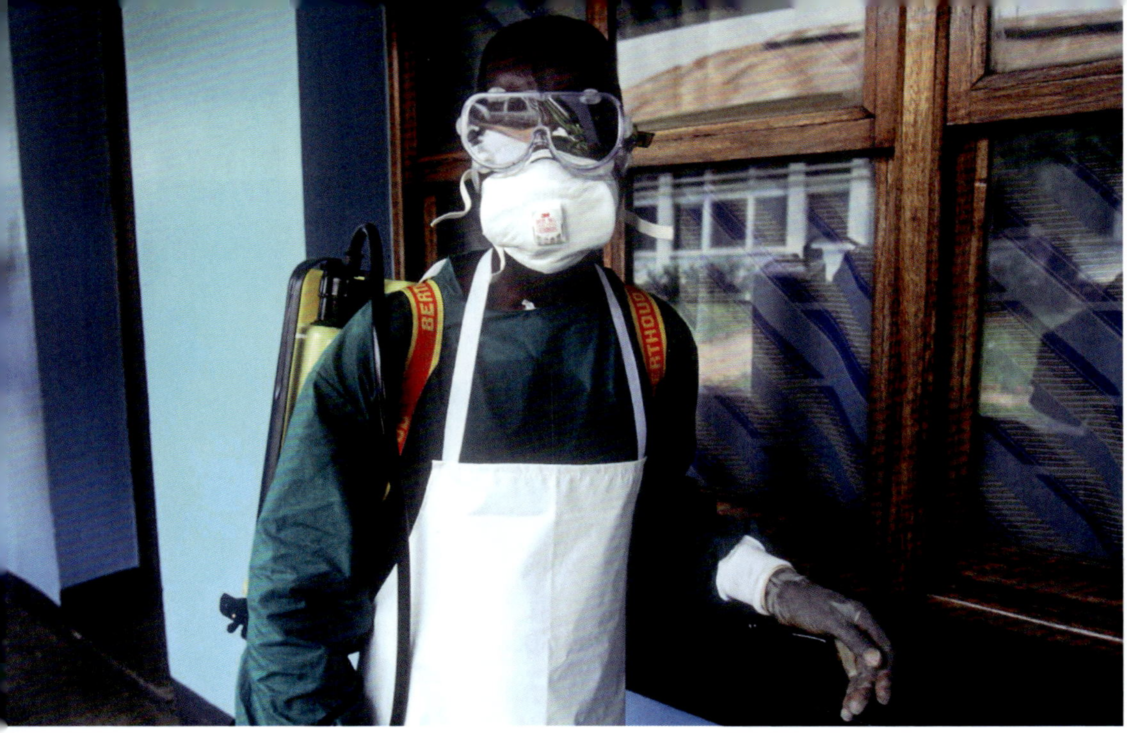

Ein gefährlicher Job: Ein Mitarbeiter der Gesundheitsbehörde desinfiziert kontaminierte Gebiete im Kongo.

LASSAFIEBER

Auf den ersten Blick ähnelt die Infektion, die 1969 bei zwei Missionsschwestern im Städtchen Lassa im Nordosten Nigerias erstmals beobachtet wurde, der kurz vorher entdeckten Marburg-Infektion. Die Blutungen beschränken sich allerdings auf die inneren Organe, der Erreger gehört zu einer ganz anderen Virusgruppe und wird nach dem Ort des ersten Auftretens Lassavirus genannt. Anders als bei Ebola und Marburg ist die Quelle des Lassafiebers inzwischen festgestellt: Menschen infizieren sich offensichtlich am Urin einer südlich der Sahara beheimateten Rattenart, die selbst nicht erkrankt.

stehen diese Tiere unter Verdacht, zumal Forscher herausgefunden haben, dass sich Marburg- und Ebola-Viren in den Fledermäusen vermehren, ohne die Tiere krank zu machen.

Schicksalsgemeinschaft

Denn so viel ist sicher: Die Viren müssen von anderen Tieren auf Menschen oder Menschenaffen überspringen. Damit gehen sie mit diesen eine verhängnisvolle Schicksalsgemeinschaft ein. Sterben die Erkrankten, sterben auch unweigerlich die Erreger. Dies ist auch der Grund, warum zumindest in westlichen Staaten Epidemien schnell eingedämmt werden könnten. Werden Übertragungswege wie Tröpfchen- und Schmierinfektion oder Körperkontakt unterbunden, kann sich das Virus nicht weiter ausbreiten. Wie 2014 deutlich wurde, fehlt in den armen Regionen Afrikas für solche klassischen Hygienemaßnahmen oft das Geld, selbst Einmalhandschuhe können nicht gekauft werden. Mit ihrer Hilfe könnte man solche Epidemien auch dort besser in den Griff bekommen.

In mehreren Staaten Afrikas fahndeten Forscher nach dem Versteck des gefürchteten Killervirus, um der einzigen heißen Spur nachzugehen. Tief wagten sie sich in Höhlen vor, in denen nicht nur die vermeintlichen Wirte zu Zigtausenden leben, sondern auch Zecken, Kobras und Krankheiten übertragende Ratten und Mäuse hausen. Und tatsächlich konnten Wissenschaftler Infektionen mit Marburg-Viren in Nilflughunden nachweisen. Sollten sie das Versteck tatsächlich entlarvt haben, hätte man auch den Ausgangspunkt früherer Epidemien gefunden. Diese Forschung könnte einen weiteren Weg zur Bekämpfung der Epidemien zeigen.

Die Überlebenskünstler

Sie trotzen eisiger Kälte, sengender Hitze und tödlicher Strahlung. Wie die hartgesottenen Bärtierchen das machen, gibt den Forschern nach wie vor Rätsel auf.

Die meisten von ihnen sind nicht einmal so groß wie ein Sandkorn. Und doch sind sie die Größten – zumindest, was ihre Überlebenskunst angeht. Die Rede ist von Bärtierchen *(Tardigraden)*. Klaglos ertragen sie sehr niedrige und sehr hohe Temperaturen, ja sie trotzen sogar bis zum 1000-Fachen der radioaktiven Strahlung, die einen Menschen töten würde. Somit ist es ihnen möglich, überall zu leben, wo ein leichter Wasserfilm ihnen Bewegung und Gasaustausch ermöglicht: tief im Meer, hoch im Himalaja oder in der Arktis. Einige besonders widerstandsfähige Exemplare überstanden sogar die unwirtlichen Gegebenheiten des Weltraums.

Da mag die Vermutung naheliegen, die Bärtierchen seien von einem anderen Planeten zugewandert. Haben sich die Winzlinge doch anscheinend an Umstände angepasst, die es auf der Erde gar nicht gibt. Kein anderes Tier würde mehr Energie in Schutzmaßnahmen investieren als es eigentlich braucht. Neueste Forschungen sind den Fähigkeiten der Tardigraden auf der Spur: Dank eines besonderen Proteins können sie nicht nur ihre DNA reparieren, sie haben auch 6000 Gene von anderen Lebewesen ihrem Genom einverleibt.

Rückzug ins Koma

Die robusten Zwerge haben viele Tricks entwickelt, sich zu schützen. Einige verändern ihre Gestalt im jahreszeitlichen Wechsel, andere bilden Zysten aus, mehrschichtige Schutzhäutchen. Bei der extremsten Anpassung jedoch versetzen sich die Bärtierchen selbst ins künstliche Koma: Sie ziehen den Kopf und ihre acht Beine in den Rumpf, verkleinern ihre Oberfläche und verringern so zunächst den Wasserverlust. Währenddessen werden im Körperinnern eifrig protektive Stoffe wie der Zucker Trehalose produziert. Dann trocknen sich die Winzlinge aus, eingerollt wie eine Tonne. Dabei reduzieren sie ihre Stoffwechselleistung um das 1000-Fache. In solch klinisch totem Zustand können Tardigraden jahrelang ohne Luft, Wasser und Nahrung existieren, um auf bessere Verhältnisse zu warten. Wenn es dann soweit ist, bilden sie sich in ihre ursprüngliche Form zurück und auferstehen sozusagen von den Toten – als ob nichts geschehen wäre.

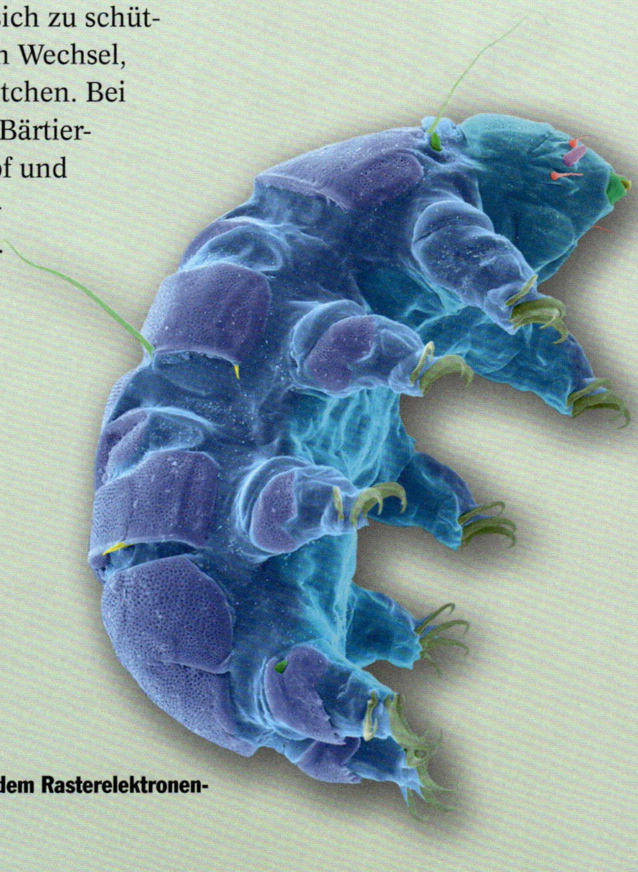

Außerirdisches Wesen? Ein Bärtierchen unter dem Rasterelektronenmikroskop erweckt durchaus den Eindruck.

Forscher des Centro de Conservacion de Anfibios de El Valle in Panama hoffen, durch ihr Zuchtprogramm dem Amphibiensterben entgegenzuwirken.

Das große Sterben

Das Leuchten der Feuersalamander – bald ein Bild der Vergangenheit?

Seit Ende der 1980er-Jahre verschwinden die Amphibien von der Erde. In einem Wettlauf gegen die Zeit versuchen Forscher, die gefährdeten Tiere zu erhalten. Doch können sie diesen überhaupt gewinnen?

Es ist ein Sterben, wie es in der Geschichte seinesgleichen sucht. Zwei Drittel der mehr als 7000 bekannten Amphibienarten führt die Rote Liste der vom Aussterben bedrohten Arten auf. Unzählige Frösche, Kröten, Salamander und Molche könnten in naher Zukunft für alle Zeit vom Erdboden verschwunden sein.

Ein tödlicher Pilz

Das Schwinden der Lurche bereitet Forschern große Sorgen. Die Gründe suchte man zunächst in den Veränderungen der Umwelt. Schwermetalle, Pestizide und UV-Strahlung treffen Amphibien stärker als andere Tiere, da sie ihr größtes Organ schädigen: die Haut, die bei vielen Fröschen der Atmung und Flüssigkeitsaufnahme dient und ihren Elektrolytgehalt im Blut reguliert. Elektrolyte wie Natrium oder Kalium erfüllen jedoch für Körperzellen unentbehrliche Aufgaben.

1999 schließlich entdeckten Wissenschaftler eine weitere Ursache für die Katastrophe: den Chytridpilz *(Batrachochytrium dendrobatidis)*. Dieser befällt die Haut der Tiere und bringt deren Elektrolythaushalt durcheinander. Dadurch wird die Herzfunktion so lange beeinträchtigt, bis der lebenswichtige Muskel schließlich versagt.

Ob der Chytridpilz aus Südafrika oder – wie neueste Forschungen nahelegen – von der koreanischen Halbinsel stammt, ist umstritten. Klar ist, dass der weltweite Tierhandel verantwortlich für seine Verbreitung ist. Beim südafrikanischen Krallenfrosch hatte man herausgefunden, dass ihn Schwangerschaftshormone im Urin einer Frau binnen weniger Stunden zum Ablaichen bringen. Und mit dem „Apothekerfrosch" wanderte womöglich auch der Pilz um die Welt – und fordert nun immer mehr Opfer.

Archen für Amphibien

Verzweifelt versuchen die Forscher, das Leben der noch verbliebenen Arten zu retten. In Salzburg beispielsweise lief 2007 der Versuch an, Spermien von Amphibien so einzufrieren, dass sie später zur Neuzucht verwendet werden können. Ziel war es, eine Art Samenbank aller Amphibienarten zu erstellen. Artenschutz mittels Tiefkühltruhe? Auch wenn es zahlreiche derartige Vorhaben gibt, sind diese unter Experten nicht unumstritten. Säugetiere und Vögel lernen durch Nachahmung, wo sie die richtige Beute finden, wie sie jagen, vor wem sie flüchten müssen. Wen aber sollte ein Klon nachahmen, wenn seine Artgenossen allesamt das Zeitliche gesegnet haben? Für Amphibien gilt das allerdings nur bedingt. Viele Arten überlassen ihre befruchteten Eier sich selbst. Der Nachwuchs gedeiht ohne Nachhilfestunden. Letztlich muss also die Zukunft zeigen, ob sich die Methode bewährt.

Speziell auf die Amphibien zugeschnitten ist die „Amphibian Ark", ein Projekt des Weltzooverbands WAZA und der Weltnaturschutzunion IUCN. Rund um den Globus horten Wissenschaftler Lurche für ein Zuchtprogramm, um so ihr Überleben zu sichern. Bislang hält sich die Hoffnung der Forscher jedoch in Grenzen. Gegen den Pilz gibt es für in Freiheit lebende Tiere noch immer kein Gegenmittel. Würde man die gezüchteten Tiere in die freie Wildbahn entlassen, wäre das ihr sicheres Ende. Zumal in Europa ein weiterer, mindestens so tödlicher Pilz bei Feuersalamandern gefunden wurde. Es gibt aber Lichtblicke: Während mehrere Froscharten in Panama eine Resistenz zu entwickeln scheinen, haben Forscher bei Versuchen mit Immunisierungen und dem Einsatz von Bakterien Fortschritte gemacht. Doch das geht alles viel zu langsam, denn Zeit haben die Tiere nicht …

DAS SECHSTE MASSENSTERBEN?

- **Das Aussterben einzelner Tierarten ist nicht ungewöhnlich, sondern vielmehr Teil des evolutionären Prozesses. Besorgniserregend ist jedoch die Geschwindigkeit, mit der das Amphibiensterben voranschreitet. Einige Forscher sehen darin einen Vorboten einer weitaus größeren Katastrophe.**
- **Fünfmal ereignete sich in der Erdgeschichte ein Massensterben, das jeweils den Großteil der auf dem Planeten existierenden Arten auslöschte. Klimaveränderungen, Vulkanismus oder Meteoriteneinschläge dürften die Ursache gewesen sein.**
- **Heute ist größtenteils der Mensch der Verursacher eines dramatischen Artensterbens. Im Fall der Amphibien tut der tödliche Pilz sein Übriges. Amphibien aber fressen Moskitos und andere Insekten und sind ihrerseits Nahrung für Vögel und Reptilien. Reißt die Nahrungskette, kann die ganze Ökologie zusammenbrechen.**

Wale auf dem Trockenen

Wenn Wale gestrandet sind, ist es für ihre Rettung oft schon zu spät. Aber weshalb schwimmen sie überhaupt aus ihrem Element heraus? Erklärungsversuche gibt es einige, aber die genauen Ursachen kennen die Forscher noch nicht.

Völlig hilflos liegen die Wale am Strand, schlagen verzweifelt mit ihren Schwanzflossen. Ohne Wasser unter dem Bauch aber hilft diese Bewegung wenig, zu sehr ist der Körper an das Schwimmen im Wasser angepasst.

Sobald ein Wal aufsitzt, ist er in eine Falle geraten, aus der er aus eigener Kraft kaum mehr entrinnen kann. Kommt die Ebbe, liegt das Tier bald ganz auf dem Trockenen. Der Wal droht unter seinem eigenen Gewicht zerquetscht zu werden, die Sonne trocknet die Haut aus, die normalerweise immer von kühlendem Wasser umgeben ist. Ohne Helfer sind die Tiere rasch verloren.

„Blindes" Gehör

Möglicherweise hat ein Versagen der Sinne die Meeressäuger in diese lebensgefährliche Situation geführt. Weil die Sicht im Wasser viel schlechter als in der Luft ist, orientieren sich die Tiere mit dem Gehör: Sie erzeugen ein lautes Klicken, das von Gegenständen im Wasser reflektiert wird. Aus der Zeit zwischen Klicken und Rückkehr des Echos ermitteln die Tiere instinktiv die Entfernung.

Unter Wasser entdecken und jagen so beispielsweise Grindwale hervorragend Fischschwärme. „Im flachen Wasser mit sandigem Grund aber liefert diese Echoortung kein sauberes Bild", erklärt Petra Deimer von der Gesellschaft zum Schutz der Meeressäuger in Quickborn. Dies gilt umso mehr, wenn das Verhalten der Tiere durch äußere Einflüsse beeinträchtigt wird. Besonders Unterwasserlärm von Marinemanövern, Bohrinseln oder dem zunehmenden Schiffsverkehr stören den Orientierungssinn. Zudem treiben Klimaschwankungen kaltes Wasser und damit wohl ebenso die Wale in Küstennähe.

Schließlich wird den Tieren auch das Schwarmverhalten zum Verhängnis. Bei den Grindwalen genügt es, wenn ein einziger Wal plötzlich auf den Strand schwimmt. „Der Rest der Gruppe kommt dann meist hinterher und liegt dann ebenso hilflos im flachen Wasser fest", schildert Deimer einen Vorgang, der sich immer wieder ereignet und der wohl auch schon vor Existenz des Menschen Walen das Leben kostete.

Tierschützer versuchen, 55 am Longbeach in Kapstadt gestrandete Grindwale zu retten.

Wer hat Angst vorm weißen Hai?

Haie haben ein Imageproblem. Kaum einem anderen Tier heftet so hartnäckig das Etikett „blutrünstige Bestie“ an. Dabei haben Haie am Menschen kein Interesse. Und dennoch beißen sie hin und wieder zu.

Weltweit verlieren pro Jahr vielleicht zehn Menschen ihr Leben durch Haie. Umgekehrt aber verenden nach Schätzungen von Experten im gleichen Zeitraum zwischen 50 und 200 Mio. Haie in den Netzen und an den Haken von Fischern. Wer hier wen zu fürchten hat, ist also eigentlich klar. Am schlechten Ruf der Tiere haben diese Zahlen allerdings nichts geändert.

Hartnäckig hält sich etwa das Gerücht, dass Haie Menschen fressen. Dabei ist weltweit kein einziger Fall bekannt geworden, in dem ein Hai einen Schwimmer komplett verspeist hätte. Vermutlich passt der Mensch einfach nicht ins Beuteschema.

Prüfende Bisse

Manchmal aber beißen die Raubtiere doch zu. Man vermutet, dass auf ihrem Brett liegende Surfer von unten aussehen wie große Robben – und so ins Beuteschema passen. Außerdem könnte bei solchen gefährlichen Begegnungen auch etwas Fressbares im Wasser schwimmen. Das können gezielt zum Anlocken der Tiere ausgeworfene Köder oder auch reiche Fischschwärme sein. In solchen Situationen sind Haie auf Beutemachen eingestellt und daher am ehesten geneigt, mit Bissen zu „testen“, ob Schwimmer und Taucher sich als Nahrung eignen.

Wenn dann noch andere ungünstige Umstände dazukommen, steigt das Risiko weiter. So neigen die Tiere offenbar dann zu Testbissen, wenn sie sich nicht 100%ig auf ihre Sinne verlassen können – etwa bei schlechten Sichtverhältnissen oder Lärm im Wasser. Oder bei Gewittern, die den elektrischen Sinn der Haie stören. Auch wenn Artgenossen nahen, werden Hai aggressiver und wagen eher einen Biss. Ein weiterer Risikofaktor sind Haie, die regelmäßig gefüttert werden, daher den Umgang mit Menschen gewöhnt sind und oft ihre natürliche Scheu verlieren.

Der Hai als blutrünstiger Killer ist spätestens seit *Der Weiße Hai* von Steven Spielberg ein gern verwendetes Filmmotiv.

Im Schwarm geborgen

Es sieht völlig willkürlich und chaotisch aus, und doch scheinen die riesigen Schwärme mancher Fische, Vögel und Insekten wie von Geisterhand gesteuert zum Ziel zu finden. Wie schaffen sie das eigentlich? Erst allmählich kommen Wissenschaftler diesem alten Geheimnis auf die Spur.

Ganz synchron ziehen Tausende von silbrig glänzenden Körpern durchs Wasser, keiner schert aus, keiner drängelt oder trödelt. Selbst als der Schwarm plötzlich die Richtung wechselt, gibt es keine Unordnung, keine Kollisionen. Fische scheinen ihre Bewegungen deutlich besser aufeinander abstimmen zu können, als Autofahrer im Berufsverkehr. Ein Leben in der Masse hat für sie durchaus seine Vorteile: Geselligkeit ist ein guter Schutz gegen Feinde. Bei so vielen Artgenossen ringsum wird schon einer dabei sein, der die Gefahr rechtzeitig bemerkt. Zudem verliert so mancher Jäger im unübersichtlichen Gewusel den Überblick. „In der Masse untertauchen", lautet die Devise für den einzelnen Fisch.

Eine Szene wie aus einem Horrorfilm: Wanderheuschrecken in Mauretanien verdüstern den Himmel.

Signal zum Aufbruch

Doch bei allen Vorteilen hat das Schwarmleben auch seine Tücken. Die Gruppe darf nicht auseinanderfallen, die Massen müssen irgendwie koordiniert werden. Gibt es also unter den einzelnen Individuen eines Schwarms eine Verständigung? Senden Leittiere Befehle an den Rest der Gruppe? Oder ist gar Gedankenübertragung im Spiel?

Britische Wissenschaftlern haben am Beispiel der Wüstenheuschrecken (*Schistocera gregaria*) Antworten auf derartige Fragen geliefert. Die berüchtigten Insekten fressen mitunter ganze Landstriche kahl. Zu solchen Plagen kommt es, wenn die noch nicht flugfähigen Larven plötzlich ihr Dasein als Einzelgänger aufgeben und sich zu riesigen Schwärmen zusammenrotten. Wie auf Kommando formieren sie sich zu kilometerlangen Kolonnen, die sich gemeinsam in Marsch setzen. Der Startschuss dazu fällt bei einer bestimmten Dichte von Heuschrecken. Als die Forscher in einem Experiment nur wenige Tiere in eine kleine Arena setzten, ging jedes einfach seiner Wege. Doch sobald eine kritische Grenze von etwa 25 Insekten pro Quadratmeter überschritten war, bewegten sich die Tiere gemeinsam voran. Offenbar sind es die Berührungen ihrer Artgenossen, die sie dazu treiben. In weiteren Versuchen brauchten die Wissenschaftler ihnen jedenfalls nur immer wieder mit einem Pinsel über die Hinterbeine zu streichen, um die Tiere in Marsch zu setzen.

Dabei stieg die Konzentration des Botenstoffs Serotonin in bestimmten Teilen des Nervensystems der Insekten stark an. Diese Substanz ist es offenbar, die aus Einzelgängern Schwarmwesen macht. Um den einmal gebildeten Schwarm zusammenzuhalten, scheint dann der Geruch sehr wichtig zu sein. Im Kot der Heuschrecken haben Forscher flüchtige Verbindungen wie Phenol gefunden, die den Schwarmmitgliedern signalisieren: „Bleibt beieinander!"

DIE BIBLISCHE PLAGE

- **Schon in der Bibel finden sich Berichte über die gefräßigen Heuschrecken, die ganze Landstriche kahl fraßen und auf den Feldern nichts als Verwüstung hinterließen.**
- **Zu solchen gefährlichen Massenansammlungen neigen insgesamt zehn Arten aus der Familie der Feldheuschrecken, die man „Wanderheuschrecken" nennt. Ein einziger Schwarm dieser Tiere kann aus mehr als 1 Mrd. Exemplaren bestehen.**
- **Wanderheuschrecken kommen außer in der Antarktis auf allen Kontinenten vor, sogar in Europa gab es früher Massenentwicklungen der Europäischen Wanderheuschrecke *Locusta migratoria*. Diese Art ist inzwischen allerdings selten geworden. Dagegen gibt es in Afrika, dem Nahen Osten und Asien nach wie vor Heuschreckenplagen, die große Schäden anrichten.**

Zu Wasser und in der Luft

Bei Fischen könnte für diese kontrollierte Bewegung das sogenannte Seitenlinienorgan zuständig sein. Dieses Organ besteht aus einer Reihe von Poren an beiden Körperflanken. Über sie kann der Fisch kleinste Bewegungen und Strömungen wahrnehmen, was ihm hilft, seine Position im Schwarm zu kontrollieren.

Vögel sind in einem anderen Element unterwegs und dürften daher auch anderen „Schwarmgesetzen“ unterliegen. Oft fliegen sie eher in festen Formationen, Wildgänse etwa in V-Formationen, Kraniche in Ketten schräg hintereinander. Eine Erklärung dafür: Jeder Kranich nutzt den Auftrieb, den der Flügelschlag des vor ihm fliegenden Vogels verursacht. Zugleich nimmt er eine Position ein, aus der er ungestört in Flugrichtung schauen kann. Ermüdet der „Frontvogel“, lässt er sich zurückfallen – und ein anderer übernimmt diese Funktion.

„Einige Biologen sind sich ‚ziemlich sicher‘, dass Schwarmtiere gar über eine Art siebten Sinn verfügen.“

Solche Verhaltensweisen sind wohl angeboren. Der Biologe Jens Krause meint, das Gedächtnis sorge bei Schwärmen dafür, dass auf ein bestimmtes Verhalten instinktiv das nächste folgt. Einige Biologen sind sich „ziemlich sicher“, dass Schwarmtiere gar über eine Art siebten Sinn verfügen, der ihnen hilft, sich am unmittelbaren Nachbarn zu orientieren und dessen Verhalten zu kopieren.

„Schwarmtier“ Mensch?

Und der Mensch? Verhält er sich in der großen anonymen Masse ebenfalls fremdgesteuert, gelenkt vom Kollektiv? Krause und sein Kollege John Dyer sind dieser Frage nachgegangen. Gemeinsam

mit dem Fernsehsender WDR haben sie im Jahr 2007 insgesamt 300 Freiwillige in eine Messehalle in Köln eingeladen. In einem Versuch sollten sie sich frei bewegen, ohne dabei miteinander zu kommunizieren. Schon nach kurzer Zeit formierten sich die Probanden ähnlich wie in Fischschwärmen zu einem rotierenden Ring – wohl deshalb, weil so die Mitglieder des „Schwarms“ nicht anderen ausweichen müssen. Die zwei Gesetze des Schwarms lauten folglich: „Bleibe in Bewegung“ und „Bleibe bei der Gruppe“.

Und auch andere Phänomene aus dem Ozean ließen sich mit den Versuchsteilnehmern nachvollziehen: Tauchte ein „Jäger“ in Form eines Moderators auf, zu dem jeder Proband mindestens zwei Armeslängen Abstand halten sollte, teilte sich die Gruppe wie ein von Raubfischen angegriffener Sardinenschwarm vor dem „Feind“ und floss hinter ihm wieder zusammen. Und wie viele Individuen sind notwendig, um den „Schwarm“ zu einem bestimmten Ziel, etwa einer Futterstelle, zu lotsen? Auch das bekamen die Forscher heraus. Sobald mindestens 5 % aller Mitglieder informiert waren, konnten sie den gesamten Schwarm gezielt steuern. Genau diese Quote hatte ein Computermodell vorhergesagt.

Um die Hadsch in Mekka sicherer zu machen, nutzte man Erkenntnisse aus der Schwarmforschung.

Die Physik der Massenpanik

Menschenmengen bewegen sich aber auch ohne irgendwelche Anweisungen in bestimmten Mustern. Wer diese Muster kennt, kann Risiken entschärfen, die in Menschenmengen immer wieder auftreten und schlimmstenfalls zu Massenpanik führen.

Dirk Helbing und Anders Johansson von der Technischen Universität Dresden haben Videobilder einer solchen Katastrophe analysiert, die 2006 bei der Hadsch (Pilgerfahrt) in Mekka mehr als 300 Menschen das Leben kostete. Im Film ließen sich bestimmte Bewegungen in der Masse als Vorzeichen des Desasters ausmachen. Mithilfe dieser Erkenntnisse haben die Forscher dann eine Software für die Kameras entwickelt, die den Pilgerstrom in Mekka überwachen. Das System erfasst z. B., wie viele Pilger pro Stunde sich durch die diversen Straße drängen und wie schnell die Massen unterwegs sind. Fachleute beobachten diese Werte und können notfalls die Fußgängerströme in weniger überfüllte Straßen umleiten. Das Risiko, dass Katastrophen passieren, kann aber nicht ausgeschlossen werden: 2015 kamen bis zu 1800 Pilger ums Leben, als an einer Straßenkreuzung zwei Pilgerzüge gegeneinander schoben.

Wie in einer bildgewordenen Symphonie bewegt er sich am Himmel: ein riesiger Schwarm von Staren. Sie sind Meister im Manövrieren und der Einzelvogel orientiert sich an seinen direkten Flugnachbarn. Oft verdichten sich die Tiere zu einem Pulk, um Greifvögeln ein Anvisieren der Beute zu erschweren.

Fabeltieren auf der Spur

Was das Erfinden von Tieren angeht, scheint die menschliche Fantasie keine Grenzen zu kennen. Ein Heer der absonderlichsten Gestalten bevölkert die Legenden der Welt. Das alles hat mit der zoologischen Realität natürlich nichts zu tun. Oder vielleicht doch?

Einhörner sollen großes Vertrauen zu Jungfrauen haben (Holzschnitt, 15. Jh.).

Ein strahlend weißes Pferd mit wallender Mähne und einem gedrehten Horn auf der Stirn – Einhörner gehören zu den bekanntesten und beliebtesten Fabelwesen überhaupt. Schon etliche Schriftsteller der Antike wussten von solchen Tieren zu berichten und das Mittelalter erlebte einen regelrechten Einhornboom. Die eleganten, scheuen Kreaturen galten nicht nur als Symbole für Reinheit und Keuschheit, ihre Hörner sollten auch Krankheiten heilen und Wasser entgiften. Kein Wunder, dass die seltenen Stücke oft mit Gold aufgewogen wurden und in die Schatzkammern der europäischen Herrscher wanderten. Noch im 18. Jh. glaubten manche Menschen felsenfest an die Existenz und die magischen Fähigkeiten von Einhörnern.

Einhorn aus dem Wasser?

Inzwischen sind diese Sympathieträger allerdings ins Reich der Legende verbannt worden. Trotzdem könnten die entsprechenden Geschichten zumindest einen wahren Kern haben. Denn gleich

Farbe und Größe stimmen schon, wenn man jetzt das Tier so von der Seite sähe, dass die Hörner hintereinanderliegen, wäre das Einhorn fast perfekt.

mehrere reale Tiere kommen als Vorbilder für die gehörnten Sagengestalten infrage. Viele der kostbaren Hörner dürften beispielsweise nicht auf der Stirn eines Huftieres, sondern im Maul eines Wals gewachsen sein. Männliche Narwale sind mit einem schraubenförmig gedrehten Stoßzahn ausgerüstet, der bis zu 3 m lang und 10 kg schwer werden kann. Wenn Seeleute so ein Prunkstück aus dem hohen Norden nach Europa brachten, fanden sich garantiert begeisterte Abnehmer.

Der Zoologe Josef Reichholf sucht das reale Vorbild des Einhorns dagegen eher unter den Huftieren. Er hält die drei Arten der Oryx-Antilopen für die wahrscheinlichsten Kandidaten. Sowohl in etlichen körperlichen Merkmalen als auch in der Lebensweise dieser Tiere sieht er auffällige Parallelen zu den alten Einhornbeschreibungen. Auf altägyptischen Reliefs seien die Antilopen in Seitenansicht dargestellt worden, sodass sich die beiden Hörner überlagern. Zudem seien etliche Tiere wohl tatsächlich als Einhörner unterwegs gewesen, nachdem ihnen eine ihrer Stirnwaffen abgebrochen war.

Drachen haben in der klassischen chinesischen Kunst eine große Tradition.

Von Drachen und Lindwürmern

Das Einhorn ist aber nicht das einzige Fabeltier, das reale Vorbilder haben könnte. Drachen und ihre Verwandten geistern z. B. in vielen Ländern der Erde durch die Sagenwelt. Dass es sich bei den schuppenbewehrten Gestalten um Reptilien handelt, ist ziemlich eindeutig. Neben noch lebenden Arten wie dem Komodowaran könnten Fossilien von Dinosauriern die Fantasie der Menschen in dieser Richtung beflügelt haben. Solche scheinbaren „Drachengebeine“ sind schließlich in vielen Gebieten rings um den Globus erhalten geblieben. Vielleicht ist es also kein Zufall, dass Drachen ausgerechnet in der chinesischen Kultur so eine große Rolle spielen. Denn China gehört zu den Regionen mit den reichsten Dinosaurierfundstätten der Welt.

Doch auch Europa hat hier manches zu bieten. In Süddeutschland tauchen beispielsweise häufig Knochen der Dinosaurierart *Plateosaurus engelhardti* auf. Die Tiere waren bis 10 m lang – das wäre genau richtig für ein „Drachenskelett“. Kein Wunder, dass in der gleichen Gegend auffallend viele Sagen über Lindwürmer und ihre Verwandten überliefert sind. Da *Plateosaurus engelhardti* vor allem in Franken und Schwaben gefunden wird, sprechen Forscher oft vom fränkischen oder schwäbischen Lindwurm. Vielleicht war aber auch alles ganz anders: Viele Forscher gehen heute davon aus, dass der Drachenmythos für die Naturgewalten steht, die mit Blitz und Donner die Menschen erschreckten.

GIGANTEN DER LÜFTE

Neben Drachen gibt es auch noch andere fliegende Sagengestalten. Der Vogel Rock beispielsweise soll so groß gewesen sein, dass er in den „Geschichten aus 1001 Nacht“ in Arabien Felsbrocken auf Schiffe warf und sie so versenkte. Schlüpften seine Jungen aus den hausgroßen Eiern, fütterte das Untier sie mit Elefanten. Ein wenig Übertreibung ist sicher im Spiel, aber Riesenvögel gab es damals am Rand des arabischen Einflussbereiches durchaus: Durch Madagaskar stapfte beispielsweise der Elefantenvogel, der mit 500 kg immerhin das Gewicht einer ausgewachsenen Kuh auf die Waage brachte. Sein Ei war 200-mal größer als ein Hühnerei. Eines allerdings konnte der kurz nach der Ankunft der Europäer ausgestorbene Riesenvogel nicht: Fliegen. Zu diesem Talent des Vogels Rock würde besser ein extrem großer Adler als Vorbild passen.

Warnt ein sechster Sinn vor Naturkatastrophen?

Vor einem Erdbeben in China kamen die Schlangen aus ihren Höhlen, das Geflügel floh aus den Ställen und auch andere Tiere reagierten sehr seltsam. Haben Tiere also einen sechsten Sinn für Naturkatastrophen? Wenn Forscher herausbekommen, wie ein solcher „Katastrophensinn" funktioniert, könnten sie vielleicht auch ein Warnsystem entwickeln.

Als die Biologin Rachel Grant im Frühjahr des Jahres 2009 am Lago di San Ruffino in den italienischen Abruzzen regelmäßig die Erdkröten zählte, um deren Fortpflanzung unter die Lupe zu nehmen, passierte etwas sehr Ungewöhnliches: Die Laichzeit hatte gerade begonnen, eigentlich sollten täglich mehr Kröten am See eintreffen und für Nachwuchs sorgen. Am 31. März 2009 aber waren kaum noch Kröten zu sehen, auch an den nächsten Tagen blieben die Tiere weitgehend aus. Den Grund für das seltsame Verhalten der Tiere lieferte am 6. April 2009 um 3.32 Uhr ein Erdbeben der Stärke 6,3, das die nicht weit vom See entfernte Stadt Aquila in Trümmer legte.

In Sicherheit gebracht

Unverdrossen führte die Biologin von der Open University im englischen Milton Keynes ihre Studie fort, nur die Kröten blieben dem See weiterhin fern. Erst zwei Tage nach dem letzten starken Nachbeben tauchten am 16. April dann wieder mehr Kröten auf. Ganz offensichtlich hatten die Amphibien das gefährliche Erdbeben einige Tage im Voraus gespürt.

Mit wissenschaftlicher Akribie schloss die Zoologin andere Ursachen wie Niederschlag, Luftdruck, Temperatur, Luftfeuchtigkeit und Wind aus, die das seltsame Verhalten der Kröten erklären könnten. Am Ende hatte sie den ersten hieb- und stichfesten Beweis in den Naturwis-

WIE AHNEN TIERE EIN ERDBEBEN?

Wie könnte der sechste Sinn vor Naturkatastrophen genau funktionieren? Manchmal tritt vor Erdbeben das Edelgas Radon verstärkt aus der Tiefe aus. Tiere könnten das wahrnehmen und so gewarnt sein. Vielleicht spüren sie auch elektrische Erscheinungen, die einem Erdbeben vorausgehen. Oder der Stand des Grundwassers, Feuchtigkeit und Temperatur im Boden variieren. Schließlich könnte auch eine Kombination von verschiedenen Veränderungen die Kröten von der Paarung abhalten und Schlangen aus ihren Höhlen treiben. Naturwissenschaftler tappen da jedenfalls ziemlich im Dunkeln.

senschaften geliefert, dass die Tiere tatsächlich einen „sechsten Sinn“ haben, der sie vor Erdbeben warnt. Genau an solchen Vorhersagen aber scheitern bisher auch die besten Wissenschaftler.

Ein Vorwarnsystem mit Tieren könnte Schäden wie nach dem Erdbeben bei Aquila nicht verhindern, wohl aber Menschenleben retten.

Vorwarnsystem mit Schwächen

Bis jetzt! „In zehn Jahren werden wir wissen, welche Tiere Naturkatastrophen vorhersagen können“, prophezeit Martin Wikelski vom Max-Planck-Institut für Ornithologie in Radolfzell am Bodensee. Zusammen mit russischen Kollegen wollen die Forscher rund um Wikelski ein Sensorennetzwerk mit Tieren namens „Icarus“ über der ganzen Welt aufspannen. Dafür ist im Februar 2018 eine Antenne zur Internationalen Raumstation ISS gebracht worden, die Bewegungen von Tausenden von Tieren rund um den Globus beobachten soll. So will man auch dem unbekannten sechsten Sinn im Tierreich auf die Spur kommen, der nicht nur in Italien, sondern auch in China bei Fischen, Nagetieren, Wölfen und Schlangen beobachtet worden war: Bereits zwei Monate vor dem verheerenden Erdbeben am 28. Juli 1976 im chinesischen Tangshan verhielten sich die Tiere seltsam. Weil die Fauna aber manchmal warnt und manchmal auch wieder nicht, setzt Wikelski auf die Icarus-Antenne, um den sechsten Katastrophensinn für Menschen nutzbar zu machen. Denn bisher konnte man das tierische Verhalten immer erst im Nachhinein mit einer Katastrophe in Verbindung bringen. Keinerlei Statistik gibt indes Auskunft, wie viele Tiere sich seltsam verhielten, ohne dass sich eine Naturkatastrophe ereignete.

Neben dem Projekt Icarus betreibt Wikelski noch ein weiteres: In der Vergangenheit rüstete er am Ätna rund 400 Tiere – von Hunden und Gänsen über Schlangen bis zu Ziegen – mit Sendern aus, die Standort und Bewegungen der Träger an die Wissenschaftler melden. Bei einem Erdbeben oder einem Vulkanausbruch konnten die Forscher dann auffällige Bewegungsmuster und Verhaltensweisen vor Erdbeben zuverlässig nachweisen. Haben von einer Art nur wenige Tiere einen solchen sechsten Sinn, will der Biologe zudem diese „Kassandras“ untersuchen: Reagieren diese Frühwarner auf Veränderungen des Magnetfelds oder der Feuchtigkeit? Schrecken sie vielleicht erst bei einer bestimmten Kombination verschiedener Veränderungen auf? Noch ist der sechste Sinn ein Rätsel. Aber mit den neuen Methoden könnte man es mit der Zeit lösen.

„Keinerlei Statistik gibt Auskunft, wie viele Tiere sich seltsam verhielten, ohne dass sich eine Naturkatastrophe ereignete.“

Kopfüber in den Abgrund?

Scheiden Tiere aus mehr oder minder freiem Willen aus dem Leben? Lemminge sollen sich zu Tausenden in die Flüsse Skandinaviens stürzen und dort ertrinken. Elefanten wandern zum Sterben in ihren eigenen Friedhof. Was ist an dieser Theorie über Selbstmorde bei Tieren dran?

Im Gras der Tundra Norwegens faucht plötzlich ein kleines Nagetier den Wanderer an. Der Berglemming verteidigt sich gegen den vermeintlichen Angreifer, der doch viel größer ist als er selbst. Das 12 cm lange und 100 g schwere Tier ist also außerordentlich tapfer. Aber nur als Einzelkämpfer, in Gruppen haben Lemminge dagegen eine Neigung zu Massenselbstmorden – das behaupten zumindest Erzählungen aus Skandinavien.

Die große Wanderung

Als finnische Wissenschaftler der Sache auf den Grund gingen, fanden sie aber eine ganz andere Erklärung. Weil Lemminge in einer besonderen Räuber-Beute-Beziehung mit ihren Fressfeinden – Wiesel, arktischer Fuchs, Schnee-Eule und Falkenraubmöwe – stehen, schwankt die Population in einem regelmäßigen Rhythmus. Dabei kann es auch zur massiven „Überbevölkerung" kommen: Vielleicht dreimal im Jahrhundert ereignen sich in Lappland dann Massenwanderungen, bei denen Tausende Berglemminge gemeinsam über mehr als 100 km zurücklegen. Ist ein Fluss im Weg, überqueren die kleinen Tiere ihn, ohne anzuhalten. Dabei werden etliche von den Fluten mitgerissen und ertrinken. Diese Opfer der Massenwanderung wurden lang für vermeintliche Selbstmörder gehalten.

Elefantenfriedhöfe

Ganz anders erklären Forscher die Elefantenfriedhöfe, in die sich alternde Dickhäuter zum Sterben zurückziehen. Sechsmal im Leben wachsen den Elefanten Zähne nach, mit denen sie 18 Stunden am Tag Nahrung zerkleinern. Ungefähr im Alter von 60 Jahren sind die letzten dieser Zähne abgekaut. Die Tiere müssten verhungern, könnten sie nicht auf weiche Nahrung ausweichen. Die aber finden sie meist nur in Sümpfen, in denen sich die alten Elefanten versammeln und schließlich auch sterben. Ein Elefantenfriedhof ist daher oft in erster Linie ein Altersheim für die Dickhäuter.

Der Kluge Hans

Der „Kluge Hans“ war am Anfang des 20. Jh. ein absoluter Publikumsmagnet: Schneller als viele Menschen konnte der Hengst Quadratwurzeln ziehen und andere komplizierte Rechenaufgaben lösen. Wissenschaftler tüftelten eine ganze Weile, bis sie der Quelle dieser überraschenden Tierintelligenz auf die Spur kamen.

Der kluge Hengst Hans beherrscht den Zahlenraum von 1 bis 100 – im Vordergrund sein Lehrer von Osten.

Erstauntes Raunen geht durch das Publikum, wenn der dunkle Hengst neun Mal mit dem rechten Vorderhuf auf das Pflaster eines Hinterhofs in Berlin klopft und nach einer kleinen Pause zehn weitere Hufschläge ertönen lässt. Das ist genau die richtige Lösung – nämlich neun Zehntel – für die ihm aufgegebene Rechnung „zwei Fünftel plus ein Halb“. Ohne auch nur einen Hufschlag zu zögern, teilt der Hengst gleich darauf mit, wie viele Frauen im Publikum Hüte tragen oder zieht die Wurzel aus der Zahl 729. Ein wahres Rechengenie auf vier Beinen? Abstraktes Denken nennen Wissenschaftler das Lösen solcher Rechenaufgaben. Und genau dieses abstrakte Denken soll doch der wichtigste Unterschied zwischen Mensch und Tier sein.

Als der „Kluge Hans“ am Anfang des 20. Jh. in Berliner Hinterhöfen auftrat, interessierten sich bald ranghohe Militärs für seine Rechenkünste. Vielleicht könnte man ein so kluges Pferd als völlig unauffälligen Topspion hinter den Reihen des Feindes einsetzen? Im September 1904 schaute dann eine Kommission aus hohen Militärs und Naturwissenschaftlern dem „Klugen Hans“ auf die Hufe, beobachtete aber auch den Pferdebesitzer Wilhelm von Osten genau. Das Ergebnis war eindeutig, der ehemalige Mathematiklehrer sagte dem Pferd nichts vor und wandte auch sonst keinerlei Tricks an.

„Und genau dieses abstrakte Denken soll doch der wichtigste Unterschied zwischen Mensch und Tier sein.“

Ein ganz genauer Beobachter

Erst der Student Oskar Pfungst kam der Intelligenz des Hengstes auf die Schliche. Der wusste das Ergebnis solcher Rechnungen nämlich nur dann, wenn man ihm die Aufgabe laut stellte. In einem Test sollte Hans zwei Zahlen addieren. Dabei flüsterten zwei Menschen jeweils eine dieser Zahlen nur dem Pferd ins Ohr, sodass weder die Zuschauer noch die beiden Aufgabensteller die Summe wissen konnten. Und schon war es mit den Rechenkünsten des Tieres vorbei. Der Hengst rechnete also nur dann korrekt, wenn jemand die Lösung der Aufgabe kannte. Nicht Wilhelm von Osten trickste, sondern der Hengst. Die Tricks des Pferdes enttarnte Pfungst mit einer Apparatur, die auch minimale Kopfbewegungen eines Menschen aufzeichnet. Zu Beginn einer Rechnung bewegte der Mathematiker seinen Kopf praktisch unmerkbar ein wenig nach vorn. Sobald der Lehrer aber die richtige Zahl von Hufschlägen gehört hatte, ruckte sein Kopf unwillkürlich, aber nahezu unmerklich ein wenig nach oben. „In Herden lebende Tiere erkennen solche winzigen Zeichen exakt", erklärt der Psychologe Wolfgang Prinz vom Max-Planck-Institut für Kognitions- und Neurowissenschaften in Leipzig heute dieses Verhalten.

Der Rest war für den „Klugen Hans" daher einfach: Sobald Wilhelm von Osten oder sonst jemand im Publikum mit dem Kopf ruckte, hörte er mit dem Hufklopfen auf. Dieses von Oskar Pfungst als „Rücktritt" bezeichnete Verhalten brachte dem Pferd prompt eine Mohrrübe ein, weil es ja vermeintlich richtig gerechnet hatte – Grund genug für Hans, auch bei der nächsten Aufgabe ganz genau aufzupassen.

TAUBEN ALS KUNSTEXPERTEN?

Tiere verblüffen noch heute gestandene Naturwissenschaftler mit ihren Geistesleistungen. So unterscheiden die Tauben des Psychologie-Professors Onur Güntürkün von der Bochumer Ruhr-Universität zuverlässig zwischen Bildern von expressionisten und impressionistischen Meisterwerken. Der Wissenschaftler fragte sich schon ernsthaft, wieso wir uns teure Kunstkritiker leisten, wenn Tauben Ähnliches für ein paar Getreidekörner liefern. Offensichtlich erkennen die Vögel Kleinigkeiten auf den Bildern, die Impressionisten eindeutig von Expressionisten unterscheiden. Welche Details das sind, weiß bis heute leider niemand.
Für eine andere Unterscheidung aber hat der Forscher inzwischen eine solche Kleinigkeit entlarvt: Die für Tiere ja gar nicht so einfachen Unterschiede zwischen Männern mit langen Haaren und Frauen mit Kurzhaarfrisur decken Tauben mithilfe der Farbtöne auf: Der Schatten der Bartstoppeln lässt jedes männliche Gesicht ein wenig dunkler scheinen – und so haben die Tiere eine hohe Trefferquote beim Erkennen von Weiblein und Männlein.

Der „Kluge Hans" bei einer Kostprobe seines Könnens in Berlin 1904 – was das staunende Publikum nicht ahnt: Das Pferd ist auf seine Art clever, aber kein Mathematikgenie.

Von wegen Männerdomäne – es gibt auch Pferdeflüsterinnen, wie hier Anna Twiney aus Golden in Colorado.

Die mit den Pferden sprechen

Der Begriff entstand bereits im 19. Jh. Pferdeflüsterer nannte man Menschen – meist Männer –, die Pferde „kurierten", mit denen sonst niemand umgehen konnte. Um ihre Fähigkeit gewinnbringend zu vermarkten, taten sie vor allem während der Behandlung der Vierbeiner sehr geheimnisvoll. Selbst von Magie war die Rede. Heimliche Zuschauer sahen dabei wiederholt, dass diese Männer sich zu den Ohren ihrer „Patienten" beugten. Bestimmt flüsterten sie den Tieren einen Zauberspruch ins Ohr.

Stummes Erdulden

In Wirklichkeit ist alles ganz anders. Wer die Kunst des „Pferdeflüsterns" beherrscht, ist kein Magier, sondern jemand, dem das Wesen eines Pferdes, sein Verhalten und seine Gewohnheiten, bestens vertraut sind. Anders gesagt: Er kennt auch die Seele der Tiere.

Das Problem beginnt oft schon damit, dass Pferde von ihren Besitzern aus Unkenntnis falsch gesattelt, aufgezäumt, beschlagen oder geritten werden. Ein schlecht sitzender Sattel ist so wie ein schlecht gepackter Rucksack für einen Wanderer. Und falsche Hufeisen haben die gleiche Wirkung wie zu enge Laufschuhe bei einem Jogger. Es gibt Dressurreiter, die zwingen den Kopf ihres Reittiers wie mit einem Korsett in eine unnatürliche Haltung, nur weil das angeblich „besser aussieht". Die Hamburgerin Moja Grünberg, Pferdeosteopathin aus Leidenschaft, meint etwas überspitzt: „Wenn Pferde weinen könnten, wäre es in den meisten Reitställen vor Gejammer nicht auszuhalten!"

1998 kam der Hollywoodfilm „Der Pferdeflüsterer" in die Kinos. Er handelt von einem Mann, der es auf wundersame Art versteht, schwierige oder verstörte Pferde zu besänftigen – sodass sie wieder zum Freund ihres jeweiligen Besitzers werden. Der Film wurde ein Welterfolg. Durch ihn hörten die meisten Zuschauer die Bezeichnung *Pferdeflüsterer* zum ersten Mal und fragten sich: Wie macht der das?

So leiden viele Pferde stumm, bekommen Haltungsschäden oder wehren sich durch ein Verhalten, welches wiederum den Reiter (ver-)stört. Der versucht, das Pferd gewaltsam seinem Willen unterzuordnen, teils sogar mit brutalen Methoden wie Schlägen oder Verletzungen zufügendem Zaumzeug.

Mensch-Tier-Dolmetscher

„Wer brüllt, hat schon verloren", heißt es in einem Kurs für Führungskräfte. Ebenso gilt: Wer im Umgang mit einem Pferd Gewalt anwendet, kann auf Dauer nicht gewinnen. Das Ergebnis ist ein traumatisiertes Tier, körperlich und seelisch verletzt – und manchmal der Hilferuf nach einem Pferdeflüsterer. Wie ein Verhaltenstherapeut muss dieser das zwischen Mensch und Pferd zerstörte Vertrauensverhältnis wieder kitten.

Auch wenn Pferdetrainer wie Monty Roberts gern den Eindruck erwecken wollen – geheime Zauberformeln verwenden sie sicher keine.

Dabei ist nicht nur das Pferd der Patient, sondern ebenso sehr sein Besitzer. Der muss nämlich lernen, das natürliche Verhalten eines Pferdes zu verstehen. Dieses wurde ja nicht als Reittier geboren, sondern erst dazu gemacht. „Dabei sind Pferde eigentlich ganz froh, das zu tun, was ihr Reiter will – er muss es ihnen nur verständlich machen," sagt Mark Rashid, ein Cowboy aus Colorado, der schon mehrere Bücher über das Zusammenleben von Mensch und Pferd geschrieben hat. „Die Kommunikation zwischen Reiter und Pferd ist aber oft so, als würde jemand, der nur Englisch spricht, ein anderes Land in der Annahme besuchen, jeder dort müsste ihn verstehen."

Die Sprache der Pferde

Erfolgreiche Pferdeflüsterer haben das Leben und Verhalten von Pferden auf der Koppel oder in freier Wildbahn meist jahrelang beobachtet. Sie kennen deren Körpersprache in deren natürlichem Lebensraum. Und diese Sprache ist anders als im Reitstall oder unter Zaumzeug. Oft sind es vermeintliche Nebensächlichkeiten: ein Herunterklappen der Unterlippe, bestimmte Bewegungen der Ohren, ein Zucken mit dem Schweif, ein Augenrollen oder ein Aufstampfen mit dem Huf. Das Pferd „spricht". Diese Botschaft gilt es zu verstehen und mit seiner Körpersprache – also für das Pferd verständlichen Bewegungen – zu beantworten. „Pferde verständigen sich viel stärker über den Körper als durch Laute oder Geräusche", sagt auch der deutsche Pferdeexperte Peter Pfister. „Jede Bewegung hat daher eine ganz bestimmte Bedeutung." Das Geheimnis für den Menschen besteht darin, zu einem vertrauensvollen „Partnerpferd" zu werden. Pfister: „Nur wer die natürlichen Signale kommuniziert, wird harmonische Reitstunden erleben."

Es sind also keine Tricks und keine Magie, die ein Pferdeflüsterer anwendet. Vielmehr versteht er die älteste Sprache der Welt: die Zeichen- und Gefühlssprache. Und so ähnelt sein Job dem der Hundepsychologen, die mitunter belächelt werden, aber schon so viele Hundebesitzer und deren Lieblinge glücklicher gemacht haben.

Das Schweigen der Pflanzen

Seit Jahrtausenden werden Pflanzen von uns genutzt, sind unentbehrliche Quellen von Nahrung und einer Vielzahl verschiedenster Rohstoffe. Intensiv wurden und werden die Gewächse erforscht. Auf eine ganze Reihe verblüffender Phänomene kennen die Forscher jedoch keine Antworten.

Gut 30 % aller Deutschen sind felsenfest davon überzeugt, ihre Pflanzen gediehen besser, wenn sie denn nur regelmäßig mit ihnen wie mit ihrem Hund oder ihrer Katze redeten. Auch regelmäßiger Musikgenuss, so sagt man, soll die Gewächse angeblich zu Höchstleistungen beflügeln. Im für Hightechlösungen immer aufgeschlossenen Japan kam vor bald 15 Jahren schon ein spezieller „Dometscher" für die Kommunikation zwischen Mensch und Pflanze zum Einsatz: ein kleines Stäbchen mit Feenfigur an der Spitze, das in den Blumentopf oder in die Vase gesteckt wird. Wenn man die Pflanze berührt, entstehen elektrische Impulse und das Spielzeug sagt Sätze wie: „Gib mir mehr Wasser!", „Was für ein schöner Tag!" oder „Lass uns für immer Freunde bleiben."

Doch wie ist es tatsächlich mit der kommunikativen Fähigkeit von Pflanzen bestellt? Können sie reden und hören oder – zurückhaltender formuliert – untereinander oder gar mit dem Menschen kommunizieren, um sich gegenseitig vor natürlichen Feinden zu warnen und sich gegen Schädlinge zu wappnen?

Plausch mit Pflanzen

Die meisten Fachwissenschaftler verweisen eine gegenseitige Kommunikation zwischen Menschen und Pflanzen in das Reich der Esoterik. Und auch wenn es manch engagierter Pflanzenfreund nicht gern hören mag: Sie haben rdecht. Denn wer Geranien & Co. prächtig gedeihen sehen will, sollte sich eher auf seinen „grünen Daumen" und die mittlerweile gesicherten Erkenntnisse der neuen Wissenschaftsdisziplin Pflanzenneurobiologie verlassen.

Experimente mit der Kulturtomate *Lycopersicon esculentum* belegen beispielsweise, dass die Tomatenpflanze tatsächlich „hören" kann. Allerdings lauscht sie nicht verzückt aufmunternden Sprüchen des Hobbygärtners oder Bachsonaten, sondern bestimmten Brummtönen, die die bestäubenden Hummeln verbreiten. Im Experiment kann man sogar die Pflanze hinters Licht führen, indem man eine Stimmgabel anschlägt und so die charakterischen Töne erzeugt. Dann öffnet sich nämlich der Pollenkegel von *Lycopersicon esculentum* und gibt den Weg für die Bestäuber frei.

Einschlägige Bücher und allerlei Seiten im Internet könnten zu der Annahme verleiten, die Gewächse würden sich auch sonst hauptsächlich auf akustischem Weg untereinander verständigen, wenn auch nur sehr leise. Dies trifft nachweislich nicht zu. Die Kommunikation erfolgt vielmehr mit biochemischen bzw. bioelektrischen Mitteln: durch im Wurzelraum ausgeschiedene chemische Substanzen und ausgesendete elektrische Impulse. Sie dienen vor allem als Warnsignale an Artgenossen. Die Tomate, neben der Sonnenblume und dem Mais als wertvolle Kulturpflanze ein besonders genau untersuchtes Gewächs, gibt beispielsweise Methyljasmonat ab. Die Nachbarpflanzen „schmecken" den im Bodenwasser gelösten Duftstoff und können sich rechtzeitig auf von Fressfeinden drohendes Unheil einstellen (wie die Pflanzen indes die Gefahr erahnen, ob sie vielleicht auf Reize reagieren, ist Forschern noch ein Rätsel).

FINGER WEG!

Im Unterschied zu den meistens höchst mobilen Tieren gelten die Pflanzen als bodenständige Geschöpfe. Sie vollführen zwar unter dem Einfluss der Sonneneinstrahlung und Schwerkraft Bewegungen, doch sind diese in der Regel so langsam, dass sie vom menschlichen Auge nicht wahrgenommen werden können. Es gibt allerdings Ausnahmen wie die Mimosengewächse: Nähert man sich mit einem Feuerzeug an einer Stelle ihren Laubblättern oder berührt diese, klappen die Blätter als Folge eines geänderten Zelldrucks in Sekundenschnelle ein. Die sprichwörtlich „mimosenhaften" Pflanzen reagieren eindeutig auf thermische oder mechanische Reize. Empfinden sie vielleicht Schmerzen? Eher nicht, fehlt den Pflanzen doch das Gehirn, um Schmerzen bewusst zu fühlen. Immerhin aber scheinen die Reize einen Schutzimpuls auszulösen.

Pflanzliche Selbsthilfegruppe

Das Ganze spielt sich in den meisten Fällen unter der Bodenoberfläche ab und ist nur durch aufwendige Analysen nachzuweisen. Doch auch in der „Luftabwehr" kommen chemische Substanzen zum Einsatz. Die Tomate – ihr Namensursprung *xitomatl* (Aztekensprache Nahuatl für: „stinkende Pflanze") lässt es vermuten – hält gefräßige Insekten und Raupen mithilfe stark reizender ätherischer Öle fern. Das Prinzip funktioniert jedoch auch umgekehrt: Maispflanzen scheiden den Duftstoff (E)-beta-Caryophyllen als eine Art „Hilferuf" aus, um Nematoden (Fadenwürmer) anzulocken. Diese dienen ihnen als natürliche Verbündete im Kampf gegen die Larven des Maiswurzelbohrers.

Von den Abwehrstoffen profitieren aber nicht nur die jeweiligen Pflanzen selbst, sondern auch andere Spezies. Vor allem Tomaten werden deshalb eigens in Mischkulturen mit anderen Gemüsearten angebaut, um auch deren Schädlingen, z. B. die Raupen des Kohlweißlings oder des Zitronenfalters, den Garaus zu machen. Die Pflanzenneurobiologie, teilweise in die esoterische Ecke gedrängt, gewinnt so eine für den Gartenfreund neue praktische Qualität.

Blühende Wetterfrösche

Dass Tiere ein erstaunlich gutes Gedächtnis besitzen, ist seit Langem bekannt. Wie sieht es aber bei den Pflanzen aus? Ein Gehirn als natürliches Speicherorgan fehlt ihnen. Wie aber können sie dann beispielsweise entscheiden, dass der richtige Moment zum Blühen gekommen ist?

In der Welt der Pflanzen ist vieles auf den exakten Moment abgestimmt. Wie alle Organismen müssen die Gewächse ihren Rhythmus mit dem der unbelebten und belebten Natur abstimmen, also beispielsweise genau dann blühen, wenn bestäubende Insekten aktiv sind. Diese wiederum schwirren nicht immer in der Luft umher – bei kühlem oder kaltem Wetter sind die Chancen sehr gering, dass ein Insekt den Weg zur Blüte eines typischen Frühblühers findet. Der Frühlingskrokus beispielsweise schließt seine Blüten, präziser gesteuert als durch manches moderne Thermometer – der Krokus reagiert bereits auf geringste Temperaturschwankungen von 0,2 °C.

Doch gerade im „wetterwendischen" Frühjahr treten kurzfristige Temperaturschwankungen sehr häufig auf, nicht ohne Grund spricht man vom „Aprilwetter". An einem Tag ist es sonnig und warm, am anderen kann es schneien. Es wäre fatal, richteten die Pflanzen ihren Lebensrhythmus auf solche meteorologische „Eintagsfliegen" aus. Sie müssten daher vielmehr wie die Experten an den Wetter- und Klimastationen durch Sammlung von Daten, in statistischer Kleinarbeit, kurzfristige Temperaturschwankungen ausfiltern und in der Lage sein, langfristige Trends zu erkennen. Und etwas Ähnliches kommt im übertragenen Sinn bei vielen Gewächsen tatsächlich vor.

Klimastation im Kleinen

Um sich ein zutreffendes Bild vom Klima einer Region unseres Planeten zu machen, tragen die Klimakundler über einen längeren Zeitraum hinweg (in der Regel mindestens 30 Jahre) lückenlos Daten zusammen, mitteln diese und erhalten so einen Durchschnittswert für einen bestimmten Monat, eine charakteristische Witterungsperiode wie den Märzwinter oder eine ganze Jahreszeit. Die Pflanzen begnügen sich mit wesentlich

kürzeren Bezugs- oder Beobachtungsreihen, um zu entscheiden, ob die richtige Zeit für die Blüte gekommen ist, ob die entfalteten zarten Blüten nicht nachträglich doch noch dem Frost, dem Schnee oder einem anderen ungünstigen Wetterfaktor zum Opfer fallen. Ihnen reichen im Durchschnitt meistens nur sechs Wochen aus. Dieses „Kurzzeitgedächtnis" – oder „Langzeitgedächtnis", aus der Sicht der Pflanzen – umfasst demnach ein bis zwei Monate, beispielsweise die Wochen zwischen Mitte Februar und Ende März. Aber wonach entscheiden sich die Gewächse bei der Lufttemperatur für eine bestimmte Bezugsreihe, um kurzfristige und eher zufällige entstehende „Zacken" innerhalb der Temperaturkurve auszugleichen? Und woher kommt dieses bemerkenswerte, für das Überleben der Spezies notwendige „Gedächtnis", wenn ein echtes Nervensystem und ein Gehirn als Speicherorgan doch fehlen? Die Antworten auf die gestellten Fragen sind interessant, wenn auch noch nicht eindeutig belegt.

„Woher kommt dieses bemerkenswerte ‚Gedächtnis', wenn ein echtes Nervensystem und ein Gehirn als Speicherorgan fehlen?"

Bringt ein Gen die Lösung?

Ein Team von Pflanzenneurobiologen aus Japan und der Schweiz hat eine Lösung angeboten. Danach übernimmt ein ganz bestimmtes Gen – im Zusammenspiel mit anderen Faktoren – bei den Pflanzen die Rolle des Gedächtnisses. Es verzeichnet akribisch die Temperaturen der letzten sechs Wochen, bestimmt den Trend und „sagt" dann dem Gewächs, wann die Temperatur günstig ist, die Blüte zu öffnen und so Insekten als Bestäuber anzulocken. Dieses in der Abkürzung als FLC bezeichnete Gen gilt als Hauptschalter in dem Netzwerk, das die Blütezeit festlegt. Umfangreiche Labor- und Feldversuche, hauptsächlich mit der als neurobiologische Modellpflanze beliebten Hallerschen Schaumkresse, aber auch mit zahlreichen anderen Pflanzen wie dem Mais zeigten: Das Gen reagiert lediglich auf mittelfristige Temperaturwechsel, jedoch nicht auf langfristige oder kurzfristige, filtert diese also aus.

Auch die Maispflanze nutzt das FLC-Gen, um den richtigen Zeitpunkt für die Blüte zu bestimmen.

Vor wenigen Jahren haben britische Forscher eine zweite Theorie entwickelt: Bei Untersuchungen fanden sie heraus, dass Pflanzen eine Art Erinnerung haben und zwar mit Hilfe von Prionen – fehlgefaltete Proteine, die spätestens als Verursacher der Rinderseuche BSE und Auslöser der Creutzfeldt-Jakob-Krankheit allgemein bekannt sind. Aber noch ist nicht eindeutig geklärt, ob Pflanzen tatsächlich ein Gedächtnis haben und wie es funktioniert.

RÄTSELHAFTE GEMEINSCHAFTEN UND ORGANISATIONEN

Mystisches Volk der Kriegerinnen

Sie waren wild, schön und frei und beherrschten ihre Pferde wie einen zweiten Körper. Vom Rücken dieser Tiere herab kämpften die Amazonen mit Pfeil und Bogen in unübertroffener Meisterschaft. So heißt es zumindest im griechischen Mythos. Doch was davon ist wahr?

Ihr schrilles Schlachtengebrüll soll selbst die härtesten Kämpfer in Angst und Schrecken versetzt haben. Und auch sonst berichtet der Mythos Schauderhaftes: Den jungen Mädchen ihres Volkes sollen die Amazonen die rechte Brust ausgebrannt haben, damit dieser Teil ihres Körpers nicht beim Spannen des Bogens hinderlich sei. „A mazos – ohne Brust“ nannten sie deshalb die Griechen mit einer Mischung aus Furcht und Bewunderung, aber auch Abscheu.

Immerhin stellten die Amazonen für sie die seit Urzeiten traditionelle Rollenverteilung auf den Kopf: Denn während die Frauen im Krieg kämpften – so der antike Autor Diodor –, wurden die

Das Motiv der Amazonen wird auch in der modernen Kunst gern und häufig aufgegriffen (Bronzeskulptur von Franz von Stuck, vor 1905).

Männer zu Dienst und Knechtschaft erniedrigt und die Knaben noch im Kindesalter verstümmelt, um sie für den Kriegsdienst unfähig zu machen.

Einige Forscher vermuten, die Amazonensage basiere auf Erfahrungen griechischer Kolonisten, die im kleinasiatischen Raum auf matriarchal regierte Völker getroffen und in Kampfgeschehen verwickelt worden seien (im Bild die historische Zeichnung einer Amazone nach der Vorlage einer griechischen Skulptur).

Mythos und Wirklichkeit

Schon Homer, der „Urvater" des Epos, lässt die Amazonen gegen den antiken Helden Bellerophon kämpfen – und verlieren. In der Argonautensage wagen es dann die 52 tapferen griechischen Helden nicht, an der kleinasiatischen Küste zu landen, weil sie fürchten, dort auf Amazonen zu stoßen. Und die vielleicht bekannteste Geschichte, überliefert im Epos *Aithiopis* aus dem 8. Jh., erzählt das traurige Schicksal der Amazonenkönigin Penthesilea, die im Trojanischen Krieg von Achill getötet wird. Als er der Sterbenden den Helm – einen Mann erwartend – abnimmt, verliebt er sich augenblicklich in sie und beklagt bitterlich ihren Tod.

Doch nicht nur die Dichter widmen sich den Amazonen, auch griechische Geschichtsschreiber berichten von ihnen. Herodot verortete sie im 5. Jh. in Skythien in der heutigen Ukraine. Um der Verfolgung durch die Männer zu entgehen, hatten sie einen eigenen Staat gegründet und sich selbst und ihre Weiblichkeit aufgegeben, um ihre Freiheit zu verteidigen. Im Grund waren sie also antike Feministinnen. Und wie alle Skythen nutzten sie die Pferde nicht, wie damals meist üblich, als Zug-, sondern als Reittiere, und galoppierten mit ihnen von Sieg zu Sieg.

Archäologische Spuren im Kaukasus

Mythos und Wirklichkeit sind in den griechischen Schriften so eng miteinander verwoben, dass sich moderne Historiker immer noch uneins darüber sind, ob es die Amazonen überhaupt gab. Tatsächlich aber haben Archäologen in Südrussland und in der Ukraine im Jahr 1994 Gräber entdeckt, die den Reiterkriegerinnen vielleicht eine reale Gestalt geben. Denn DNA-Analysen von Skeletten aus den in diesem Gebiet verstreuten Grabhügeln (Kurgane) der Reiternomaden förderten Sensationelles zutage: Bei einigen der vor rund 2500 Jahren Verstorbenen, deren Gräber reich mit Pfeil und Bogen, Lanzen und Schmuck geschmückt waren, handelte es sich um Frauen. Ihre gebogenen Oberschenkelknochen und gestauchten Steißbeine deuten zudem darauf hin, dass sie häufig auf Pferden ritten.

„Archäologen haben im Jahr 1994 Gräber entdeckt, die den Reiterkriegerinnen vielleicht eine reale Gestalt geben."

Doch sind die Skelette wirklich die sterblichen Überreste der mythischen Amazonen oder nur von Frauen aus hohem Adel? Und erlauben es einige wenige Funde, auf ganze Amazonenheere zu schließen, die über die Steppenlandschaften galoppierten? Wie auch immer die Antwort auf diese Fragen ausfallen wird, eines ist gewiss: Die Amazone als Verkörperung eines kämpferischen Frauenbildes war bereits in der Antike präsent und blieb es durch all die folgenden Jahrhunderte.

Gottlose Ritter?

Der geistliche Ritterorden der Templer, um 1118 zum Schutz christlicher Pilger im Heiligen Land gegründet, stieg zum mächtigsten Orden des Mittelalters auf. Umso jäher war sein Ende.

Nachdem Jacques de Molay und seine Gefolgsleute ein zuvor unter Folter erzwungenes Geständnis wiederrufen hatten, wurden sie am 18. März 1314 als rückfällige Ketzer auf dem Scheiterhaufen verbrannt (Buchmalerei aus der *Grande Chroniques de France,* Ende 14. Jh.).

Am 13. Oktober 1307, einem Freitag, ließ der französische König Philipp IV., der Schöne, alle Templer in Frankreich in einer mit höchster Geheimhaltung vorbereiteten Aktion verhaften. Unter Folter bekannten sich deren Großmeister Jacques de Molay und weitere Ritter 1307 u.a. der Schwarzen Magie und Kreuzesschändung schuldig. Kurz bevor de Molay 1314 auf dem Scheiterhaufen hingerichtet wurde, widerrief er jedoch sein Geständnis und verdammte Philipp und Papst Clemens V., die binnen Jahresfrist starben.

Geheimnisvolle Macht

Grund genug für dunkle Verschwörungstheorien: Standen die Templer im Bund mit dem Teufel? Hüteten sie etwa ein geheimes Wissen und gerieten deshalb ins Visier von Krone und Kirche? 1119 jedenfalls hatte der Orden auf dem Gelände des Salomonischen Tempels in Jerusalem Quartier bezogen, weshalb bald Gerüchte laut wurden, die Templer seien dort wahlweise auf den Heiligen Gral, die Bundeslade oder ein anderes Mysterium gestoßen. Was auch immer es war, es müsse den Templern enorme Macht über die Kirche verliehen haben, die sich schließlich dieser Macht gewaltsam entledigte.

Viel wahrscheinlicher ist aber, dass die Templer Opfer einer Verleumdungskampagne wurden. Ihr Untergang fällt in eine Zeit, in der die Kurie unter den Einfluss des französischen Königs geriet und 1309 nach Avignon umsiedelte. 2001 fand man im Vatikanarchiv ein Dokument, das Pergament von Chinon. Es belegt, dass Clemens sich gegen das Auslöschen des Templerordens gewehrt hat. Vor allem Philipp und seine Berater waren es, die machtpolitische Interessen verfolgten: Wie andere europäische Herrscher war Philipp bei den Templern hoch verschuldet. Von deren Vernichtung versprach er sich Gelder, die er für seine Kreuzzugspläne so dringend benötigte. Außerdem war ihm der Ritterorden ein Dorn im Auge, weil er ein stehendes Heer unterhielt und nur dem Papst unterstellt war. Schließlich beugte sich auch Clemens dem Druck und löste am 22. März 1312 den Templerorden auf.

Ein Mythos beginnt zu leben

In Ägypten ließ sich Christianus Rosencreutz in antikes Geheimwissen einweihen. Zurück in Deutschland gründete er eine verschworene Gesellschaft zur Verbesserung der Welt. Doch hat der legendäre Gründer der Rosenkreuzer-Bewegung jemals existiert?

Angeblich lebte Christian Rosenkreuz – oder „Rosencreutz", wie er damals geschrieben wurde – im Mittelalter, genauer gesagt von 1378 bis 1484. Auf ihn berufen sich heute unzählige esoterische Gesellschaften und Bünde, die sich als Rosenkreuzer bezeichnen. Als Beleg dienen ihnen drei Schriften, die Rosencreutz' Leben und die Gründung seines Ordens beschreiben und zwischen 1614 und 1616 entstanden sind.

Hoch geheim soll es zugegangen sein im Umfeld von Rosencreutz: Mit seinen ersten sieben Brüdern traf er sich nur einmal im Jahr in einem geheim gehaltenen Haus. Sie beschäftigten sich mit klassischen okkulten Praktiken: sich unsichtbar zu machen, Gold herzustellen oder den Stein der Weisen zu suchen. Ein goldenes Kreuz und eine aufblühende rote Rose wurden zum Symbol der Bewegung, die sich schnell über ganz Europa ausbreitete.

Schon vor Jahrhunderten umstritten

Doch vermutlich sind das nur hübsche Legenden. Denn Wissenschaftler glauben, dass es den Ordensgründer Rosencreutz gar nicht gab: Sie sind sich weitgehend einig, dass die Schriften vom Tübinger Theologen Johann Valentin Andreae (1586–1654) stammen, der dabei vermutlich seiner Fantasie freien Lauf ließ.

Schon unmittelbar nach dem Auftauchen der drei rosenkreuzerischen „Gründungsmanifeste" brach unter den Gelehrten des 17. Jh. ein Streit darüber aus, ob der Orden der Rosenkreuzer wirklich existiert habe oder gar immer noch existiere – mehrere Hundert Drucke erschienen innerhalb der nächsten zehn Jahre zu dieser Frage. Historisch belegt ist: Die Euphorie über den (erfundenen?) Orden führte dazu, dass sich tatsächlich elitäre und höchst verschwiegene Geheimgesellschaften bildeten. Das angebliche okkulte Wissen, das sie hüten, setzt sich zusammen aus klassischen Geheimlehren wie Alchemie und christlicher, jüdischer und islamischer Mystik.

Und derartige Rosenkreuzer-Vereinigungen gibt es bis heute. Ihr wichtigster Vertreter, der während des Ersten Weltkriegs gegründete „Antiquus Mysticus Ordo Rosae Crucis", hat seinen deutschen Stammsitz in Baden-Baden.

Die Geheimgesellschaften, die sich auf die Rosenkreuzer beriefen, benutzten gern entsprechende Symbole (19. Jh.).

Heute sind weltweit zwischen 2,5 und 5 Mio. Freimaurer in Logen organisiert, etwa 15 000 davon in Deutschland – allerdings sind die Zahlen schwer zu verifizieren. Oft praktizieren die Brüder noch Rituale wie vor 300 Jahren (im Bild ein französischer Freimaurer vom Grad eines Meisters).

„Dunkle“ Mächte mit Winkel und Zirkelmesser

Die Freimaurer sind Gegenstand gleich mehrerer Verschwörungstheorien. Sie werden verdächtigt, den Teufel anzubeten, ein geheimes Universalwissen zu hüten und nach der Weltherrschaft zu streben.

Weltenverschwörer Freimaurer? Das ist nicht nur ein Relikt früherer Jahrhunderte. Für einen vermeintlichen Beleg der obskuren Aktivitäten der Freimaurer muss man nicht weit in die Vergangenheit reisen: Mitte der 1970er-Jahren drohte Italien im Chaos zu versinken – und mittendrin betrieben Freimaurer ihre dunklen Machenschaften. So ist es zumindest heute noch auf etlichen Internetseiten zu lesen. Im Zentrum der verschwörerischen Umtriebe stand die Freimaurerloge Propaganda Due – kurz P2.

Konspirative Schattenregierung

Tatsächlich handelte es sich bei der P2 um einen illustren wie skrupellosen Bund rund um Licio Gelli, dem 2015 mit 96 Jahren verstorbenen Meister vom Stuhl (wie man den Vorsitzenden einer Loge nennt). Gelli sammelte durchweg hochrangige Mitglieder aus Regierung, Geschäftswelt und Militär um sich. Nicht wenige von ihnen unterhielten Verbindungen zur Mafia, so etwa der „Bankier Gottes", Roberto Calvi, der riesige Summen Kirchengelder veruntreute. Und damit nicht genug. Seit ihrer Enthüllung im Jahr 1981 bis heute werden der Loge P2, deren Hauptziel die Bekämpfung des Kommunismus war, unzählige Verbrechen zugeschrieben: Noch immer ist nicht restlos aufgeklärt, inwieweit P2 mit der CIA und der von ihr aufgebauten Untergrundorganisation Gladio zusammenarbeitete. Als gesichert gilt jedoch inzwischen, dass Teile von Gladio im Verbund mit Rechtsextremisten u. a. das Bombenattentat am 2. August 1980 in Bologna ausübten, bei dem 85 Menschen starben. Mittels gefälschter Beweise sollte das linksradikale Lager verantwortlich gemacht und die Kommunistische Partei diffamiert werden. Gelli wurde später wegen Behinderung der Ermittlungen verurteilt. Seine direkte Beteiligung ließ sich aber nie beweisen.

„Mitte der 1970er-Jahren drohte Italien im Chaos zu versinken – mittendrin betrieben Freimaurer ihre dunklen Machenschaften."

Schwarze Schafe und Sündenböcke

Die Machenschaften Gellis gaben den Gegnern der Freimaurerbewegung neuen Auftrieb. Dabei wurde jedoch übersehen, dass die Großloge Orient, die damalige Dachorganisation der italienischen Freimaurer, Gelli und seine Loge schon früh ausgeschlossen hatte. P2 agierte daraufhin ohne freimaurerische Legitimation und stellte das Gedankengut der Freimaurer auf den Kopf.

Doch schon viel früher standen Freimaurer im Verdacht, umstürzlerisch aktiv zu sein. So galten sie u. a. als Drahtzieher der Ermordung des österreichischen Thronfolgers Ferdinand in Sarajewo 1914 oder als Wegbereiter einer sozialistischen Weltrevolution. Tatsächlich sind die Verschwörungstheorien fast so alt wie der Geheimbund selbst. Sie reichen zurück bis in die Zeiten der Französischen Revolution: Unbestritten ist zwar, dass das humanitäre, egalitäre und aufklärerische Gedankengut der Freimaurer das geistige Klima der Revolution beeinflusst hat. Jedoch traten

Freimaurer nicht ausdrücklich revolutionär in Erscheinung, sondern wurden vielmehr durch die reaktionären Kräfte als Sündenböcke gebrandmarkt. Schon 1738 hatte die katholische Kirche, damals nicht gerade für eine emanzipatorische Gesinnung berühmt, die Freimaurerei als Handlanger des Teufels gebannt.

Die Tempel genannten Versammlungsorte der Freimaurer sind nach einer einheitlichen Symbolik gestaltet. Zu dieser gehört auch das musivische Bodenpflaster, das bereits im biblichen Salomonischen Tempel verwendet worden sein soll.

Mit Satan im Bunde?

Historiker haben die Verschwörungstheorien der Freimaurergegner längst entzaubert. Dennoch halten sich hartnäckig Gerüchte um dunkle Machenschaften. Besonders prägend waren die Schriften des Franzosen Leo Taxil, der obskure Märchen über die Freimaurerei verfasste. Im Mittelpunkt der vielleicht schillerndsten Geschichte stand die „Satanische Hochmaurerei", eine gemischtgeschlechtliche Gemeinschaft von Teufelsanbetern mit bizarren Praktiken und sexuellen Riten.

Die Kirche schlachtete die Berichte genüsslich aus, freilich nur so lange, bis Taxil seine Geschichten als Schwindel entlarvte und damit auch den Papst bloßstellte. Dass Taxil sich an den Freimaurern rächen wollte, die ihn nach kurzer Mitgliedschaft ausgeschlossen hatten, geriet in Vergessenheit – nicht aber sein Lügengebäude.

Und die wahre Freimaurerei?

Es liegt in der Logik eines Geheimbundes, deren Mitglieder einen Schwur der Verschwiegenheit (Arkandisziplin) leisten müssen, dass er sich gegen derartige Verunglimpfungen schwer zur Wehr setzen kann. Die Arkandisziplin und seltsame Rituale (s. Kasten) verstärken den Irrglauben, hinter der Geheimnistuerei steckten üble Dinge.

Das Gegenteil ist der Fall. Seit ihren Anfängen Mitte des 17. Jh. sind die Freimaurer hohen ethischen Werten verpflichtet. Angefangen hat alles in England und Schottland, wo Steinmetzzünfte erstmals Mitglieder aufnahmen, die nicht aus ihrer Branche stammten – warum, ist bis heute unklar. Schon bald entwickelte sich daraus die „spekulative Freimaurerei" fern des Handwerks, aber Winkel und Zirkelmesser blieben ihre Symbole. Deren „Tempelarbeit" – die Freimaurer sehen sich in der Tradition der Baumeister des Salomonischen Tempels – besteht bis heute in der spirituellen Verbesserung der eigenen Persönlichkeit und der Gemeinschaft: dem Bau des Tempels der Humanität. Im geistigen Klima der Aufklärung und auch später zogen die „Baumeister des Menschen" berühmte Männer an, darunter Voltaire, Goethe und Mozart, Theodore Roosevelt, Tucholsky und Charles Dickens – Persönlichkeiten von unzweifelhaftem Ruf, weit davon entfernt, als Verschwörer und Satansanbeter zu gelten.

RITUALE, SYMBOLE, GRADE

- **In den alten Rituale und Symbolen liegt das geheime Wissen der Freimaurer verborgen. Es ist sprachlich kaum mitteilbar, sondern offenbart sich den Eingeweihten durch das persönliche Erleben.**
- **Die Entwicklung der Persönlichkeit eines Freimaurers wird an drei Graden – Lehrling, Geselle und Meister – gemessen, die er zu durchlaufen hat.**
- **Mit der Aufnahme in den Lehrlingsgrad, auch Initiation genannt, wird der „Suchende" auf den Weg zum Licht der Erkenntnis geführt. Mit der Beförderung zum Gesellen wird er Teil der Gemeinschaft am Bau des Tempels und mit der Erhebung zum Meister erreicht der Maurer Selbstvervollkommnung, indem er rituell den Tod Hiram Abifs, des legendären Architekten des Salomonischen Tempels, durchleidet.**

Ganz dem Sinn der Aufklärung verpflichtet, erwählten die Illuminaten die Eule der Minerva, der römischen Göttin der Weisheit, zu ihrem Symbol.

Herrschaft ohne Ende?

Nach nur elf Jahren wurde der Illuminatenorden 1784 von der Obrigkeit verboten. Doch schon wenig später gab es Gerüchte, er existiere im Untergrund – mächtiger denn je – fort.

Das 18. Jh. war eine Zeit der Umwälzungen, es war die Zeit der Aufklärung. Die Menschen begannen, jegliche politische, religiöse oder königliche Herrschaft in Frage zu stellen. Verschiedenste Geheimbünde wurden gegründet, um eine Neuordnung des Systems zu diskutieren. Einer der geheimnisvollsten unter ihnen war der Illuminatenorden. Obwohl diese im geistigen Umfeld der Freimaurerei gegründete Bruderschaft offiziell nur elf Jahre bestand, ranken bis heute viele Gerüchte um die „Erleuchteten". Eines davon dreht sich um die Beteiligung des Ordens am Ausbruch der Französischen Revolution, die das Herrschaftssystem in Europa nachhaltig auf den Kopf stellte. Andere Gerüchte verarbeitete Dan Brown zum Bestseller *Illuminati*, nämlich, dass Anhänger des Ordens noch heute aus übergeordneten Positionen heraus wirken: im Verborgenen, unauffindbar und sehr, sehr mächtig …

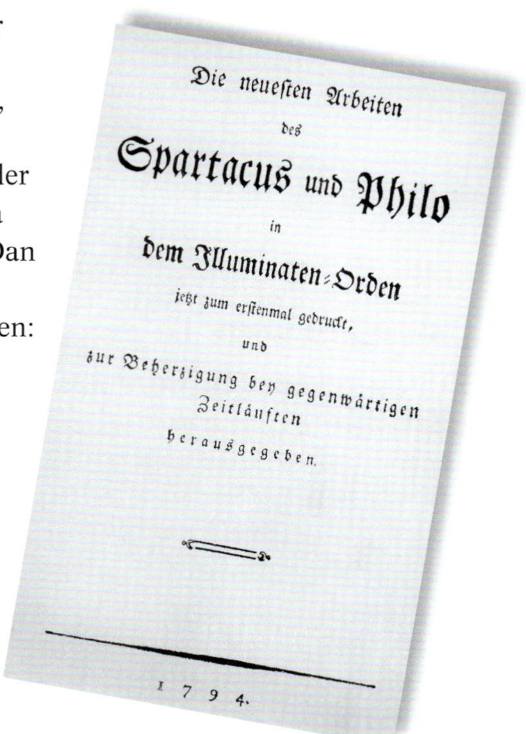

Die neuesten Arbeiten
des
Spartacus und Philo
in
dem Illuminaten-Orden
jetzt zum erstenmal gedruckt,
und
zur Beherzigung bey gegenwärtigen
Zeitläuften
herausgegeben.

1794.

Nach dem Verbot der Illuminaten in Bayern floh Weishaupt über Regensburg nach Gotha, wo er als „Spartacus" zusammen mit dem Freiherrn von Knigge („Philo") aufklärerische Schriften verfasste.

Freiheitsliebend oder machtbesessen?

Es war am 1. Mai 1776, als der bayerische Juraprofessor Adam Weishaupt mit zwei seiner Studenten den Bund der Perfektibilisten (lat.: zur Vervollkommnung Befähigten) gründete. Nur kurze Zeit später erfolgte die Umbenennung zum Illuminatenorden. Andere Quellen behaupten, Mayer Amschel Rothschild, der Begründer der Bankiersdynastie Rothschild, sei der eigentliche Drahtzieher gewesen, der Weishaupt mit der Organisation und Entwicklung des Ordens betraut habe.

Ebenso unklar wie die Ursprünge erscheinen die genauen Ziele des Ordens. Einerseits soll Weishaupt dem später federführenden Mitglied Adolph Freiherr von Knigge fünf Jahre nach der Gründung beschämt gestanden haben, dass „ja der Orden eigentlich noch gar

Das „Allsehende Auge" wird fälschlicherweise den Illuminaten zugeordnet (ursprünglich ägyptisch ging es in die christliche Symbolik ein). Da es auch auf der 1-Dollar-Note und im Siegel der USA zu sehen ist, werden die Illuminaten gar mit den Gründervätern der Vereinigten Staaten in Verbindung gebracht.

nicht, sondern nur in seinem Kopfe existierte." Schriftstücke von Weishaupt, die bei einem verstorbenen Kurier gefunden wurden, zeichnen jedoch ein anderes Bild: Demnach soll der Professor den Orden zielgerichtet und nach militärischen Maßstäben geplant haben. Mit Weishaupt an der Spitze sollte eine pyramidenförmige Hierarchie entstehen, wobei jedes neue Mitglied zwei weitere anzuwerben hatte. „Das Ziel unserer Gesellschaft ist nichts weniger, als Macht und Reichtum zu erlangen", schrieb Weishaupt, der eine weltbürgerliche Gesinnung fördern und das monarchische Prinzip bekämpfen wollte. Oder war gar die Weltherrschaft das Ziel?

Unterwanderung der Freidenker

Nur ein Jahr nach der Gründung seines Bundes trat Weishaupt der großen freidenkerischen Organisation der Freimaurer bei, der auch zahlreiche Adlige angehörten. Bald unterwanderten andere Illuminaten die Freimaurerlogen, indem sie wichtige Positionen einnahmen. Die Illuminaten ihrerseits fürchteten hingegen, vom katholischen Orden der Jesuiten unterwandert zu werden.

Deshalb reiste der Illuminat Johann Christoph Bode 1787 nach Paris, um die dortigen Freimaurer zu warnen. Auf diese Reise und einem dazu verfassten Schriftstück stützt sich die These, die Illuminaten hätten die Französische Revolution angezettelt. Offiziell existierte der Orden zu diesem Zeitpunkt bereits seit zwei Jahren nicht mehr – der bayerische Kurfürst Karl Theodor hatte ihn verboten. „Illuminatisch" wurde zum Schlagwort für alle Staats- und Religionsfeinde, den früheren Mitgliedern drohte die Todesstrafe. Seitdem verlaufen sich die ohnehin kärglichen Spuren im Sand.

Und die Französische Revolution?

Sicher spielten die Gelehrten der Lesezirkel, Diskussionsrunden und Geheimbünde im geistigen Umfeld der Französischen Revolution eine wichtige Rolle, schärften sie doch den Blick der Massen für die im Herrschaftssystem verwurzelten Ursachen für Hunger und Elend. Doch selbst wenn Revolutionäre wie Danton, Robespierre und Marat Freimaurer gewesen sein sollten (ein zwingender Beweis fehlt bis heute) – mit verschwörerischen Umtrieben der Illuminaten hat die Französische Revolution eher wenig zu tun.

„Weishaupt wollte das monarchische Prinzip bekämpfen. Oder war gar die Weltherrschaft das Ziel?"

Vielmehr verbreiteten reaktionäre Kreise Verschwörungstheorien, um von den wahren Gründen der Revolution abzulenken. So war es der Jesuit Augustin Barruel, der um 1800 erstmals die Illuminaten als revolutionäre „Brandstifter" ins Spiel brachte. Neue Nahrung bekamen die Gerüchte, als okkultistische und esoterische Gruppierungen wie der 1896 gegründete „Weltbund der Illuminaten" behaupteten, die Nachfolger jahrzehntelang im Untergrund agierender Illuminaten zu sein. Doch wie Dan Browns Roman gehören diese und andere Geschichten ins Reich der Fiktion.

Macht im Schatten

Geheimgesellschaften sind an US-amerikanischen Eliteuniversitäten keine Seltenheiten. Eine jedoch stellt alle anderen in den Schatten: „Skull & Bones“ regiere, so die Journalistin Alexandra Robbins, seit Jahren die USA.

Im Jahr 2004 interviewte Tim Russert, Journalist des Fernsehsenders NBC, den US-Präsidenten George W. Bush. Dabei wollte er auch etwas über dessen Erfahrungen in der Studentenverbindung „Skull & Bones“ (Schädel und Knochen) wissen. Bush: „Das ist so geheim, darüber kann ich nicht sprechen.“ So viel zumindest weiß man aber: „The Order“ (Der Orden) wurde 1832 an der Yale University im US-Bundesstaat Connecticut gegründet. Drei US-Präsidenten hat er seitdem hervorgebracht, etliche „Bonesmen“ (Knochenmänner) an die Schalthebel der Macht geschleust. Seit 1971 werden auch „Boneswomen“ (Knochenfrauen) aufgenommen.

Makabre Rituale

Versammlungshaus der Knochenleute ist ein fensterloses Gebäude, genannt „The Tomb“ (die Gruft), auf dem Gelände der Yale University. Über das, was sich darin vor allem bei den Initiationsriten abspielt, gibt es die wildesten Gerüchte. Von Gemeinschaftsprügeln mit Menschenknochen bis zur Gruppenmasturbation ist die Rede. Jeder Neuling muss sich angeblich einer Befragung durch die „Patriarchen“ (die älteren Studenten) unterziehen, alle Sünden, Vergehen und sexuellen Erlebnissen beichten. Denn so wird jedes Mitglied ein Leben lang erpress- und lenkbar.

Pro Jahr werden nur 15 von 1300 Erstsemesterstudenten als neue Mitglieder aufgenommen. Kaum einer von ihnen stammt nicht aus mächtigen Familienclans – der Weg der Bonesmen ist also vorgezeichnet. Zumal der Club äußerst wohlhabend ist. Jedes Mitglied muss 10 % seines Einkommens in einen Fond einzahlen. Und auch sonst gibt sich der Bund elitär: Die Mitglieder haben ihre eigene Zeitrechnung, eigene Grußformeln, an denen sie sich erkennen, und eigene Ordensnamen. Und die gegenseitige Unterstützung aller Bonesmen und Boneswomen ist unbegrenzt.

„The Tomb“ befindet sich in diesem Gebäude in Yale. Die Raumnummer 322 gehört zum Logo der „Skull & Bones“ – es besteht aus einem Totenkopf, zwei gekreuzten Gebeinen und den drei Ziffern.

Kirche, Kriminalität und Konspiration?

Die internationale katholische Organisation „Opus Dei“ steht im Mittelpunkt unzähliger Gerüchte. Kritiker werfen ihr Machtstreben und ein sektenhaftes Gebaren vor. Und vieles dreht sich dabei um einen bis heute unaufgeklärten Mord.

1981 wurde Roberto Calvi für ungenehmigte Bankgeschäfte zu vier Jahren Haft verurteilt. Kurz nachdem die Strafe aufgehoben wurde, musste die Banco Ambrosiano Konkurs anmelden. Calvi floh daraufhin am 10. Juni 1982 Richtung England.

Am 17. Juni 1982, morgens um 7.30 Uhr, finden Fußgänger unter der Londoner Blackfriars Bridge eine an einem Baum hängende Leiche. Der Tote ist der Italiener Roberto Calvi, Präsident der „Banco Ambrosiano“. Sein Spitzname: der „Bankier Gottes“. Als noch am Abend des gleichen Tages Calvis Sekretärin Graziella Corrocher in Mailand aus einem Fenster seiner Bank in den Tod stürzt, beginnt die Gerüchteküche zu brodeln. Starb Calvi durch Selbstmord? Oder wurde er getötet? Wenn ja, von wem oder in wessen Auftrag? Und war der Fenstersturz seiner Sekretärin wirklich ein Unfall? Oder sprang sie aus Kummer über den Tod ihres Chefs in den Tod?

Die „Affäre Calvi“ hielt in den 1970er- und 1980er-Jahren nicht nur die italienische Finanzwelt in Atem, sondern ganz Europa. Sie ist und bleibt voller Rätsel. Ebenso wie die Organisation, die im Zuge der Ermittlungen in die Schlagzeilen geriet: Das Opus Dei (lat.: Werk Gottes, kurz: OD).

Spurensuche

Calvi, erfolgreicher Banker, aber auch Geldwäscher für die Mafia, war Mitglied der ultrarechten Organisation Propaganda Due (P2), von der er sich wichtige Kontakte in Politik und Wirtschaft erhoffte. Seit 1958 war er mit Giovanni Montini befreundet, dem späteren Papst Paul VI. So kam er auch ins Geschäft mit der Vatikanbank. Letztere unterlag keiner staatlichen Kontrolle – und war damit perfekt geeignet, um große Transaktionen zwischen internationalen Geldinstituten zu tätigen. Zusammen mit dem aus Chicago stammenden Erzbischof Marcinkus gründete „der Bankier Gottes“ im Lauf der Jahre über 200 Schein- und Briefkastenfirmen im Ausland.

Doch dann platzte die Blase. Bei einem für damalige Begriffe gewaltigen Börsencrash verlor nicht nur die „Banco Ambrosiano“, sondern auch die Vatikanbank viel Geld. Von 700 Mio. bis 1,3 Mrd.

Papst Johannes Paul II. sprach Josemaría Escrivá, den Gründer von Opus Dei, am 6. Oktober 2002 heilig – es war die schnellste Heiligsprechung der Kirchengeschichte.

Dollar war die Rede. Die Vatikanbank übernahm ohne offizielles Schuldbekenntnis – um ihren Ruf zu wahren – Kompensationszahlungen an ihre Kunden in Höhe von 224 Mio. US-Dollar. Hier nun kam das Opus Dei ins Spiel.

Alle Macht dem OD

Der katholischen Organisation gehören Honoratioren, hohe Offiziere, Politiker und Wirtschaftsmagnaten an. Sie unterstützen das OD mit beträchtlichen Geldern. Der Großteil von ihnen, etwa 80 %, sind Supernumerarier, d. h.: Sie leben mit Frau und Kindern zusammen und führen ein geradezu bürgerliches Leben. Der Rest, die Numerarier, sind Männer und Frauen, die in besonderen Siedlungen wohnen. Bei Eintritt in das Opus Dei geben sie das Zölibatsversprechen ab und geloben Keuschheit. Zu ihren Exerzitien gehört u. a. die Selbstkasteiung, angeblich mit dem Cilicium, einem aufgerauten Bußband das – mit der kratzenden Oberfläche nach innen – am Oberschenkel getragen wird.

Für die finanzielle Unterstützung der Vatikanbank wurde das OD als „Gegenleistung" – so heißt es – 1983 von Papst Johannes Paul II. in den Rang einer sogenannten Personalprälatur mit internationalem Wirkungskreis erhoben. Damit ist „das Werk"

OPUS DEI – EIN KURZPORTRÄT

• Das Opus Dei (OD) wurde 1928 vom spanischen Priester Josemaría Escrivá de Balaguer y Albas (1902–1975) als männliche Gruppierung in Madrid gegründet. Heutiger Sitz ist Rom. Seit 1930 gibt es auch eine weibliche Abteilung.

• Mitglieder des OD sind Geistliche und – überwiegend – Laien. 2018 zählte das OD nach eigenen Angaben 90 000 Mitglieder, darunter mehr als 2000 Priester. Die Zahlen werden aber von vielen bezweifelt. Sie seien in Wirklichkeit viel höher.

• Zielsetzung bzw. Selbstverständnis ist es, unter Berufung auf die Lehre und Praxis der katholischen Kirche ein gottgefälliges Leben zu führen. Es soll geistliches Leben mit der Heiligung des Alltags verbinden. In den Worten Escrivás gehe es um „eine Mobilisierung von Christen, die bereit sind, sich mit Freuden für andere aufzuopfern, alle Wege des Menschen auf Erden zu vergöttlichen, jedes rechtschaffene Werk, jede redliche Arbeit und jede irdische Beschäftigung zu heiligen."

• Symbol des OD ist ein Kreuz in einem Kreis. Es bedeutet: Die Heiligung der Welt geschieht von innen heraus aus der Heiligkeit des Menschen.

direkt dem Papst unterstellt (wenngleich die Bischöfe formell die Zustimmung für das Tätigwerden „des Werks“ in ihren Diözesen erteilen müssen).

Seitdem, so Kritiker, gewinne das Opus Dei mehr und mehr Einfluss im Vatikan und führe einen personalpolitischen Kampf um immer mehr Macht. Klaus-Rüdiger Mai, Journalist und Vatikanexperte: „Schließlich geht es um nichts Geringeres als um die Führung der Weltkirche, um die politische und theologische Linie, die für 2 Mrd. Menschen auf der Welt bindend ist.“ Ziel des OD ist eine Verbreitung des katholischen Glaubens, jedoch in einer Form, die Kritiker als reaktionär bezeichnen. Im Mittelpunkt steht ein veraltetes Gesellschaftsbild, wonach der Mensch von vornherein schuldbeladen ist.

„Schließlich geht es um nichts Geringeres als um die Führung der Weltkirche, um die politische und theologische Linie.“

Mordprozess mit offenen Fragen

1992 wurde die Leiche Calvis exhumiert. Eine Untersuchung der Todesursache erhärtete die Hinweise auf einen Mord. Unbeantwortet bleiben dennoch viele Fragen. Wem nützte es, wem schadete es, dass seine Bank bald in Konkurs ging? Die Mafia hatte viel Geld verloren. Musste Calvi deswegen sterben? Welche Rolle spielten Parteifunktionäre, Mandatsträger und P2? Oder kam Calvis Tod gar dem Opus Dei gelegen, um den eigenen Einfluss im Vatikan zu verstärken? Noch kurz vor seinem Tod soll er gedroht haben, der Papst müsse zurücktreten, sollte ihm selbst etwas zustoßen.

Die restlichen Fakten sind indes schnell erzählt: Der Mordprozess in der Causa Calvi endete mangels Beweisen mit Freisprüchen für die fünf angeklagten Mafiosi … und hinterließ Verschwörungstheoretikern ein breites Betätigungsfeld.

Zu den täglichen Normen der Mitglieder des Opus Dei gehört die Heilige Messe mit Empfang der Kommunion (im Bild ein Gottesdienst in Paris).

Der Pfarrer Bérenger Saunière ließ sich in Rennes-le-Château eine Villa mit Privatkapelle erbauen. Lag seinem Reichtum Geheimwissen zugrunde?

Heiliges Blut

Im Jahr 1982 veröffentlichten drei Briten das Buch *Der Heilige Gral und seine Erben.* Es enthüllt scheinbar das Geheimnis um die Prieuré de Sion, einer Bruderschaft, die seit Jahrhunderten ein ungeheuerliches Wissen hüten soll.

Die Prieuré de Sion (franz.: Bruderschaft von Zion), so die Autoren Henry Lincoln, Michael Baigent und Richard Leigh, gründeten sich im Umfeld des Ersten Kreuzzuges. Ihr verlängerter militärischer Arm, die Tempelritter, hätten in Jerusalem Dokumente gefunden, die belegten, dass Jesus mit Maria Magdalena nicht nur verheiratet gewesen sei, sondern auch ein Kind gehabt habe. Im 5. Jh. hätten sich die Nachkommen dieses Kindes mit den Franken zum Königsgeschlecht der Merowinger vereinigt, die bis in unsere Zeit im Verborgenen fortexistierten. Aufgabe der Prieuré sei es, sie zu schützen.

Beweisdokumente

Alles nur eine abenteuerliche Geschichte? Immerhin finden sich in der französischen Nationalbiblothek Dokumente, die 1964 bis 1967 von einem anonymen Mitglied der Prieuré eingereicht wurden und die Geschichte scheinbar einwandfrei belegen. Stammbäume zeichnen lückenlos eine Linie vom letzten Merowingerkönig Dagobert II. (652–679) bis zu einem gewissen Pierre Plantard (1920–2000). Auch die Großmeister der Prieuré werden genannt, u. a. so illustre Männer wie Isaac Newton oder Victor Hugo.

Papier ist geduldig: In Wahrheit handelt es sich bei den Dokumenten um eine – nicht besonders raffinierte – Fälschung, angefertigt von Plantard und dem Schriftsteller Philippe de Chérisey. Bei ihrem Machwerk aus maschinenbeschriebenen Seiten und Kopien schmückten sie Gerüchte rund um den Pfarrer Bérenger Saunière aus. Er soll Ende des 19. Jh. in der Kirche des Städtchens Rennes-le-Châteu das Geheimnis der Prieuré entdeckt haben und so zu großem Reichtum gelangt sein. Tatsächlich betrieb der Pfarrer wohl einen betrügerischen Verkauf von seelsorgerischen Messen. Die Prieuré hingegen wurde erst 1956 gegründet – von Plantard höchstpersönlich. Doch obwohl Mitglieder der Prieuré selbst die Fälschung der Dossiers schon 1976 zugaben, erfreut sich das Märchen immer noch großer Beliebtheit – nicht zuletzt dank Dan Brown, der die Geschichte seinem Bestseller *Sakrileg* zugrunde legte.

Verbrecherische Syndikate

Regelmäßig melden die Medien die Untaten skrupelloser Verbrechersyndikate in vielen Ländern der Erde, beispielsweise in Mexiko oder den USA. Warum sollten wir uns aber über kriminelle Aktivitäten irgendwo in der Welt Sorgen machen, solange wir selbst in einem Staat mit Recht und Ordnung leben? Doch wähnen wir uns da nicht in einer trügerischen Sicherheit?

Langfristig betrachtet hat die Behauptung, Verbrechen zahle sich nicht aus, einen wahren Kern. Irgendwann kommen die Gangster hinter Gitter oder enden im Kugelhagel. Andererseits lässt sich mit organisierter Kriminalität in kurzer Zeit viel Geld machen. Es muss allerdings sorgfältig „gewaschen" werden. Nicht ohne Grund konnte sich der Boss eines berüchtigten mexikanischen Drogenkartells dank seines Milliardenvermögens in der Liste der mächtigsten Männer der Welt auf etwa den 40. Platz hocharbeiten.

Den italienischen Ermittlern gelangen immer wieder spektakuläre Erfolge im Kampf gegen die Mafia – Ende 2008 verhafteten sie über 90 Bosse (im Bild Giuseppe Scaduto).

Mexikos Drogenkartelle sind zwar extrem brutale Bündnisse, die im mehr als zehn Jahre währenden Drogenkrieg für mindestens 250 000 Tote verantwortlich gemacht werden, aber weltweit sind sie keineswegs die einzigen Verbrechersyndikate. Mit Ausnahme der Antarktis treiben sie wohl auf jedem Kontinent ihr Unwesen: in Asien die japanische Yakuza und die chinesischen Triaden, in Europa die in Italien verwurzelte und in mehrere regionale Gruppierungen aufgespaltene Mafia, in Nordamerika die Cosa Nostra, ein Ableger der Mafia … Alle arbeiten im Prinzip nach den gleichen Regeln, den eisernen Geboten der organisierten Kriminalität.

Al Capone, der vielleicht berühmteste Mafioso der Geschichte, wurde letztlich nicht wegen Mord oder Drogendelikten, sondern wegen Steuerhinterziehung zu elf Jahren Haft verurteilt.

Die Fünf Regeln

1. Oberste Verbrecherpflicht ist es, verschwiegen zu sein wie ein Grab, will man nicht selbst allzu rasch darin liegen. Wie bei allen Geheimbünden wird das Ausplaudern von „Betriebsgeheimnissen" streng geahndet. 2. Dem Vorgesetzten ist bedingungslos zu gehorchen, besonders dem obersten Chef – dieser heißt in den Netzwerken der japanischen Yakuza Oyabun (Vater), bei der italienischen Mafia *capo dei tutti capi* (Boss aller Bosse). Die streng hierarchische Gliederung der Syndikate ist Voraussetzung für deren Erfolg. 3. Die Geschäfte bewegen sich bestenfalls in der volkswirtschaftlichen Grauzone, besonders lukrativ sind jedoch der Handel mit Drogen, die Prostitution oder die Erpressung von Schutzgeldern. 4. Die Mitglieder des Bündnisses halten zusammen wie Pech und Schwefel – was besonders bei Konflikten mit der Konkurrenz unverzichtbar ist. 5. Genauso wichtig ist es, auch Verbündete unter Fremden zu gewinnen. Mit anderen Worten: Polizisten, Richter und Politiker werden nach Möglichkeit bestochen. Falls das keine Wirkung zeigt, werden sie bedroht oder Anschläge auf sie verübt.

Ein „Erfolgsmodell"

Strikt eingehalten, haben diese Gebote nicht nur in kleinen „Bananenrepubliken" Erfolg, sondern auch in großen Nationen wie Mexiko, immerhin die führende Volkswirtschaft Lateinamerikas. Die Verbrechersyndikate machen dort besonders mit dem Transithandel von kolumbianischem Kokain in die USA enorme Umsätze. Damit dieser reibungslos funktioniert, werden Polizei, Justiz und Politik unterwandert, offenbar mit so großem Erfolg, dass Sicherheitsexperten immer wieder befürchten, die Drogenkartelle könnten zur wahren Macht in Mexiko aufsteigen. Derzeit wird die Machtübernahme der Syndikate noch durch ein weiteres Wesensmerkmal der organisierten Kriminalität gebremst: Als Konkurrenten bekämpfen sich die beteiligten Gruppen auf brutalste Weise. Allein 2017 verloren knapp 21 000 Menschen im mexikanischen Drogenkrieg ihr Leben: Gangster, Soldaten und noch mehr Unbeteiligte.

In vielen Städten Mexikos – etwa in Cuernavaca knapp 90 km südlich von Mexiko-Stadt – gehört die Präsenz von Soldaten in den Straßen zum traurigen Alltag.

Wie überall auf der Erde, wo kriminelle und/oder terroristische Gruppen agieren, versucht der Staat das Problem durch den massiven Einsatz militärischer Mittel in den Griff zu bekommen, versäumt es jedoch, den politischen und sozialen Nährboden der Aktionen abzutragen. Bei der japanischen Yakuza verrät schon der Name ein wichtiges Motiv der Verbrechen: Sinngemäß bedeutet er nämlich „die Wertlosen“. Wer sich ausgebeutet, missachtet und ausgegrenzt fühlt, neigt viel eher dazu, mit dem Rücken zur Wand zu kämpfen – koste es, was es wolle.

MÄNNERWELTEN

In der von Gewalttaten geprägten kriminellen Szene tauchen hin und wieder auch weibliche Gangster auf, etwa die hübsche Bonnie, die in den 1930er-Jahren zusammen mit ihrem Komplizen Clyde eine blutige Spur durch den Südwesten der USA zog. In „diskreten Gesellschaften“ von der Art der Mafia sind dagegen weibliche Mitglieder nur sehr selten zu finden, schon gar nicht in führenden Positionen. Und die Bosse der Bosse sind stets Männer, wahrlich „Herren über Leben und Tod“. Allerdings entsprechen diese Allmächtigen oft nicht den von Filmen und Romanen genährten Klischees – was es so schwierig macht, ihnen auf die Spur zu kommen. Der legendäre Al Capone, jahrelang Herrscher über die Chicagoer Unterwelt, wird als intelligent, redegewandt und großzügig gezeichnet, in Wirklichkeit war er jedoch ein Wolf im Schafspelz mit einer kriminellen Karriere, die vor Mord und Totschlag nur so strotzte.

Die Situation in Deutschland

Von organisierter Kriminalität auf deutschem Boden wird in den Medien nur selten einmal berichtet, allenfalls werden hin und wieder Motorradclubs wie die „Hells Angels“ und die „Bandidos“ dessen verdächtigt. Verglichen mit den großen Syndikaten handelt es sich bei diesen aber eher um „Kleinunternehmer“.

Und dennoch: Für die „großen Fische“ vom Rang der Mafia muss Deutschland ein wahres Schlaraffenland sein: ein reiches Land mit offenen Grenzen, ausreichend Gelegenheit zur Geldwäsche und Bevölkerungsgruppen, die ein Leben in selbstgewählten kulturellen Ghettos führen. Außerdem sind auch diesseits der Alpen Korruption und Schutzgelderpressung keine unverständlichen Fremdwörter.

Deshalb kann es keine Überraschung sein, dass Verbrechersyndikate schon längst in Deutschland massiv aktiv sind. Wie Untersuchungen des Bundeskriminalamtes beweisen, sind südeuropäische Organisationen vor allem in Südwestdeutschland und arabische im Berliner Raum aktiv. Meist sind ihre Aktivitäten nur wie die berühmten Spitzen der Eisberge zu erkennen – doch wie lautet das erste Gebot der organisierten Kriminalität …?

Die Sekte Hare Krishna wurde in den 1960er- und 1970er-Jahre vor allem für Aussteiger, Hippies und Jugendliche attraktiv.

Seelenheil oder Seelenfang?

An Aufklärung mangelt es nicht. Experten und Aussteiger warnen vor den Gefahren für die Psyche, die von vielen Sekten ausgehen, Fernsehsender veranstalten Themenabende und Diskussionsrunden, Städte und Gemeinden haben Beratungsstellen eingerichtet. Dennoch haben Sekten weiterhin Zulauf. Warum? Und wieso sind sie so gefährlich?

Das Wort „Sekte" geht auf das lateinische Wort für „folgen" zurück, es bezeichnet ursprünglich eine religiöse oder politische Anhängerschaft. Die Mitglieder scharen sich zumeist um eine Führergestalt und sind davon überzeugt, in der Gemeinschaft ihr Heil zu finden. Doch es gibt unzählige Berichte von Menschen, die zunächst freiwillig in eine Sekte eingetreten sind und sich dann nur sehr schwer wieder davon lösen konnten. Denn Sekten machen Menschen abhängig, weshalb sie auch als „Psychogruppen" bezeichnet werden.

Viele Gründe für einen Eintritt

Für den Eintritt in eine Sekte gibt es immer individuelle persönliche Gründe – das macht wissenschaftliche Untersuchungen des Phänomens so schwer. Es ist aber eine Illusion zu glauben, dass sich nur psychisch labile und unsichere Menschen Sekten anschließen. Psychologen sprechen von einer „Passung": Der Mensch glaubt, dass die Gruppe Angebote bietet, die auf seine persönlichen Bedürfnisse, Ängste und Probleme genau „passen". Der Wunsch nach Zugehörigkeit zu einer Gemeinschaft, nach Halt und Klarheit in einer immer komplexer und unübersichtlicher werdenden Welt, der Wille, sich selbst und sein Leben zu verbessern – all das sind Faktoren, die eine Rolle spielen. Der Frankfurter Psychologe und Sektenexperte Werner Gross hat verschiedene Typen von Sektenanfälligkeit untersucht und fand den „Sucher", den „Krisengeschüttelten", den „Enttäuschten" und den „Orientierungslosen", aber auch den „jungen Idealisten", der eine Gelegenheit sucht, sich selbstlos und radikal für etwas einzusetzen.

Candra Mohan Rajneesh, der Gründer der Bhagvan-Bewegung Neo-Sannyas, ließ sich als Osho verehren. Der aus Japan stammende Titel verweist u. a. auf einen hochrangigen oder tugendhaften Mönch. Von klösterlicher Armut war Rajneesh jedoch weit entfernt – mit seinen Zentren weltweit häufte er ein solches Vermögen an, dass er sich mehr als 90 Rolls-Royce leisten konnte.

Psychopraktiken im Einsatz

Der Berufsverband Deutscher Psychologen warnt schon vor „manipulativen Anwerbemethoden", bei denen speziell ausgebildete Anwerber mit völlig unrealistischen Versprechungen locken. Doch selbst wenn der erste Kontakt noch freiwillig war – die Zugehörigkeit zur Gruppe ist es dann oft nicht mehr: Sekten operieren nicht selten mit äußerst fragwürdigen Methoden, um Anhänger zu halten: So sollen sich die Mitglieder etwa total der Gruppe hingeben („Entindividualisierung"), um sich am Ende nur noch durch die Zugehörigkeit zur Sekte zu definieren („Sektenidentität"). Viele Gruppen zwingen ihre Mitglieder, den Kontakt zu Menschen außerhalb ihres Kreises einzuschränken oder ganz abzubrechen („Bunkermentalität"). Hinzu kommt, dass Sekten ihre Mitglieder finanziell ausbeuten und abhängig machen: Sie lassen ihre Anhänger, oft ohne deren Wissen, in Tochterunternehmen arbeiten und nötigen sie, ihr Vermögen der Sekte zu schenken.

Folter und Misshandlung

Viele Aussteiger berichten auch von gezielten Techniken zur Persönlichkeitsveränderung. Mitglieder werden zu exzessiven Meditationen angehalten, dürfen nur wenig essen und schlafen oder werden übermäßig lang sehr wenigen äußeren Sinnesreizen ausgesetzt, etwa indem sie in kahlen Räumen stundenlang dieselbe Musik hören müssen – alles Methoden, um Menschen im Sinne der Sekte gefügig zu machen: Tief empfundene „spirituelle Erlebnisse" sollen Anhänger emotional an die Gruppe binden.

Es gibt kein Patentrezept, um sich gegen die Anziehungskraft von Sekten zu schützen. Experten empfehlen, sich rechtzeitig die Unterstützung von Fachleuten zu suchen. Staatliche oder kirchliche Beratungsstellen helfen bei dem oft jahrelangen Kampf, einen Menschen wieder aus einer Sekte zu lösen.

GEHEIMNISUMWITTERTE PERSONEN

Ägyptens geheimnisvolle Pharaonin

Königin Hatschepsut herrschte von ca. 1479–1457 v. Chr. über Ober- und Unterägypten. Ihre genauen Lebensdaten sind nicht bekannt.

Die ägyptische Königin Hatschepsut war die mächtigste Frau, die je am Nil gelebt hat. Sie hat etliche Rätsel mit in ihr Grab genommen, die noch immer nicht gelüftet wurden – auch zu ihrem Grab.

Im Juni 2007 trat Ägyptens Chefarchäologe vor die Presse, um eine Sensation zu verkünden. Zahi Hawass teilte mit, man habe nicht nur eine bis dahin unbeachtete Mumie als diejenige der Hatschepsut identifiziert, sondern kenne nun auch die bisher rätselhafte Ursache ihres Todes.

Bereits 1903 hatte der später berühmt gewordene Archäologe Howard Carter im Tal der Könige zwei weibliche Mumien gefunden. Die Grabkammer war aber so glanzlos, dass der Fund bald vergessen wurde. Erst 1989 wurden die beiden Mumien wiederentdeckt – Inschriften an den Wänden zufolge handelte es sich um das Grab einer Amme der Königin Hatschepsut. Doch wer war die zweite Mumie?

Ein weiblicher Pharao – ein Skandal

Hatschepsut war die älteste Tochter von Pharao Thutmosis I. Dieser hatte in einer zweiten Ehe mehrere Söhne gezeugt, darunter Thutmosis II., Hatschepsuts Halbbruder und späteren Gemahl. Als dieser starb, hätte Hatschepsuts Halbneffe Thutmosis III. als Kindkönig auf den Pharaonenthron kommen sollen. Doch Hatschepsut riss die Macht an sich. Eine ungeheuerliche Tat, war der Thron doch Männern vorbehalten. Wohl deshalb wandelte sie sich in bildlichen Darstellungen allmählich zum Mann, wurde mit Lendenschurz und Bart versehen.

Allerdings ernennt sich Hatschepsut nie zur Alleinherrscherin, Thutmosis wird ebenfalls als Pharao und Mitregent geführt. Ihre erstaunliche Bilanz: Sie führte kaum Kriege, baute stattdessen den Handel mit den Nachbarländern aus und ließ grandiose Bauwerke errichten. Auf dem Gipfel ihrer Macht starb sie, nach heutiger Zeitrechnung wohl 1457 v. Chr. Aber woran? Ließ Thutmosis III. die womöglich ungeliebte Stiefmutter ermorden?

Das Rätsel gelüftet?

Modernste Tests gaben rund 3500 Jahre später die Antwort. Mithilfe von Röntgenaufnahmen, CT-Scans, der Magnetresonanztechnik und DNA-Analysen wurden die weiblichen Mumien untersucht, die als Hatschepsut infrage kamen. Ebenso die drei männlichen Mumien, die aufgrund von Inschriften als Thutmosis I. bis III. geführt wurden. Als Vergleichsproben für die DNA-Tests dienten Knochen- und Gewebeteile aus einer Truhe, die man ebenfalls im Tal der Könige gefunden hatte. Es waren die Organe der Hatschepsut – denn auf der Truhe fand sich ihr mit einer ovalen Schleife umgebener Namenszug.

„Wir sind 100 % sicher, dass es sich um die Mumie von Hatschepsut handelt."

Aber nicht DNA-Tests lösten letztlich das Rätsel, sondern ein Backenzahn, den man ebenfalls in der Truhe entdeckt hatte. Er passte haargenau in eine Lücke im Gebiss einer der weiblichen Mumien. Archäologe Hawass: „Wir sind 100 % sicher, dass es sich um die Mumie von Hatschepsut handelt." Die weiteren Untersuchungsergebnisse sind wenig schmeichelhaft: Die Pharaonin war fettleibig, früh gealtert und noch vor ihrem 50. Lebensjahr an Diabetes, Leberkrebs oder einer Entzündung im Gebiss gestorben.

Viele Fragen sind offen

Es bleiben weitere Rätsel: Warum wurde die Pharaonin statt in einem Prunksarkophag zusammen mit ihrer Amme in deren schlichter Grabkammer beigesetzt? Eine mögliche Erklärung: Die Priester im alten Ägypten mussten die tote Herrscherin in aller Eile umbetten, um ihre Totenruhe zu sichern. Denn etwa 20 Jahre nach dem Tod Hatschepsuts war in Ägypten ein Bildersturm ausgebrochen. Ihr Name wurde herausgeschlagen oder herausgekratzt, viele figürliche Darstellungen von ihr wurden entstellt oder zerstört – als solle sie aus der Geschichte verschwinden.

Hatte das Thutmosis III. veranlasst? Auch hier gibt es verschiedene Auffassungen. So sollen die Zerstörungen jüngeren Datums sein, als lange Zeit angenommen. Konnte es einer der nachfolgenden Herrscher nicht ertragen, dass eine Frau als Pharao regiert und Großes geleistet hatte? „Es galt", so der Ägyptologe Hermann A. Schlögl, „die gesetzmäßige Weltordnung wiederherzustellen."

Der Totentempel der Hatschepsut im Tal der Könige entstand zwischen dem siebten und 22. Regierungsjahr der Königin. Wie alle Totentempel diente er dem Totenkult und war nicht als Grabstätte der Pharaonin vorgesehen. Wohl auch deshalb überlebte er den Bildersturm.

Zwischen Macht und Tod

So bekannt die Nofretete dank der berühmten Büste ist, so wenig wissen Ägyptologen über ihre Person. Noch immer rätseln sie über große Teile ihrer Vita, ja selbst über Herkunft und Tod. Bei ihrem Versuch, etwas Licht ins Dunkel zu bringen, scheitern die Forscher nicht zuletzt an den Eigenheiten dynastischer Machtpolitik am ägyptischen Hof.

Obwohl die Büste von Nofretete mehrere Tausend Jahre alt ist, vermittelt sie ein unglaublich lebendiges Bild der Königin (Neues Museum, Berlin).

Ägyptologen haben in den vergangenen 100 Jahren viele Informationen über die geheimnisvolle Königin aus der Wüste gegraben. Den Anfang machte Ludwig Borchardt, der die weltberühmte Büste der Nofretete etwa 300 km südlich von Kairo entdeckte (s. Kasten). Und dennoch ist das Wissen noch größtenteils fragmentarisch.

Gesichert ist, dass Nofretete um 1350 v. Chr. recht jung die Hauptfrau des Königs Amenhotep IV. wurde. Und als diese erscheint sie – für altägyptische Verhältnisse ungewöhnlich – in bildlichen Darstellungen als Mitregentin. Über die Gründe hierfür lässt sich jedoch nur spekulieren.

DIE BÜSTE DER NOFRETETE

Am 6. Dezember 1912 machte der deutsche Architekt und Ägyptologe Ludwig Borchardt in Tell el-Amarna den Fund seines Lebens: die bemalte Büste einer unbekannten Schönen.

- **Obwohl immer noch in kräftigen Farben bemalt, war die Büste nicht komplett – ein Auge war nicht ausgemalt – und sie war leicht beschädigt. Wissenschaftler vermuten, dass die Büste als Vorbild für Statuen dienen sollte, weil sie in der Werkstatt eines Bildhauers gefunden wurde.**
- **Borchardt schaffte sie, nachdem er die Dargestellte als Königin Nofretete identifiziert hatte, nach Berlin, wo sie ins Ägyptische Museum Berlin gelangte.**
- **Noch heute gibt die Büste Geheimnisse preis: Bei einer radiologischen Untersuchung im Jahr 2006 entdeckte man fein ausgearbeitete Falten und einen krummen Nasenansatz, die von einer Gipsschicht kaschiert worden waren. Die Büste zeigt Nofretete offenkundig als reife Dame.**

Kampf gegen die Götter

Bereits Nofretetes Schwiegervater Amenhotep III. hatte eine Religionsreform begonnen, die am Hofe nicht unumstritten war: Die Konzentration auf einen einzelnen Sonnengott, Amun, war jedoch weniger theologisch begründet. Vielmehr schmälerte er durch die Eingottlehre die Macht der Priester und Schreiber, die angesichts einer undurchschaubaren Götterwelt aus ihrer religiösen Deutungshoheit politischen Einfluss zogen. Sein Sohn Amenhotep IV. und Nofretete räumten dann endgültig auf in der altägyptischen Religon: Im sechsten Jahr der Regentschaft zog das Paar in die neu erbaute Stadt Achetaton (Tell el-Amarna). Geweiht wurde die Stadt Aton, einer als Sonnenscheibe monotheistisch verehrten Gottheit. Amenhotep IV. nannte sich fortan Echnaton („der Aton Wohlgefällige").

Die Abwendung vom „ägyptischen Olymp" könnte auch ein Wandel der bildlichen Darstellung bedingt haben: In Achetaton durfte Nofretete sich nicht nur in Machtposen mit pharaonischen Insignien präsentieren, gewünscht waren jetzt auch private Darstellungen des Königspaares. Der Pharao zeigte sich mit länglichem Gesicht und Bauchansatz, Händchen haltend mit seiner Hauptfrau, die jetzt den Namen Nefer-Nefru-Aton („Schön ist die Schönheit von Aton") trug. Tier- und menschengestaltige Götter wurden ersetzt durch eine Sonnenscheibe mit Strahlen, die in Händen endeten.

Königliche Familienverhältnisse

Noch verworrener wird die Geschichte, wenn Historiker die Familienverhältnisse Echnatons und Nofretetes ergründen wollen. Auch hier scheint Vieles der Politik untergeordnet, Inzest als Mittel zum Machterhalt der Dynastie an der Tagesordnung gewesen zu sein.

Nofretetes Mutter war vermutlich Teje, die Gattin Amenhoteps III., ihr Vater möglicherweise deren Bruder oder Halbbruder. Nofretete ist also womöglich ein Inzestkind und ihre Mutter zugleich ihre Schwiegermutter. Und auch wenn Nofretete und Echnaton offenkundig ein enges Paar waren, gab es weiterhin Inzest: Echnaton heiratete einige seiner Töchter. Merit-Aton, die älteste, wurde mit Semenchkare verheiratet, dem direkten Nachfolger Echnatons. Die drittälteste Tochter Anchesenpa-Aton wiederum bekam einen anderen bekannten Pharao zum Ehemann: Tutanchamun. Das aus heutiger Sicht Erstaunliche daran: Beide Männer waren vermutlich ebenfalls Söhne Echnatons ... jedoch nicht von Nofretete.

Und Nofretetes Schicksal?

Mit dem Tod des Pharaos um 1336 v. Chr. begann eine weitere Phase, über die Ägyptologen sich nicht einig sind. Sicher ist: Über kurz oder lang gewann die alte Elite wieder Oberhand – und Bildnisse von Nofretete verschwanden. Eine Theorie geht daher davon aus, dass Nofretete schon vor ihrem Mann starb. Eine kurze Inschrift auf dem Bruchstück einer Figur, das als Totenfigürchen Nofretetes gedeutet wird, nimmt zumindest auf einen lebenden Echnaton Bezug. Vielleicht aber starb sie auch gleichzeitig mit ihrem Mann, etwa an einer Infektion. Oder wurde sie nach dem Tod ihres Gatten aus machtpolitischen Gründen umgebracht oder verstoßen?

Echnaton (ca. 1353–1336 v. Chr.) forcierte die Einführung einer neuen monotheistischen Religion – vermutlich um die Macht der Priesterelite zu brechen. Doch das gelang ihm nicht: Kurz nach seinem Tod waren die Neuerungen des „Ketzerpharaos“ wieder vergessen.

Kühner ist eine andere Theorie, welche die Existenz Semenchkares bestreitet. Stattdessen überlebte Nofretete ihren Mann, übernahm die Macht und regierte einige Zeit, getarnt unter dem Namen des vermeintlichen Sohnes Echnatons. Als Indiz für diese These wird die besondere Macht ins Feld geführt, die Nofretete schon zu Lebzeiten ihres Gemahls offenkundig ausübte. Auf manchen Darstellungen „überlappt“ sie fast den König – ein möglicher Fingerzeig darauf, dass beide auch in politischen Fragen eine Einheit darstellten. Schließlich gibt es auch Hinweise darauf, dass Echnaton gegen Ende seiner Regentschaft einen männlichen Mitherrscher installierte – und manche Forscher vermuten, dass Nofretete zeitweise diese Männerrolle übernahm bzw. nach dem Tod ihres Gatten fortführte.

Etwas Licht ins Dunkel könnte vielleicht die Mumie Nofretetes bringen. Doch die Ägyptologen kennen bis heute nicht einmal deren Aufenthaltsort – auch wenn sich 2016 eine Sensation anzubahnen schien: Nach Radarscans wurden hinter der Grabkammer des Tutanchamun zwei weitere Hohlräume vermutet. War hier Nofretete, die mutmaßliche Stiefmutter Tutanchamuns, bestattet? Doch italienische Experten bewiesen, dass es keine weiteren Kammern im Grab des Tutanchamun gab. Über das Schicksal Nofretetes rätseln die Forscher daher weiter.

Einer von vielen Mythen rund um Alexander: das Durchschlagen des Gordischen Knotens (Gemälde von Jean-Simon Berthelemy; 1743–1811).

Herrscher ohne Grab

Alexander der Große – seine Taten, vor allem das von ihm gegründete Weltreich, faszinieren uns noch heute. Aber wo dieser mächtige Held der antiken Welt begraben liegt, weiß bis heute niemand.

Alexander hatte die Grenzen des Kleinstaates Makedonien in atemberaubender Geschwindigkeit bis an den Indus ausgedehnt, als er im Alter von nur knapp 33 Jahren, am 10. Juni 323 v. Chr., in Babylon an Fieber starb. Begraben wurde er aber weder in seiner makedonischen Heimat noch im fernen Persien, sondern in Ägypten.

Mächtig über den Tod hinaus

Ptolemäus, Alexanders Freund seit gemeinsamen Kindertagen, hatte den prunkvollen Leichenzug kurzerhand dorthin umgeleitet. Denn er wusste: Wer die Mumie besaß und das Grabmal auf seinem Territorium errichtete, würde ein Statussymbol haben, das dem jeweiligen Herrscher zusätzliche Legitimität und Macht verlieh. So ließ er Alexander zuerst in Memphis beisetzen. Später, als Alexandria Hauptstadt des Ptolemäerreiches wurde, bekam seine sterbliche Hülle ihren würdigen Platz in der dortigen Sema, einer von Gärten durchzogenen prunkvollen Begräbnisstätte.

Wallfahrtsort der Antike

Das Grab wurde zu einer Art Wallfahrtort der Antike, an dem so berühmte Feldherren wie Cäsar oder Augustus niederknieten. Augustus soll sogar versucht haben, die Mumie zu küssen, und ihr dabei die Nase abgebrochen haben. Der wahrscheinlich letzte prominente Pilger war 215 n. Chr. Kaiser Caracalla. Danach lassen Kriege, Seuchen und Naturkatastrophen das Wissen um den Standort des Alexandergrabes ins Dunkel der Geschichte verschwinden. Die Suche nach ihm verlief im Sande: Rund 200 Meldungen in der Weltpresse über einen angeblichen Sensationsfund von Alexanders Grab entpuppten sich bisher als Zeitungsenten. Dabei beschränkte sich die Jagd keineswegs auf Ägypten. Selbst mitten im Markusdom Venedigs wurde die Mumie schon vermutet. Neuere Theorien konzentrierten sich auf einen Grabhügel nahe der nordgriechischen Stadt Amphipolis. Kurz nach Grabungsbeginn 2014 vermeldeten die Medien, Alexanders Grab sei in dem Hügel mit 500 m Umfang und 33 m Höhe gefunden worden. Doch nach dem Fund einer Inschrift zerstoben die Hoffnungen: Man geht heute davon aus, dass er Hephaistion, Alexanders Freund und Geliebtem, gewidmet ist. Die meisten Forscher glauben sowieso, dass die Mumie Ägypten nie verlassen hat.

„Augustus soll sogar versucht haben, die Mumie zu küssen, und ihr dabei die Nase abgebrochen haben."

Wer suchet, der findet?

Zwei Orte sind es, an denen der Großteil der Wissenschaftler das Grab vermuten: entweder wie von vielen antiken Autoren beschrieben in Alexandria oder in der Oase Siwa in der Libyschen Wüste, die für Alexander einer der Dreh- und Angelpunkte seines kurzen Lebens war. Hier wurde er von den ägyptischen Priestern 331 v. Chr. als Sohn des Gottes Amun Re willkommen geheißen und ihm die Herrschaft über die bewohnte Welt prophezeit. Jedoch brachte eine sechsjährige Grabungskampagne keinen Erfolg.

Anders dagegen in der Stadt, die seinen Namen trägt. In Alexandrias ehemaligem Zentrum, dem heutigen Stadtteil Bab Sharki, wurde bereits 1907 ein monumentales Alabastergrab aus dem 4. Jh. v. Chr. freigelegt. Zur Enttäuschung der Forscher war es jedoch leer. Dennoch ließ sich der Archäologe Fausi el-Facharanis nicht entmutigen und forschte dort bis zu seinem Tod 2004.

Die Suche geht also weiter und zwar im Wettlauf mit der Zeit. Wie jede Metropole erweitert und erneuert sich auch Alexandria. Dabei wird oft auf das antike Erbe keine Rücksicht genommen. Bleibt zu hoffen, dass das Alexandergrab nicht schon längst unwiederbringlich zerstört ist.

ERMITTLUNGEN IN EINEM TODESFALL

Bis heute ist nicht klar, woran Alexander starb. Vielleicht war es eine chronische Alkoholvergiftung oder eine Wundinfektion, die seinem überanstrengten Körper zum Verhängnis wurde. Neuere Theorien nehmen an, dass Alexander an einer Überdosis Weißem Germer gestorben sei. Sie war ihm von den Ärzten verabreicht worden, um durch Erbrechen das West-Nil-Fieber zu bekämpfen, an dem der Herrscher möglicherweise erkrankt war. Vielleicht tötete den Herrscher aber auch das Zellgift Calicheamicin, das zu einem Absterben der Körperzellen führt, erst Schwäche und Müdigkeit und dann Organversagen verursacht. Es wird von einem Mikroorganismus produziert, der sich u. a. im Wasser des Flusses Styx befindet, von dem Alexander getrunken haben soll. Die Quellenlage jedenfalls erlaubt keine sichere Aussage. Nicht einmal die Ermordung Alexanders durch einen seiner vielen Feinde kann ausgeschlossen werden.

König Artus – ein unsterblicher Mythos

Wer kennt sie nicht: Die Geschichte von Artus, dem großen König von Britannien, seinem Schwert, das er aus einem Stein zog und das ihn unbesiegbar machte, und den edlen Rittern der Tafelrunde, die sich aufmachten, den Heiligen Gral zu finden. Doch was ist Sage, was Wirklichkeit?

Das berühmte Schwert des Artus soll der Legende nach in einem See bei Avalon liegen – dieses hier ist nur ein Imitat (Taunton, Südengland).

Seit dem Mittelalter bewegt die Legende von Artus die Gemüter der Menschen. König Richard Löwenherz ließ 1191 in der Umgebung des Klosters Glastonbury im Südwesten Englands nach dem Grab seines sagenhaften Vorgängers suchen, um seine Herrschaft durch diesen Ahnherrn zu legitimieren. Man fand tatsächlich Artus' Gebeine und ein Bleikreuz, dessen Inschrift versicherte: „Hier liegt der berühmte König Artus" – dass es sich dabei um eine zeitgenössische Fälschung handelte, interessierte nicht, schließlich heiligte der Zweck die Mittel. Mit Artus ließ sich Politik machen. Einen Höhepunkt fand dieser Trend unter Heinrich VIII. (1491–1547); aber auch seine Tochter Elisabeth I. war eine große Verehrerin von Artus. Ja, in ganz Europa galt Artus mit seiner Tafelrunde als Idealtypus mittelalterlicher Herrschaft.

Ursprung in den Nebeln der Geschichte

Dabei besaß man bis zum 12. Jh. nur mündliche Überlieferungen diverser Bruchstücke der Artuslegende. Erst der Gelehrte Geoffrey von Monmouth (um 1135) schrieb die Geschichte des Königs nie-

Kloster Glastonbury, heute nur noch eine Ruine, wurde wohl im 6. Jh. gegründet.

der. Frühere Hinweise auf Ereignisse, die mit Artus in Verbindung gebracht werden können, stammen aus dem 6. und 7. Jh. von den Chronisten Gildas und Beda. Der erste Beleg für den Namen Artus datiert dann in die Zeit um 820: Der Mönch Nennius beschreibt Artus als britannischen Heerführer in den Schlachten gegen die Sachsen im 5. Jh. Tatsächlich dürfte der historische Kern der Geschichte Artus' in der Völkerwanderungszeit zu suchen sein, als sich die Bevölkerung Britanniens nach dem Abzug der Römer gegen eindringende Angelsachsen zur Wehr setzen musste.

Vom Feldherrn zum König und Sagenhelden

Zum König wurde Artus erst im Lauf mehrerer Hundert Jahre. Auch sonst flossen mit der Zeit immer mehr Details in die Geschichte ein, etwa die Tafelrunde oder die Suche nach dem Heiligen Gral. Zudem verbreitete sich die Artuslegende als Stoff von Erzählungen eines Hartmann von Aue, Gottfried von Straßburg oder Wolfram von Eschenbach in der zweiten Hälfte des 12. Jh. schlagartig über ganz Europa.

Die Artussage ist ein oft verwendetes Motiv in Kunst und Literatur – der schottische Maler James Archer schuf beispielsweise das romantisierende Gemälde *Artus' Tod*.

Einen ähnlichen Auftrieb erhielt die Legende mit ihren ritterlichen Idealen dann in der Kunst und Literatur der Romantik im 19. Jh. Hier waren es vor allem die Opern Richard Wagners „Tristan und Isolde" sowie „Parsifal". Und bis heute ist die Faszination des Artusmythos ungebrochen.

Viele Thesen, kein Beweis

Wie aber steht es nun um den wahren, d. h. historischen Artus? Sollte er wirklich existiert haben, war er höchstwahrscheinlich ein Feldherr, der im 5. Jh. gelebt hat. Viele Historiker nehmen jedoch an, dass gleich mehrere historische Personen zur Entstehung der Sagengestalt „Artus" beigetragen haben, so beispielsweise der römische Ritter Lucius Artorius Castus (2. Jh.), der römische Legat und Reichsverweser Flavius Aëtius (390–454) oder der britannische Feldherr Enniaun Girt (5. Jh.). Auch der Name Artus – so meinen einige Forscher – könnte eine Verschmelzung mehrerer Bestandteile sein: eine Kombination aus lateinischen und keltischen Ehrennamen. So ließe sich der sagenumwobene Name aus dem keltischen *art* (Bär) und dem lateinischen *ursus* (ebenfalls Bär) zusammensetzen. Doch wie vieles in der Artussage bleibt auch das eine Vermutung, die sich letztlich nicht beweisen lässt.

Zuerst war der gleichnamige Historienroman ein großer Erfolg, dann folgte die Verfilmung: In *Die Päpstin* (2009) überzeugte Johanna Wokalek als Frau auf dem Papstthron.

Gab es eine Frau auf dem Heiligen Stuhl?

855 soll sich derart Ungeheuerliches in Rom ereignet haben, dass sich offizielle Kirchenchroniken darüber ausschweigen. Während einer Prozession vom Petersdom zum Lateranspalast stürzt der an der Spitze reitende Papst vom Pferd ... und bringt wenig später vor den Augen der Gläubigen einen Knaben zur Welt. Denn der Heilige Vater ist eine Frau!

Zeitgenössische Schilderungen gibt es nicht. Schriftlich taucht die Erwähnung eines weiblichen Kirchenoberhauptes erstmals im 13. Jh. auf. Der Dominikanermönch Jean de Mailly berichtet von einer Päpstin, die 1099 entlarvt worden sei. Einen Namen nennt er nicht. Sein Ordensbruder, der spätere Erzbischof Martin von Troppeau liefert ihn nach – und Weiteres dazu. In seiner 1277 veröffentlichten „Chronik der Päpste und Kaiser" erwähnt er eine Päpstin Johanna, verlegt ihr Pontifikat aber in das 9. Jh.

Karriere eines einfachen Mädchens

Ihm zufolge ist Johanna ein Mädchen aus Mainz oder aus England. Als Mann verkleidet, wird sie von ihrem Liebhaber nach Athen gebracht, wo sie studiert. Später geht sie mit ihrem Gefährten nach Rom, macht dort sofort durch ihre Begabung von sich reden und steigt auf in der Kirchenhierarchie. Als Papst Leo IV. im Jahr 855 stirbt, wird sie als Johannes Anglicus bzw. Johan von Mainz zum Papst gewählt. Als solcher regiert Johanna zwei Jahre,

Recht anschaulich stellt dieser Holzschnitt aus dem 16. Jh. die Entlarvung der Johanna von Mainz dar.

sieben Monate und elf Tage, bevor die Sturzgeburt sie entlarvt und sie – hier widersprechen sich die diversen Berichte – an deren Folgen stirbt, vom Mob getötet oder in ein Kloster verbannt wird.

Unumstößliche Beweise?

Ernsthafte Zweifel am Wahrheitsgehalt der Legende waren schon im 16. Jh. erwacht. Doch gab es scheinbar unumstößliche Beweise: etwa die erstmals Ende des 15. Jh. aufgestellte Behauptung, dass sich nach Johannas Entlarvung jeder neu gewählte Papst auf der *sella stercoraria,* einem Stuhl mit einer Öffnung in der Sitzfläche, einer Prüfung habe unterziehen müssen. Angeblich testete ein Priester mit einem ungalanten Griff zwischen die Beine die Männlichkeit des Erwählten. Dessen Wahl erlangte erst dann Gültigkeit, wenn der Prüfer „Habet!" (Er hat es!) rief. Derartige Kot-Stühle waren jedoch schon 100 Jahre vor der angeblichen Päpstin Johanna in Gebrauch. Historiker vermuten, sie sollten greisen Päpsten in unpassenden Momenten den mühsamen Gang zur Toilette ersparen.

„Als Johannes Anglicus regiert Johanna zwei Jahre, sieben Monate und elf Tage, bevor die Sturzgeburt sie entlarvt."

Bleibt die altrömische Gasse mit dem Namen *Vicus Papessa,* die seit dem Skandal von kirchlichen Prozessionen gemieden wird. Tatsächlich bezieht sich die Bezeichnung wohl aber nicht auf einen Päpstinnenweg, sondern auf die adlige Familie der Papes, die einst dort residierte. Für Prozessionen war die Gasse ohnehin viel zu schmal.

Doch auch wenn die Fakten eine deutliche Sprache sprechen, noch hält sich die Legende einer Frau auf dem Papstthron hartnäckig. Zu verlockend scheint der Gedanke, eine Frau habe eine der letzten Männerdomänen schon vor über 1000 Jahren erorbert.

Wilhelm Tell – ein Phantom als Symbol der Freiheit?

Den Umstehenden stockt der Atem, als Wilhelm Tell seine Armbrust spannt. Der despotische Landvogt Hermann Gessler hat ihn gezwungen, auf 80 Schritte Entfernung einen Apfel vom Kopf seines Sohnes Walter zu schießen – oder gemeinsam mit ihm zu sterben.

Es ist eine teuflische Strafe, die Gessler, Handlanger des Habsburger Kaisers, ersonnen hat – und das, nur weil Tell nicht dessen auf einer Stange angebrachten Hut als Zeichen seiner Macht grüßen wollte. Tell muss schießen. Der Ausgang der Szene ist bekannt: Tell trifft den Apfel, nicht den Sohn.

Gessler aber, der fortan die Rache des Meisterschützen fürchten muss, lässt Tell fesseln und auf seine Burg nach Küssnacht bringen. Auf dem Vierwaldstätter See gerät das Schiff mit Tell an Bord in ein fürchterliches Unwetter. Tell kann sich von seinen Fesseln befreien, steuert das Schiff an eine Felsplatte heran und wagt den rettenden Sprung in die Freiheit. Nun hat er nur noch ein Ziel: dem Treiben des Tyrannen Gessler Einhalt zu gebieten. In einer „hohlen Gasse“ bei Küssnacht lauert Tell dem Landvogt auf und bereitet dessen Leben mit seinem zweiten Meisterschuss ein Ende.

Zu schön, um wahr zu sein

Soweit die Geschichte Tells, die als Stoff eines der bekanntesten deutschsprachigen Dramen – *Wilhelm Tell* von Friedrich Schiller – zum Allgemeingut nicht nur der Schweizer geworden ist. Doch auch wenn die Rückseite jeder 5-Franken-Münze den sagenhaften Arm-

Schulwissen fern historischer Fakten? Ein deutsches Lehrbild von 1908 illustriert den Apfelschuss Tells.

EIN NORDISCHES MÄRCHEN?

• Das Ereignis des Apfelschusses ist zweifellos der Höhepunkt der gesamten Tell-Saga. Dabei handelt es sich um einen uralten indogermanischen Mythos, der in anderem Gewand auch in dänischen, norwegischen und isländischen Heldensagen vorkommt.

• In der isländischen Version trägt der Held den Namen Eigil, von dessen Sohn, König Orentel, Tell vielleicht seinen Namen erhalten hat.

• Nach historischen Studien des Berner Pfarrers Uriel Freudenberger im Jahr 1760 handelt es sich bei Tells Apfelschuss aber um die Nachdichtung einer Episode aus den Gesta Danorum des dänischen Geschichtsschreibers Saxo Grammaticus (ca. 1140–1220). Hier heißt der Schütze Toko, der Bösewicht ist Harald Blauzahn, der als König von 958 bis 987 über Dänemark und ab 970 auch über Norwegen herrschte.

brustschützen als streng dreinblickenden Mann mit Kappe darstellt – die Existenz eines „lebendigen" Wilhelm Tell ist alles andere als historisch gesichert, die zeitgenössische Quellenlage in dieser Hinsicht äußerst dürftig. Tell steht als geschichtlich verbürgter Held samt seiner beiden Taten auf durchaus wackligen Füßen. Und auch Schillers Landvogt lehnt sich nur an eine historische Person gleichen Namens an. Sie wirkte jedoch nicht in Uri – dem Schauplatz der Tell'schen Sage –, sondern in der Züricher Vogtei Grüningen.

Mehr Sicherheit herrscht darüber, wie es zu der heldenhaften Geschichte um Tell kam: Um 1570 schuf Aegidius Tschudi (1505–1572), Politiker und erster Schweizer Historiker, „seinen" Tell. Er verwendete hierzu zwei ältere Schriften, die ebenfalls Tell zum Gegenstand haben: das *Weiße Buch von Sarnen* (1472), ein Lied aus der Zeit der Burgunderkriege, und die Chronik des Luzerners Petermann Etterlin (um 1507). Auf historische Genauigkeit kam es ihm dabei weniger an. Sein Werk sollte vielmehr Einigkeit unter den Eidgenossen stiften, zwischen denen im Zeitalter der Reformation tiefe Gegensätze herrschten.

Erst durch Schillers Drama wurde diese Geschichte über die Landesgrenzen hinaus bekannt. Schiller verherrlichte Tell als patriotischen Attentäter und verfolgte dabei wie Tschudi durchaus eine politische Aussage. In den von Frankreich besetzten deutschen Fürstentümern sah man in Gessler den Usurpator Napoleon; Schillers Drama insgesamt als Plädoyer für Freiheitsliebe und das Recht auf Widerstand.

In Altdorf, Hauptort des Kanton Uri und Schauplatz des Apfelschusses, steht eine der vielen Statuen des Freiheitshelden.

Freiheitsheld seit 1848

Da jede junge Nation ihre Nationalhelden braucht, wurde Tell – neben der Helvetia – 1848 offiziell als nationales Freiheitssymbol der jungen Schweiz eingeführt. Als 1891 die Schweizer die Feiern zu „600 Jahre Eidgenossenschaft" begingen, die das mythische Denken dieses Alpenvolkes stärkten, mutierte Tell endgültig vom Symbol zur nationalen Identifikationsfigur. Das zeigte sich vor allem in Krisenzeiten, als die Unabhängigkeit und Neutralität der Schweiz bedroht war, etwa während der Bedrohung des Landes zur Zeit des Zweiten Weltkriegs.

Kann man schon Tells Heldentat historisch nicht belegen, so liegt sein weiteres Schicksal noch mehr im Dunkel der Geschichte. Es wird berichtet, er habe 1315 in der Schlacht bei Morgaten gegen die Habsburger gekämpft. 1354 soll er schließlich beim Versuch, ein Kind zu retten, im Schärenbach ums Leben gekommen sein – ganz wie es sich für einen Helden geziemt.

Wer war Shakespeare wirklich?

Er ist der berühmteste englische Dichter und Schöpfer zahlreicher Klassiker der Weltliteratur. Wie aber konnte ein Mann aus der Provinz, der nie eine Universität besucht hatte, zeitlose Meisterwerke schreiben? Oder diente etwa William Shakespeare nur als Strohmann, hinter dem sich ein ganz anderer Autor verbarg?

Das berühmte „Cobbe-Porträt" eines unbekannten Künstlers aus dem 17. Jh. ist nach der Meinung einiger Wissenschaftler das einzige erhaltene Gemälde, das Shakespeare darstellt und zu dessen Lebzeiten entstand.

Genie ohne Lebensspuren

Keine Tagebücher, kein privater Briefwechsel, keine Erinnerungen von Zeitgenossen: Von dem Dichter, der unsterbliche Dramen schrieb und dessen Stücke noch heute zu den meistgespielten auf den Theaterbühnen der Welt gehören, ist keine einzige persönliche Zeile überliefert. Shakespeare, der als Schauspieler und Teilhaber der wichtigsten Theatertruppe seiner Zeit ein erfolgreiches, aber nicht außergewöhnliches Leben führte, hinterließ nur wenige historische Spuren. Warum? Noch nicht einmal seine Lebensstationen lassen sich lückenlos aufführen: In der Biografie des Dramatikers bleiben sogenannte „lost years" (verlorene Jahre), über die nichts Verbürgtes bekannt ist. So schmückten schon die ersten Biografen Anfang des 18. Jh. die mageren Fakten mit allerlei Anekdoten aus.

Ein Ghostwriter für Shakespeare

Dabei ist es für das elisabethanische Zeitalter gar nicht untypisch, dass zu Lebzeiten berühmte Theaterdichter – und niemand wurde damals öfter am Hofe gespielt und in Ausgaben gedruckt als Shakespeare – nach dem Tod schnell vergessen wurden. Doch in unserer heutigen Wahrnehmung lassen sich ein durchschnittliches Leben und posthumer Weltruhm nur schwer vereinbaren. Immerhin lässt sich nicht leugnen, dass es Shakespeare wirklich gegeben hat.

Viele Menschen vermuten deshalb, eine andere, sehr viel bedeutendere und damit historisch besser dokumentierte Persönlichkeit habe hier ihre Finger im Spiel gehabt. 1857 publizierte eine amerikanische Missionarstochter erstmals publikumwirksam die Überzeugung, dass hinter Shakespeare ein anderer gesteckt habe. Ihre These: Der prominente Lord Francis Bacon, Inbegriff eines gebildeten Adligen, belesen und weit gereist, am Hofe als Politiker mächtig und einflussreich, sei viel eher hinter dem literarische Genie zu vermuten, das aus dem Shakespeare'schen Werk spreche, als der Theatermann aus der Provinz, der nie eine Universität von innen gesehen habe.

„Inzwischen ist die Zahl derer, die hinter dem Pseudonym Shakespeare stecken sollen, auf rund 100 angewachsen."

Allerdings fiel diese These – wie auch viele andere Theorien – bei seriösen Wissenschaftlern schnell durch. Weder für Bacon noch für irgendeinen anderen der ins Spiel gebrachten „wahren Autoren hinter Shakespeare" gibt es überzeugende Belege. Eher im Gegenteil: Immer spricht irgendetwas vehement gegen sie – und damit für den historischen Shakespeare. Inzwischen ist die Zahl der Männer und Frauen, die hinter dem Pseudonym Shakespeare stecken sollen, auf rund 100 angewachsen, inklusive diverser Autorenkollektive, seiner eigenen Ehefrau Anne Hathaway und sogar Königin Elisabeth.

Ein Beispiel von vielen: 1920 wies ein englischer Lehrer zum ersten Mal auf den Mann hin, der unter Amateurforschern derzeit wieder hoch im Kurs steht: Edward de Vere, den 17. Earl of Oxford. Gegen ihn spricht zwar, dass er bereits 1604 und damit zwölf Jahre vor Shakespeare starb, doch Anhänger der These datieren munter Werke vor und zurück und stricken so kurzerhand die Chronologie des Shakespeare'schen Schaffens in ihrem Sinne um.

Kostümentwürfe (Princes Theatre, Manchester, 1896–1903) für die Feen aus dem *Sommernachtstraum*, das zu Shakespeares meistgespielten Werken zählt.

Unspektakulärer Befund

Heute interessieren sich nur noch wenige Wissenschaftler für die Autorenschaft des William Shakespeare aus Stratford. Denn die Forschung hat in minutiöser Kleinarbeit etliche Vermutungen stichhaltig widerlegen können: dass er aufgrund seiner Schulbildung ungebildet und provinziell gewesen sein muss, dass er seine Stücke mit ihren Anspielungen nicht ohne Reisen ins europäische Ausland geschrieben haben kann, dass sich adlige Autoren zur Zeit Elisabeths hinter Pseudonymen verstecken mussten. Und dennoch schreiben selbst ernannte Experten dicke Bücher über das Rätsel des Shakespeare'schen Lebens – zur Mehrung des eigenen Wohlstandes und zur Unterhaltung des Publikums. Zur seriösen Forschung tragen sie dabei so gut wie Nichts bei. Ein durchschnittliches Leben in seiner Zeit und posthumer Weltruhm – bei Shakespeare ist das der unspektakuläre Befund.

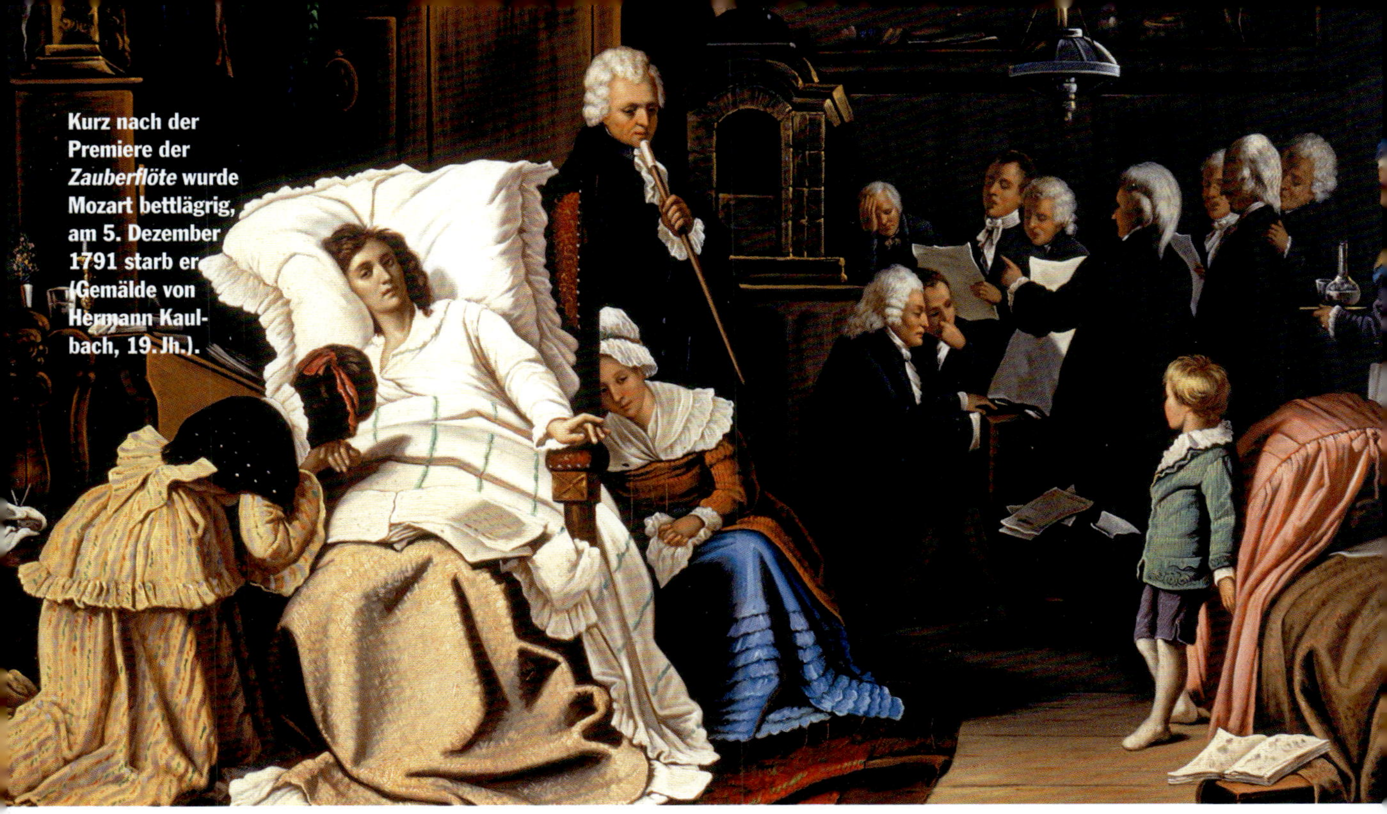

Kurz nach der Premiere der *Zauberflöte* wurde Mozart bettlägrig, am 5. Dezember 1791 starb er (Gemälde von Hermann Kaulbach, 19. Jh.).

Genial, arm, vergiftet?

Ständige Schulden und Bettelbriefe, früher Tod und Bestattung in einem Armengrab – lange galt Mozart als armes Genie, das im musikalischen Wahnsinn von der Konkurrenz vergiftet wurde. Doch die moderne Mozartforschung denkt anders über den Komponisten.

Vielleicht gibt es deshalb so viele Geheimnisse in Mozarts Leben, weil kein anderer Komponist so gründlich erforscht wurde wie er – und sich jeder Biograf sein eigenes Bild von ihm machte: Während der Salzburger für die Romantiker als Genie in trunkenem Überschwang galt, herrschte in der Zeit nach Wagner und Zeitgenossen das Bild vom gewöhnlichen Menschen mit Charakterschwächen und Bildungslücken vor. Später dann versuchte man sich an psychologischen Untersuchungen des Komponisten.

Heute weiß man: Alle hatten ein wenig Recht. Mozart war ein Mensch der Widersprüche, im Leben und in seinem Werk. Das zeigte sich besonders in seinem Umgang mit Geld. „Liebster Bruder, ich bin ihnen noch 8 Dukaten schuldig – überdies dass ich dermalen außer Stand bin, Sie ihnen zurückzuzahlen, so geht mein Vertrauen gegen Sie so weit, dass ich Sie zu bitten wage, mir nur bis künftige Woche mit 100 Florentiner Gulden auszuhelfen", schrieb der Komponist 1788 an einen Logenbruder. Derlei Bettelbriefe sind massenhaft erhalten und es sind horrende Schulden belegt. Sie haben das Bild vom armen Komponisten erstehen lassen.

Ein gutes Einkommen

Das ständige Kreisen ums liebe Geld lag in der Familie: Wolfgang war unter einem egoistischen und kaltherzigen Vater aufgewachsen, der stets darauf bedacht war, mit seinem Wunderkind ein Vermögen zu machen. Wolfgangs ältere Schwester Maria Anna erinnert sich nach dem Tod ihres Bruders, „dass er das Geld nicht

WURDE MOZART VERGIFTET?

- **Auch über die Todesursache des Komponisten gehen die Meinungen auseinander. Der Totenschein weist als Todesursache „hitziges Frieselfieber" aus; eine Autopsie fand nie statt.**
- **Das führte zu vielen Spekulationen: Biografen brachten von Syphilis oder den Folgen der Behandlung bis zur Infektion mit Trichinen nach einem brieflich belegten Genuss von Schweinekoteletts fast jede Todesursache ins Gespräch.**
- **Seit Langem existiert auch die (sehr unwahrscheinliche) Theorie, der Komponist Antonio Salieri habe als missgünstiger Konkurrent Mozart vergiftet. Mozart selbst ließ wenige Wochen vor seinem Tod seinen Pater wissen, er sei vergiftet worden.**
- **Würde man alle Todesarten zusammenzählen, die dem Musikgenie angedichtet wurden, würde man auf mehr als 140 kommen.**

zu dirigieren wusste." Und Mozart selbst beteuerte 1781 in einem Brief an seinen Vater Leopold: „Ich will besser bezahlt sein als die anderen."

Das schaffte er tatsächlich. Durch ihn verfügte die Familie Mozart über ein gewaltiges, wenn auch unregelmäßiges Einkommen. So konnte Leopold seinem Sohn eine dreiwöchige Reise zur Premiere von Idomeneo in München bezahlen, die damals unvorstellbare Summen gekostet haben muss. Und in seiner Wiener Zeit hat Wolfgang Amadeus nach Schätzungen der Biografen im Schnitt pro Jahr zwischen 2000 und 4000 Gulden eingenommen. Zum Vergleich: Ein gewöhnlicher Musiker verdiente 150–450 Gulden.

Mit Schulden ins Grab

Dieses Geld gab Mozart mit vollen Händen aus. Er wohnte teuer – im Jahr 1785 betrug allein seine Miete 480 Gulden. Er hatte eine Schwäche für Schuhe und teure Kleidung, er unterhielt eine Kutsche mit Pferd, ließ seinen Sohn ein teures Internat besuchen und kaufte sich selbst, was immer ihm schön und begehrenswert erschien.

Als sicher gilt auch, dass Mozart gehörige Summen beim Kartenspiel, Würfeln und Billard verlor und von Zeit zu Zeit sogar Casinos besuchte. Er war auch über Jahrzehnte hinweg Mitglied in der „Schützen-Compagnie", wo ebenfalls Karten und (verbotene) Glücksspiele gespielt wurden. Umstritten ist, ob sich Mozart an Lotterien beteiligte, obwohl einige Biografen auch das vermuten – immerhin ist ein Brief erhalten, in dem der Komponist die Lottozahlen wiedergibt.

„Mozart hatte eine Schwäche für Schuhe und teure Kleidung."

Als Mozart starb, hinterließ er rund 5000 Gulden Schulden, etwa ebenso viel, wie er in seinem letzten Lebensjahr eingenommen haben muss. So wurde er nur einfach bestattet – nicht in einem Massengrab für Arme allerdings, wie es lange hieß.

Der Totengräber Joseph Rothmayer begrub Mozart in einem einfachen Sarg und belegte, wie üblich, das nicht bezeichnete Grab nach zehn Jahren neu. So kam der Schädel des Komponisten wieder ans Tageslicht. Ob es derselbe ist, der heute im Mozarteum in Salzburg liegt, ist allerdings umstritten – ein weiteres Rätsel um das viel zu früh verstorbene Genie.

Leopold Mozart unternahm mit Wolfgang und Maria Anna Konzertreisen quer durch Europa (Kupferstich, 19. Jh.).

Der rätselhafte Findling

Am 17. Dezember 1833 erliegt ein Mann in der Stadt Ansbach den Verletzungen, die ihm drei Tage zuvor angeblich ein Attentäter zugefügt hat. Der Name des Toten: Kaspar Hauser. Doch ob er wirklich so hieß, wer er war, woher er kam und warum er sterben musste – darüber gibt es nur Spekulationen.

Eine zeitgenössische Darstellung von Kaspar Hauser (Radierung 1828)

Tausende von Artikeln wurden über Kaspar Hauser verfasst, 2000 Bücher geschrieben, dazu Gedichte, Theaterstücke und Lieder. Im Lauf von 175 Jahren gab es Dutzende von amtlichen und privaten Untersuchungen über seine Herkunft – ohne schlüssige Antwort. Der Historiker Golo Mann sprach deshalb vom „schönsten Krimi aller Zeiten".

Und der begann so: Es ist Pfingstmontag 1828, als dem Schuhmacher Weikmann in Nürnberg ein etwa 16 Jahre alter Junge auffällt, der offenbar nach einer bestimmten Straße sucht. Er ist etwas zerlumpt gekleidet und macht einen verwirrten Eindruck.

Eine karge Kindheit

Im Besitz des Jungen ist ein Brief, adressiert an einen Rittmeister in Nürnberg. Darin schreibt ein angeblicher Tagelöhner in mundartlichem Deutsch, der Junge sei ihm im Oktober 1812 als Findelkind „gelegt" worden. Er habe ihn nach besten Kräften aufgezogen – und da der Bub Reiter werden wolle, schicke er ihn dem Rittmeister. Dem Brief ist ein weiteres Schreiben beigelegt, dessen Verfasserin sich als Mutter des Jungen ausgibt. Kaspar sei am 30. April 1812 geboren. Sein Vater, ein Reiter aus dem gleichen Regiment wie der Rittmeister, sei tot. Dieser sogenannte Mägdleinbrief freilich, so die Forschung, sei eine Fälschung, ebenfalls geschrieben vom Verfasser des Briefes an den Rittmeister.

Kaspar wird zur Polizei geführt. Dort schreibt er seinen vollen Namen auf: Kaspar Hauser. Er kann, wenn auch mühsam, lesen, kennt Gebete. Stockend erzählt er, ein Mann habe ihn von Regensburg nach Nürnberg gebracht. Der „rätselhafte Findling", wie Hauser bald genannt wird, ernährt sich zunächst nur von Wasser und Brot und behauptet, er habe fast sein ganzes Leben allein in einem dunklen Raum verbracht und nie etwas anderes gegessen.

Wenig später taucht die Behauptung auf, Kaspar sei in Wirklichkeit der Erbprinz von Baden. Er sei schon als Baby beiseite geschafft worden und durch einen sterbenden Säugling ersetzt worden. Veranlasst habe das die Gräfin von Hochberg. Durch den Tausch habe die Herzogin ihren eigenen Nachkommen zur Thronfolge verhelfen wollen.

Kaspar lebt derweil in der Obhut verschiedener Pflegeeltern. Ein englischer Lord bringt ihn schließlich bei einer Familie in Ansbach unter. Juristen, Ärzte, Theologen und Pädagogen beschäftigen sich mit dem seltsamen Jungen und Neugierige können ihn regelrecht besichtigen. Längst haben sich in der Bevölkerung zwei Gruppen gebildet: „Hauserianer", die an die Erbprinzentheorie glauben, und „Anti-Hauserianer", die Kaspar für einen Schwindler halten.

Unter starker Anteilnahme der Bevölkerung wurde der „rätselhafte Findling" am 20. Dezember auf dem Ansbacher Stadtfriedhof zur letzten Ruhe gebettet.

Ein tragisches Ende

Im Oktober 1829 wird der junge Mann mit einer Schnittwunde im Haus seines Ziehvaters aufgefunden. Er gibt an, ein Maskierter habe ihn überfallen, der Stimme nach der gleiche, der ihn nach Nürnberg gebracht habe. Die Wunde erweist sich als harmlos. Hat Hauser sie sich selbst beigebracht, um das Interesse an seiner Person wachzuhalten? Der nächste Messerangriff jedoch ist tödlich. Bevor er stirbt, sagt Hauser, er sei in den Ansbacher Hofgarten gelockt und dort von einem Unbekannten niedergestochen worden. Auch hier scheiden sich die Geister, während manche Historiker tatsächlich von einem Attentat ausgehen, vermuten andere einen versehentlichen Suizid. König Ludwig I. von Bayern setzt vergeblich eine Belohnung von 10000 Gulden für die Aufklärung des Verbrechens aus – eine hohe Summe. Die Gerüchte um seine noble Herkunft bleiben.

Moderne Methoden für einen alten Fall

1996 analysierten Mediziner Blutproben aus der Unterhose, die Hauser bei dem tödlichen Attentat getragen hatte. Eine genetische Übereinstimmung mit lebenden weiblichen Nachkommen der badischen Großherzogin Stephanie, der Mutter des Erbprinzen, ergab Abweichungen in sechs Punkten. So schien zumindest festzustehen: Hauser war kein badischer Prinz. Doch 2002 folgte eine weitere Analyse. Im Auftrag des ZDF wurde eine im Museum aufbewahrte Haarlocke Hausers gentechnisch untersucht. Ein Vergleich mit dem DNA-Ergebnis des Hauses Baden ergab Abweichungen in nur noch einem Punkt. Damit war wieder alles offen.

Experten meinen: Um ganz sicher zu gehen, ob ein Verwandtschaftsverhältnis besteht, müssten auch die Überreste des nach der Geburt verstorbenen Säuglings untersucht werden, der in der Familiengruft des Hauses Baden in der Pforzheimer Schlosskirche beigesetzt wurde. Das Haus Baden lehnt dies jedoch strikt ab. Hauserianer werten das als neuen Vertuschungsversuch. Und so scheint es, als werde die Inschrift des Grabsteins auf dem Ansbacher Stadtfriedhof für alle Ewigkeit gelten. Sie lautet, aus dem Lateinischen übersetzt: „Hier liegt Kaspar Hauser, Rätsel seiner Zeit, unbekannt die Herkunft, geheimnisvoll der Tod."

War Jack the Ripper ein Arzt?

Er schnitt den Frauen die Kehle durch und verstümmelte ihren Unterleib: Bei Annie Chapman entnahm er die Gebärmutter, bei Catherine Eddowes noch dazu die linke Niere. Mary Jane Kelly fehlte das Herz. Hatte Jack the Ripper, der berüchtigtste Serienmörder aller Zeiten, medizinische Kenntnisse?

Elf ermordete Frauen im Viertel Whitechapel zwischen April 1888 und Februar 1891, jede Menge Verdächtige, unzählige vorübergehende Verhaftungen, Bekennerbriefe en masse – Ende September 1888, nach bereits vier Morden, bekam das Grauen seinen bleibenden Namen: Ein „Jack the Ripper", Jack der Aufschlitzer, kündigte in einem Brief an die „Central News Agency" weitere Taten an. Drei Tage später fand man zwei weitere verstümmelte Frauenleichen. Die mit den Ermittlungen betrauten Polizeibeamten schrieben fünf der elf Morde dem Ripper zu, in den restlichen Fällen gingen ihre Ermittlungen in andere Richtungen.

Wer war Jack the Ripper?

Ein Polizeibericht aus dem Jahr 1894 benannte drei Hauptverdächtige: Einen armen polnischen Juden aus Whitechapel, einen Lehrer und einen russischen Betrüger. Schon Ende 1888 hatte Scotland Yard zudem einen amerikanischen Quacksalber ins Spiel gebracht. Ein Arzt oder ein Schlachter, jedenfalls jemand mit Kenntnissen der Anatomie – das stand auch bei der hysterischen Boulevardpresse hoch im Kurs. Doch die Polizei kam zu keinem Ergebnis: In keinem der elf Mordfälle wurde letztlich Anklage erhoben.

Und so bleibt ein Spielfeld für Verschwörungstheoretiker. 2002 veröffentlichte die US-Krimiautorin Patricia Cornwell ihre These: Der englische Maler Walter Sickert, ein gebürtiger Münchner, habe hinter Jack the Ripper gesteckt. Zwar ist der Maler für seine morbiden Bilder berüchtigt, Cornwalls These überzeugte die „Ripperologen" aber dennoch nicht.

Ein Stoff für Hollywood

Sickert spielt auch eine tragende Rolle in dem Comicroman *From Hell* (engl.: Aus der Hölle), das der englische Comicautor Alan

„Dem lieben alten Boss, von Jack the Ripper" – so beginnt einer der wenigen wohl echten Briefe des Serienmörders.

Moore und der Zeichner Eddi Campell 1991–1998 herausbrachten. Die Geschichte beginnt damit, dass der Maler Sickert den Enkel Eduard von Königin Viktoria und eine Verkäuferin miteinander bekannt macht. Aus der Mesalliance entsteht eine Tochter. Damit die Affäre nicht ruchbar wird, muss die Queen nicht nur Mutter und Tochter verschwinden lassen, sondern auch gleich noch die zufälligen Mitwisserinnen: Fünf Prostituierte aus Whitechapel. Ein Auftrag für ihren Leibarzt Sir William Gull: Bewaffnet mit einem Messer und unterstützt von seinem Kutscher zieht er auf Mordpfaden durch Nacht und Nebel.

„Als Absender war *From Hell* angegeben, das Päckchen enthielt eine halbe menschliche Niere."

Moore ist kein Experte im herkömmlichen Sinne: Obwohl umfassend recherchiert, erhebt sein Epos keinen Anspruch auf Wahrheit. Es erzählt eine Geschichte, die höchst unwahrscheinlich ist. Hollywood indes gefiel sie – 2002 wurde der Comic verfilmt.

Makaberer Scherz

Den Namen für das Werk gab ein Päckchen, das der Vorsteher einer örtlichen Miliz in Whitechapel am 16. Oktober 1888 erhielt, angeblich von Jack the Ripper. Als Absender war *From Hell* angegeben, das Päckchen enthielt eine halbe menschliche Niere. Die andere Hälfte, so der Absender, habe er gebraten und gegessen. War es die Hälfte der fehlenden Niere von Catherine Eddowes, die zwei Wochen zuvor ermordet worden war? Die Polizeibeamten der damaligen Zeit hielten es eher für einen makaberen Scherz von Medizinstudenten.

Im Fall Jack the Ripper stellt sich heute vor allem eine Frage: Wenn die Polizei schon damals den Fall nicht lösen konnte, wie sollen selbst ernannte Ermittler heute, mehr als 120 Jahre später, dem Täter auf die Spur kommen? In einer Dokumentation der Londoner Polizei heißt es folglich: „Unzählige Pressegeschichten, Pamphlete, Bücher, Theaterstücke, Filme und sogar Musicals haben die Fakten dramatisch aufbereitet und so weit verfälscht, dass heutzutage im Fall Jack the Ripper Erfundenes von der breiten Öffentlichkeit eher akzeptiert wird als die Realität."

Die Serienmorde lösten einen Medienrummel aus, teils sehr blutrünstig berichtete die Presse von dem Fall (Illustration aus *Le Journal Illustre*, 13. Februar 1891).

Der heilige Teufel

Ein Wanderprediger, dessen Einfluss auf die Zarenfamilie so groß schien, dass höchste Adelige ihn schließlich bestialisch umbrachten: Kurz bevor das russische Zarenreich zusammenbrach, erschien im Zentrum der Macht Grigori Jefimowitsch Rasputin.

Der selbsternannte Wunderheiler Rasputin (koloriertes undatiertes Foto) stammte aus der westsibirischen Provinz.

Der Grund für den Aufstieg des Sonderlings war ein gut gehütetes Staatsgeheimnis – die Bluterkrankheit des Zarensohnes und Thronfolgers Alexej. Als Rasputin 1903 in Petersburg auftauchte, genoss er bereits einen Ruf als Wunderheiler. Schnell verkehrte er in den höchsten Petersburger Kreisen und traf Zar Nikolaus II. und dessen Familie. Zarin Alexandra, Nikolaus' Frau, sah in dem einfachen Bauern die Rettung für ihren kranken Sohn: Nachdem Rasputins Gebete mehrfach in kritischen Situationen Blutungen von Alexej zum Stillstand gebracht hatten, hielt sie unverbrüchlich an dem Prediger fest, den der Volksmund fortan „heiliger Teufel" nannte.

Welchen Einfluss hatte Rasputin wirklich?

Doch schon längst war seine unerklärliche Anwesenheit am Hofe zu einem Politikum geworden. Rasputins vermeintlicher Einfluss beschäftigte nicht nur die Presse, sondern auch die russische Duma, das Parlament. Die Situation spitzte sich vollends zu, als der Zar im August 1915 Petersburg verließ und ins russische Hauptquartier wechselte. Jetzt herrschten im Petersburger Palast angeblich Rasputin und die ihm hörige Alexandra, schäumten führende Vertreter aus Politik und Hofgesellschaft. Tatsächlich schrieb Rasputin dem Zaren Briefe und Telegramme mit politischen Ratschlägen und Vorschlägen zur Ämterbesetzung.

„Alexandra sah in dem einfachen Bauern die Rettung für ihren kranken Sohn."

Dennoch sah aller Wahrscheinlichkeit nach Nikolaus II., der ein überaus liebevoller Vater war, in dem Wunderheiler nicht mehr als einen seltsamen Arzt für Alexej. In wissenschaftlichen Darstellungen der Zeit kommt Rasputin allenfalls als Randnotiz vor. Seine größte Wirkung bestand wohl darin, dass er mit seinem exaltierten Auftreten und den vielen ihm nachgesagten Skandalen das ohnehin angekratzte Ansehen der Monarchie noch weiter zerstörte.

Im Dezember 1916 taten sich deshalb drei Männer der allerobersten russischen Gesellschaftsschicht zusammen und ermordeten ihn; seine Leiche wies Spuren grausamer Folter auf. Doch mit ihrer Verzweifelungstat konnten sie die Herrschaft der Romanows nicht retten – nur drei Monate später, im Frühjahr 1917, musste Nikolaus II. abdanken. Die Russische Revolution nahm ihren Lauf.

Robert Graysmith, Autor von *Zodiac. Auf der Spur eines Serienkillers* ist von der Täterschaft Arthur Allens überzeugt.

Hier spricht der Zodiac …

1968/69 hielt ein Serienmörder San Francisco in Angst und Schrecken. Er tötete mindestens fünf Menschen und verletzte zwei schwer. Die Polizei konnte den „Zodiac-Killer" nie fassen – dabei war der geltungssüchtige Täter den Medien gegenüber sehr mitteilungsbedürftig.

Bis heute ist die Identität des Zodiak-Killers, der Ende der 1960er-Jahre rund um San Francisco sein Unwesen trieb, ein großes Rätsel. Die Ermittler wissen nicht einmal, wie viele Menschen er wirklich auf dem Gewissen hat – er selbst spricht in einem der vielen Briefe, die er an regionale Zeitungen geschickt hat, von 37 Morden. Sechs dieser Briefe enthielten codierten Text, drei davon konnten nie entschlüsselt werden.

Mörderische Geltungssucht

Die Mordserie begann am 20. Dezember 1968. Betty Lou Jensen und David Faraday, zwei High-School-Studenten, hielten abends mit ihrem Auto an der geschotterten Ausfahrt einer Landstraße bei

Benicia. Die Polizei rekonstruierte aus den Spuren im Kies, dass der Mörder sein Auto parkte, ausstieg, die Opfer zum Aussteigen aufforderte, sofort erschoss und wegfuhr. Zeugen gibt es keine, doch nachdem der Fall ein halbes Jahr später immer noch nicht gelöst war und die Spekulationen kein Ende nahmen, meldete sich Ende Juli 1969 ein anonymer Briefeschreiber bei drei Zeitungen. Er nannte bislang unveröffentlichte Details der Tat, beispielsweise die Marke der Munition und den Ablauf des Geschehens.

Gleichzeitig schickte er jeder Zeitung jeweils ein Drittel eines chiffrierten Textes. Der Code erwies sich als recht einfach zu knacken: Der Täter hatte einfach jeden Buchstaben des Klartextes durch eine Reihe von Symbolen ersetzt. Im Text bekennt er, jemanden zu töten, sei für ihn „das aufregendste Erlebnis". Für die Unterschrift wählte er einen durchkreuzten Kreis, der auch als Markenzeichen der Uhrenmarke Zodiac dient. Und tatsächlich leitete der Mörder einen wenige Tage später versandten Brief mit den Worten ein: „Lieber Herausgeber, hier spricht der Zodiac."

In den kommenden Jahren sollten rund 20 Briefe und Karten folgen, die dem Zodiac-Killer zugeschrieben werden. Einige stammten sicher aus seiner Feder, weil sich darin Details über Morde fanden oder Teile vom Tatort beilagen.

Viele Verdächtige, kein Täter

Mindestens zwei Opfer haben einen Angriff des Zodiac-Killers überlebt. Sie konnten ihn beschreiben: Das Phantombild zeigt einen Brillenträger im Alter von etwa 40 Jahren. Und es gibt wohl weitere Menschen, die den Mörder gesehen haben, darunter Kathleen Johns, die am 22. März 1970 von einem Unbekannten im Auto mitgenommen und bedroht worden war. In letzter Sekunde ließ er sie fliehen. Auf der Polizeiwache sah Johns das Phantombild und erkannte den Mann.

Die Ermittlungen der Polizei blieben erfolglos. Eine Liste von bis zu 2500 Verdächtigen wurde von Arthur Leigh Allen angeführt, einem Lehrer und Gelegenheitsarbeiter. Er hatte Zugang zu einer Schreibmaschine des Typs, auf der einige der Briefe des Killers geschrieben worden waren, und er besaß auch eine Zodiac-Armbanduhr. Nur passten weder seine Fingerabdrücke noch seine DNA zu den Spuren des Mörders. Allen starb 1992 an den Folgen von Diabetes. Nachdem im Mai 2018 ein anderer Serienmörder, der „Golden State Killer", Jahrzehnte nach seinen Taten dank einer DNA-Analyse überführt werden konnte, hofft die Polizei auf diese Weise nun auch den „Zodiac-Killer" zu entlarven.

RÄTSELHAFTE ZODIAC-BRIEFE

In den meisten seiner Briefe brüstet sich der Mörder mit seinen Taten. In einem Brief fordert er gar, die Leser sollten Buttons mit seinem Zodiac-Logo tragen. Wütend beschwert er sich im folgenden Brief, er habe keine Buttons entdecken können und werde als Vergeltung einen vollbesetzten Schulbus in die Luft sprengen. 32 Zeichen eines Codes und eine beigefügte Landkarte sollten verraten, wo die angebliche Bombe versteckt sei – zu dem Anschlag kam es nie. Doch immer noch wird versucht, diesen „Z 32" (Bild unten) genannten Code zu knacken, so wie auch den „Z 340", einen 340 Zeichen langen Brief vom 8. November 1969, dem eine Grußkarte beilag. „Sorry, ich habe nicht geschrieben, sondern meinen Füller gespült", heißt es darin – bis heute weiß man nicht, ob sich der Mörder einen Scherz erlaubt hat und der angeblich verschlüsselte Brief nur Unsinn enthält. Vielleicht kann man ihn fragen, wenn man Botschaft Z 13 knackt: In einem Brief vom 20. April 1970 steht: „Mein Name ist: ...", gefolgt von 13 Symbolen.

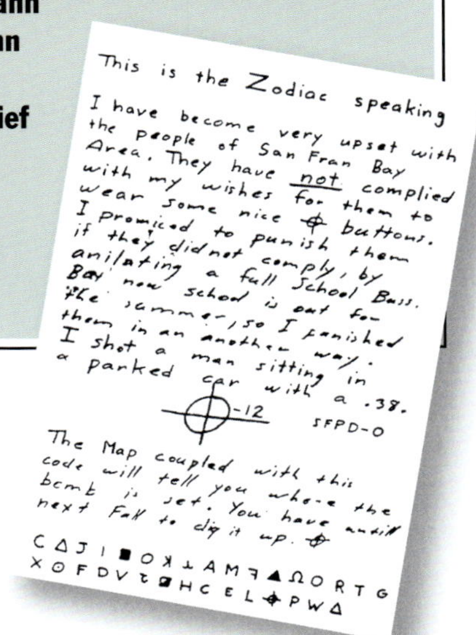
This is the Zodiac speaking
I have become very upset with
the people of San Fran Bay
Area. They have not complied
with my wishes for them to
wear some nice ⊕ buttons.
I promiced to punish them
if they didnot comply, by
anilating a full School Buss.
Bay now school is out for
the summer, so I punished
them in an another way.
I shot a man sitting in
a parked car with a .38.
⊕-12 SFPD-0
The Map coupled with this
code will tell you where the
bomb is set. You have untill
next Fall to dig it up. ⊕
C Δ J I ■ O K ⊥ A M ⅂ ▲ Ω O R T G
X ⊙ F D V ⊂ ◪ H C E L ⊕ P W Δ

Ist Paul tot?

Von 1960 bis 1969 spielte Paul McCartney den Bass bei den Beatles. Doch einige Fans sind anderer Meinung. Sie glauben, dass McCartney am 9. November 1966 mit seinem Auto an einer roten Ampel auf den Vordermann auffuhr, weil er einer Politesse nachblickte – und im brennenden Unfallwagen starb.

Für diese Geschichte haben Beatles-Fans Hunderte von Belegen gesammelt – und sie haben die Legende weitergesponnen: Damit die *Fab Four* (Fabelhaften Vier) weitermachen konnten, gingen sie nämlich einen Handel mit der Plattenfirma ein. McCartney wurde auf der Bühne und im Studio durch ein Double ersetzt. Fast täglich gibt es im Internet neue Beweise für den Tod von Paul McCartney.

Der Theorie zufolge haben die drei übrigen Beatles dieser Täuschung nur unwillig zugestimmt. In Liedtexten und auf Albencovern weisen sie angeblich ihre Fans auf den Verlust hin: Schon auf der Hülle des nächsten Albums *Sgt. Peppers Lonely Hearts Club Band* posierten die Beatles wie auf einer Beerdigung. Pauls Bass findet sich als Blumengesteck zu ihren Füßen. Paul steht zwar in der „Trauergemeinde", jedoch so, als müsse er von seinen Kollegen gestützt werden. Einige Alben später geht Paul auf dem Cover von *Abbey Road* als Einziger barfuß über den Zebrastreifen (s. Foto und Deutung unten). Es sei eben ein heißer Tag gewesen, erklärte er – oder sein Double – Jahre später in einem Interview. Eine Lüge?

„Ich bestattete Paul"

Einige seiner Fans spielen Songs rückwärts, spiegeln Schriftzüge auf den Alben und analysieren die Beatles-Filme mit der Lupe, um überall Hinweise auf den Tod von McCartney zu finden. Am Ende des Songs *Strawberry Fields* kann man die Zeile „I buried Paul" (Ich bestattete Paul) hören. Und was hat das Lied *Lovely Rita,* Ode an eine Politesse, auf *Sgt. Peppers Lonely Hearts Club Band* zu suchen? Im Film *Magical Mystery Tour* (1967) gibt Paul McCartney sein Alter mit 30 an; tatsächlich hätte er zu diesem Zeitpunkt 25 sein müssen. Und immer wieder hält Paul McCartney Gegenstände in der rechten Hand – als Linkshänder.

In England werden Tote barfuß bestattet – trägt McCartney auf dem Cover von *Abbey Road* deshalb keine Schuhe?

Es lässt sich nicht mehr genau feststellen, woher die Verschwörungstheorie vom toten Paul stammt. Aufgekommen ist sie 1969, entweder an der Universität Michigan oder in einem Lokalradio in Detroit. Und vielleicht entstand sie sogar aus einem belegten Ereignis: Paul McCartney hatte Ende 1966 einen Mopedunfall, bei dem er sich einen Zahn ausschlug.

RÄTSELHAFTE TODESFÄLLE

Kobra oder Schierlingsbecher?

Es ist der 10. August 30 v. Chr. Kleopatra hat sich in ihren Palast in Alexandria zurückgezogen. Ihr Geliebter und politischer Verbündeter Mark Anton ist tot, nach einer verlorenen Schlacht hat er sich in sein Schwert gestürzt. Und auch sie plant ihren Selbstmord. Aber wie? Und womit?

Die ägyptische Pharaonin will sterben, um nicht vom siegreichen römischen Feldherrn Octavian, dem späteren Kaiser Augustus, in Rom als Kriegsbeute vorgeführt zu werden. Aber die drastische Methode eines Kriegers, die Mark Anton gewählt hat, ist für sie nicht geeignet. Der griechische Schriftsteller und Philosoph Plutarch berichtet, Kleopatra habe sich einen Korb mit Feigen in den Palast bestellt. Darin habe sich auf ihr Geheiß eine Giftschlange befunden. Während Kleopatra die Feigen isst, „schnellt eine Kobra aus dem Korb und beißt sie in den Arm. Als ihre Bewacher die Tür eintreten, liegt Kleopatra bereits tot auf ihrem Bett. Mit entspanntem Gesicht, schön wie eh und je.“ Aber Plutarch fügt hinzu: „Ob es wirklich so war, das weiß niemand.“

Die ästhetisch-erotische Darstellung von Jean André Rixen von 1874 ist wohl weit von der Realität entfernt.

Der Schlangenbiss

Diese Einschränkung wurde gern ignoriert, zu anrührend ist die Schilderung. Mehr als 2000 Jahre lang wird der Tod der verführerischen Frau in allen Überlieferungen und in zahllosen Gemälden und Filmen so dargestellt. Um ihn noch dramatischer erscheinen zu lassen, wird Kleopatra auf vielen bildlichen Darstellungen sogar in die entblößte Brust gebissen.

Wahrscheinlich war aber alles ganz anders. Der deutsche Kleopatra-Biograf Christoph Schäfer glaubt nicht, dass ein Kobrabiss der Pharaonin den Tod brachte. Durch den Biss dieser Giftschlange zu sterben, ist nämlich ein sehr unangenehmer Tod. Dietrich Mebs, ein ehemaliger Toxikologe am Zentrum der Rechtsmedizin in Frankfurt a. M., bezeichnet ein solches Sterben sogar als qualvoll – wer sich das Leben nehmen will, möchte aber in der Regel keine Qualen erleiden. Kobragift bewirkt eine fortschreitende Lähmung. Wer gebissen wurde, erlebt seinen Tod Schritt für Schritt und bei vollem Bewusstsein mit, von ersten Symptomen wie Erbrechen, Lähmung der Augenmuskeln, Sprech- und Schluckbeschwerden bis zum Atemstillstand. Das kann eine halbe bis mehrere Stunden dauern.

Das Wissen über die Kobra

Plutarch schreibt zwar, Kleopatra habe die Kobra gewählt, weil sie glaubte, es sei die einzige Schlange, deren Biss „ohne Krampf und Ächzen eine Betäubung und unüberwindliche Neigung zum Einschlafen bewirkt". Schäfer meint jedoch, die Kobra sei für Kleopatra nur so etwas wie ein dramaturgisches Requisit gewesen, um ihren Selbstmord zu verklären (s. Kasten). Nach allem, was man weiß, war die aus einer Priesterdynastie stammende Pharaonin nämlich nicht nur schön, sondern nach damaligen Begriffen auch gebildet. Sie wusste, dass in Ägypten jedes Jahr viele Menschen nach dem Biss einer Kobra qualvoll starben. Denn die ägyptische Kobra gehört zu den drei giftigsten Schlangenarten des afrikanischen Kontinents. Ein solches Reptil wird bis zu 2 m lang, mit Giftzähnen von bis zu 1 cm Länge – die Wirkung seiner Bisse war im ganzen Land bekannt.

WARUM EINE KOBRA?

Auch wenn Kleopatra letztlich nicht von einer Kobra getötet wurde, so spielt diese Giftschlange doch eine wichtige Rolle in der Legendenbildung rund um den Tod der Pharaonin. Warum wurde gerade die Kobra dafür ausgewählt, deren Einsatz als Tötungsinstrument schon in der Antike bezweifelt wurde? Auch dazu hat Althistoriker Schäfer eine Erklärung. Auf altägyptischen Darstellungen trägt Kleopatra, wie andere Pharaonen auch, ein Diadem mit einer aufgerichteten, also abwehrbereiten Kobra – die ägyptische Kobra galt als heilig und sollte die Pharaonen vor Unheil schützen. Das Tier verkörperte die Göttin Isis, eine der wichtigsten Göttinnen der Ägypter. Und auch Kleopatra ließ sich als Verkörperung der Isis verehren. Ihren Tod mit der Kobra in Verbindung zu bringen, kam einer Vereinigung mit der Isis gleich und ließ Kleopatra im Tod gleichsam zur Göttin werden.

Wie Sokrates

Der Wissenschaftler vermutet deshalb: Kleopatra trank Gift, statt sich von einer Giftschlange beißen zu lassen. Denn sie hatte – wie viele Menschen damals, vor allem Frauen – mit Sicherheit ein großes Wissen über Gifte und deren Wirkungen. Sie kannte wahrscheinlich auch Rizin. Schon ein einzelnes Samenkorn des Rizinbusches ist tödlich. Aber der Tod durch Rizin dauert drei bis vier Tage. Also vergiftete sich Kleopatra wahrscheinlich mit Schierlingskraut – wie es auch der griechische Philosoph Sokrates tun musste. Schierling lähmt das Nervensystem, man stirbt an Atembeschwerden. Das ist sicher auch nicht angenehm. Aber durch eine Zugabe von Opium, den alten Ägyptern ebenfalls bekannt, kann man den Tod „im Schlaf erleben". Es war also, meint Schäfer, vermutlich ein Cocktail aus Schierling und Opium, mit dem sich Kleopatra tötete. In dieser Hinsicht stimmt auch die Schilderung des Plutarch: Sie lag tot auf ihrem Bett, schön wie eh und je … Ob die neue Erklärung stimmt oder nicht – die mysteriösen Umstände ihres Selbstmords trugen zu Kleopatras unsterblichem Ruf bei.

Brachte das Schierlingskraut Kleopatra den Tod?

Geheimnisvoller Totenkopf

Nur um wenige Knochen hat es so viel Rätselraten gegeben wie um die Gebeine von Friedrich Schiller. Zunächst glaubte man, den richtigen Schädel identifiziert zu haben, doch dann fand sich noch ein weiterer Kandidat!

Klar ist, dass Schiller am 9. Mai 1805 starb und zwei Tage später in der Gruft des Kassengewölbes auf dem Weimarer Jacobsfriedhof beerdigt wurde. Dieses Mausoleum war damals allerdings eine Art Sammelgrab für angesehene Zeitgenossen, die sich eine aufwendigere Ruhestätte nicht leisten konnten. Der Dichter war in seiner Gruft also nicht allein. Nach seinem Tod gewann er zunehmend an Popularität und seine Anhänger wollten ihn in eine würdevollere Grabstätte umbetten lassen. Nur war das Durcheinander von Gebeinen im Kassengewölbe mittlerweile so groß, dass man die Knochen den einzelnen Verstorbenen nicht mehr zuordnen konnte.

Die Knochenfahnder

1826 ließ der Weimarer Bürgermeister Carl Leberecht Schwabe 23 Schädel bergen und erklärte den größten davon kurzerhand zum Dichterhaupt. Dieser Totenkopf, den Goethe zeitweise in seinem Arbeitszimmer aufbewahrt haben soll, wurde am 16. Dezember 1827 in der Fürstengruft auf dem neuen Weimarer Friedhof beigesetzt. Doch immer wieder kamen Zweifel an seiner Echtheit auf. 1911 holte der Anatom August von Froriep dann weitere 63 Schädel aus dem Kassengewölbe. Einen davon glaubte er anhand von Schillers Totenmaske als den echten identifizieren zu können. Dieser „Froriep-Schädel" wurde 1914 ebenfalls in der Fürstengruft bestattet.

Zwei Schädel sind nun aber selbst für einen Dichterfürsten einer zu viel. Also haben Wissenschaftler Jahrzehnte lang immer wieder versucht, Beweise für die Echtheit des einen oder anderen Exemplars zu finden. Klarheit brachte allerdings erst ein Forschungsprojekt, das die Klassikstiftung Weimar und der Mitteldeutsche Rundfunk ins Leben gerufen haben. Im Jahr 2008 präsentierten Anthropologen der Universität Freiburg gemeinsam mit Kollegen verschiedener anderer Disziplinen das ernüchternde Ergebnis ihrer Untersuchungen: Analysen des Erbmaterials DNA hatten zweifelsfrei ergeben, dass keiner der beiden Totenköpfe der echte ist.

Gustav Heinrich Eberlein gestaltete diese Plastik inspiriert von Goethes berühmtem Gedicht *Bei Betrachtung von Schillers Schädel*.

Die vielen Leiden des großen Komponisten

Vergifteter Fisch? Gepanschter Wein? Syphilis? Es hat schon zahlreiche Spekulationen darüber gegeben, woran Ludwig van Beethoven derart qualvoll gestorben ist. Selbst modernste Untersuchungsmethoden liefern widersprüchliche Ergebnisse.

„Vorgestern den 26. März, zwischen 5 und 6 Uhr Nachmittag, verstarb hier Herr Ludwig van Beethoven, nach langwierigem Krankenlager an der Wassersucht, im 57sten Jahre seines der Kunst gewidmeten Lebens.“ So beginnt der Nachruf, den die Wiener Zeitung am 28. März 1827 druckte. „Wassersucht“ ist allerdings eine ziemlich unklare Diagnose und auch die Todesursache „Leberzirrhose“, die im Obduktionsbericht steht, beantwortete nicht alle Fragen.

Auch Dr. Andrew Todd von der Mount Sinai School of Medicine in New York untersuchte ein Stück von Beethovens Schädel – und fand dabei aber kaum nennenswerte Bleikonzentrationen.

Blei oder kein Blei?

Fest steht, dass Beethoven rund 40 Jahre lang unter allen möglichen Symptomen litt: von Koliken und Leibschmerzen über Funktionsstörungen von Leber und Niere bis hin zu Reizbarkeit. Das alles schien zu einem Befund zu passen, den das Argonne National Laboratory in Chicago 2005 veröffentlichte. Forscher hatten ein kleines Knochenstück aus dem Schädel des Musikers untersucht und darin größere Mengen Blei entdeckt. Eine chronische Bleivergiftung könnte Beethovens Symptome erklären.

Die Blei-Theorie blieb umstritten, auch weil eine weitere Untersuchung des Schädels durch Dr. Andrew Todd ein gegenteiliges Ergebnis brachte. Doch dann konnte der Wiener Gerichtsmediziner Christian Reiter 2007 eine Locke des Komponisten untersuchen. Er stellte eine so hohe Bleikonzentration fest, dass er Bleivergiftung als Todesursache diagnostizierte. Allerdings in Kombination mit mehreren Faktoren: Vor seinem Tod hatte Beethoven eine Lungenentzündung, die mit bleihaltiger Arznei kuriert wurde – wegen ihrer schleimlösenden und entzündungshemmenden Wirkung. Was Beethovens Arzt nicht wusste: Sein Patient hatte eine Leberzirrhose. Beethoven liebte süßen Wein – und die Säure des Rebensaftes wurde zu seiner Zeit durch Bleizugaben reduziert. Am Ende war die vorgeschädigte Leber all dem nicht mehr gewachsen.

Verschwunden im Outback

Früher galten Forschungsreisende nicht selten wochen-, monate- oder gar jahrelang als verschollen, weil die Möglichkeiten, Kontakt zu halten, begrenzt waren. Für die berühmtesten wurden dann irgendwann aufwendige Such- und Rettungsexpeditionen durchgeführt – nicht immer erfolgreich. Oft steht am Ende einer Forscherbiografie ein Fragezeichen – wie beim deutschen Australienforscher Ludwig Leichhardt und seinen sechs Gefährten. Ihr letztes sicheres Lebenszeichen stammt von April 1848.

Leichhardt, am 23. Oktober 1813 bei Cottbus geboren, stammt aus einer kinderreichen, armen Beamtenfamilie. Er darf zwar studieren (Philologie, Botanik, Geologie), doch das Geld reicht nicht. Um möglichst schnell einen Abschluss mit Zukunft zu machen, will Leichhardt das Studienfach wechseln. Da kommt ihm 1835 das Glück in Gestalt des wohlhabenden Engländers William Nicholson zu Hilfe. Der Freund finanziert das Studium und die Reisen, die die beiden jungen Männer in Europa unternehmen. Am 1. Oktober 1841 trennen sich ihre Lebenswege wieder. Nicholson bleibt als Arzt in England, Leichhardt aber will die Welt sehen und schifft sich nach Australien ein.

Auf dieser Australienkarte sind die wichtigsten Orte im Zusammenhang mit Leichhardts Expeditionen eingezeichnet, darunter auch der Fundort einer gravierten Metallplatte mit der Aufschrift „Ludwig.Leichhardt.1848" und Bäume, die mit Leichhardts Initial gekennzeichnet wurden.

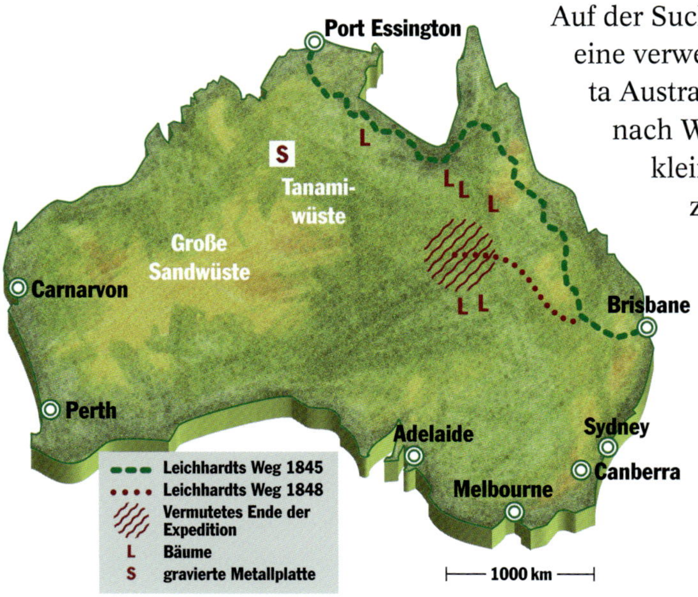

Ein tollkühner Plan

Für die kürzeren Exkursionen auf dem fünften Kontinent und die erste weite Expedition hinauf zur Nordwestküste reicht das Finanzpolster, mit dem der Freund den Forscher ausgestattet hat. Auf der Suche nach neuen Sponsoren keimt in Leichhardt eine verwegene Idee: Als Erster will er die Terra incognita Australiens in voller Länge (gut 4000 km) von Osten nach Westen durchqueren und erforschen. Ziel der kleinen Expedition mit etwa einem halben Dutzend Teilnehmern ist der Swan River an der Südwestecke des Kontinents, der durch die heutige Millionenstadt Perth fließt. Leichhardt hat zwar aus den Erfahrungen seiner ersten Trans-Australien-Expedition gelernt (s. Kasten), u. a. hat er auf mehr Vieh als lebendigem Proviant geachtet, über drei wichtige Punkte aber ist er sich nicht im Klaren: das Klima Australiens, die Mentalität der Ureinwohner und die Verhaltensweisen

Sengende Hitze, wenig Wasser: Das menschenfeindliche Outback in den Northern Territories erschwert Expeditionen.

der Expeditionsteilnehmer. So wandelt sich im Sommer der Südhalbkugel die Witterung in der dem Pazifik zugewandten Hälfte des Kontinents dramatisch. Mal bringt „La Niña" sintflutartige Regengüsse, mal ist es unter dem Einfluss von „El Niño" staubtrocken. Offenbar scheitert der erste Anlauf zur Ost-West-Durchquerung ab Oktober 1846 vor allem an der ungünstigen Witterung. Die Expedition marschiert geradewegs in den Dauerregen hinein, in fieberverseuchte Sümpfe, in Moraste, in denen die Hufe der Proviantiere versinken, schließlich verschwindet die ganze Herde in der Wildnis, die kranken, hungrigen Männer murren. Zähneknirschend muss Leichhardt die Expedition abbrechen und nach Sydney zurückkehren, wo der Trupp am 9. Oktober 1847 eintrifft.

TOTGEGLAUBTE LEBEN LÄNGER

Im Februar 1842 betritt Leichhardt erstmals australischen Boden. Zunächst erkundet er das Hinterland der Ostküste, legt naturkundliche Sammlungen an. Doch er hat ehrgeizigere Ziele, will das Outback, das unbekannte Innere des Kontinents, erforschen. Im Oktober 1844 bricht er mit sieben Gefährten auf. Ihr Ziel ist die vom heutigen Brisbane per Luftlinie rund 2800 km entfernt an der Nordküste gelegene Garnisonsstadt Port Essington. Sechs Monate sind für die Expedition geplant, doch erst im Dezember 1845 erreichen die Männer den Hafen am Carpentariagolf – von den Strapazen gezeichnet und dezimiert: Ein Teilnehmer wurde bei einem Überfall der Aborigines getötet.
Über ein Jahr lang hat man in der Zivilisation nichts von den Forschungsreisenden gehört. Sie sind im Busch verschollen, denkt man, wohl überhaupt nicht mehr am Leben. Freunde komponieren für Leichhardt schon einen Grabgesang. Umso größer ist der Jubel, als die Totgeglaubten im März 1846 per Schiff in Sydney eintreffen. So endete die einzige größere Expedition, die der Deutsche mit Erfolg durchführte. Sie machte ihn in Australien zum frühen Nationalhelden und zum „Triumphator über die Wildnis". Aber im australischen Outback triumphiert eben meistens die Wildnis ...

Keineswegs spurlos verschwunden

Leichhardt will nicht aufgeben. Getreu seinem Motto „Immer vorwärts!" macht er sich schon Anfang Dezember 1847 mit sechs Männern wieder auf den Weg zum Swan River. Bald reißt der Kontakt zur zivilisierten Welt ab. In Sydney trösten sich die

Freunde des Nationalhelden zunächst noch mit dem Gedanken, die Expedition könnte glücklich ausgehen – so wie damals die Reise nach Port Essington. Anfang der 1850er-Jahre wächst jedoch die Sorge. Die australische Regierung finanziert eine von vielen Suchexpeditionen. Sie entdecken zwar nicht die Verschollenen, dafür aber zahllose Spuren im Busch: Teilweise weisen sie eindeutig auf Leichhardts Unternehmen hin, etwa sein in Baumrinden geschnitztes Markierungssymbol, ein „L“. Teilweise sind die Spuren nicht so klar, verweisen aber zumindest auf weiße Einwanderer, z. B. Gewehre, Sättel, Münzen, Spuren von Rindern und Pferden … Außerdem berichten die Teilnehmer der Suchexpeditionen nach der Rückkehr von Kindern mit roten Haaren und weißer Haut, schließlich gar von vier menschlichen Skeletten in der Wildnis.

„Außerdem berichten die Teilnehmer der Suchexpedition von Kindern mit roten Haaren und weißer Haut.“

Ein spektakulärer Fund sorgt 2006 noch einmal für Aufsehen: Wissenschaftler identifizieren ein Kupferplättchen mit Leichhardts Namen darauf. Es war wohl ursprünglich am Schaft eines Gewehres angebracht. Am Rand der Simpsonwüste verlieren sich aber wohl endgültig die Spuren. Wäre der Trupp bis dorthin vorgestoßen, hätte er lediglich etwa ein Sechstel der Wegstrecke bis zum Swan River bewältigt.

Was ist geschehen?

Schriften über das rätselhafte Schicksal der Leichhardt-Expedition füllen heute ganze Bücherregale, sie lassen jedoch viele Fragen offen. Einigermaßen sicher scheint zu sein, dass die Männer irgendwo im Outback umgekommen sind, und zwar wohl bereits 1848. Über die Hintergründe der Tragödie kann aber weiterhin nur spekuliert werden. Im Mittelpunkt der Diskussion stehen drei mögliche Ursachen: Alle Männer wurden Opfer der menschenfeindlichen Wildnis, sie verhungerten, verdursteten oder starben durch Sturzfluten. Vielleicht wurden sie von Aborigines umgebracht – nicht aus Habgier oder Mordlust, sondern weil die Weißen möglicherweise religiöse Stätten geschändet hatten. Nach dem blutigen Zwischenfall auf seiner ersten großen Expedition hätte Leichhardt diese Gefahr eigentlich sehr ernst nehmen müssen. Doch er zeigte sich unsensibel gegenüber den religiösen Gefühlen der Ureinwohner. Manche Zeitgenossen preisen ihn als „liebenswerten Menschen“, andere bezeichnen ihn als egoistisch, missgünstig, misstrauisch, unzuverlässig, schlampig, sorglos … also als Expeditionsleiter völlig ungeeignet. Unter diesen Umständen könnte es zur Meuterei der Teilnehmer gekommen sein. Doch die Wahrheit haben sie mit ins Grab genommen.

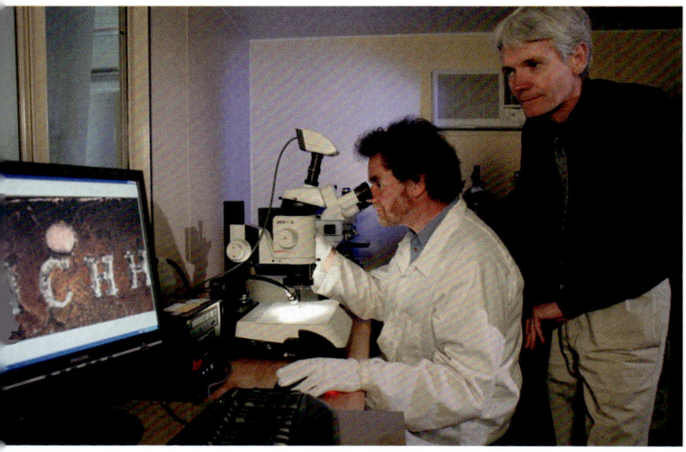

Wissenschaftler untersuchen eine Kupferplatte mit Leichhardts Namen und der Jahreszahl 1848 darauf, die von einem Aborigine im Busch gefunden wurde.

Eine romantisierende Darstellung der Ereignisse in Mayerling von 1907. In Wahrheit dürfte der Anblick sehr schockierend gewesen sein.

Schatten über Mayerling

In den frühen Morgenstunden des 30. Januar 1889 zerreißen Schüsse die Stille im Jagdschloss Mayerling. Man findet im Schlafzimmer einen jungen Mann, tot. Es ist Kronprinz Rudolf, der einzige Sohn von Franz Joseph I. und Elisabeth, genannt „Sisi". Und es gibt noch eine zweite Leiche.

Nicht nur der 30-jährige Rudolf starb an jenem Wintermorgen. Auch das junge Leben von Mary, Freiin von Vetsera, endete an diesem Tag in Mayerling. Aber dass ein 17-jähriges Mädchen beim verheirateten Kronprinzen war, bedeutete einen Skandal. Deshalb sollte die Öffentlichkeit nichts von der zweiten Leiche erfahren. Und damit nahm der „Mythos Mayerling" seinen Anfang.

Herzschlag, Jagdunfall ... oder Mord?

Man schwieg und vertuschte, schickte Falschmeldungen an die Presse und die Berichte der überforderten Augenzeugen wurden immer widersprüchlicher. Der Jagdgefährte des Kronprinzen, Graf Hoyos, meldete im ersten Schock, Rudolf sei durch Mary vergiftet worden. Sowohl Rudolfs Eltern als auch Marys Mutter glaubten anfangs an diese Version. Man entschied sich daraufhin für die „harmloseste" offizielle Variante und verbreitete sie in der weiteren Familie und in der Öffentlichkeit: Der Kronprinz sei an einem Herzschlag verstorben, so druckten es die Zeitungen am Abend.

Verwischte Spuren: Franz Joseph I. ließ an der Stelle des Sterbezimmers eine Gedenkkirche bauen, Schloss Mayerling ist heute ein Kloster.

In der Zwischenzeit wurde Rudolfs Leiche abtransportiert und untersucht. In Wien begutachtete der kaiserliche Leibarzt den Leichnam und stellte eine Schusswunde am Kopf fest. Weitere Untersuchungen des Schädels und Schmauchspuren an Rudolfs Hand stützten die Vermutung, der Kronprinz habe sich selbst getötet. Kurz darauf wurde auch die Öffentlichkeit über den Selbstmord informiert, als Begründung nannte man eine „Geistesstörung". Aber bei all den Widersprüchen und Vertuschungen begannen die Presse und die Bevölkerung zu spekulieren: über einen erzwungenen Selbstmord durch die Freimaurer oder ein amerikanisches Duell, bei dem der Verlierer seinem Leben selbst ein Ende setzen musste. Seitdem Briefe, Tagebücher und nicht zuletzt Rudolfs Abschiedsbriefe vorliegen, kennt man jedoch einen medizinischen Grund für den Selbstmord: Der Kronprinz hatte zunehmend an Depressionen gelitten.

Und Mary?

Der Wiener Hof wollte Marys Anwesenheit in Mayerling weiterhin verbergen. Die Leiche wurde in einer Nacht- und Nebelaktion aus dem Jagdschloss geschafft. In aller Eile verscharrte man sie auf einem Friedhof und erst als sich die Wogen ein wenig geglättet hatten, wurde sie in eine würdige Gruft umgebettet.Trotz aller Vorsichtsmaßnahmen gelangten Gerüchte über das Mädchen, das an Rudolfs Seite starb, an die Öffentlichkeit – und es wurden immer neue Varianten in Umlauf gesetzt. Eine beliebte Version war, dass Mary schwanger gewesen sei und an der Abtreibung starb, woraufhin sich Rudolf verzweifelt das Leben nahm.

Am wahrscheinlichsten aber galt immer, dass die schwärmerisch in Rudolf verliebte Mary in den gemeinsamen Tod einwilligte und vom Kronprinzen durch einen Kopfschuss getötet wurde. Man wollte diese These anhand von Marys Schädel verifizieren – aber hier setzte sich der Mythos Mayerling fort: Sowjetische Soldaten plünderten 1945 Marys Gruft und die beschädigten Gebeine wurden erst 1959 wieder beigesetzt. Die Familie Vetsera lehnt eine forensische Analyse immer ab, aber seit einigen Jahren ist sie auch nicht mehr nötig: 2015 tauchten in einem Safe einer österreichischen Privatbank in Wien Marys verschollen geglaubte Original-Abschiedsbriefe auf. „In Übereinstimmung mit Ihm will ich neben Ihm im Friedhof von Alland begraben sein. – Ich bin glücklicher im Tod als im Leben", schreibt das unglückliche Mädchen, das damit endlich seine Totenruhe gefunden hat.

Die vermisste Pilotin

Eine ungewöhnliche Frau, ein ehrgeiziger Plan und ein spurloses Verschwinden – diese Zutaten lassen sich zu den abenteuerlichsten Geschichten zusammenrühren. Kein Wunder also, dass sich um den Tod der Amerikanerin Amelia Earhart bis heute wilde Gerüchte ranken.

Mit etlichen Pionierleistungen hatte sich die Pilotin bereits einen Namen gemacht, als sie kurz vor ihrem 40. Geburtstag ein neues Unternehmen plante. Als erster Mensch wollte sie die Erde entlang des Äquators umrunden. Am 1. Juni 1937 hob ihre Lockheed Electra mit ihr selbst und ihrem Navigator Fred Noonan an Bord vom Flughafen Miami ab. Nach Zwischenstopps in Südamerika, Afrika, Indien und Südostasien erreichten sie am 29. Juni die Stadt Lae in Neuguinea. Gut drei Viertel der Strecke waren geschafft, rund 11 000 km hatte das Team noch zu bewältigen.

Verschollen

Am 2. Juli um Mitternacht startete das Flugzeug erneut und nahm Kurs auf die kleine Howland-Insel, die etwa auf halber Strecke zwischen Australien und Hawaii im Pazifik liegt. Dort aber sollte sie nie ankommen. Die Besatzung eines Schiffes der US-Küstenwache fing zwar Funksprüche von Earhart auf, die Lockheed ihrerseits aber konnte offenbar keine Nachrichten empfangen. Jedenfalls klappte die Verständigung mit der Howland-Insel nicht und das Flugzeug schien orientierungslos umherzuirren. Der letzte Funkspruch kam um 8.43 Uhr. Dann verlor sich die Spur von Amelia Earhart, Fred Noonan und ihrer Maschine irgendwo im Pazifik.

Etwa eine Stunde später starteten die US-Küstenwache und die Marine die bis dahin größte Suchaktion in der Geschichte der Luftfahrt, an der 64 Flugzeuge und acht Kriegsschiffe beteiligt waren. Doch am 19. Juli wurde die Suche ergebnislos eingestellt. Am 5. Januar 1939 wurde Amelia Earhart offiziell für tot erklärt.

Amelia Earhart vor ihrer Lockheed Electra. Mit dieser Maschine verschwand sie 1937 irgendwo über dem Pazifik.

Immer neue Rätsel

Seither reißen die Spekulationen über den Verbleib der Fliegerin nicht ab. Immer wieder waren die abstrusesten Geschichten im Umlauf. Mal sollte Earhart auf der damals von Japan besetzten Saipan-Insel abgestürzt und dort als US-Spionin hingerichtet worden sein. Dann wieder hieß es, sie sei in die USA zurückgekehrt und habe jahrelang unter falschem Namen in New Jersey gelebt. Belegen ließ sich das alles aber nicht. Mittlerweile gibt es im Wesentlichen zwei Theorien, die Experten für realistisch halten. Nach einer davon ist das Flugzeug über dem offenen Meer abgestürzt und im Wasser versunken. Zahlreiche Fachleute haben versucht, den genauen Absturzort zu rekonstruieren, und es hat an diesen Stellen auch Suchaktionen gegeben. Wrackteile wurden aber nicht gefunden.

„Nach einer Theorie ist das Flugzeug über dem offenen Meer abgestürzt und im Wasser versunken."

Tod auf der einsamen Insel

Die zweite Hypothese besagt, dass der geheimnisvolle letzte Flug von Amelia Earhart rund 560 km südöstlich der Howland-Insel auf der damals unbewohnten Gardner-Insel endete, die heute Nikumaroro heißt und zu Kiribati gehört. Eine Organisation, die sich mit der Auffindung und Erhaltung von historischen Flugzeugen beschäftigt, hält diese Theorie für die wahrscheinlichere. Die vermisste Maschine sei bei Niedrigwasser auf einer ebenen Fläche aus Korallenstöcken gelandet. Die beiden Insassen hätten etwa eine Woche später im dichten Buschwerk des Inselinneren Schutz vor der brennenden Sonne gesucht. Dort seien sie dann einige Zeit später gestorben. Ihr Flugzeug sei von den Wellen in immer kleinere Bruchstücke zerlegt worden, die dann ins offene Meer gespült oder von späteren Bewohnern der Insel eingesammelt worden seien. Mehrere Indizien für die Richtigkeit dieser Hypothese scheinen gefunden worden zu sein, darunter ein Stück Plexiglas und ein Aluminiumteil, die von der Electra stammen könnten, sowie ein Damenschuh aus den 1930er-Jahren, der Amelia Earhart gehört haben könnte.

Ein Stück Flugzeughaut, Schuhabsätze und andere Fundstücke lassen vermuten, dass Earhart und ihr Begleiter auf der Gardner-Insel gestrandet sind.

Teile eines Skeletts, die bereits in den 1940er-Jahren auf der Insel entdeckt wurden, wurden zwar vermessen, gingen dann aber auf den Fidschi-Inseln verloren. Die Ergebnisse der Vermessung erlaubten keine eindeutige Zuordnung. Anfang 2018 meldete sich der Anthropologe Richard Jantz zu Wort, der schon 20 Jahre zuvor in die Debatte eingegriffen hatte. Er ging nach der Ausschlussmethode vor: Die Knochen passten besser zu ihr als zu allen anderen möglichen Vergleichspersonen, so Jantz. So sicher wie eine DNA-Analyse ist dieses Verfahren aber nicht. Damit bleibt das Schicksal der Pilotin und ihres Navigators noch immer ungeklärt.

„Sag dem Präsidenten Goodbye“

Die Nachricht vom angeblichen Selbstmord der Hollywood-Schauspielerin Marilyn Monroe am 5. August 1962 verbreitete sich wie ein Lauffeuer. Es war allgemein bekannt, dass Amerikas blonde Ikone an Depressionen litt. Aber trotzdem tauchten schon bald Zweifel am Selbstmord auf.

FINAL
DAILY NEWS
NEW YORK'S PICTURE NEWSPAPER
Vol. 44. No. 36
New York 17, N.Y., Monday, August 6, 1962
5¢
WEATHER: Fair.
MARILYN DEAD
Marilyn Monroe: "I was never used to being happy."
THE MONROE SAGA: 7 PAGES OF STORIES AND PICTURES

„Marilyn tot“: So titelte die Daily News am 6. August 1962.

Am Morgen ihres Todestages war MM, so ihr berühmtes Kürzel, laut ersten Zeugenaussagen sehr gut gelaunt. Den größten Teil des Nachmittags verbrachte sie dann mit ihrem Psychiater Dr. Ralph Greenson. Danach machte sie einen etwas „gedämpften“ Eindruck, so als hätte sie wieder Beruhigungstabletten genommen. Um 19.15 Uhr, Dr. Greenson hatte eine Viertelstunde zuvor Marilyns Haus in Brentwood verlassen, rief Joe DiMaggio Jr. an. Der Sohn von Marylins Ex-Ehemann hatte auch hier noch den Eindruck, dass MM guter Laune gewesen sei.

Abschiedsworte?

Ganz anders hört sich aber die Aussage des Schauspielers Peter Lawford an, der eine halbe Stunde später mit Marilyn telefonierte. Da klang sie angeblich so, also stünde sie unter starken Medikamenten. Laut Lawford, verheiratet mit einer Schwester von US-Präsident Kennedy, sagte die Monroe am Ende des Gesprächs: „Sag (Deiner Frau) Pat Goodbye, sag dem Präsidenten Goodbye, und sag Dir selbst Goodbye, denn Du bist ein netter Kerl.“ Beunruhigt alarmierte Lawford Freunde und Marilyns Arzt Dr. Engelberg.

Es war Sonntag, 4.25 Uhr morgens, als Sergeant Jack Clemmons vom West Los Angeles Police Department einen Anruf von Engelberg erhielt. Der Arzt meldete, dass MM Selbstmord begangen habe. Als Clemmons am Ort des Geschehens eintraf, waren neben Engelberg auch die Haushälterin Eunice Murray und Dr. Greenson anwesend. Die Leiche lag bäuchlings auf dem Bett, nackt unter einem Laken, das Gesicht in einem Kissen. Dem Polizisten fiel die „fast soldatische“ Haltung auf: Die Beine waren gestreckt, die Arme lagen am Körper an, der rechte Arm etwas angewinkelt. Sein erster Eindruck, so sagte er später: „Sie ist so hingelegt worden!“ Dennoch akzeptierte er die Selbstmord-Diagnose.

Widersprüche

Bei der ersten Vernehmung gaben Haushälterin und Ärzte an, die Tote schon vor vier Stunden gefunden zu haben. Sie hätten aber erst die Erlaubnis des Filmstudios einholen wollen, ehe sie den Tod meldeten. Später verwickelten sie sich in Widersprüche. So sagte Eunice, sie sei um 3 Uhr aufgewacht, habe Licht unter Marilyns Tür gesehen – wegen des Hochflorteppichs war dies unmöglich. Die Tür sei abgeschlossen gewesen, doch das Schloss funktionierte nicht. Nach einer Dokumentation von 2015 soll Dr. Engelberg MM einen tödlichen Arzneicocktail verabreicht und später über die Art der Medikamente unter Eid gelogen haben.

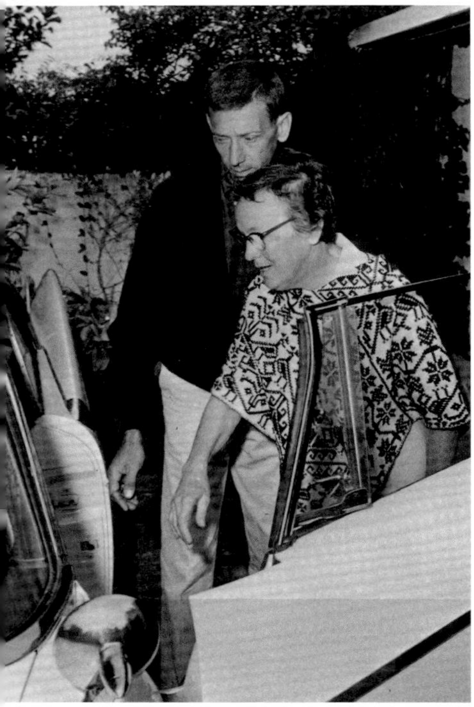

Marilyn Monroes Haushälterin Eunice Murray verstrickte sich nach dem Tod der Schauspielerin in Widersprüche.

Bei der Autopsie fanden sich in Blut und Leber hohe Spuren von Betäubungsmitteln, aber nicht im Magen. Der Verdacht: Der gefährliche Cocktail wurde MM per Klistier verabreicht, denn der Darm war auffällig verfärbt. Aber geschah der Einlauf auf ihren Wunsch? War die Dosierung versehentlich zu hoch? Sergeant Clemmons will gesehen haben, dass die Haushälterin bei seinem Eintreffen dabei war, Kartons in ein Auto zu verladen. Auch lief die Waschmaschine auf vollen Touren. Hatte Marilyn sich erbrochen? Dann wäre der Tod kein Selbstmord, sondern ein Unfall.

Gab es eine Verschwörung?

Aber es gibt noch andere Beobachtungen – und die deuten auf Mord. MM war „eine Frau, die zu viel wusste“. Und deshalb war sie für gewisse Kreise gefährlich geworden. Sie war John F. Kennedys heimliche Geliebte. Ob sie gleichzeitig auch ein Verhältnis mit dem Justizminister, Kennedys Bruder Bobby, hatte, ist umstritten. Sicher ist aber, dass sie die Brüder mit Briefen und Anrufen überschüttete – sodass man sie schließlich nicht mehr durchstellte. Darauf drohte sie dem Justizminister wenige Tage vor ihrem Tod, für den 6. August um 11 Uhr eine Pressekonferenz einzuberufen. Auf der werde sie alles, was sie wisse, bekanntgeben. Der Skandal hätte Kennedys Wiederwahl gefährdet, denn Marilyn wusste von der Freundschaft der Kennedy-Brüder mit Sam Giancana, dem Mafia-Boss von Chicago, ebenso von CIA-Plänen, Kubas Diktator Fidel Castro durch ein Attentat beseitigen zu lassen. Musste sie deshalb sterben? Mehrere Nachbarn gaben zu Protokoll, sie hätten am Abend vor dem Tod von MM drei Männer gesehen, die das Haus betraten. Es gilt als gesichert, dass zwei der Männer Bobby Kennedy und Peter Lawford waren. Was besprochen wurde? Marilyns Tagebuch könnte vielleicht Hinweise geben – doch seit es dem Gericht übergeben wurde, ist es verschwunden …

„Marilyn Monroe war eine Frau, die zu viel wusste. Und deshalb war sie für gewisse Kreise gefährlich geworden.“

Bewegende Trauerfeier für Kennedy in der Rotunde des Kapitols

Der Mord des Jahrhunderts

Die Ermordung des US-Präsidenten John F. Kennedy gibt den Menschen noch heute Rätsel auf. Fiel er etwa einem Komplott zum Opfer oder „nur“ den Fantasien eines psychisch labilen Täters?

Es war ein sonniger Tag, als die Menschen in den USA in Tränen ausbrachen. Nur Lee Harvey Oswald, der mutmaßliche Mörder von John Fitzgerald Kennedy, weinte wohl nicht. Endlich hatte er eine Tat vollbracht, von der die Menschheit noch lange reden würde, eine Tat, die seinen Namen in die Geschichtsbücher schreiben würde.

Ein klarer Täter

Am 22. November 1963 fährt der Präsident der USA durch das texanische Dallas. Das Wetter ist so mild, dass er das Dach der Limousine abnehmen ließ. Um 12.30 Uhr verlangsamt der Wagen die Fahrt, um in die Elm Street einzubiegen. Ohne das nun folgende Grauen zu erahnen, hält Amateurfilmer Abraham Zapruder seine Kamera auf die Szene: Plötzlich fällt ein Schuss, der Präsident wird am Hals getroffen. Eine zweite Kugel zerfetzt seine rechte Schädelhälfte. Der Fahrer reagiert rasch, rast auf eine Unterführung zu und erreicht nur vier Minuten später das Parkland Memorial Hospital. Doch nach 20 Minuten müssen die Notfallärzte ihre Bemühungen einstellen. Kennedy wird um 13 Uhr für tot erklärt.

Schnell ist klar, dass die Schüsse aus dem nahe liegenden Schulbuchlager abgefeuert wurden. Dort findet die Polizei ein Gewehr und drei leere Patronenhülsen. Oswald ist bereits auf dem Weg

Kurz nach den tödlichen Schüssen beugt sich die First Lady Jacqueline Kennedy über ihren Ehemann, den Präsidenten John F. Kennedy.

nach Hause. Auf der Straße spricht ihn der Polizist J. D. Tippit an, der vermutlich durch eine Täterbeschreibung aus dem Polizeifunk auf ihn aufmerksam geworden ist. Oswald erschießt den Beamten und flieht weiter. Aufgrund dieses Mordes wird er nur 80 Minuten nach dem Attentat verhaftet. Die Schüsse auf Kennedy streitet Oswald kategorisch ab. Er sei nur ein „Sündenbock“, ruft er den Reportern zu.

Erdrückende Beweise – und dennoch Zweifel

Oswald schien überführt: die Waffe mit seinen Fingerabdrücken in dem Buchlager, wo er arbeitete. Augenzeugen, die ihn am Fenster des 5. Stocks gesehen hatten. Die Flucht, der Mord an Tippit. Warum also glaubte damals nicht einmal jeder dritte Amerikaner, dass es tatsächlich Lee Harvey Oswald im Alleingang war, der die tödlichen Schüsse abfeuerte? Warum glauben noch heute viele Menschen, dass Kennedy einem Komplott erlegen ist?

Erste Zweifel ließ die Ermordung des Mörders aufkommen. Nachdem Oswald zwei Tage lang verhört worden war, erschoss ihn der Nachtclubbesitzer Jack Ruby auf dem Weg zum Staatsgefängnis – unter den Augen der Polizisten und vor laufenden Kameras. Ruby erklärte, er habe der Präsidentengattin den Prozess ersparen wollen. Die Öffentlichkeit mutmaßte, dass Ruby den Mitwisser einer Verschwörung zum Schweigen bringen wollte.

Skepsis riefen auch die verheerenden sieben Verletzungen hervor, die allein die erste Kugel dem Präsidenten zugefügt haben soll. Einige Ärzte des Hospitals sagten aus, die Wunde an Kennedys Kehlkopf habe ausgesehen wie eine Eintritts- und nicht wie eine Austrittswunde. Demnach war der Schuss von vorne und nicht von hinten abgefeuert worden. Die Obduktion konnte darauf jedoch keine Hinweise mehr liefern: Angeblich musste dem Präsidenten ein Luftröhrenschnitt zugefügt werden, der direkt durch die Wunde verlief. Waren es vielleicht doch mehrere Schützen, die Kennedy auf dem Gewissen hatten?

Zunehmend widersprachen sich auch die Aussagen der Augenzeugen. Während einige den hageren Oswald im Fensterrahmen des Schulbuchlagers gesehen haben wollen, beschrieben andere den Schützen als klein und gedrungen. Wieder andere behaupteten, Mündungsfeuer aus verschiedenen Richtungen bemerkt zu haben oder gar verdächtige Personen mit einem Gegenstand, der einer Gewehrkiste glich.

Ein Untersuchungsausschuss

Um den Gerüchten ein Ende zu setzen, beauftragte Präsidentschaftsnachfolger Lyndon B. Johnson die sogenannte Warren-Kommission mit der Aufklärung. Nach zehn Monaten bestätigten die Experten um Richter Earl Warren, Oswald allein sei der Mörder Kennedys. Fragen blieben dennoch offen. Drei Jahre nach Kennedys Tod begann Jim Garrison, der Bezirksstaatsanwalt von New Orleans, den Fall erneut zu ermitteln. Beweise für einen Mordkomplott erbrachte er nicht. 1975 schließlich kam heraus, dass Oswald dem FBI kurz vor dem Attentat einen Brief geschrieben hatte, der auf mysteriöse Weise verschwunden war. Hatte er im Auftrag der Bundespolizei gehandelt? Ein Ausschuss des Repräsentantenhauses untersuchte den Mord ein drittes Mal. Plötzlich tauchte eine Aufzeichnung des Funkkontakts von einem der Motorradpolizisten aus Kennedys Eskorte auf. Akustiker bestätigten zu 95 %, dass dort vier Impulsmuster zu hören waren, die Schüssen glichen. Oswald aber hatte nur dreimal gefeuert! Das Fazit des Ausschusses lautete:

Kennedy war das Opfer einer Verschwörung

Doch wer könnte Interesse daran gehabt haben, das beliebte Staatsoberhaupt zu eliminieren? Die Mafia, die er zu bekämpfen drohte? Rechtsextremisten, die gegen seine Pläne zur Gleichstellung der Schwarzen waren? Die Militärs, denen seine Friedenspolitik missfiel? Die Russen, Fidel Castro, das FBI oder gar der damalige Vizepräsident Johnson, der keine zwei Stunden nach dem Mord als neuer Präsident vereidigt wurde? Beweisen oder widerlegen ließ sich bislang keine der Theorien. Auch nicht, nachdem US-Präsident Donald Trump Ende 2017 die noch geheimgehaltenen JFK-Dokumente zum größten Teil freigab. Experten erwarten tatsächlich aus den 5 Millionen Akten keine neuen Erkenntnisse. Und auch die letzten Dokumente, die bis mindestens 2021 unter Verschluss bleiben sollen, werden das Rätsel wohl nicht lösen.

Untersuchungen mit modernsten Mitteln weisen immer wieder darauf hin, dass es ganz allein Lee Harvey Oswald war, der den Präsidenten erschoss und sich selbst damit ein Denkmal setzen wollte. Dennoch bleiben entscheidende Fragen offen: Wenn dies tatsächlich sein Motiv war – weshalb rannte er davon? Warum reduzierte er sich auf einen „Sündenbock“ und stritt seine „glorreiche Tat“ ab?

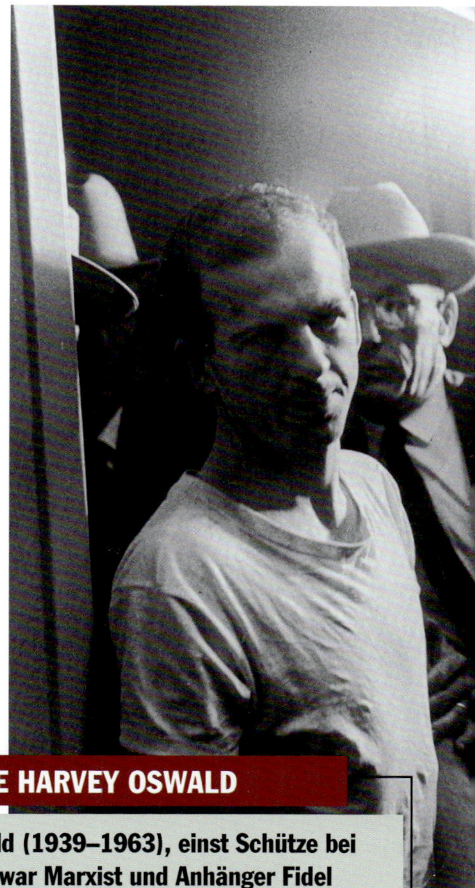

LEE HARVEY OSWALD

Lee Harvey Oswald (1939–1963), einst Schütze bei den US-Marines, war Marxist und Anhänger Fidel Castros. Als sich seine Hoffnungen auf eine Militärkarriere in Luft auflösten, reiste er in die damalige UdSSR und versuchte, die russische Staatsbürgerschaft zu erhalten. Sie wurde ihm verweigert. Frustriert kehrte er nach Amerika zurück. Er soll, so heißt es, nach einem Plan gesucht haben, als „Held“ in die Zeitgeschichte einzugehen. Zwei Tage nach dem Attentat auf Kennedy wurde er selbst erschossen.

Tod im Tunnel

Mit großer Geschwindigkeit krachte der schwere Mercedes am 31. August 1997 gegen einen Pfeiler in der Pariser Autounterführung unter der Place de l'Alma. Diana, Princess of Wales, und ihr Geliebter, der Millionärssohn und Geschäftsmann Dodi Al-Fayed, starben, außerdem der Fahrer des Wagens. Nur der Leibwächter überlebte den Crash mit schweren Verletzungen. Ein tragischer Verkehrsunfall – oder ein geschickt kaschierter Mord?

Noch immer halten sich Spekulationen und Verschwörungstheorien rund um den Tod von Lady Di. Wollte das britische Königshaus verhindern, dass die Exfrau von Prinz Charles einen Muslim heiratete? Dodis Vater Mohammed Al-Fayed ist davon überzeugt und glaubt an ein Attentat im Auftrag Ihrer Majestät.

Nächtliche Verfolgungsjagd

Doch das britische Geschworenengericht, das den Fall zehn Jahre später abschließend untersuchte, kam zu einem anderen Schluss – so wie vorher bereits die französische und die britische Polizei. Danach hatten Diana und Dodi Al-Fayed kurz nach Mitternacht das Nobelhotel Ritz verlassen. Ihr Fahrer gab Gas, wohl auch, um die Horde von Paparazzi abzuhängen, die das Paar schon den ganzen Abend über verfolgt hatten. In der Unterführung verlor er die Kontrolle über den schweren Wagen. Im Untersuchungsbericht heißt es, Henri Paul, der Fahrer des Wagens, habe unter Drogeneinfluss gestanden und sei zu schnell gefahren. Neben ihm trifft nach dem Urteil der Geschworenen aber auch die den Wagen verfolgenden Paparazzi eine gewisse Mitschuld an dem Unfall.

Postume Spekulationen

Hartnäckig aber halten sich auch andere, spekulativere Versionen des Unglücks: So wollen Zeugen einen weißen Kleinwagen gesehen haben, der den Unfall verursacht haben soll. Doch den Wagen hat man nie finden können. Eine andere Vermutung: Der Fahrer sei geblendet worden, absichtlich vom britischen Geheimdienst MI-6 mit einem Stroboskop oder unabsichtlich von einem Paparazzo-Blitzlicht. Die posthume Veröffentlichung einer persönlichen Aufzeichnung Dianas fachte die Gerüchteküche ebenfalls an: Darin äußerte sie – einige Monate vor ihrem Tod – die Befürchtung, Prinz Charles wolle sie durch einen fingierten Autounfall aus dem Weg räumen lassen, um eine neue Ehe eingehen zu können. Oder war es der Unfallwagen selbst, der bereits vorher einen Schaden gehabt hatte und deswegen technisch marode gewesen sein soll? Vermutlich wird man es nie erfahren. Ebenso wenig wie die Antwort auf die Frage, ob Di und Dodi heiraten wollten. Sicher ist: Die Spekulationen gingen weiter – auch zum 20. Todestag Dianas im Jahr 2017.

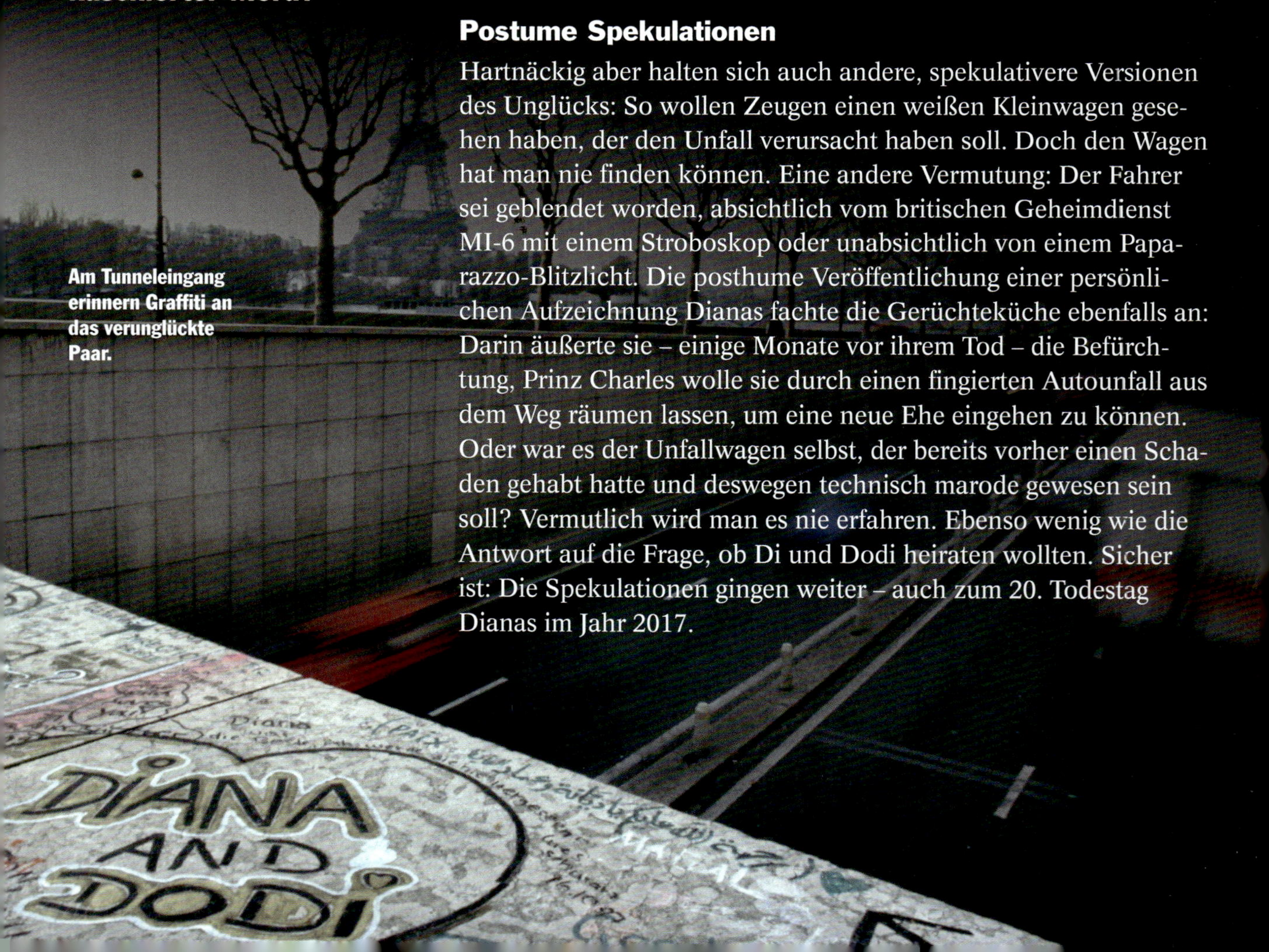

Am Tunneleingang erinnern Graffiti an das verunglückte Paar.

Mörderischer Medikamenten-cocktail

Am 25. Juni 2009, 14.26 Uhr Ortszeit, erklärten die Ärzte einen gut 50 Jahre alten US-amerikanischen Künstler offiziell für tot: Michael Jackson, der „King of Pop“. Wenige Tage später kam der Gerichtsmediziner zu dem Ergebnis, es liege ein Tötungsdelikt vor: Mord, Totschlag oder fahrlässige Tötung?

Die genauen Umstände von Jacksons Tod sind rätselhaft – ebenso wie seine schillernde Persönlichkeit. Der Sänger, Komponist, Tänzer und Entertainer wurde am 29. August 1958 in Gary (Indiana) geboren, stammte aus einer vielköpfigen Familie, in der die Musik immer eine zentrale Rolle gespielt hat. Bereits als Kind gehörte er zur Familienband „The Jackson Five“. 1982 gelang ihm mit dem Album „Thriller“ international der Durchbruch als Solokünstler. Von da an begeisterte er die Fans auf zahllosen Welttourneen mit Songs, Tänzen und nicht zuletzt seinem schrillen Outfit.

Licht und Schatten einer schillernden Persönlichkeit

Kommerziell war Jacksons Leben fast durchgehend eine Erfolgsgeschichte. Er verkaufte weltweit Millionen Alben und Singles. Er wurde steinreich, spendete aber einen großen Teil seines Reichtums an wohltätige Organisationen, was ihm großes Ansehen, zahlreiche Auszeichnungen und zweimal die Nominierung für den Friedensnobelpreis einbrachte. Privat trübten aber einige Schatten das Bild der Lichtgestalt: der (nicht bestätigte) Vorwurf des sexuellen Missbrauchs von Kindern, Probleme mit seinen Lebenspartnern und vor allem Unfälle und Krankheiten. Schon früh brach sich Jackson beim Tanzen die Nase, erlitt beim Dreh eines Werbespots schwere Verbrennungen am Kopf, wurde von diversen Hautkrankheiten befallen, die u. a. die Haut des ursprünglich schwarzen Amerikaners weiß werden ließen. Es folgten zahlreiche kosmetische Operationen. Wegen der schweren Schlafstörungen, die sich bald

„Er wurde steinreich, spendete aber einen großen Teil seines Reichtums an wohltätige Organisationen.“

einstellten, ließ „Jacko" sich mit zum Teil hochgefährlichen Medikamenten behandeln. Am 25. Juni 2009 starb Michael Jackson, der Gerichtsmediziner von Los Angeles erklärte später den Tod zum Tötungsdelikt.

Trauerfeiern und der Prozess

Zum Tod von Michael Jackson gab es verschiedene Trauerfeiern, die offizielle fand am 7. Juli in Los Angeles statt. 20 000 Fans, Journalisten und Prominente gaben dem Künstler die letzte Ehre. Das Ereignis mit Beiträgen von Lionel Richie, Stevie Wonder, Mariah Carey und vielen anderen wurde auf der ganzen Welt übertragen. Am 3. September wurde Jackson in Glendale (Kalifornien) beigesetzt.

Eine glückliche Kindheit? Schon als Kind war Michael Jackson ein Star. Mit sieben Jahren wurde er der Leadsänger der „Jackson Five".

Im Februar 2010 wurde Jacksons Leibarzt, Conrad Murray, wegen fahrlässiger Tötung angeklagt. Er hatte selbst angegeben, dass er dem Sänger das Narkosemittel Propofol gegeben hatte – eine akute Vergiftung durch Propofol war gemäß der Autopsie die Todesursache. Es ist bekannt, dass das Mittel zu Störungen der Atmung und des Kreislaufs führen kann. Murray erklärte sich jedoch für unschuldig und schob die Schuld auf Jackson. Das Gericht kam zu einem anderen Schluss und verurteilte den Arzt 2011 wegen fahrlässiger Tötung zur Höchststrafe von vier Jahren ohne Bewährung. Der Richter führte aus, dass Murray seinen hippokratischen Eid verletzt und als Jacksons Leibarzt seine Pflichten vernachlässigt habe. 2013 kam Murray u.a. wegen guter Führung wieder frei, seine Berufung gegen das Urteil wurde jedoch abgelehnt.

Der König ist tot, es lebe der König!

Bei einem der letzten Besuche Jacksons in der Praxis seines Hautarztes hatte dieser nicht den Eindruck, seinem Patienten ginge es schlecht. Jacko war sogar guter Stimmung, hatte offenbar keine Schmerzen und stand wohl auch nicht unter Drogen. Er unterhielt sogar die Patienten im Wartezimmer mit einem seiner berühmten Tänze. Vielleicht war es aber nur ein letztes Aufbäumen von Körper und Seele, wie es bei Schwerkranken kurz vor dem Tod häufiger zu beobachten ist. Jedenfalls wollte der King of Pop noch einmal auf die Bühne zurückkehren und plante ab Juli 2009 eine lange Konzertserie in London. *This is it!* – „Das ist es!" So sollte diese allerletzte Konzertreihe heißen. Die Konzerte fanden nicht mehr statt – und trotzdem war's das noch nicht: Nach seinem Tod setzt sich Jackos Karriere posthum fort, Millionen Dollar werden umgesetzt, das Interesse am bewegten Leben des King of Pop, an seiner zwiespältigen Persönlichkeit ist unvermindert groß.

GEHEIMNISSE
DES MENSCHLICHEN
LEBENS

Geheimnisse der Träume

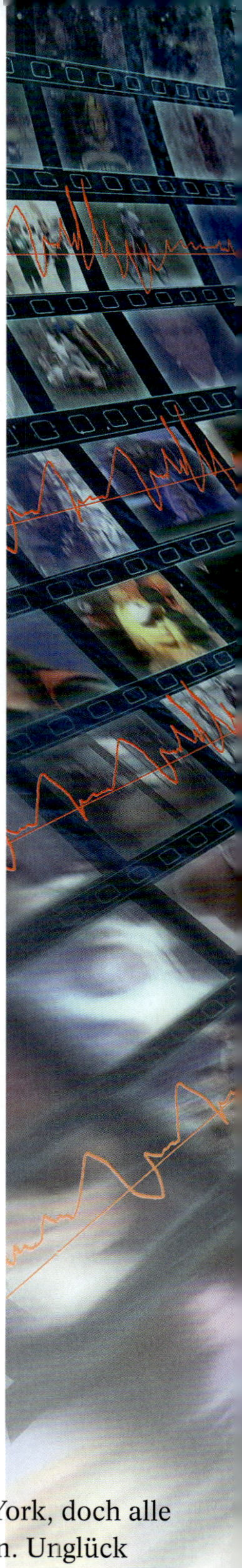

In der Nacht, wenn der Körper ruht, läuft das Gehirn zur Höchstform auf. Welchen Sinn es hat, zu träumen, oder was die Inhalte bedeuten könnten, ist nach wie vor eines der großen Rätsel menschlichen Lebens.

Sigmund Freud verglich Träume mit den Symptomen einer Psychose: Im Schlaf fliegen wir, wollen panisch vor Gefahren fliehen, kommen aber nicht vom Fleck, oder wir befinden uns in einer Prüfung – und der Prüfer ist niemand anderes als unser verstorbener Großvater … Der Träumende findet sich in bizarren Situationen wieder, die jeglicher Realität entbehren.

Böse Träume

Manche Menschen behaupten, sie würden nicht träumen. Inzwischen aber ist erwiesen, dass jeder nachts in Traumwelten gleitet. Somit scheint den sogenannten Nichtträumern lediglich die Erinnerung zu fehlen. Dann gibt es Menschen, die sich an einen Traum beim Aufwachen noch erinnern, einen kurzen Moment später aber nichts mehr davon wissen. Andere sind sich manchmal sogar bewusst, dass sie träumen. Mehr noch: Sie können den Verlauf der Handlung beeinflussen.

Trotz dieser Unterschiede weisen die Träume jedoch auch grundlegende Gemeinsamkeiten auf: Die Veränderungen des Lebenswandels in den vergangenen Jahrzehnten haben sich beispielsweise auf die Trauminhalte kaum ausgewirkt. Auch ähneln sich die geträumten Themen zwischen den verschiedenen Kulturen. Zwar träumen die Bewohner eines kleinen afrikanischen Dorfes sicher häufiger von wilden Tieren als die von New York, doch alle Menschen träumen eher von Gewalt als von Frieden. Unglück spielt im Traum eine größere Rolle als Glück, negative Gefühle treten häufiger auf als positive.

Blick in den Schlaf

Zu gern wüssten Wissenschaftler, welchen Zweck jene Fantasiegebilde erfüllen. Dabei stehen sie jedoch vor einem grundsätzlichen Problem: Fragen können sie ihre Probanden nicht, denn die müssen ja schlafen … Aber inzwischen nähern sich die Forscher der Traumwelt immer mehr. Sie können seit längerem die Hirnaktivitäten von Versuchspersonen messen und haben so gelernt,

zwischen verschiedenen Schlafphasen zu unterscheiden: Leicht- und Tiefschlafphasen wechseln sich rhythmisch mit einer Schlafperiode namens Rapid Eye Movement (REM) ab, bei der sich – daher die englische Bezeichnung – die Augen hinter den Lidern schnell bewegen. Aktivität zeigt das Gehirn in jeder Schlafminute, im REM-Schlaf ist das Denkorgan allerdings aktiver als im Wachzustand. Jene Perioden werden daher als die heftigsten Traumphasen vermutet. Und sogar die Träume selbst können Forscher mittlerweile visualisieren: Japanische Wissenschaftler haben mittels Hirnscans Träume in Bilder verwandelt, die sie später den Probanden vorspielen konnten. In mehr als der Hälfte der Fälle stimmten Traum und Bild überein.

„Unglück spielt im Traum eine größere Rolle als Glück, negative Gefühle treten häufiger auf als positive."

Gehirn ohne Ruhe

Um aber den Sinn des Träumens zu entschlüsseln, muss zuerst geklärt werden, weshalb Lebewesen überhaupt schlafen. Dem Energiesparen jedenfalls dient Schlafen nicht, wir verbrauchen kaum weniger Kalorien als im Wachzustand. Heute geht man davon aus, dass sich der Körper im Schlaf regeniert, dass Hormone ausgeschüttet und Erlebnisse verarbeitet werden, dass das Immunsystem gestärkt wird und sich die Psyche erholt. Warum aber wird dem Gehirn keine Auszeit gegönnt? Träume müssen demnach weitere, wichtigere Aufgaben zu erfüllen haben.

TRÄUMENDE TIERE

Der schlafende Hund bewegt seine Beine, zunächst langsam, dann immer schneller. Keine Frage, er rennt – im Liegen. Plötzlich springt er auf und prallt im Sprung gegen die Wand. Verdutzt schüttelt er den Kopf. Dann beruhigt er sich. Wozu braucht man aufwendiges technisches Gerät, wenn ein solch schlichter Beweis für tierische Träume so einfach zu beobachten ist? Dennoch: Mithilfe der Messung von Hirnaktivität konnte nachgewiesen werden, dass die REM-Phasen bei Gorillas, Katzen und Hunden denen der Menschen in Länge und Intensität ähneln. Katzen miauen oder fauchen mitunter im Schlaf, Hunde kläffen oder knurren. Säugetiere und auch Vögel, so ist sich die Forschung sicher, träumen. Womöglich gehen sie im Schlaf ihrem Jagdinstinkt nach oder verarbeiten die Erlebnisse des Tages. Eines zumindest scheint sicher: Die Fähigkeit zu träumen ist den Warmblütern mit weit entwickeltem Gehirn vorbehalten, wohingegen bei verwandtschaftlich weiter entfernten Tieren wie Amphibien bislang keine REM-Phasen gemessen werden konnten.

Traumdeutung

Während Freud glaubte, Träume gäben unbewusste Wünsche, Ängste oder Kindheitsszenarien wieder, meinen andere, Träume hätten eine bereinigende Funktion. Unerfreuliche Erlebnisse könnten vergessen, Probleme verarbeitet, Erinnerungen nach Wichtigkeit sortiert und dementsprechend gespeichert oder verworfen werden. Hirnforscher sind sich dagegen sicher, dass sich im Traum Nervenenden neu ordnen und das Gehirn dadurch „reift". Schließlich bringen Neugeborene die Hälfte ihres 16 Stunden währenden Schlafes in der REM-Phase zu, Erwachsene dagegen erleben nur durchschnittlich fünf REM-Phasen von etwa zehnminütiger Dauer pro Nacht. Häufigkeit und Länge der Perioden nehmen mit zunehmendem Alter ab. Je weniger neue Eindrücke zu bewältigen sind, desto kürzer ist also die Zeit der intensiven Träume. Daneben werden den Träumen gewisse Lern- und Kreativitätsprozesse zugeschrieben. Paul McCartney behauptet beispielsweise, eines Morgens mit der Melodie für den Welthit *Yesterday* erwacht zu sein.

Womöglich liegt die Wahrheit in der Mitte: Wer ist nicht schon einmal mit einer guten Idee aufgewacht? Wer hat noch nie Ängste zu Träumen verwoben? Wer träumt nicht von aufregenden oder tragischen Erlebnissen, wenn auch bizarr und bruchstückhaft? Endgültig haben die Forscher den Schlüssel zur menschlichen Traumwelt nicht gefunden.

Die Macht des Unbewussten

Das menschliche Gehirn verarbeitet unzählige Reize und Eindrücke, oft viele gleichzeitig. Nicht alle dringen jedoch in unser Bewusstsein vor, vieles geschieht unbewusst. Wie aber funktioniert das Bewusstsein? Und ist allein der Mensch dazu fähig, ein Bewusstsein zu entwickeln?

Das Unterbewusstsein steuert viele unserer alltäglichen Handlungen. Unwissentlich kratzt man sich in einem Gespräch am Kopf oder kaut auf einem Stift, während man angestrengt nachdenkt. Dabei spielt uns das Gehirn gern einen Streich, entziehen sich doch unbewusste Handlungen in den meisten Fällen unserer Erinnerung. Oder wer hat sich nicht schon gefragt, ob er auch den Herd ausgeschaltet hat?

Die „Schwelle“ zum Bewusstsein

Ein einfaches Beispiel illustriert den Unterschied zwischen unterbewussten und bewussten Handlungen: Ein Fahranfänger wird seine Handgriffe wie Schalten, Gasgeben und Blinkersetzen sicher ganz bewusst durchführen. Bei einem routinierten Autofahrer hingegen laufen viele Prozesse automatisiert ab – das Autofahren ist bereits im Unterbewusstsein verankert, man muss nicht mehr über einzelne Handlungen nachdenken. Insgesamt also wird der Begriff Bewusstsein als Sammelbezeichnung verwendet für verschiedenste Wahrnehmungen, Gedanken, Gefühle und Handlungen – allerdings nur, sofern das Gehirn ihnen Aufmerksamkeit schenkt.

Wie aber erlangen Ereignisse unsere Aufmerksamkeit und treten so in unser Bewusstsein? Noch immer rätseln Forscher über Details dieser Frage. Klar ist: Das Bewusstsein spielt sich im Gehirn ab, wobei das Nervensystem die Botenfunktion übernimmt. Die langgestreckten Nervenzellen durchziehen den Körper wie ein Netz aus dünnen Kabeln. Schneidet man sich in den Finger, wird die Verletzung von den dort angesiedelten Nerven registriert und als Impuls an das Schmerzzentrum im Gehirn weitergeleitet. Das Problem ist nur, dass genau diesen Weg zum Gehirn auch Eindrücke nehmen, die das Bewusstsein nicht erreichen.

Experimente mit Papageien – im Bild ein Rotbugara – haben nicht nur gezeigt, dass diese sich selbst als Individuum erkennen können, sondern auch deren hohe Lernfähigkeit bewiesen.

Der Takt macht die Musik

Der Unterschied zwischen unbewussten und bewussten Wahrnehmungen liegt scheinbar in dem Takt, mit dem die Neuronen (Nervenzellen) ihre Impulse weitergeben. Bei Untersuchungen zum Bewusstsein zeigten Hirnmessungen Folgendes: Sobald die Sinne ihre Aufmerksamkeit auf Gegenstände, Geräusche, Gefühle oder Gedanken lenken, feuern viele Neuronen ihre Impulse im Gleichtakt und in einem ganz bestimmten Abstand. Diese synchronen Entladungen scheinen das Bewusstsein einzuschalten: etwa bei neuen Situationen, komplizierten Aufgaben, aufregenden Erlebnissen oder tiefen Gefühlen. Hirnverletzungen, Narkosemittel oder Alkoholmissbrauch bringen die gleichmäßige Aktivität der Zellen dagegen durcheinander. Die Folge: Der Mensch verliert – meist vorübergehend – sein Bewusstsein.

Bewusstsein bei Tieren

Zweifelsohne können auch Tiere Reize und Schmerzen empfinden. Inwieweit aber Tiere ein höheres Bewusstsein entwickeln, ist eine Frage, der sich Wissenschaftler in den letzten Jahren vermehrt zugewandt haben. Und tatsächlich zeigen bestimmte Tierarten wie Schimpansen, Wale, Delfine und Elefanten die als „Selbst-Bewusstsein" bezeichnete Fähigkeit, sich als Individuum zu erkennen, das sich von anderen seiner Art unterscheidet. Zeigt man diesen in Experimenten ihr Spiegelbild zunächst ohne und dann mit einem roten Punkt auf der Stirn, reagieren sie entsprechend verwirrt. Sie erkennen, dass sich an ihrem Äußeren etwas verändert hat.

Selbst Raben und Papageien sind sich auf diese Weise ihrer Individualität bewusst. Das ist insofern erstaunlich, weil Vögel und höhere Säugetiere evolutionär gesehen nicht miteinander verwandt sind. Demnach haben die gefiederten Tiere von heute jenes Bewusstsein nicht von ihren Vorfahren geerbt, sondern selbst entwickelt. Das Bewusstsein muss also einen evolutionären Überlebensvorteil bieten. Welchen – das ist bislang unklar.

Auch über die genaue Abgrenzung zwischen menschlicher und tierischer Wahrnehmung wird noch gerätselt. Höchstwahrscheinlich kommt hier eine weitere Form des Bewusstseins ins Spiel: das um eigene Belange kreisende „Ich-Gefühl". Vereinfacht formuliert, reflektiert der Mensch über sein eigenes Befinden, während Tiere sehr stark oder ausschließlich vom Instinkt geleitet werden. Letztlich bewiesen ist aber auch das nicht.

Gnade oder Fluch?

Ohne Frage, Mozart war ein „Genie“. Nach einmaligem Anhören konnte er sich komplizierte Musikstücke merken und fehlerfrei die Noten aufschreiben. Doch was ist Genialität überhaupt? Noch immer versuchen Wissenschaftler, diese Frage zu klären.

Kann ein Blick ins Gehirn die Genialität des Physikers Albert Einstein erklären? Jahrzehnte lang meldeten sich immer wieder Wissenschaftler zu Wort, die das glaubten. Noch 1999 attestierte eine kanadische Neurobiologin dem 1955 verstorbenen Nobelpreisträger eine bestimmte verdickte Hirnwindung, die Ursache für seine Denkfähigkeit gewesen ein soll. Ihre Arbeit überzeugte die Kollegen allerdings nicht. Dass sich die Genialität aus dem toten Gehirn ablesen lasse – davon sind Wissenschaftler heute abgerückt. Stattdessen untersuchen sie z. B., welche mentalen Prozesse beim Denken ablaufen. Eines ihrer Untersuchungsfelder dabei ist das Schachspiel. Wieso gewinnt ein Großmeister gegen mehrere Gegner gleichzeitig, noch dazu im Blindspiel (bei dem die Züge des Gegners nur angesagt werden)?

„Dass sich die Genialität aus dem toten Gehirn ablesen lasse – davon sind Wissenschaftler heute abgerückt.“

Macht Übung den Meister?

Neurowissenschaftler und Psychologen gehen heute davon aus, dass Übung ein Faktor von vielen ist, wenn man zum Meister werden will. Extrem gute Schachspieler – das zeigen Untersuchungen – haben sogenanntes „strukturiertes Wissen“ erworben, das sie offenbar aus ihrem Langzeitgedächtnis abrufen können: Für die Analyse von Schachsituationen haben sie eine Vielzahl von

Oft werden außergewöhnliche Talente schon im frühen Kindesalter entdeckt. So etwa bei der Geigerin Anne-Sophie Mutter, die bereits im Alter von 13 Jahren unter Herbert von Karajan debütierte.

ähnlichen Situationen im „Hinterkopf", an die sie sich erinnern können. Auch Mozart konnte auf einen vergleichbaren Vorrat an Wissen zurückgreifen und sich deshalb ganze Musikstücke beim einmaligen Hören merken.

Seit Neuestem rückt die Forschung allerdings vom Üben als zentralem Faktor für Genialität ab. Eine seit 45 Jahren laufende Langzeitstudie bei 5000 hochbegabten Kindern hat beispielsweise gezeigt, dass auch eine überdurchschnittliche Intelligenz eine Rolle spielt. Heute nimmt man an, dass mehrere Voraussetzungen für Genialität wichtig sind: Man muss motiviert und neugierig sein, gefördert werden, üben und dazu noch entsprechende kognitive Fähigkeiten besitzen.

Als Paradebeispiel für „antrainierte" Genialität gelten die drei Töchter des ungarischen Lehrers Lászlo Polgár. Bis zu sechs Stunden täglich übte er mit ihnen Schach – mit enormem Erfolg: Zwei von ihnen errangen Großmeisterstatus (im Bild Zsuzsa Polgár).

Ehrgeiz macht das Genie

Um zu einem Meister zu werden, muss man also nicht nur üben, sondern sogenanntes „angestrengtes Üben" betreiben: Dabei muss man sich selbst immer wieder Aufgaben stellen, die einen bis an die Grenzen der Leistungsfähigkeit führen, und Schwächen durch gezieltes Training beseitigen.

Die meisten Menschen geben sich jedoch zufrieden, wenn sie ein bestimmtes Niveau erreicht haben, und stagnieren auf diesem dann. Eine hohe Motivation spielt deshalb bei außergewöhnlichen Leistungen immer eine Rolle.

Genie und Wahnsinn?

Doch ein Genie braucht auch Kreativität, schließlich soll es auf Gedanken kommen, die vor ihm noch keiner hatte. Bereits in den 1990er-Jahren vermutete ein deutscher Psychologe deshalb, dass Kreativität mit einer besonders schwachen Reizfilterung im Gehirn einhergehe. Neuere Untersuchungen haben diese These untermauert.

So stellten Wissenschaftler von der Harvard Universität fest, dass sich besonders kreative Menschen leichter ablenken lassen als weniger kreative Zeitgenossen. Allerdings gehen auch bestimmte Geisteskrankheiten wie Schizophrenie oft mit einer reduzierten Filterfunktion des Gehirns einher. Es gibt sogar Untersuchungen, wonach in Familien mit auffallend vielen psychischen Erkrankungen auffallend viele besonders kreative Köpfe vorkommen und umgekehrt. 2015 untermauerte ein isländischer Forscher die (umstrittene) These, dass ein Gen für eine erhöhte Wahrscheinlichkeit von Psychosen verantwortlich sein soll – ebenso wie für eine verstärkte Kreativität. Ob es jedoch tatsächlich den oft behaupteten Zusammenhang zwischen Genie und Wahnsinn gibt, konnte trotz der Genialität vieler Forscher noch nicht bewiesen werden ...

Ich höre Farben, ich sehe Töne …

Der Buchstabe P sei so grün wie ein unreifer Apfel, ein T pistazienfarben, schrieb der Schriftsteller Vladimir Nabokov. Manche Menschen sehen Buchstaben oder auch Töne farbig. Doch warum? Wissenschaftler rätseln noch, wie das Phänomen der Synästhesie entsteht.

Die Bezeichnung Synästhesie kommt aus dem Griechischen und bedeutet „zusammen empfinden“. Bei Synästhetikern löst ein sogenannter induzierender Reiz – also ein Sinneseindruck wie Töne, Gerüche oder Farben – eine zusätzliche Sinneswahrnehmung aus: Beim Blick auf bestimmte Buchstaben sah Nabokov bestimmte Farben. Der Komponist Franz Liszt wies die Musiker angeblich an, nicht „so blau“ zu spielen. Und 2005 baten Wissenschaftler der Universität Zürich eine junge Frau in ihr Labor, die nicht nur Farben sah, wenn sie Töne hörte, sondern die Töne auch „schmecken“ konnte: Sie schmeckten nach Sahne, Zucker oder auch Wasser, beschrieb sie.

Ursache: unbekannt

Je nach Studie sind zwischen 0,05 und 25 % der Bevölkerung Synästhetiker. Das Phänomen ist seit Langem bekannt. Unter Künstlern, vor allem unter Komponisten, gibt es auffallend viele Synästhetiker, neben Franz Liszt beispielsweise die Kollegen Jean Sibelius und Olivier Messiaen. Die Ursache für diese außergewöhnliche Fähigkeit ist allerdings noch nicht bekannt.

Heute weiß man, dass Synästhesien in Familien oft gehäuft vorkommen – so war auch die Mutter von Nabokov Synästhetikerin –, und vermutet deshalb eine genetische Ursache. 2018 meldeten niederländische Wissenschaftler, sie hätten das Erbgut als Auslöser identifiziert. Sie konnten bei drei untersuchten Familien jene Gene identifizieren, die nur bei den Synästhetikern vorhanden waren. Vermutet wird aber auch, dass bestimmte Hirnregionen bei Synästhetikern auf spezifische Weise vernetzt sind. Beim sogenannten „Farbigen Hören“, eine der häufigsten Formen des Phänomens, konnten Neurobiologen in Computertomografien sehen, dass sowohl das Hörzentrum als auch das Sehzentrum im Gehirn besonders aktiviert war.

Dass Wissenschaftler seit einigen Jahren die verschiedenen Formen von Synästhesie besonders intensiv untersuchen, hat einen einleuchtenden Grund: Sie erhoffen sich neue Erkenntnisse darüber, wie unser Gehirn Sinneseindrücke verarbeitet.

Vladimir Nabokov (1899–1977), der Autor des berühmten Skandalromans *Lolita*, sah Buchstaben in Farben.

Was ist Glück?

Es ist das höchste Gut, wonach die Menschen streben: immerwährendes Glück. Doch was macht uns glücklich und was verbirgt sich hinter dem positiven Gefühl?

Geld allein macht nicht glücklich, heißt das Sprichwort – und es stimmt. Studien belegen, dass die Einwohner der vergleichsweise reichen Industrienationen sogar unglücklicher sind als die Bewohner von Entwicklungsländern. Auch Erfolg steigert das Glück nicht – oftmals aber ist ein glücklicher Mensch erfolgreich. Sicher führen Geldgewinne und Erfolgserlebnisse zu kurzfristiger Euphorie, wahres Glück sieht allerdings anders aus.

Es sind die eher unscheinbaren, aber dauerhaften Werte, die zu anhaltendem Wohlbefinden führen: Achtung und Verständnis in der Partnerschaft beispielsweise, Gespräche mit Freunden, ein Arbeitsplatz, um den man nicht fürchten muss. Und wer sich seinen persönlichen „Glücksrausch" sofort verschaffen möchte, sollte sich die Laufschuhe anziehen oder auf sein Fahrrad steigen – denn auch beim Sport erlebt man ein „gutes Gefühl". Bleibt die Frage, wie diese Emotionen im Körper eigentlich entstehen.

Die Chemie des Glücks

Körperliche Bewegung, Berührungen, schmackhaftes Essen oder Empfindungen wie Geborgenheit und Gerechtigkeit bringen das Belohnungszentrum im Gehirn in Schwung: Es werden Glücksbotenstoffe ausgeschüttet – Endorphine etwa, opiumähnliche Substanzen mit leicht berauschender Wirkung. Das Hormon Oxytocin sorgt für Liebesgefühle, Vertrauen und Ruhe. Dopamin hingegen spielt eine zentrale Rolle bei Suchterkrankungen. Wie eine Rauschdroge erhöhen Glücksgefühle den Dopaminspiegel und entfalten auf diese Art ihre Wirkung. Nicht zuletzt lassen Glücksmomente auch Serotonin ins Gehirn strömen. Auch die Gene beeinflussen unser Glücksgefühl; wie stark, ist allerdings noch nicht geklärt.

GLÜCK IN DER PHILOSOPHIE

Schon die Philosophen der griechischen Antike beschäftigten sich mit der Frage, was Glück ist. In den letzten gut 2500 Jahren wurden unzählige Antworten gefunden. Glück bzw. Glückseligkeit ist bei Sokrates oder Platon etwa durch ein tugendhaftes oder gerechtes Leben zu erreichen. Im Mittelalter war Glück vor allem eine theologische Größe: Thomas von Aquin trennte beispielsweise irdisches Glück als Folge eines moralisch-sittlichen gottgefälligen Lebens vom jenseitigen Glück, dem Heil. In der Renaissance erfolgte dann wieder eine Abkehr von theologischen Glückskonzeptionen. Und im von Jeremy Bentham im 18. Jh. begründeten Utilitarismus werden (staatliche) Handlungen nach ihrem Beitrag zum größtmöglichen Glück bemessen.

„Graue Panther" auf dem Vormarsch

Von Natur aus gehört der Mensch gewiss nicht zu den „Eintagsfliegen" im Tierreich, er kann vielmehr unter günstigen Umständen über 100 Jahre alt werden. Doch wie lautet die Zauberformel für ein glückliches und gesundes hohes Alter? Auf der Suche nach einem „Jungbrunnen" richten Forscher den Blick vor allem nach Japan.

Die mittlere Lebenserwartung ist ohne Frage ein Gradmesser für den Wohlstand eines Landes. Weltweit pendelt sie von Land zu Land und von Geschlecht zu Geschlecht zwischen etwa 35 in der Dritten Welt des südlichen Afrika und rund 80 Jahren in westlichen Ländern – meistens, aber nicht überall mit steigender Tendenz. Und dennoch haben Wissenschaftler selbst zwischen einzelnen Industrienationen bemerkenswerte Unterschiede herausgefunden. So liegt das Bruttoinlandsprodukt pro Kopf in den USA einige Tausend US-Dollar über dem Japans – Japaner aber werden im Schnitt gut vier Jahre älter als Bürger der Vereinigten Staaten.

Rekordverdächtige Insel

In keinem Land der Erde gibt es so viele Menschen, die 100 Jahren oder älter werden, wie in Japan. Zum Vergleich: In Deutschland erreichen nach der Bevölkerungsstatistik durchschnittlich zehn von 100 000 Einwohnern ein Lebensalter von 100 Jahren, in Japan hingegen sind es fast doppelt so viele – und noch ist kein Ende dieser demografischen Entwicklung abzusehen. Schon jetzt gibt es Regionen in Japan, wo noch deutlich mehr Greise leben. Absoluter Spitzenreiter ist die Insel Okinawa im äußersten Süden des Kaiserreichs. Dort überschreiten von 100 000 Insulanern jeweils 45 die magische Schwelle – in erster Linie, wie bei den

Japanerinnen haben mit die besten Aussichten weltweit, ein hohes Alter zu erreichen.

meisten Nationen, sind es Frauen. Dabei ist das feuchtwarme Bioklima Okinawas, das die Ausbreitung von Krankheitserregern fördert, auf dem Weg zu einem hohen Lebensalter eher eine Hürde.

Verlängern oder eher: nicht verkürzen?

In der Fachwelt herrscht Einigkeit darüber, dass der Anstieg der mittleren Lebenserwartung vor allem der besseren medizinischen Versorgung, wirksameren Medikamenten, verbesserten Verfahren der Diagnose und Therapie sowie regelmäßigen Vorsorgeuntersuchungen zu verdanken ist. Im Bündel könnte dies alles geeignet sein, das Leben zu verlängern. Während jedoch in Europa extrem hohes Alter oft mit Krankheiten einhergeht, konnten Ärzte bei den Greisen von Okinawa kaum Anzeichen körperlichen Verschleißes feststellen. Wie kann das sein?

Bei einem sind sich die Forscher inzwischen relativ sicher: In den Genen ist kein Schlüssel für das hohe Alter zu finden. Bei Auswanderern aus Okinawa, die sich in Brasilien niedergelassen und dortige Lebensgewohnheiten angenommen haben, sank die Lebenserwartung drastisch. Schon eher spielt die Ernährung eine große Rolle. Liegt es vielleicht daran, dass die Japaner nicht so beharrlich wie andere Erdenbürger an der „Verkürzung ihres Lebens“ arbeiten? Tatsächlich sehen Forscher in einer ungesunden Fast-Food-Ernährung, in Übergewicht oder im Missbrauch von Alkohol und Nikotin bedeutsame Faktoren für eine geringere Lebenserwartung. Der Speiseplan der Menschen Okinawas hingegen basiert vor allem auf Fisch, Gemüse und Seegras und ist u. a. reich an Vitaminen, Omega-3-Fettsäuren, Ballaststoffen und Spurenlementen.

Gerade auf Okinawa fällt aber auch etwas anderes auf: die Art und Weise, wie ältere Menschen in der gesellschaftlichen Hierarchie eingeordnet werden. Ein Wort für Ruhestand kennt man hier nicht. Die Greise werden nicht als nutzlos zum „alten Eisen“ gelegt, sondern bringen sich in der Gesellschaft ein, indem sie etwa Gemüse anbauen oder an Marktständen mithelfen. Respekt, Anerkennung und das Gefühl, gebraucht zu werden – auch dies gehört zum hohen gesunden Alter dazu.

JUNGBRUNNEN HOCHGEBIRGE?

Zu schön, um wahr zu sein – so muten Geschichten von den Hunza an, einem Volk, das in einem Hochtal des Karakorum in Nordpakistan lebt und dem manche selbsternannte Experten eine Lebenserwartung bis zu 145 Jahren zusprechen. Und in der Tat entpuppen sie sich mehr und mehr als Lügenmärchen. Bei der hohen UV-Belastung und dem enormen Kältestress in den Hochgebirgen wäre das biblische Alter ein wahres Wunder. Auf der anderen Seite scheint das Leben im Hochgebirge für Menschen, sogar für jene mit stark angeschlagener Gesundheit, aber durchaus günstig zu sein. Nach neueren Untersuchungen bekommt Höhenluft beispielsweise Dialysepatienten ausgesprochen gut.

Der Japaner Masazo Nonaka gilt gegenwärtig mit 112 Jahren als ältester Mann der Welt – das hat ihm auch einen Eintrag ins Guinness-Buch gebracht.

Die Doppelten Lottchen

Eineiige Zwillinge besitzen dasselbe Erbgut, können aber dennoch eigene Charaktere entwickeln. Warum aber zeigen getrennt aufgewachsene Zwillinge dann solch frappierend ähnliche Eigenschaften?

Jim Lewis war 39 Jahre alt, als er das erste Mal auf seinen Bruder Jim Springer traf. Die eineiigen Zwillinge waren als Babys getrennt und von verschiedenen Eltern aufgezogen worden. Überraschenderweise stellte sich heraus, dass beide von einer Linda geschieden und wieder mit einer Betty verheiratet waren. Die Brüder hatten ihren erstgeborenen Sohn James Allen genannt und bislang zwei Herzinfarkte erlitten. Beide bevorzugten die gleiche Zigarettenmarke und Biersorte und kauten noch als Erwachsene an den Nägeln.

Gemeinsam gleich

Eineiige Zwillinge entstehen aus derselben Eizelle und demselben Spermium, verfügen also über ein identisches Genmaterial. Daher gleichen sie sich äußerlich wie ein Ei dem anderen. Es scheint nicht verwunderlich, wenn Zwillinge, die im selben Elternhaus aufwachsen, dieselbe Erziehung genießen und dieselben Schulen besuchen, auch ähnliche Verhaltensweisen an den Tag legen. Die Geschichte der beiden Jims zeigte jedoch, dass sich trotz des verschiedenen Umfelds gewisse Vorlieben und Charakterzüge durchsetzten. Hier mussten die Gene im Spiel sein! Von 1979 an untersuchte der mittlerweile emeritierte Psychologe Thomas J. Bouchard daher Tausende Zwillingspärchen, etwa 100 davon wuchsen getrennt voneinander auf. Übereinstimmungen im Verhalten, so die These, würden aus dem identischen Erbgut resultieren. Unterschiede hingegen seien dem Einfluss des sozialen Umfelds zuzuschreiben.

SIND ELTERN AUSTAUSCHBAR?

Die amerikanische Psychologin Judith Rich Harris sorgte 1998 mit ihrem Buch *Ist Erziehung sinnlos?* für Furore. Gestützt auf diverse Zwillingsstudien behauptet sie, das Wesen eines Menschen sei hauptsächlich durch die Gene geprägt. Eigenschaften, die nicht in den Genen festgelegt seien, würden durch die Gleichaltrigen in Schule und Freundeskreis geformt. Dieses Fazit entnimmt sie der Tatsache, dass sich sämtliche Geschwister – wie auch Zwillinge – trotz gleicher Erziehung stets verschieden entwickeln. Natürlich solle das nicht bedeuten, die Kinder könnten ruhig vernachlässigt werden. Dennoch meint Harris überspitzt: „Eltern sind austauschbar wie Fabrikarbeiter.“ Kritiker werfen Harris jedoch u. a. vor, sie betrachte Familie und soziales Umfeld isoliert voneinander, anstatt gegenseitige Beeinflussungen zu berücksichtigen.

Der Fall von Jack Yufe und Oskar Stöhr scheint dies zu bestätigen: Jack wuchs bei seinem jüdischen Vater in einem Kibbuz auf Trinidad auf, Oskar lebte bei seiner katholischen Mutter unter dem Naziregime in Deutschland – unterschiedlicher kann ein Umfeld nicht sein. Und tatsächlich zeigten sich Unterschiede in ihrer Lebensweise: Der eine war verheiratet und arbeitete als Ingenieur, der andere ein geschiedener Ladenbesitzer. Dennoch gab es eigentümliche Gemeinsamkeiten: Beide liebten gewürztes Essen, süße Liköre, saßen in gleicher Haltung, sprachen im gleichen Tempo und hatten einen identischen Kleidergeschmack.

Hälfte Gene – Hälfte Umfeld

Neuere Forschungsarbeiten richten ihr Augenmerk auf Zwillinge, die gemeinsam aufwuchsen. Die Auswirkungen der Gene auf das Verhalten testeten deutsche Wissenschaftler im Rahmen der Studie GOSAT anhand von 300 gleichgeschlechtlichen Zwillingspaaren. Diese unterzogen sich eingehenden Befragungen und Beobachtungen unter Stresssituationen: etwa bei der Vorstellung der eigenen Person, im Verlauf eines Streitgesprächs oder beim Vorlesen. Auch zwischen den Tests wurden die Geschwister durch jeweils 60 Forscher beobachtet – ohne dass sie davon wussten.

Selbst im hohen Alter sehen sich Zwillinge oft noch zum Verwechseln ähnlich.

Das Ergebnis: Zu 42 % steuerten die Gene das Verhalten der Probanden, zu 26 % wirkte die gemeinsame Umwelt darauf ein und zu 32 % die individuellen Erfahrungen, etwa in Beziehungen oder am Arbeitsplatz.

Natürliche Drillingsschwangerschaften sind 85-mal seltener als Zwillingsschwangerschaften und treten nur mit einer Häufigkeit von 0,01 ‰ auf. Durch die Reproduktionsmedizin liegt die Wahrscheinlichkeit heute allerdings höher. Dennoch steckt die Drillingsforschung noch in den Anfängen.

Prägende Kindheit

Allerdings sollten derartige Berechnungen kritisch betrachtet werden. Denn Zwillinge, die im selben Elternhaus aufwachsen, reifen nicht unweigerlich unter denselben Bedingungen heran.

Zwar verbringen sie von Geburt an viel Zeit miteinander und werden von ihrem Umfeld instinktiv als ein Individuum wahrgenommen. Jedoch ist einer der beiden bei gewissen Freizeitbeschäftigungen stets talentierter als der andere. Automatisch sucht sich der „schlechtere" Zwilling ein anderes Hobby, bei dem er nicht mit Bruder oder Schwester verglichen wird. So entwickeln die Zwillinge oft unterschiedliche Profile.

Je enger sie zusammenleben, je öfter sie gleich angezogen und behandelt werden, desto eher tritt im Teenageralter der Wunsch auf, die eigene Persönlichkeit zu entwickeln.

„Je enger Zwillinge zusammenleben, desto eher tritt im Teenageralter der Wunsch auf, die eigene Persönlichkeit zu entwickeln."

Jeder Zwilling formt sich sein Umfeld von nun an selbst. So gelangt der eine womöglich in eine Raucherclique, während der andere in einen Sportverein eintritt. Zusätzlich zu den verschiedenen Erfahrungen kommt es durch derartige Unterschiede im Lebensstil zu winzigen chemischen Veränderungen am Erbgut. Je älter die Zwillinge, desto mehr unterscheidet sich demnach das Verhalten oder die Krankengeschichte der einzelnen.

Andere wiederum werden erzogen wie „normale" Geschwister. Die Eltern achten auf individuelle Bekleidung, melden sie in verschiedenen Schulklassen an. So kann jeder Zwilling eigene Freunde finden und eigene Erfahrungen machen. Einer Untersuchung zufolge bleiben sich diese Zwillinge im Alter ähnlicher als diejenigen, die ihre gesamte Kindheit miteinander verbrachten. Vielleicht liegt hier einer der Gründe für die gespenstischen Ähnlichkeiten voneinander getrennter Zwillinge – vielleicht aber auch nicht. Die 2014 von Psychologen und Soziologen gestartete Studie „Twin Life" erforscht das Leben von 4000 Familien in Deutschland, in denen Zwillinge leben. Sie ist auf 12 Jahre angelegt, bezieht alle Familienangehörigen mit ein – und verrät dann vielleicht etwas mehr über das Leben der „doppelten Lottchen".

Gesundheit aus Fernost?

Aus Indien und China kommen verschiedenste Heilmethoden in den Rest der Welt, deren Wirksamkeit oft wissenschaftlich nicht zu begründen ist. Dennoch scheinen sie vielen Menschen zu helfen.

Fernöstliche Entspannungslehren feiern Hochkonjunktur. Meditative Praktiken wie Yoga, Tai-Chi oder Qigong sind aus Fitnessstudios nicht mehr wegzudenken, energetische Behandlungen wie Shiatsu oder Reiki halten Einzug in die Praxen der westlichen Heilpraktiker. Alle Methoden versprechen Entspannung, Wohlbefinden sowie Gesundheit, kurz: ein erfülltes Leben. Doch können „akrobatische Verrenkungen" tatsächlich Krankheiten heilen? Verhelfen kampfkunstähnliche Bewegungen zu mehr Zufriedenheit? Bestimmen Meridiane als Energiefelder des Körpers wirklich, wie es uns geht? Oder greift der Boom nur deshalb um sich, weil er durch fremdartige Weisheiten das Wunschdenken der westlichen Welt befriedigt?

Tai-Chi wird in China auch auf öffentlichen Plätzen praktiziert (hier in Shanghai).

Padmasana – der Lotossitz

Er ist die wohl bekannteste aller Yogaübungen: Der rechte Fuß liegt auf dem linken Oberschenkel, der linke Fuß auf dem rechten, die Knie berühren den Boden. Eine ideale Stellung für die Meditation, werben die Yogalehrer. Die Energien können ungehindert fließen, der Körper wird nicht mehr wahrgenommen – die Sehnen, Muskeln, Bänder und Gelenke der Beine dafür umso mehr, zumindest für Ungeübte … Andere Übungen sind nicht ganz so verwegen: die allseits bekannte Kerze etwa oder Rumpfbeugen. Innere Organe sollen dadurch massiert, angeregt und geheilt werden. So manche Yogaübung verspricht die Befreiung von Schilddrüsenleiden, Übergewicht oder Durchblutungsstörungen.

Einer Studie des Werksärztlichen Dienstes der damaligen Daimler Chrysler AG zufolge können an der Wirksamkeit von Yoga kaum Zweifel bestehen. 84 Teilnehmer absolvierten über den Zeitraum von 14 Wochen lediglich einmal wöchentlich eine Yogastunde. Die gefühlte Erholung und die Fähigkeit zum Stressabbau stiegen dabei in den ersten vier Wochen rasant an, Gelassenheit und Körperbewusstsein nahmen zu, ängstliche und depressive Phasen dagegen verringerten sich in gleichem Ausmaß wie bei dem wissenschaftlich anerkannten Autogenen Training. Dies bestätigen auch neueste Studien von 2018. Ob organische Erkrankungen verschwinden, darüber gibt es bislang jedoch keine Untersuchungen.

Der Lotossitz ermöglicht langes, unbewegliches Sitzen, die Voraussetzung erfolgreichen Meditierens.

Gesundheitsfördernde Kampfkunst

Tai-Chi ist die Kurzform von Taijiquan und ist eigentlich eine chinesische Kampfkunst. Inzwischen aber praktizieren weltweit Millionen Menschen die fließenden Zeitlupenbewegungen des chinesischen Schattenboxens, um den Körper fit zu halten und gesundheitliche Probleme zu mildern. Daher hat ein Experte für die Beurteilung alternativer Heilmethoden, Professor Edzard Ernst von der Universität Exeter, die wissenschaftlichen Belege über Tai-Chi zusammengetragen. Die Ergebnisse fallen recht widersprüchlich aus. Allerdings zeigten neun Studien einhellig, dass Tai-Chi erhöhte Blutdruckwerte senkt, eine chinesische Studie von 2017 bestätigte die positive kardiovaskuläre Wirkung.

Qi – für Energie

Nah verwandt mit Tai-Chi ist das Qigong. Während Tai-Chi die Muskeln und Knochen stärkt, soll das Üben von Qigong mehr das Gleichgewicht zwischen Ruhe (Yin) und Aktivität (Yang) fördern. Die Übungen sind leicht erlernbar und wenig anstrengend. Mangelnde Konzentration oder Stress, Schlaflosigkeit, Verdauungsprobleme und sogar Migräne sollen durch das Training schwinden. Einige Studien belegen, dass regelmäßiges Üben die Funktion der Lunge bei Asthma verbessert, den Blutdruck senkt und Stress reduziert sowie sich ebenfalls positiv auf das Herz-Kreislauf-System auswirkt.

Ob Yoga, Tai-Chi oder Qi – die positiven Effekte von körperlicher Bewegung sind an sich nicht so verwunderlich. Nachdenklicher stimmen vielleicht die Verfahren, die durch imaginäre Energieflüsse heilen wollen: Der Körper, so sagt es die fernöstliche Lehre, ist von Energiebahnen durchzogen, den sogenannten Meridianen. Würde jener Energiefluss blockiert, seien Krankheiten die Folge. Zwei Verfahren, solche Blockaden zu lösen, sind Reiki und Shiatsu.

Universale Lebensenergie

Reiki bedarf der Hilfe eines „Reiki-Gebenden". Dieser legt entweder die Hände auf den Körper des Patienten oder hält sie wenige Zentimeter darüber. Dabei, so die Beschreibung, soll universale Lebensenergie übertragen werden und dorthin fließen, wo sie benötigt wird. Reiki verspricht neben Wohlbefinden und Gesundheit eine Aktivierung der Selbstheilungskräfte.

Nach derzeitigem Stand der Wissenschaft sind solche Erfolge bis dato nicht belegt worden. Die meisten Untersuchungen wurden unter mangelhaften Bedingungen durchgeführt. In einer Studie von 2008 wurden 100 Patienten nach dem Zufallsprinzip entweder von Reiki-Therapeuten oder Schauspielern behandelt, dabei zeigten sich keine Anhaltspunkte für eine heilende Wirkung. Ob das Verfahren wirkt, kann also – zumindest bis heute – nur die persönliche Erfahrung zeigen.

Heilende Finger

Anders verhält es sich bei Shiatsu (japan.: Fingerdruck). Im Unterschied zu Akupunktur und Akupressur werden nicht nur einzelne Punkte am Körper stimuliert. Die Behandlung erfolgt entlang der verbindenden Lebensenergiebahnen, der Meridiane. Die School of Healthcare der Universitiy of Leeds führte über die Wirksamkeit eine ausführliche Befragung unter 633 Anwender/-innen durch. Die Ergebnisse erstaunen den Skeptiker: Tatsächlich berichteten die Teilnehmer, dass sich innere Blockaden lösten und sie sich merklich entspannten. Die Befragten bestätigten, sie könnten durch Shiatsu mit schwierigen Situationen besser umgehen und seien insgesamt gelassener. Verspannungen und Stress ebbten ab, Muskeln und Gelenke schmerzten weniger. Auch nach sechs Monaten seien die positiven Wirkungen noch zu spüren.

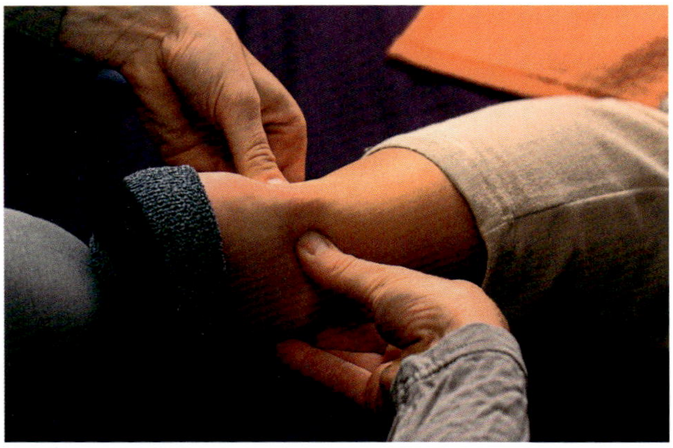

Shiatsu-Behandlungen kommen vor allem zur Therapie von Beschwerden an Gelenken, Gliedern und Rücken zum Einsatz (oben eine Anwendung an der Achillessehne).

Diese könnten allerdings eine recht einfache Erklärung haben: Fast alle Befragten änderten aufgrund der Sitzungen ihren Lebensstil, ernährten sich bewusster und gönnten sich mehr Zeit für Entspannung und körperliche Übungen – Faktoren, die auch ohne eine begleitende Stimulation der Meridiane für eine höheres Wohlbefinden sorgen.

Machen Placebos gesund?

Selbst Nelda Wray wird über das Ergebnis ihrer Studie erstaunt gewesen sein. Die medizinische Forscherin hatte 2002 am Houston Medical Center eine Untersuchung an 180 Kniearthrosepatienten vorgenommen. Ein Teil von ihnen wurde nach den beiden Standardverfahren operiert, bei den anderen täuschte man die Operation nur vor. Hierfür erhielten diese Patienten eine Narkose und Ärzte schnitten sogar in die Haut rund um das Knie, um den Betrug glaubhaft zu gestalten. Das verblüffende Ergebnis: Zwei Jahre später zeigten sich zwischen den Gruppen keinerlei Unterschiede, was das Schmerzempfinden oder die Gelenkfunktionen betraf …

Regelmäßig berichten Forscher von der verblüffenden Wirkung von Placebos. Sind diese Phänomene reiner Zufall oder vermag die pure Kraft der Gedanken zu heilen?

Scheinoperationen, wie sie u. a. die US-amerikanische Medizinerin Nelda Wray zur Erforschung von Placeboeffekten einsetzte, sind ethisch umstritten.

Kochsalz und Zucker statt teurer Medikamente

Ein zufälliges Ergebnis? Eher nicht, denn bei vielen weiteren Untersuchungen zeigte sich, dass starke Schmerzen nach der Einnahme von Zuckerpillen oder der Tremor (Muskelzittern) von Parkinsonpatienten nach einer Injektion mit Kochsalzlösung schwinden. Das Zauberwort heißt Placebo, lateinisch für „ich werde gefallen". Schon lange weiß man um den heilsamen Effekt von Placebos. In Medikamentenstudien wird diese Tatsache genutzt, um die Wirksamkeit einer pharmazeutischen Testsubstanz vom Effekt der Einbildung abzugrenzen. Doch den Begriff „Einbildung" nutzt heute niemand mehr abwertend. Seit es möglich ist, den Probanden mittels bildgebender Verfahren ins Gehirn zu schauen, weiß man: Die Hoffnung, die Erwartung auf Heilung setzt physiologische Prozesse in Gang, die den Körper von Krankheiten befreien können.

Durch die Scheinbehandlung werden zunächst Bereiche der Großhirnrinde stärker durchblutet. Neuronen feuern ihre Befehle, riesige Mengen an Botenstoffen oder Hormonen werden produziert. Nachweislich entstehen bei Schmerzen körpereigene Schmerzhemmer namens Endorphine, bei Morbus Parkinson wird endogenes Dopamin ausgeschüttet, bei Depressionen möglicherweise Serotonin. Die Beschwerden schwinden nicht nur gefühlt, sondern real. Zumindest in der Theorie steht der Glaube des Gehirns den chemisch erzeugten Medikamenten in nichts nach.

Eine perfekte Inszenierung

Wichtig für den Erfolg ist, dass die Erwartung durch glaubhafte Tricks geweckt wird. Nachweislich setzen Patienten große Hoffnungen in Operationen, Spritzen wirken besser als Tabletten, bunte Pillen mehr als weiße: Die Farbe Blau fördert den Schlaf, Gelb regt an, Rot stärkt das Herz. Die Macht der Vorstellung scheint immens.

Der größte Garant für das Täuschungsmanöver ist jedoch der Arzt selbst. Seine ungeteilte Aufmerksamkeit, seine Zuversicht und sein aufrichtiges Heilversprechen wirken wahre Wunder. Beweisen lässt sich dies durch einen simplen Vergleich: Selbst echte Medika-

Die Pharmaindustrie macht riesige Gewinne, allerdings nicht mit der Produktion von „Zuckertabletten".

mente, verabreicht durch ein computergestütztes Dosiersystem, wirken wesentlich schlechter als wenn die Tabletten von einem Mediziner in Weiß übergeben werden.

Strahlt der Arzt zudem eine unerschütterliche Zuversicht aus, dass die Medikamente auch ihre Wirkung entfalten, können diese Worte beim Patienten einen verblüffenden Heilprozess in Gang setzen. Lässt er jedoch Zweifel an seiner eigenen Therapie durchblicken, kann er das Gegenteil bewirken: den Noceboeffekt. Worte wie „mal sehen, ob das wirkt" senken die Hoffnung auf Heilung gegen null. Manche Patienten schätzen dann ihre Krankheit schlimmer ein, als sie wirklich ist. Durch die Unsicherheit des Arztes werden sie selbst verunsichert – ein perfekter Nährboden dafür, dass sich die Symptome verschlechtern.

„Patienten setzen große Hoffnungen in Operationen, Spritzen wirken besser als Tabletten, bunte Pillen mehr als weiße."

Da Ärzte chronisch überlastet sind, treten Noceboeffekte immer häufiger auf. Zudem können sich die Mediziner kaum noch Zeit nehmen für den Patienten, weil Einzelgespräche von den Krankenkassen nur geringfügig honoriert werden. Als Folge erfreuen sich Heilpraktiker und alternative Verfahren größter Beliebtheit – trotz der Zusatzkosten für den Patienten.

Heilung lernen

Neben der positiven Erwartung gibt es einen weiteren Gehirnmechanismus, der physiologische Prozesse auslösen kann: Das Gehirn kann lernen, auf Reize mit bestimmten Körperfunktionen zu reagieren. Der russische Mediziner Iwan Pawlow hat ähnliche Zusammenhänge bei Hunden schon Anfang des 20. Jh. festgestellt: Kurz vor der Fütterung der Tiere ließ er regelmäßig eine Glocke läuten – später dann begann der Speichelfluss der Hunde bereits beim Klang der Glocke zu fließen.

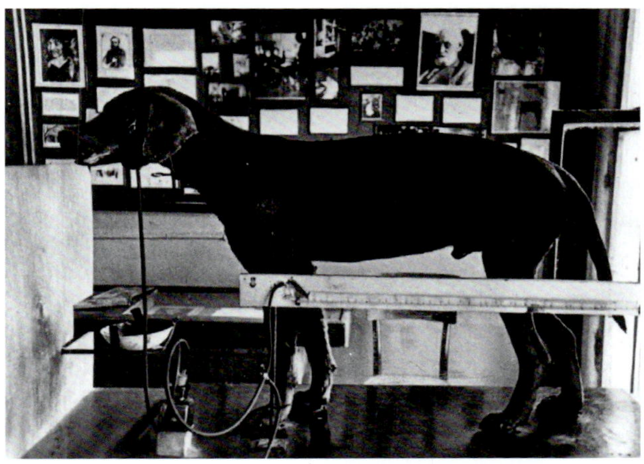

Die Experimente mit dem „Pawlowschen Hund" gelten heute als Geburtsstunde der Placeboforschung.

Diese Kombination von Reiz und Reaktion lässt sich auch beim Menschen erzeugen. So verabreichten Forscher Patienten mit einer Allergie gegen Hausstaubmilben zusammen mit einer Medizin eine grün gefärbte Erdbeermilch. Nach ein paar Tagen genügte es, wenn die Allergiker nur noch die Erdbeermilch ohne medikamentösen Zusatz zu sich nahmen, um die Symptome zu reduzieren.

Zahlreiche Studien drehen sich um die Heilkraft des Gehirns, die mehr zu leisten vermag, als lange Zeit gedacht. Inwieweit die Erkenntnisse jedoch in der Praxis anwendbar sind, ohne die Patienten einem Risiko auszusetzen, ist bislang noch nicht bekannt. Bei einem sind sich die Forscher jedoch sicher: Auch die Kraft unserer Gedanken wird bei schweren Krankheiten an ihre Grenzen stoßen.

Das „gebrochene Herz"

„Sie starb aus Kummer, an gebrochenem Herzen." Diese und andere im Volksmund gängigen Redewendungen haben oft einen realen Hintergrund. Seit der Antike beschäftigen sich Mediziner mit diesen Fragen – und seit Siegmund Freud auch die Psychologen.

In der griechische Sage stirbt die junge Priesterin Hero aus Kummer über den Tod des Geliebten Leander noch am selben Tag. Bis heute ist das „gebrochene Herz" ein gängiges Motiv der Literatur. Aber gibt es wirklich eine Wechselbeziehung zwischen seelischen und körperlichen Vorgängen? Die Psychosomatik versucht das zu ergründen. Mithilfe biologischer, psychologischer und sozialwissenschaftlicher Methoden will sie herausfinden, welchen Einfluss psychische und soziale Faktoren (z. B. Mobbing) auf das Entstehen und Fortbestehen organischer Krankheiten haben.

Wenn Trauer tötet

Heute bestreitet niemand mehr, dass Menschen tatsächlich an ihrer Trauer sterben können: Ihr Blutdruck steigt, ebenso die Herzschlagrate, dazu kommen Ängste, Wut, Depressionen und Stress. Der Appetit ist reduziert. Die Betreffenden leiden oft an Schlaflosigkeit und damit einhergehenden Veränderungen des Immunsystems – das „Broken-Heart-Syndrom" weist alle Faktoren auf, die zu einem Herzinfarkt führen können.

Das Risiko, selbst zu sterben, sei in den ersten Wochen nach dem Verlust eines geliebten Menschen bei jüngeren Menschen wie bei alten Personen ähnlich hoch. Die Gefahr reduziere sich merklich nach sechs Monaten und verschwinde meistens erst nach etwa zwei Jahren. Mediziner raten heute zu einer Kombination aus Betablockern und Psychotherapie. Vor allem bei Menschen, die schon einmal ein „Broken-Heart-Syndrom" hatten – sie sind gefährdet, immer wieder daran zu erkranken.

Kontakt zum Unbewussten

Ein Pendel schwingt sacht hin und her, der Patient folgt ihm mit seinen Augen. Alles andere gerät ganz allmählich in den Hintergrund, das bewusste, das kritische Denken wird abgelenkt, um den Weg zum Unterbewusstsein zu öffnen. So oder so ähnlich beginnen alle Hypnosesitzungen, deren Wirkung verblüffend ist.

Das Unterbewusstsein lenkt das menschliche Denken und Handeln – sowohl im positiven als auch im negativen Sinn. Und durch Hypnose kann es beeinflusst werden.

Freund und Feind

Nur etwa ein Zehntel unserer Entscheidungen laufen bewusst ab, den Rest erledigt das Unterbewusstsein. Einerseits ist das gut so, entlasten doch diese Prozesse das Gehirn, das so nicht jeden Schritt neu analysieren und koordinieren muss. Unser Unterbewusstsein merkt sich unzählige Handgriffe des Alltags, sodass diese Abläufe irgendwann automatisch funktionieren.

Das Unterbewusstsein kehrt aber auch ungewollte Erinnerungen und Lernprozesse immer wieder hervor. Ein Paradebeispiel ist die oft irrationale Angst vor dem Urteil anderer Menschen, die Patienten im Extremfall dazu treibt, sich in völlige Isolation zu begeben. Hier soll Hypnose Wunder bewirken, wie auch bei Depressionen, Traumata, Schmerzen oder Suchtproblemen. So versuchen Raucher und Übergewichtige inzwischen, per Hypnose die Lust auf Nikotin oder Sahnetorten aus ihrem Gehirn zu verbannen.

Schöne Vorstellungen

Nach der Einleitung erzeugt der Hypnotiseur im Unterbewusstsein positive Bilder, er beschreibt etwa, wie selbstbewusst der Patient durch einen Saal voller Menschen spaziert. Das Gehirn merkt sich Bilder besser als Wörter, positive lieber als negative, und das Unterbewusstsein kann zwischen realen Erlebnissen und Suggestion nicht unterscheiden: Es „erinnert sich“ also an den Saal und den positiven Moment ohne Angst – die Erinnerung an die negative Phobie hingegen verblasst.

Die Erfolge dieser Therapie sorgten dafür, dass Hypnose seit Mitte des 20. Jh. den Vorwurf der Scharlatanerie abschüttelte. Allerdings sprechen nicht alle Menschen gleich gut auf Hypnose an – wer daran glaubt, hat bessere Chancen.

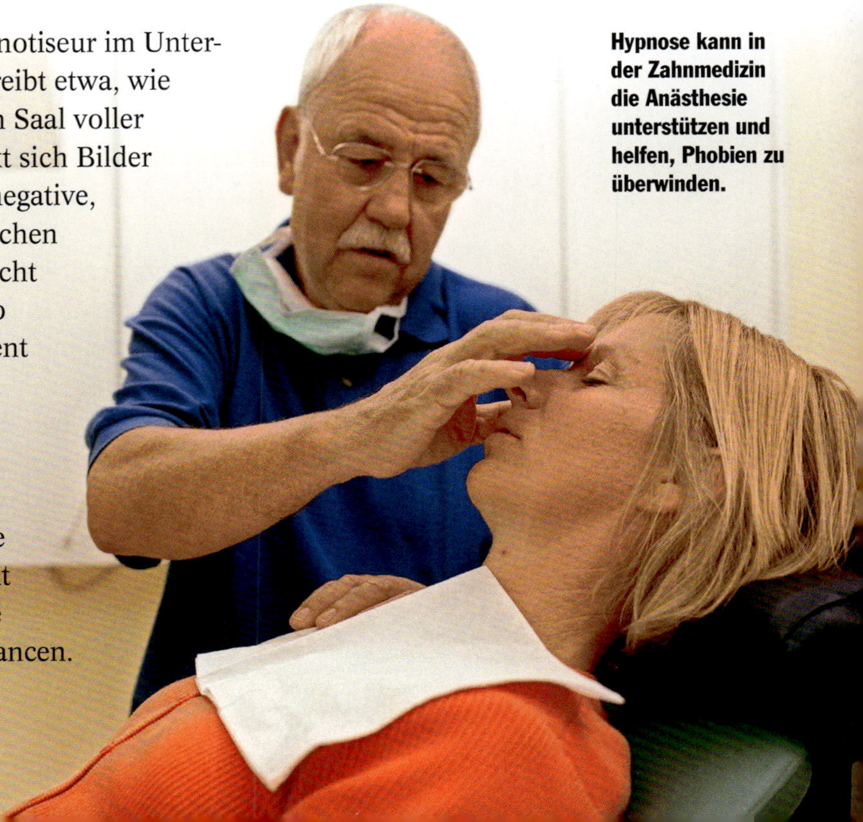

Hypnose kann in der Zahnmedizin die Anästhesie unterstützen und helfen, Phobien zu überwinden.

Chemie der Liebe

Die körperlichen Symptome der Liebe ähneln denen von Suchterkrankungen. Dennoch genießt ein verliebter Mensch jenen Zustand außerordentlich. Inzwischen können Wissenschaftler erfassen, wie das großartigste aller Gefühle entsteht.

„Heut ist mir alles herrlich; wenn's nur bliebe! Ich sehe heut durch's Augenglas der Liebe." Jeder Mensch, der das Gefühl frischen Verliebtseins erlebt hat, kann die Zeilen Johann Wolfgang von Goethes nur zu gut nachvollziehen. Bei Verliebten frohlockt der Geist. Die Realität verschwindet hinter einer rosaroten Brille. Der Bauch kribbelt, das Herz rast, die Hände werden feucht.

Was Jahrtausende lang als Göttergefühl galt, betrachtet die Wissenschaft wesentlich nüchterner. Durch neuere Erkenntnisse hat sie den Glücksrausch entzaubert: Liebe, so scheint es, ist nichts anderes als ein Zusammenspiel chemisch-physikalischer Reaktionen. Einziger Zweck: die Erhaltung der Art Mensch.

Anders riecht gut

Auch wenn so gern von den „inneren Werten" geschwärmt wird, ein gewisses Aussehen gehört zum Verlieben dazu. Glücklicherweise müssen nicht alle Männer George Clooney gleichen oder Frauen Scarlett Johansson. Geschmäcker sind verschieden. Grobe Richtlinien gibt es dennoch: Menschen mögen ebenmäßige Gesichter, Männer achten auf weiche, Frauen auf kantige Züge. Passt das Äußere ins individuelle Bild, kommt der Geruch an die Reihe. Anhand von Pheromonen kann ein Mensch riechen, ob sich das Erbgut in der Zusammensetzung weit genug von dem eigenen unterscheidet, wodurch die Chance auf gesunde Nachkommen steigt. Passen auch die Eindrücke der restlichen Sinne zusammen, beginnt eine Kaskade an biochemischen Reaktionen den Körper zu überfluten.

Erst Stress, dann Bindung

Das „Aufputschhormon" Adrenalin sorgt für rastlose Energie, klopfende Herzen und feuchte Hände – Liebe ist Stress. Dann werden das „Bindungshormon" Oxytocin und das „Treuehormon" Vasopressin ausgeschüttet. Hormone und Botenstoffe wie Dopamin regen im Gehirn Bereiche des Belohnungssystems an und lassen rauschhafte Gefühle entstehen. Andererseits ruhen Hirnareale, die sonst für kritisches Denken, Depressionen oder Ängste zuständig sind – Liebe macht blind. Bei Frauen steigt zudem der Testosteronspiegel, während er bei Männern sinkt. Warum, weiß man noch nicht. Möglicherweise sollen sich Männer und Frauen eher angleichen, um zu harmonieren. Gemeinsam arbeiten alle Faktoren an einem Ziel: Sie wecken den Wunsch nach körperlicher Nähe und damit – zunächst unbewusst – nach Familie.

Nach einigen Wochen bis Monaten normalisiert sich der Ausnahmezustand wieder. Was bleibt, ist eine mehr oder weniger harmonische Beziehung.

Wenn Wetter krank macht

Wetterfühligkeit gilt allgemein als anerkanntes „Volksleiden“. Viele Menschen klagen an bestimmten Tagen über die verschiedensten Beschwerden und machen dafür das Wetter verantwortlich. Doch gibt es das Phänomen der Wetterfühligkeit überhaupt? Wenn ja, was steckt dahinter und wie kann man sich vor ihr schützen? Wissenschaftler haben erste Antworten auf diese Fragen gefunden.

Die meisten angenehmen oder unangenehmen, nachweislich durch das Wetter verursachten Phänomene, vom Sonnenbrand bis zur „Gänsehaut“, spielen sich an der Körperoberfläche ab. Das Wetter geht einem manchmal aber auch buchstäblich unter die Haut, kann krank machen. Dafür gibt es in der Biometeorologie zahlreiche Beispiele, die als meteorotrope, d. h. vom Wetter beeinflusste Krankheiten nach allen Gesetzen der modernen Medizin einleuchtend erklärt werden können: etwa die vor allem durch kalte, verschmutzte Luft geförderten Erkrankungen der Atemwege oder Herz-Kreislauf-Probleme, die u. a. durch krasse Temperaturschwankungen verursacht werden.

Ein heimtückischer Wind?

Laut Umfragen kennt rund die Hälfte der Deutschen allerdings auch die eher harmlosen, langfristig dennoch zermürbenden Symptome, die ihrer Ansicht nach auf Wettereinflüsse zurückzuführen sind: Abgeschlagenheit, Müdigkeit, missmutige Stimmung, Arbeitsunlust, Kopfschmerzen, Schlafstörungen, Konzentrationsschwäche, Nervosität ...

Bei einer solch hohen Anzahl von Betroffenen dürfte man guten Gewissens von einem „Volksleiden" sprechen. Dessen Schwerpunkt befindet sich eindeutig in Süddeutschland, Österreich und der Schweiz – also dort, wo der Föhn an durchschnittlich zehn bis 70 Tagen im Jahr weht und die Menschen durch die „Föhnkrankheit" gepeinigt werden. Doch lässt sich dies medizinisch überhaupt erklären? Neueste Studien gehen davon aus, dass die Föhn-Empfindlichkeit angelernt ist.

Unsichtbare Einflüsse aus nah und fern

Dennoch treten die der Wetterfühligkeit zugeschriebenen Symptome vor allem bei bestimmten Wetterlagen auf, beispielsweise bei der Annäherung einer Warm- bzw. beim Durchzug einer Kaltfront. Häufig kommt es jedoch lange vor dem betreffenden Wetterereignis zu Beschwerden oder, wie es Biometeorologen vorsichtig formulieren, zu „Befindlichkeitsstörungen". Folglich ist die Wetterfühligkeit oftmals eine „Wettervorfühligkeit". Auf kurzfristige Luftdruckschwankungen kann sich der menschliche Organismus nicht zeitgleich einstellen. Sie werden von Rezeptoren an der Halsschlagader registriert und belasten Betroffene ungemein – wie etwa bei Flugzeugstarts und -landungen. Darüber hinaus bauen sich in den Tiefdruckwirbeln, die sich vom Atlantik her unseren Breiten nähern, starke elektrische Spannungen auf. Sie führen zu unsichtbaren elektrischen Entladungen, den sogenannten Sferics. Diese sogenannten „Dunkelblitze" eilen mit immenser Geschwindigkeit der Schlechtwetterfront voraus und beeinflussen – wie in Laborexperimenten nachgewiesen werden konnte – die Gehirnströme.

„Auf kurzfristige Luftdruckschwankungen kann sich der menschliche Organismus nicht zeitgleich einstellen."

Weder gegen die Sferics noch gegen die Luftdruckschwankungen ist der Rückzug hinter die eigenen vier Wände eine geeignete Therapie – die Wellen durchdringen Beton und Ziegelstein mühelos. Am besten ist es vielmehr, sich den Wetterreizen im Freien regelmäßig auszusetzen, um so den Körper auf deren Einflüsse zu trainieren und die eigenen Abwehrkräfte zu mobilisieren.

Wanderer schätzen die Föhnwetterlage aufgrund ihrer klaren Fernsicht – bei wetterfühligen Menschen sorgt sie allerdings oft für Beschwerden.

UNHEIMLICHE
GRENZ-
ERFAHRUNGEN

Rückkehr aus dem Jenseits?

Berichte über den Geist, der den Körper verlässt, gibt es nahezu aus allen Regionen der Erde. Meist ist die Situation die, dass ein Mensch dem Tod nahe kommt, klinisch vielleicht bereits als tot gilt oder dass er sich in Todesgefahr glaubt. Aber beweisen solche Nahtoderlebnisse und außerkörperlichen Erfahrungen wirklich, dass der Geist auch außerhalb des Körpers existiert?

„Von oben konnte ich beobachten, wie Helfer und Sanitäter verzweifelt versuchten, mich ins Leben zurückzuholen. Sie bliesen mir Luft in den Mund, drückten auf den Brustkorb." Solche Erzählungen von Menschen, die dem Tod gerade noch einmal entgangen sind, erschüttern auch Unbeteiligte. Sind derartige Berichte nur Fantasien? Oder liegt eine Wahrheit in solchen Nahtoderfahrungen verborgen?

Der Tunneleffekt

Ein schwerwiegendes Argument spricht dagegen, solche Nahtoderlebnisse als reine Hirngespinste abzutun: Bestimmte Elemente tauchen in sehr vielen der Berichte über Grenzerfahrungen immer wieder auf. Ein sehr großer Teil der Betroffenen erinnert sich beispielsweise an einen Übergang; meistens beschreiben sie eine Art Tunnel, an dessen Ende ein Licht auftaucht.

Eine mögliche Erklärung für die Visionen vom Tunnel fanden Militärärzte, die Jetpiloten untersuchten. Diese sind bei starker Beschleunigung und einigen Flugmanövern sehr hohem Druck ausgesetzt. Dadurch steigt ihr Körpergewicht – sie werden förmlich in ihren Sitz gepresst. Manchmal schafft es das Herz dann vorübergehend nicht, die Versorgung des Organismus mit Blut und damit vor allem mit Sauerstoff vollständig sicherzustellen. Das macht sich natürlich besonders dort bemerkbar, wo der meiste Sauerstoff verbraucht wird – im Gehirn. In dieser Zeit, die durchaus ein paar Sekunden dauern kann, werden die Piloten daher bewusstlos – fast die Hälfte von ihnen merkt das nicht einmal.

In diesen extremen Situationen wird auch das Auge nicht ausreichend mit Sauerstoff versorgt. Die Unterversorgung beginnt am Rand der Netzhaut und breitet sich dann nach innen aus. Die Piloten sehen deshalb Bilder, die vom Rand her ihre Farben verlieren und dann zur Mitte hin zunehmend dunkler werden. Sie sehen also genau den Tunnel, von dem in Nahtoderlebnissen so oft die Rede ist.

Ist ein Mensch klinisch tot, passiert genau das Gleiche: Sobald das Herz nicht mehr schlägt, fällt die Sauerstoffversorgung aus. Und genau wie bei den Kampfpiloten entsteht durch mangelnde Versorgung der Netzhaut der Eindruck eines Tunnels. Verbessert sich die Blutversorgung wieder, kommt der Sauerstoff zuerst im Zentrum des Auges an – und am Ende des Tunnels erscheint tatsächlich ein Licht.

Schwebende Seele

Aber weshalb entsteht dann noch der Eindruck, die Seele schwebe über dem Körper, den die Ärzte gerade für tot erklären und den sie wenige Minuten später wieder ins Leben zurückholen? Weshalb berichten viele der Menschen, die dem Tod gerade noch einmal entkommen sind, sie hätten den Augenblick ihres eigenen Sterbens und ihrer Rettung von außerhalb beobachtet, meist übrigens von oben? Mit dieser Frage hat sich auch Rainer Wolf beschäftigt, der als Wahrnehmungsphysiologe an der Würzburger Universität forscht und gleichzeitig im Vorstand der Gesellschaft zur wissenschaftlichen Untersuchung von Parawissenschaften (GWUP) sitzt.

„Ohne dem Tod irgendwie nahe zu sein, glaubten die Testpersonen plötzlich, über ihrem eigenen Kopf zu schweben."

Er ist zu dem Ergebnis gekommen, dass solche „Grenzerfahrungen" nicht das Entweichen der Seele beweisen. So können Forscher nämlich die gleichen sogenannten „Out of Body"-Empfindungen bei völlig gesunden Menschen auslösen, wenn sie beispielsweise mit Elektrosonden bestimmte Stellen im Gehirn reizen. Ohne dem Tod irgendwie nahe zu sein, glauben die Testpersonen plötzlich, über ihrem eigenen Kopf zu schweben. „Ich würde nie sagen, damit wäre gezeigt, dass die Seele bei diesen Menschen nicht entweicht", betont Rainer Wolf. Diese Experimente zeigen aber, dass solche Erfahrungen auch anders als durch übersinnliche Erscheinungen zustande kommen können.

Glücksgefühl

Gleichzeitig setzen die Reize in den betroffenen Gehirnarealen Signalstoffe des Nervensystems frei. Darunter befinden sich oft auch viele Endorphine, die ein Glücksgefühl vermitteln können. Viele Menschen mit Nahtoderlebnissen berichten schließlich über ein unglaubliches Gefühl des Glücks. Zumindest ein wenig kann die moderne Naturwissenschaft also solche anscheinend übersinnlichen Erlebnisse erklären.

Ein erneutes Leben

Viele Menschen glauben, dass unser Leben mit dem Tod nicht endet. Während Christen, Juden und Muslime einen Übergang in ein Jenseits annehmen, ist für Buddhisten und Hindus die Wiedergeburt ein wichtiges Element ihrer Lehre. Und der Gedanke, schon einmal als anderer Mensch gelebt zu haben, fasziniert über die Kulturen hinweg.

Auf der Suche nach dem früheren Ich helfen entsprechende Seminare. Teilnehmer werden in Trance versetzt, um Erinnerungen an vorherige Leben heraufzubeschwören. Auch der Komiker Hape Kerkeling nahm an solch einem Seminar teil. Er sah sich in Trance als Mönch im Zweiten Weltkrieg, den deutsche Soldaten in einem polnischen Kloster erschossen. Kerkeling glaubt nach eigener Aussage selbst nicht recht an dieses frühere Leben, viele Menschen berichten jedoch über ähnliche Erfahrungen und halten sie für real.

Nun überlegen Naturwissenschaftler, was hinter solchen „Erinnerungen" steckt. Der Wahrnehmungsphysiologe Rainer Wolf von der Würzburger Universität erzählt beim Stichwort Wiedergeburt

Im Buddhismus ist die Reinkarnation ein wesentlicher Bestandteil. Der Kreislauf des Lebens ist dabei nicht ewig, sondern endet im Nirwana, dem Nichts. Durch Meditation versuchen Buddhisten, dem Nirwana näher zu kommen.

erst einmal von einem grundlegenden Problem der modernen Naturwissenschaft: „Ob der aus Hörspielserien und Kinderbüchern bekannte Pumuckl nicht doch auch in der Realität existiert, können wir nicht widerlegen!“ Schließlich könnte der Kobold sich ja an einem geheimen Ort verstecken, an dem noch kein Naturwissenschaftler nachgeschaut hat. Naturwissenschaftler können einfach nicht beweisen, dass etwas nicht existiert. Sie können nur zeigen, ob etwas Konkretes jeweils vorhanden ist.

Den Spieß umkehren

Daher drehen die in der Gesellschaft zur wissenschaftlichen Untersuchung von Parawissenschaften (GWUP) organisierten Forscher den Spieß um: Sie versuchen zu beweisen, dass es Wiedergeburten tatsächlich gibt. Erzählt etwa ein Mensch, der behauptet, wiedergeboren zu sein, Geschichten, von denen er in seinem jetzigen Leben einfach keine Kenntnis haben kann, wäre ein solcher Beweis erbracht. So könnte man im Fall von Hape Kerkeling nachforschen, ob es das betreffende Kloster wirklich gibt. Haben dort wirklich deutsche Soldaten Mönche erschossen? Und falls sich das alles bewahrheitet: Könnte Kerkeling davon irgendwie erfahren haben, ohne dass er tatsächlich dort gelebt hat?

Misslungener Beweis

Bisher gibt es keinen einzigen dieser exakten Nachweise. Wie Erinnerungen an ein früheres Erleben entstehen, können die GWUP-Forscher dagegen gut erklären. Meist wird der Betroffene in Trance versetzt. Dabei engt sich sein Wahrnehmungsfeld erheblich ein, gleichzeitig wird seine Fantasie angeregt. Der Kontakt zum Therapeuten bleibt und so baut der Mensch in Trance dessen Fragen und Vorschläge in seine Fantasien ein. Dann berichtet er von seinem Leben im alten Ägypten oder von seinen Erlebnissen als Soldat im Krieg. Heftige Gefühlswallungen, erzeugt durch die Hypnose, machen diese Fantasien anschaulich.

Rainer Wolf nennt ein wichtiges Ergebnis der Hirnforschung, das eine Wiedergeburt recht unwahrscheinlich macht: Fällt im Gehirn ein bestimmter winziger Bereich aus, können die Betroffenen zwar noch hervorragend sehen, nehmen aber keine Bewegungen, sondern nur noch Standbilder wahr. Ist ein anderer Hirnbereich betroffen, fallen alle Farben aus, ansonsten bleiben die Bilder scharf. „Geist und Erinnerung sind eben an die Hardware Gehirn gebunden“, schließt der Forscher daraus. Ganz so einfach kann die Seele also ohne „Hardware“ nicht zum nächsten Körper wandern. Hinweise sprechen also gegen eine Wiedergeburt. Widerlegen können Naturwissenschaftler die Reinkarnation aber nicht.

WIEGENLIEDER

Plötzlich spricht ein Kind eine Sprache, die es nie gelernt hat und die in seiner Heimat normalerweise nie gesprochen wird. Da liegt der Verdacht auf eine Wiedergeburt sehr nahe, woher soll das plötzlich auftauchende Sprachwissen sonst herkommen? Wer genau nachforscht, findet dann aber doch einen Hinweis auf einen früheren Sprachlehrer, auch wenn der vielleicht unbewusst agiert hat. Dabei könnte es sich um ein Kindermädchen mit eben dieser Muttersprache handeln. Wenn es das Kind früher betreut hat, hat es ihm wohl auch Kinderlieder vorgesungen. Und das meist in seiner Muttersprache, weil das einfach am besten geht. Das Kind aber hat sich die fremden Laute eingeprägt und so die Sprache gelernt.

Rätselhaftes Déjà-vu

Viele Menschen kennen das Gefühl, eine bestimmte Situation schon einmal erlebt zu haben. Handelt es sich dabei um eine Störung des Gehirns oder etwa um übernatürliche Fähigkeiten?

Im Supermarkt räumt eine Frau ihre Waren auf das Laufband an der Kasse nebenan. Sie trägt ein rotes Kleid. Plötzlich, einen Augenblick nur, ist man fest überzeugt: „Dieser Moment war schon einmal da!“ Dann ist es auch schon vorbei. Die Sicherheit schwindet, das Gefühl auch. Déjà-vu nennt sich ein solches Erlebnis, aus dem Französischen von „schon gesehen“. Viele Forscher beschäftigen sich mit der Frage, was dahinter stecken mag – immerhin ergaben Umfragen, dass zwei von drei Menschen mehrmals im Leben Déjà-vus haben.

Trügerisches Gehirn?

Eine wissenschaftliche Erklärung des Déjà-vu wäre für die Hirnforschung wertvoll. Einem britischen Forscherteam ist es 2016 mittels MRT-Scans gelungen, sich einer wissenschaftlichen Erklärung zu nähern – doch dazu später mehr. Da die ungewöhnliche Erfahrung so unkontrolliert auftritt, fällt die Ursachenfindung schwer. Etwa 40 Theorien gibt es. Im Prinzip reduzieren sie sich auf zwei Antworten: Die einen schließen auf eine Fehlfunktion des Gehirns, die andern glauben an tatsächliche Erinnerungen.

Die Beweisführung der ersten Fraktion stützt sich auf neurologische Untersuchungen: Menschen mit Gehirnerkrankungen wie Epilepsie oder Demenz werden von Déjà-vus häufiger heimgesucht als Gesunde. Auch Stress oder Drogen erhöhen die Wahrscheinlichkeit, einen vermeintlichen Rückblick zu erleben. Demnach könnte eine nervliche Fehlreaktion im Gehirn kurzfristig ein irreales Vertrautheitsgefühl vortäuschen. Für diese Hypothese spricht, dass das Phänomen durch elektrische Stimulation der entsprechenden Hirnregion ausgelöst und durch hirnwirksame Medikamente beeinflusst werden kann.

Gruß aus der Vergangenheit?

Andere Wissenschaftler spekulieren hingegen, dem Déjà-vu würde eine reale, aber unbewusste Erinnerung zugrunde liegen. Vielleicht ein Nachklang aus der Kindheit, wie es Sigmund Freud vermutete, oder eines flüchtigen Sinneseindrucks. Die Frau im roten Kleid an der Supermarktkasse – möglicherweise hat das Gehirn diesen Anblick wenige Sekunden vorher zwar schon gespeichert, aber nicht bewusst wahrgenommen. So könnte der Eindruck entstehen, genau diesen Moment schon einmal erlebt zu haben.

Noch weiter in die Vergangenheit gehen Esoteriker und Parapsychologen. Sie bringen das Déjà-vu mit Erlebnissen aus einem früheren Leben in Verbindung. Allerdings, wäre es nicht recht unwahrscheinlich, dass einem eine rot gekleidete Frau im Supermarkt vor 100 oder 300 Jahren schon einmal begegnet ist?

Folge der Fantasie?

Menschen in aller Welt berichten Umfragen zufolge von Déjà-vu-Erlebnissen. In der Häufigkeit gibt es keine Unterschiede zwischen Männern und Frauen. Aber: Jüngere Menschen erleben öfter Déjà-vus als ältere. Auch steigt die Häufigkeit der Erlebnisse mit dem Bildungsgrad, dem Einkommen und der Anzahl der Reisen. Lernprozesse und umfangreiche Sinneseindrücke, wie sie in der Jugend oder auf Reisen vermehrt auf das Gehirn einprasseln, erweitern nachweislich den geistigen Horizont.

> **„Lernprozesse und umfangreiche Sinneseindrücke erweitern nachweislich den geistigen Horizont."**

Hier kommen die eingangs erwähnten Versuche von 2016 ins Spiel. Die britischen Forscher schafften es, künstliche Déjà-vus auszulösen – und konnten dabei beobachten, wie jene Gehirnareale arbeiteten, die für die Entscheidungsfindung verantwortlich sind. Es scheint, als würde unser Gehirn die Qualität unserer Erinnerung durchforsten, und dabei werden die Déjà-vu-Gefühle ausgelöst – eine absolut gesicherte Erklärung bleibt uns aber verwehrt. Aus wissenschaftlicher Sicht am wahrscheinlichsten wäre wohl, wenn in der komplexen Struktur des menschlichen Gehirns mehrere Erklärungsansätze aufeinandertreffen würden: Empfindungen aus einer früher erlebten Situation, z. B. der Geruch von frischem Obst, das Geräusch von Stimmen und die rote Farbe, könnten sich durch eine winzige Fehlschaltung der Nerven zu einem täuschend echten Gefühl der Erinnerung kombinieren und somit glauben machen: „Das habe ich schon einmal erlebt!"

Viele Kranke pilgern ins französische Lourdes, um an der Stelle einer angeblichen Marienerscheinung in Heilwasser zu baden und davon zu trinken.

Geheilt durch Gott?

Wunderheilungen sind manchmal die letzte Hoffnung von Kranken und beliebtes Thema bestimmter Medien. Auch wenn Mediziner nicht daran glauben: Kann man Hunderte oder Tausende Berichte ignorieren?

In einer Bibelhandschrift aus dem 12. Jh. ist illustriert, wie Jesus einen Gelähmten heilt, der zu ihm gebracht wird.

Als Jesus in Kafarnaum lehrte, trugen vier Männer einen Gelähmten auf einem Bett herbei. Nachdem sie den Mann vor Jesus hingelegt hatten, sprach der Sohn Gottes: „Ich sage dir, steh auf, nimm dein Bett und geh in dein Haus!“ Augenblicklich stand der Kranke auf und ging fort, Gott preisend.

Jesus heilt in der Bibel auch Blinde und erweckt sogar einen Toten. Ob diese Erzählungen tatsächliche Überlieferungen sind oder interpretierbare Gleichnisse, bietet viel Stoff für Diskussionen. Aber Wunderheilungen kommen nicht nur in der Bibel vor …

Heilungen der Neuzeit

Noch heute tauchen „wundersame“ Geschichten in den Medien auf. Die Daily Morning News berichteten 1999 beispielsweise über den zehnjährigen Mickey Thornslay. Er hatte mit der Pistole seiner Großmutter gespielt und sich dabei in den Kopf geschossen. Der

Junge fiel ins Koma. Die Ärzte entfernten zwar die Kugel, gaben ihm aber keine Chance. Doch vier Tage später wachte Mickey auf, vollständig genesen. Er erzählte, er sei im Himmel gewesen. Sein verstorbener Großvater soll ihn zur Erde zurückgeschickt haben.

Und auch moderne Heiler gibt es: Das britische Online-Medium News Online schrieb 2001 über den gigantischen Zulauf beim zwölfjährigen Tinku Deka, der täglich Tausende Menschen mit Kräutern behandelt. Viele seiner Patienten bezeugen ihre Heilung von verschiedensten Gebrechen. Tinku glaubt, in einem Traum vom Hindugott Vishnu gesegnet worden zu sein.

Um Wunder wird gebeten

Für so manch rätselhaftes Geschehnis muss man aber gar keinen Gott bemühen, sondern kann es wissenschaftlich erklären: Die Kraft der Gedanken ist die Ursache. So kann der Glaube an Heilung, sei es durch einen Arzt, durch den Medizinmann oder geheiligtes Wasser wie im Wallfahrtsort Lourdes, über das Gehirn Selbstheilungsprozesse in Gang setzen. Dieses Phänomen wird als Placeboeffekt bezeichnet und wurde nachgewiesen, indem an bestimmten Erkrankungen leidenden Patienten ein wirkungsloses Medikament – ein Placebo – verabreicht wurde, von dem sie aber glaubten, es sei echt: Eine Heilung trat in vielen Fällen ein.

„Tatsächlich kann der Glaube an Heilung über das Gehirn Selbstheilungsprozesse in Gang setzen.“

Aber wie wäre eine Geschichte wie die zu erklären, die 2002 in der Daily Mail stand? Cara Bellamy aus Sheffield war irreparabel am Herzen erkrankt. Ohne Transplantation, so die Ärzte, bestand keine Hoffnung mehr. Plötzlich aber besserte sich der Zustand des Mädchens und kurze Zeit später zeigte eine Ultraschalluntersuchung im Freeman Hospital in Newcastle upon Tyne, dass Cara völlig genesen war. Das Kind war damals eineinhalb Jahre alt.

Ist das ein Wunder?

Also konnte sie wohl kaum von ihrem lebensbedrohlichen Zustand wissen und ihre Selbstheilungskräfte aus eigener Kraft aktivieren. Eine wissenschaftliche Erklärung gibt es für diesen Fall nicht.

Und dennoch ist Skepsis angebracht. Schließlich kämpfen Zeitungen und andere Medien beständig um Lesergunst und hohe Auflagen – so ist es gut möglich, dass ein Reporter eine rührende Geschichte erzählt, die nicht ganz der Wirklichkeit entspricht. Ein Indiz dafür sind oft die übergenauen Angaben zu Orten und Personen: Sie sollen Objektivität und Nachprüfbarkeit vortäuschen. Und selbst wenn es eine Cara gibt, deren Herz plötzlich wieder gesund war, und einen Mickey, der aus dem Koma erwachte – was ganz genau in ihren Körpern passiert ist, konnten die Ärzte möglicherweise einfach nicht beobachten. Andererseits könnte man es als Wunder bezeichnen, wenn etwas geschieht, was der Mensch (noch) nicht begreift.

Lebenslange Nulldiät?

Ein alter Inder behauptet, seit über 75 Jahren rein gar nichts zu sich genommen zu haben. Ärzte haben den Mann untersucht – ohne ihn danach zu widerlegen.

Irgendwann hörte Prahlad Jani als Kind auf zu essen und zu trinken. Eigentlich kann ein normalgewichtiger Mensch etwa zwei Monate ohne Nahrungszufuhr überleben, ohne Wasser nur wenige Tage. Nicht so Prahlad Jani. 2018 müsste er knapp 90 Jahre alt sein.

Ratlose Ärzte

Jani behauptet, ihm sei damals die Göttin Amba Mater erschienen. Seitdem brauche er weder Nahrung noch Wasser. Er sagt, er beziehe seine Lebensenergie allein aus Meditation. Aus wissenschaftlicher Sicht ist das natürlich unmöglich. Würde Jani die Wahrheit sagen, gäbe es keine andere Erklärung als eine übernatürliche.

Um herauszufinden, ob er lügt oder nicht, wurde der Asket 2003 in einem indischen Krankenhaus zehn Tage lang auf Herz und Nieren geprüft und zudem videoüberwacht. Die Untersuchungen erbrachten keine außergewöhnlichen Ergebnisse. Sieben Jahre später berief man Jani erneut ins Krankenhaus. Die Ärzte hofften, das Phänomen ergründen zu können, um daraus Erkenntnisse für den Rest der Menschheit zu ziehen, etwa, wie ein Überleben unter Extrembedingungen möglich wäre. 30 Ärzte untersuchten Jani. Während der 14 Tage sah man ihn weder essen noch trinken.

„Die Ärzte hofften, das Phänomen ergründen zu können, um daraus Erkenntnisse für den Rest der Menschheit zu ziehen.“

Lüge oder Wahrheit

Sollte Jani ein Lügenbaron sein, dann hätte er schon vor den Tests eine Weile fasten müssen. Untersuchungen auf den Blut- und Darminhalt hätten ansonsten leicht Aufschluss über seine vorherige Ernährungsweise geliefert. Aber es ist für viele Menschen kein Problem, längere Zeit zu fasten. Und auch einige Fakten lassen an der Glaubwürdigkeit des Inders zweifeln: Über die letzten klinischen Untersuchungen wurde in allen Gazetten ausführlich berichtet. Stets erklärte man, die Ergebnisse würden zwei Monate später erwartet – es wurden aber bislang keine veröffentlicht. Zudem gab es 2010 offenbar einen Bereich, der nicht von Kameras überwacht wurde. Während seines lückenlos überwachten Krankenhausaufenthalts 2003 soll Jani an Gewicht verloren haben. Wenn er seit so langer Zeit nichts zu sich nimmt oder ausscheidet, müsste sein Gewicht aber stets gleich bleiben. Das alles deutet darauf hin, dass er keine lebenslange Nulldiät hält.

FLIEGENDE YOGIS

Teresa von Ávila und rund 230 andere Heilige konnten es und auch Jesus praktizierte es: Schweben über der Erdoberfläche, genannt Levitation. Während eine solche Leistung in der westlichen Welt nur Heiligen zugesprochen wird, versuchte der indische Guru Maharishi Mahesh Yogi (1918 bis 2008) das Schweben als Meditationsform zu etablieren. Im Schneidersitz soll man abheben, um höhere Bewusstseinszustände zu erreichen. Als erste Stufe ist Hüpfen angesagt: Mithilfe der ineinander verschlungenen Beine wird der Oberkörper in die Höhe katapultiert, immerhin um etliche Zentimeter. Die nächste Stufe, das Schweben, konnte aber bislang noch bei niemandem beobachtet werden …

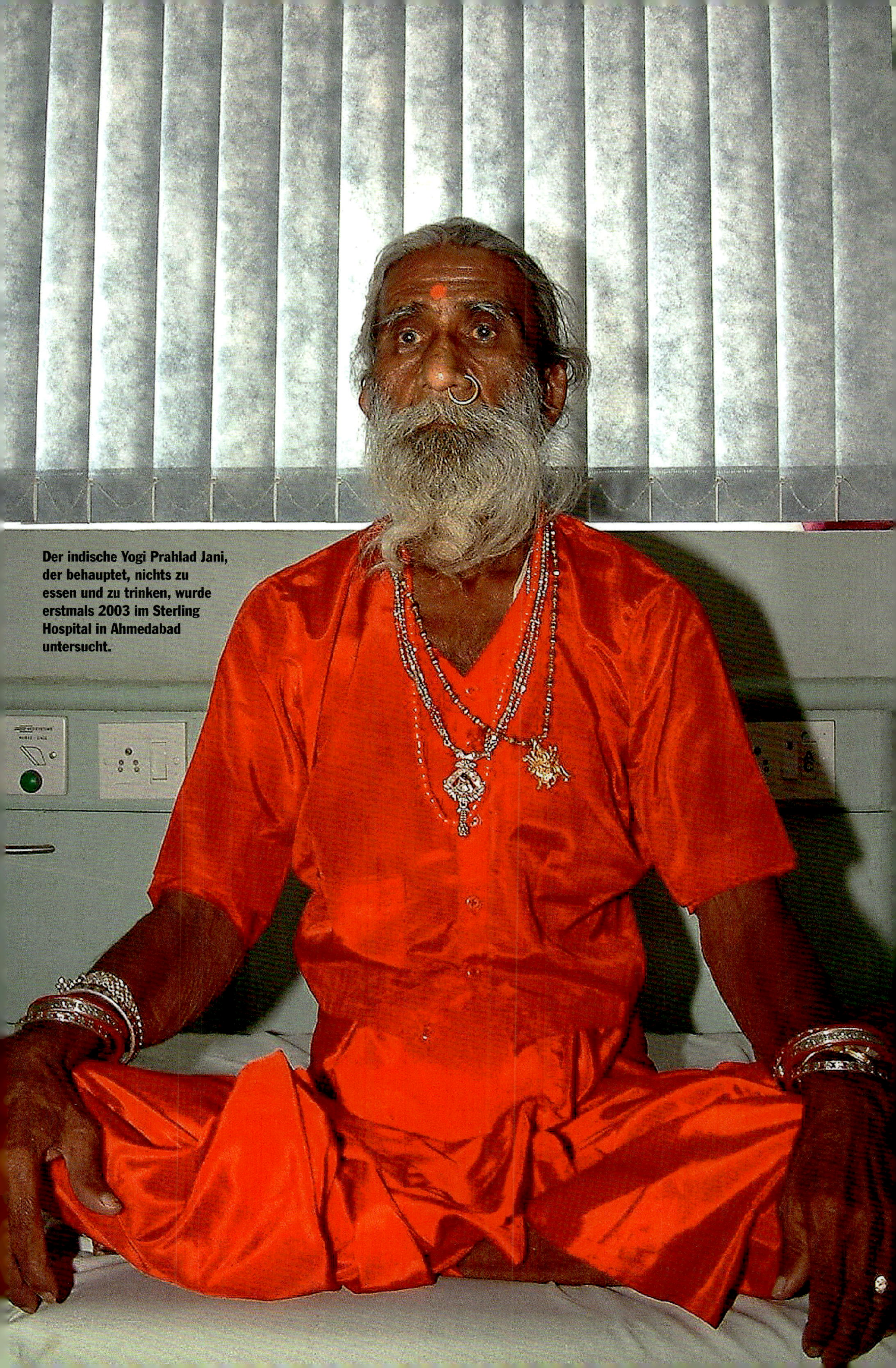

Der indische Yogi Prahlad Jani, der behauptet, nichts zu essen und zu trinken, wurde erstmals 2003 im Sterling Hospital in Ahmedabad untersucht.

Die Chemie von Blut und Tränen

Auf Hostien tauchen plötzlich Blutflecken auf, Marienstatuen beginnen zu weinen und verkrustetes Heiligenblut wird wieder flüssig. Solche angeblichen Wunder haben in der katholischen Kirche eine jahrhundertealte Tradition. Für etliche davon haben Wissenschaftler allerdings ganz rationale Erklärungen gefunden.

Die Sache soll sich im Jahr 1263 in der italienischen Stadt Bolsena zugetragen haben. Einem böhmischen Priester auf Pilgerreise nach Rom waren ernsthafte Zweifel daran gekommen, dass sich Brot und Wein während der Messe tatsächlich in den Leib und das Blut Christi verwandeln. Doch als er in Bolsena das Brot für das Abendmahl brach, quollen Blutstropfen hervor.

Blutige Hostien

Solche Geschichten über rätselhafte Blutflecken auf Hostien und Brot gibt es sehr viele, vor allem aus dem Mittelalter. Manche katholischen Kleriker sahen darin einen Beweis dafür, dass in den geweihten Hostien tatsächlich der Leib Christi steckt. Andere dagegen behaupteten, dass Ungläubige die Hostien geschändet hätten und entfesselten eine Judenverfolgung.

Seine ganz eigene Interpretation hatte Alexander der Große, der Geschichtsschreibern zufolge schon vor Christi Geburt Zeuge solcher kuriosen Erscheinungen geworden ist. Während er mit seinen Truppen im Jahr 332 v. Chr. die Stadt Tyros im heutigen Libanon belagerte, sollen sich sämtli-

Fest oder flüssig? In dieser Ampulle befindet sich angeblich Blut des Hl. Januarius. Mehrere solcher Gefäße werden im Dom von Neapel aufbewahrt und zu bestimmten Feiertagen findet dann das sogenannte Blutwunder statt.

che Brotvorräte seines Heeres mit roten Flecken überzogen haben. Der Feldherr sah darin das Blut seiner Feinde und nahm es als gutes Omen.

Inzwischen haben Wissenschaftler allerdings herausgefunden, dass hinter den scheinbaren Wundern ein ganz gewöhnliches Bakterium namens *Serratia marcescens* steckt. Der mikroskopisch kleine Einzeller wächst hervorragend auf stärkehaltigen Lebensmitteln wie Hostien und Brot – vor allem, wenn es feucht genug ist. Er vermehrt sich dann kräftig und bildet so große Kolonien, dass der tiefrote Farbstoff in den einzelnen Zellen schließlich mit bloßem Auge zu erkennen ist. Wenn man die Ansprüche von *Serratia marcescens* kennt, lässt sich sogar erklären, warum die mittelalterlichen Hostienwunder vor allem seit dem 13. Jh. aufgetreten sind: Auf dem Sauerteig, aus dem die Oblaten vorher bestanden haben, kann das Bakterium nämlich nicht wachsen.

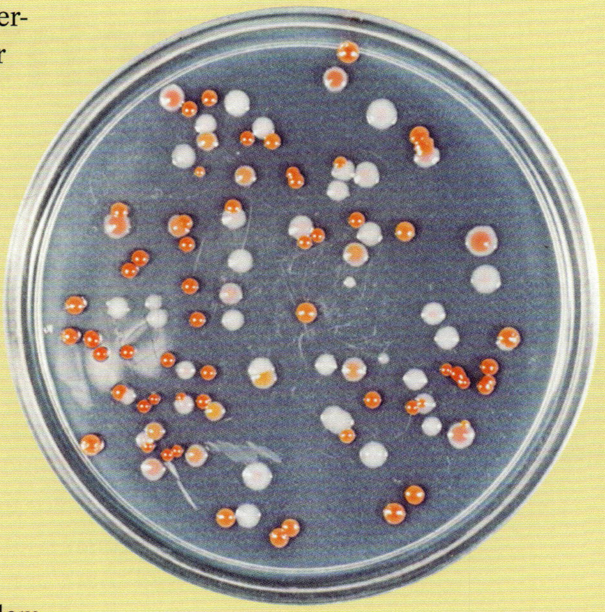

Wenn das Bakterium *Serratia marcescens* gute Bedingungen vorfindet, um sich zu vermehren, erkennt man plötzlich mit bloßem Auge seine rötliche Färbung.

Bitte schütteln!

Es gibt allerdings noch mehr geheimnisvolle Erscheinungen rund um das Blut. Dem Hl. Januarius etwa hatte der römische Kaiser Diokletian im Jahr 305 den Kopf abschlagen lassen. Eine Frau soll das Blut des Märtyrers aufgefangen haben, das sich heute angeblich in fest verschlossenen Ampullen im Dom von Neapel befindet: eine rötlichbraune, geleeartige Substanz, die sich seit dem 14. Jh. immer wieder auf geheimnisvolle Weise verflüssigt. An bestimmten Feiertagen werden die Behälter in die Nähe des Altars gebracht, wo der Bischof einen davon mehrmals dreht. Wenn sich das Blut verflüssigt, winkt ein Beobachter mit einem weißen Taschentuch und die Gläubigen nehmen das angebliche Wunder als gutes Omen für die Stadt.

Wissenschaftler wie etwa der Chemiker Luigi Garlaschelli von der Universität Pavia haben aber ihre Zweifel, ob die Ampullen überhaupt Blut enthalten. Sie glauben vielmehr, dass es sich um eine sogenannte thixotrope Substanz handelt. Darunter versteht man eine im Ruhezustand zähflüssige Masse, die sich durch leichte Bewegung verflüssigen lässt. Bekanntestes Beispiel ist Ketchup, der meistens erst nach einigem Schütteln aus der Flasche fließt. Ein ganz ähnliches Phänomen könnte auch hinter dem „Blutwunder“ von Neapel stecken. Garlaschelli hat in seinem Labor jedenfalls eine rötliche Mixtur aus Kalziumkarbonat, Eisenchlorid, Wasser und Kochsalz hergestellt, die sich genauso verhält wie das angebliche Heiligenblut.

WEINENDE MADONNEN

Ein recht häufiges „Wunder“ im traditionellen katholischen Volksglauben sind weinende Marienstatuen. Oft steckt hinter diesem Phänomen aber ein einfacher Trick. Es handelt sich um hohle Figuren aus einem porösen Material wie Gips oder Keramik, die mit einer transparenten Glasur überzogen sind. In der Nähe der Augen wird der Überzug abgekratzt und das Innere der Statue mit einer Flüssigkeit gefüllt. Diese dringt dann in die Poren des Materials ein, kann aber nur an den Augen wieder austreten. Und schon rinnen die Tränen.

Gewicht der Seele

Seit Menschengedenken befassen sich Philosophen, Theologen und Naturwissenschaftler mit der Beschaffenheit der Seele. Ist die Psyche messbar?

Wenn unser Ende gekommen ist, so vermittelt es der christliche Glaube, dann verlässt die unsterbliche Seele den Körper. Zurück bleibt nur die vergängliche Hülle. Wenn aber so etwas Bedeutendes dem Körper entweicht, so vermutete der US-amerikanische Arzt Duncan MacDougall Anfang des vergangenen Jahrhunderts, dann müsse es doch messbar sein. Um herauszufinden, ob die Seele ein Gewicht hat, startete er eine Reihe recht gruseliger Experimente. Denn es war natürlich notwendig, Sterbende zu wiegen – vor und nach ihrem Tod. MacDougall überlegte, welche unheilbar Kranken sich im Todeskampf am wenigsten bewegten und somit den Wiegeprozess nicht stören würden. Er kam zu dem Schluss, dass Tuberkulosepatienten sehr geeignet wären. Der Arzt ließ eine Spezialwaage anfertigen, platzierte die Betten mit den Todgeweihten darauf und wartete. Sechs Messungen nahm er vor. Tatsächlich veränderte sich das Gewicht kurz nach dem Zeitpunkt des Todes. Sein Resultat: Die Seele wiegt durchschnittlich 21 g!

Fragliche Versuche

Diese Erkenntnis schlug damals hohe Wellen. Dabei waren sowohl die Versuchsbedingungen als auch die Ausbeute der Ergebnisse mehr als fraglich. Zum einen scheinen sich MacDougall und sein Assistent mehrmals uneinig über den genauen Todeszeitpunkt gewesen zu sein. Auch die Sensibilität der Waage ließe sich in Frage stellen. Zum anderen waren zwei der sechs Tests aufgrund technischer Probleme nicht auswertbar. Also konnte nur bei vier Menschen ein Ergebnis ausgewertet werden und selbst diese Resultate zeigten wenig Einigkeit: Nur einer, der erste Verstorbene, verlor in etwa 21 g Gewicht. Zwei der Toten nahmen sofort wenige Gramm ab und im Zeitraum einiger Minuten noch ein paar. Der vierte verlor an Gewicht, es kehrte aber auf unerklärliche Weise wieder. Wissenschaftliche Beweisführung sieht anders aus. Heutzutage, mit genaueren Waagen und einer wissenschaftlicheren Versuchsanordnung, könnte man MacDougalls These beweisen oder entkräften. Aber aus ethischen Gründen verbieten sich solche Versuche.

„Tatsächlich veränderte sich das Gewicht kurz nach dem Zeitpunkt des Todes. Die Seele wiegt durchschnittlich 21 g!“

Haben Tiere keine Seele?

MacDougall ging damals noch weiter. Er tötete 15 Hunde, um seine Theorie zu untermauern. Hierbei konnte er keine Gewichtsabnahme feststellen. Seine logische Schlussfolgerung war, dass Hunde keine Seele besitzen. Merkwürdig war es dann allerdings schon, dass eine Maus durchaus an Gewicht verlor, als ein Mann

Die Seele verlässt den Körper eines Toten (Radierung von 1808, entworfen von William Blake, angefertigt von Luigi Schiavonetti; Illustration zu Robert Blairs Gedicht *The Grave* – dt. *Das Grab*).

namens H. LaVerne Twining sie in den 1930er-Jahren vor und nach ihrem Tod wog. In einem weiteren Versuch legte er eine sterbende Maus in einen luftdicht abgeschlossenen Behälter aus Glas. In diesem Fall blieb das Gewicht vor und nach dem Tod gleich. Demnach könnte verdunstete Flüssigkeit, die im Glaskasten verblieb, für den Verlust an Gewicht die Ursache sein, vermutete der Wissenschaftler.

Erwiesen ist, dass sich das Körpergewicht zum Zeitpunkt des Todes verändert. Der Körper stößt den restlichen Urin und Kot ab. Allerdings wären diese Mengen bei MacDougalls Versuchen nicht aufgefallen, da er die Verstorbenen mitsamt Bett wog. Sollte sich tatsächlich die Masse des Körpers in derart geringer Menge beim Eintritt in die Welt der Toten verändern, dann scheint verdunstete Körperflüssigkeit wohl die wahrscheinlichste Erklärung zu sein.

Die Seele existiert

Dass der Mensch über eine Seele, nämlich eine Psyche verfügt, daran zweifelt aber wohl niemand. Und selbst namhafte Physiker trauen sich inzwischen, der Seele eine materielle Existenz zuzuweisen. Sie glauben, die Seele sei ähnlich wie die Photonen des Lichts oder Magnetstrahlen tatsächlich vorhanden. Womöglich besteht unser Geist aus Strahlen, Wellen oder Strömen. Solche Elemente haben dem bisherigen Kenntnisstand zufolge allerdings kein Gewicht.

Stimmen aus dem Jenseits

Ein durchsichtiger Schatten schreitet auf der Fotografie die Treppe herunter – doch als das Foto gemacht wurde, hat niemand dergleichen beobachtet. Gläser rücken scheinbar von selbst, Schränke wandern und Dielen knarren, obwohl niemand im Raum ist. Gibt es Geister wirklich?

Seit jeher lassen Geistergeschichten Menschen erschauern: Erzählungen von Wesen, die nach ihren eigenen Gesetzen erscheinen und verschwinden. Schon im babylonischen Gilgamesch-Epos und im antiken Ägypten spielten Geister eine wichtige Rolle. In der Regel kommen sie aus einer Totenwelt oder tauchen an gruseligen Orten auf – oft einem alten Gebäude oder einem Friedhof.

Die Suche nach Erklärungen

Haben diese Erscheinungen eine natürliche Ursache? Geistergläubige sagen: Nein. Sie entwickeln komplizierte Theorien von Wiedergeburten, Schwingungsebenen, auf denen Seelen schweben, oder Geistführern, persönlichen Helfern aus dem Jenseits. Sie teilen Geister in eine verwirrende Vielfalt ein, von Astralgeistern (Seelen von Verstorbenen) bis zu Präsenzphänomenen, dem diffusen Gefühl, irgend etwas Unsichtbares befände sich im Raum.

Das wundert Wissenschaftler wenig. Hirnforscher haben beobachtet, dass das menschliche Gehirn automatisch alle Sinneswahrnehmungen sofort in ein existierendes Weltbild einzugliedern versucht. Es ist also sehr menschlich, für ein unerklärliches Phänomen – ein sonderbares Geräusch oder eine ungewöhnliche optische Erscheinung – sofort eine Begründung zu entwickeln.

Zudem ringt der Mensch seit Urzeiten damit, den Tod als endgültiges Ende zu akzeptieren. Und weil das Jenseits eine unfassbare und rätselhafte Vorstellung ist, spielt es oft eine Rolle, wenn es darum geht, scheinbar unfassbare und rätselhafte Phänomene zu erklären.

Offene Fragen, fester Glaube

Zwar kann man nicht beweisen, dass es keine Geister gibt, Wissenschaftlern reicht aber die Tatsache, dass ein Phänomen bisher nicht physikalisch erklärbar ist, nicht als Beleg dafür aus, dass ein Geist unterwegs ist. Vielleicht hat man eine Ursache übersehen? Knarrende Dielen müssen nicht bedeuten, dass ein Geist durch den Raum getappt ist. Vielleicht hat jemand im Zimmer einen Stock tiefer ein Fenster geöffnet, sodass kalte Luft den Boden von unten abkühlt? Bei historischen Geisterberichten ist es oft schwierig, eine natürliche Erklärung zu finden, weil sich die Umstände nicht (mehr) rekonstruieren lassen. Wissenschaftler müssen mit offenen Fragen leben.

Anders sieht es bei Geistergläubigen aus, denn sie finden ihre Antwort sofort im Jenseits. Dass sich ihre Theorien nicht wissenschaftlich überprüfen lassen, stört sie nicht, im Gegenteil: Es gilt als Beleg dafür, dass die Geister eben ihrem eigenen Willen folgen. Nicht einmal die Tatsache, dass sich die meisten Geister als Phänomene mit natürlicher Ursache entpuppen, lässt sie von ihrem Glauben abfallen. Und so diskutieren selbst ernannte Geisterjäger im Internet, ob man mit Digitalkameras Geister fotografieren kann, und tauschen Telefonmitschnitte von Geisterstimmen aus.

NATÜRLICHE ERKLÄRUNGEN

Ein Sessel beult sich ein, ohne dass jemand sichtbar darauf Platz nimmt, ein eisiger Lufthauch durchzieht die Wohnung: Sobald Geister aussehen wie in Hollywoodfilmen, sollte man misstrauisch werden. Ist für den Spuk nur ein Mitmensch verantwortlich, der zu viele Gespenstergeschichten gelesen hat? Oft steckt hinter dem Geist aber auch ein physikalisches Phänomen – besonders bei Fotografien. Zwar sind die angeblichen Geister oft Kratzer im Film oder Doppelbelichtungen, doch es gibt auch andere Ursachen: Licht kann etwa nicht nur auf Metall reflektiert werden, sondern auch am Übergang zwischen heißer und kalter Luft. Solche Fata Morganas können über jedem Küchenherd auftreten. Und am Telefon kann man tatsächlich manchmal ein Murmeln vernehmen – das „Übersprechen" von anderen Telefonleitungen.

Das Geschäft mit den Geistern

Und dann gibt es da viele Menschen mit geschäftlichem Interesse am Geisterglauben: Wahrsager nehmen gegen bare Münze Kontakt mit dem Jenseits auf, oder man kann nächtliche Geistersafaris buchen (die mit Hightech aufs notwendige Gruselniveau gebracht werden). Von Aromalampen bis zu Pentagrammanhängern ist eine gewaltige Palette von Produkten erhältlich, die wahlweise Geister anziehen oder vertreiben sollen. Experten schätzen den Umsatz der Esoterikbranche allein in Deutschland auf rund 25 Milliarden Euro (2016). Es ist also kein Wunder, dass immer wieder „Beweise" auftauchen, die den Kult lebendig halten.

Eine Antenne für Erdstrahlen?

Ein kleines Y aus Weidenholz soll genügen, um Wasser oder Schätze zu finden: Angeblich schlagen Wünschelruten in der Hand eines geeigneten Menschen aus, wenn sich unter ihm in der Erde Wasseradern, Erze oder verborgene Gegenstände befinden. Doch funktionieren diese wundersamen Antennen wirklich?

Darstellung von Wünschelrutengängern in J. G. Zeidlers *Pantomysterium* (1700)

Wundertätige Stäbe sind ein uralter und fester Bestandteil in Sagen und Märchen. Schon im Hochmittelalter versuchten die Menschen ihr Glück mit Zauberstäben und Wünschelruten. Das klassische Modell einer Wünschelrute sieht aus wie ein Y und besteht aus Weidenholz. Doch auch an der Esoterik ist die moderne Zeit nicht vorbeigegangen: Es gibt heute Wünschelruten aus Draht, der in Schleifen oder komplexere Formen gebogen wurde. Bisweilen sind die Enden mit kleinen Metallkugeln beschwert. Sogar aus Kunststoff werden Wünschelruten gebaut. Und um sich auf die Suche nach unterirdischen Geheimnissen zu begeben – Wasser, Erdstrahlen oder gar Goldschätze –, muss man nicht einmal beide Hände einsetzen: Die Einhand-Wünschelrute, ein l-förmig gebogener Draht, wird auch Tensor genannt. Und eng verwandt mit der Wünschelrute ist das Pendel.

Die findigen Ruten

Das Prinzip ist bei all diesen Geräten gleich: Man nimmt sie in eine oder in beide Hände und konzentriert sich etwa auf die Frage, ob sich im Boden Wasser befindet. Wenn der Wünschelrutengänger dann langsam vorwärts geht, schlägt die Rute aus und wippt beispielsweise vertikal – allerdings nur, wenn der Rutengänger medial begabt ist und auf die rätselhaften Energieströme unter der Erde anspricht. Solche Rutengänger behaupten auch, Erdstrahlen, Energiegitternetze und sogenannte „morphogenetische" Felder aufspüren zu können. Sogar Elektrosmog aus Elektroleitungen soll das kleine Y aus Draht entdecken. Verschiedene Rutengängervereinigungen bieten Kurse im Rutengehen an und ermöglichen Anfänger- und Meisterkurse mit Zertifikat.

„Ob die Rute ausschlägt oder nicht, ist allein von der Person abhängig, die sie in der Hand hält."

Doch Pendel, Tensor und Wünschelrute haben ein gemeinsames Problem: Sie gelten in der wissenschaftlichen Welt nichts. Wissenschaftler haben in den vergangenen 50 Jahren in einer Vielzahl von Studien und Versuchen die Wirksamkeit von Wünschelrute & Co.

nachzuweisen versucht – vergeblich. Ob die Rute ausschlägt oder nicht, ist allein von der Person abhängig, die sie in der Hand hat. Und wenn die nicht schon vorher weiß, ob sich im Boden Erz oder Wasser befindet oder nicht, dann ist das Ergebnis völlig zufällig.

Einer dieser Tests wird jährlich von der Gesellschaft zur wissenschaftlichen Untersuchung von Parawissenschaften (GWUP) veranstaltet. Sie hat auch einen Preis für erfolgreiches Wünschelrutengehen in Höhe von 10 000 Euro ausgeschrieben. Wer ihn bekommen will, muss per Wünschelrute Wasser finden. Beispielsweise in dieser Versuchsanordnung: In einer Reihe von zugedeckten Bechern muss der Rutengänger den einen Becher ausmachen, der mit Wasser gefüllt ist. Noch niemand schaffte das so oft, dass sich sein Ergebnis statistisch signifikant vom Zufall unterschied.

Der Carpenter-Effekt

Wenn Rute oder Pendel ausschlagen, dann hat das andere Gründe. Wissenschaftler sprechen vom Carpenter-Effekt, benannt nach dem englischen Physiologen William Benjamin Carpenter. Der Effekt beruht auf unbewussten Muskelbewegungen, die der Wünschelrutengänger ausführt, weil er – eventuell ebenfalls unbewusst – glaubt, etwas gefunden zu haben. Mit der Rute oder „energetischen Schwingungen", die auf den Stab wirken, hat das nichts zu tun.

Erfahrene oder besonders „erfolgreiche" Rutengänger haben vermutlich tatsächlich ein besonderes Feingefühl für ihre Umgebung: Sie schließen aus Details wie aus dem Pflanzenbewuchs oder geologischen Eigenheiten auf die Beschaffenheit des Untergrunds – und können dabei erstaunlich oft richtig liegen. Bei der Wassersuche muss man es dabei (zumindest in Deutschland) auch gar nicht so genau nehmen: Hierzulande kommt das Grundwasser selten in Adern vor, sondern es verteilt sich typischerweise flächig. Es ist also extrem unwahrscheinlich, dass sich eine Wasserader unter dem Bett befindet. Und wenn der Rutengänger per Zufall oder Spürnase eine gute Stelle zum Brunnenbohren gefunden hat, dann kann man aller Voraussicht nach 10 m weiter ebenfalls Wasser aus dem Boden holen.

Ein typischer Wünschelrutengänger auf der Suche nach Wasser

Gedanken auf Reisen

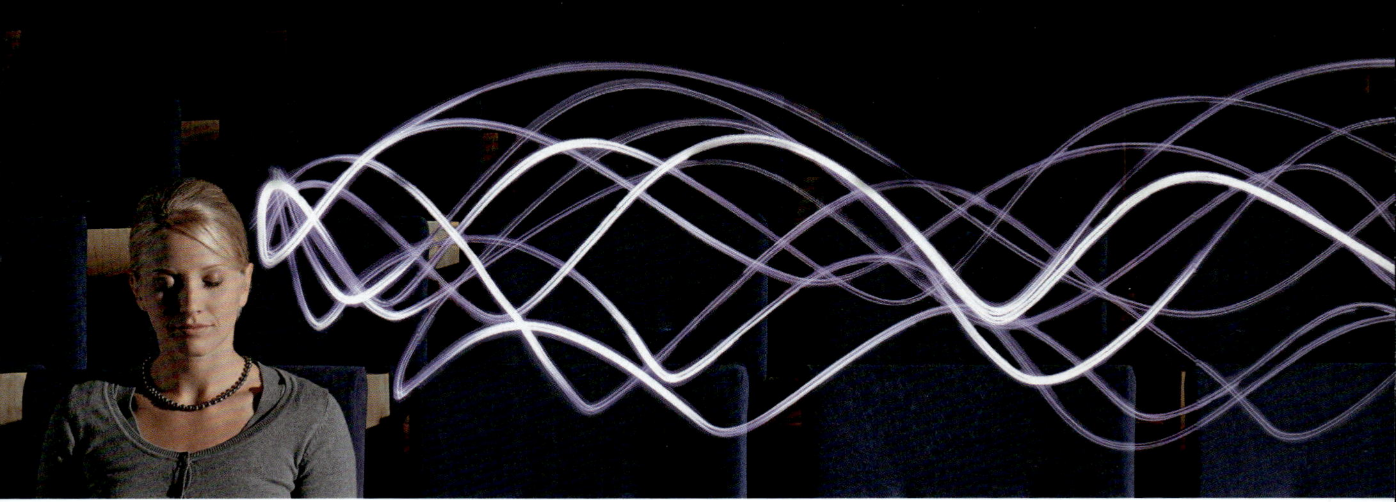

Gibt es eine Gedankenübertragung zwischen Menschen? Kann man mit seinen Gehirnwellen andere Menschen manipulieren? Viele glauben, solche Vorstellungen gehörten ins Reich der Fantasie oder bestenfalls ins Varieté. Aber es gibt auch Wissenschaftler, die sich ernsthaft mit diesen Fragen befassen.

10. Mai 1928: Eine Gruppe von Spiritisten trifft sich in Boston, USA. Mithilfe des Mediums Margery soll durch den herbeizurufenden Geist ihres toten Bruders Walter eine Botschaft zu einer Gruppe Gleichgesinnter im Nachbarort Cambridge gesandt werden. Der Absender einer Botschaft wird in solchen Versuchen als Agent bezeichnet, der Empfänger als Perzipient. In Cambridge ist das ebenfalls ein Medium, eine Mrs. Litzelmann. Gesteuert von Margery soll Walters Geist Mrs. Litzelmann in Cambridge dazu bringen, ein Schiff zu zeichnen. Margery schreibt wie in Trance noch die Worte „viele Gehirne“ (auf Italienisch) und fügt die Zahl 1492 hinzu (das Jahr, in dem Kolumbus die Neue Welt entdeckte). In Cambridge geschieht darauf Folgendes: Litzelmann zeichnet ein Schiff, schreibt die Wörter „zwei Köpfe“ (ebenfalls auf Italienisch) und den Satz: „Kolumbus ist auf dem blauen Ozean mit dem Schiff gefahren – ich kann keine modernen Schiffe zeichnen …“

Telepathie wird gesellschaftsfähig

Alles ein raffinierter Schwindel? Oder ein Beispiel für Gedankenübertragung, die sogenannte Telepathie? Man konnte keins von beidem beweisen. Dabei untersuchen Wissenschaftler schon lange – unter Verzicht auf Medien und Geisterbeschwörungen –, ob an der Telepathie „etwas dran“ ist. In einer relativ jungen Wissenschaft, der Parapsychologie, erfolgen die Versuche unter strengster Kontrolle, um Betrug auszuschließen. Bis heute gibt es noch keine

eindeutigen Beweise dafür, dass Gedankenübertragung möglich ist, doch immer wieder Ereignisse, die die Parapsychologen verblüffen. In den 1970er-Jahren sorgte Uri Geller für Aufsehen, besonders mit seinem Auftritt in Wim Thoelkes Fernsehshow „Drei mal Neun“. Dort gab er vor, mit der Kraft der Gedanken Löffel zu verbiegen. Lange wurde gerätselt, wie er das gemacht hat. Arbeitete er mit Magneten oder Chemikalien, auf die das Metall reagierte? Heute nimmt man an, dass die Löffel vorgebogen waren und aus Bimetallen mit niedrigen, unterschiedlichen Schmelzpunkten bestanden haben. Ganz genau ist man Geller aber bislang nicht auf die Schliche gekommen – wie so oft bei den Tricks guter Zauberer …

Trick oder nicht: Auf dem Höhepunkt des Kalten Krieges begannen sich auch die US-Geheimdienste für die Telepathie zu interessieren, denn sollte sie funktionieren, wäre sie für die Spionage von unschätzbarem Wert. 1970 startete die US-Regierung ein Geheimprojekt mit dem Ziel des *remote viewing* – also der Fernwahrnehmung. So bezeichnet man die (angebliche) Fähigkeit, räumlich oder zeitlich entfernte Orte, Personen oder Ereignisse medial aufzuspüren. Allerdings: Ergebnisse wurden nie erzielt.

Moderne Telepathie

Erfolgversprechender sind dagegen Technologien, die in gewisser Weise auch auf die Übertragung von Gedanken setzen: Aktuell wurde eine Handprothese in Göttingen entwickelt, die der Anwender allein durch die schwachen elektrischen Impulse seiner Muskulatur steuert. Ein Programm in einem Mini-Computer, der im Schaft der Prothese verbaut ist, lernt vom Anwender und wandelt dessen Absicht in Steuersignale für die Prothesenmotoren um. In einem anderen Experiment schaffte die „Telepathie“ den Sprung in die Moderne: Ein Proband in Indien dachte an einfache Worte wie „Tschüß“ oder „Hallo“. Die dabei gemessenen Hirnströme wurden in Binärcode verwandelt, der per Mail in Frankreich landete. Dort wurde der Binärcode dann wieder durch bestimmte Stimulation im Gehirn eines weiteren Probanden per Lichtblitz visualisiert. An dieser Form von Telepathie ist jedenfalls sicher etwas dran!

Hier wird genau aufgezeichnet, was im Gehirn bei bestimmten Bewegungen passiert. Danach können diese Daten in Prothesen eingespeist werden, die dann auf entsprechende Gehirnaktivitäten von Amputierten mit der gewünschten Bewegung reagieren.

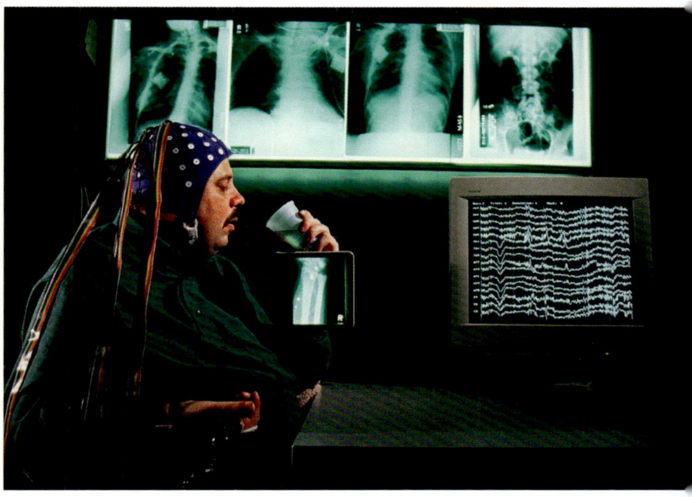

Im Film *Poltergeist* (1982) wird die Familie Freeling von paranormalen Phänomenen heimgesucht.

Randalierende Geister

Poltergeister quälen ihre Opfer auf vielerlei Art und Weise: Sie klopfen, bewegen geräuschvoll Gegenstände oder stören elektrische Geräte. Parapsychologen streiten über die Herkunft solcher Phänomene.

In der Anwaltskanzlei Adam im bayerischen Rosenheim begann der Spuk 1967. Wie von Geisterhand wählten Telefone selbstständig Nummern, Lampen pendelten, Glühbirnen zerplatzten, Bilder drehten sich. Weder Elektriker, Polizisten noch namhafte Physiker konnten sich die Vorgänge erklären. Als dann die 18-jährige Büroangestellte Annemarie Schneider in den Urlaub ging, blieben die verstörenden Aktivitäten plötzlich aus.

In einer psychologischen Untersuchung erwies sich die junge Frau später als extrem frustriert und aggressiv. Womöglich verlieh ihr der Stress telekinetische Fähigkeiten: Bewegte sie die Gegenstände, ohne sie zu berühren und sogar ohne es zu merken? Zumindest ist das eine der Erklärungen, die für das Phänomen Poltergeist herangezogen wird: Einige Parapsychologen sind der Meinung, eine Art aggressiver Energie würde Pubertierenden solch telekinetische Fähigkeiten verleihen. Andere glauben dagegen an die Existenz von bösartigen Geisterwesen. Schließlich beschreiben zahlreiche Berichte, wie die Geister ihre Opfer sogar würgen, verbrühen oder mit fliegenden Steinen traktieren.

Betrügerischer „Chopper“

1981 hielt „Chopper“ die Presse monatelang in Atem. Aus Waschbecken und Kloschüsseln einer Zahnarztpraxis bei Regensburg dröhnte eine tiefe Geisterstimme. Auch über das Telefon stellte „Chopper“ der 16-jährigen Sprechstundenhilfe Claudia Judenmann mit ordinären Sprüchen nach. War hier ein Poltergeist am Werk?

Im Gegensatz zum Rosenheimer Fall konnte man hier die Ursache aufdecken: Die Angelegenheit erwies sich als faustdicker Schwindel. Die Sprechstundenhilfe selbst hatte mithilfe des Zahnarztehepaares mit verstellter Stimme und etwas Geschicklichkeit alle Zeugen zum Narren gehalten. Wahrscheinlich war sie nur eine von vielen „Poltergeistopfern“, die sich durch einen solchen Betrug ein wenig Aufmerksamkeit erhoffen. Vielleicht ist eben diese Begründung auch die Erklärung dafür, dass die meisten von ihnen Teenager sind …

Blick in die Zukunft

Nicht zu wissen, was in der Zukunft geschehen wird, macht vielen Menschen Angst. Wahrsager haben deshalb Hochkonjunktur. Wer sich die Zukunft voraussagen lässt, hofft auf gute Prognosen – oder er will sich auf negative Ereignisse besser vorbereiten können.

Jeane Dixon war wohl die populärste Hellseherin des 20. Jh. Treffsicher sagte sie für die US-amerikanischen Wahlen 1960 voraus, dass ein Demokrat gewinnen und während seiner Amtszeit ermordet werden würde. Einige Wochen vor John F. Kennedys Tod soll sie eine Freundin des Präsidenten beschworen haben, er müsse die Reise nach Dallas absagen. Wie es scheint, hat JFK die Nachricht nicht erhalten – oder er glaubte einfach nicht an Hellseherei.

Die berühmte Hellseherin Jeane Dixon (1904–1997) mit einer Kristallkugel

Glaube an Propheten

Viele Menschen glauben aber daran, sonst gäbe es nicht so viele Angebote für den Blick in die Zukunft. In Horoskopen veröffentlichen Astrologen ihre Auslegung der Sternbilder, auf Jahrmärkten bieten Wahrsagerinnen an, die Zukunft aus Händen oder Karten zu lesen, im Fernsehen und im Internet findet man unzählige Angebote für zukunftsgerichtete Lebensberatung.

Nikki Pezaro beispielsweise ist eine begehrte Wahrsagerin unserer Zeit. Prominente wie Cher und Tom Cruise gehören zu ihren Stammkunden. Doch sie berät nicht nur Einzelpersonen, sondern

Tarot ist eine beliebte Methode, um der Zukunft „in die Karten" zu blicken.

wagt auch allgemeine Vorhersagen über Katastrophen, Sport, Modetrends und Stars. Für 2016 sagte sie einen Terroranschlag in Paris voraus (es gab einen Angriff auf eine Polizeistation), für das Jahr 2017 sagte sie korrekt den Tod von Jerry Lewis voraus. Gibt es tatsächlich Menschen, die in die Zukunft schauen können?

Große Zweifel

Für die „Gesellschaft zur wissenschaftlichen Untersuchung von Parawissenschaften" (GWUP) sind Hellseher Scharlatane. Sie führt die vermeintlichen Erfolgsergebnisse auf drei Begriffe zurück:

Cold Reading: Der Wahrsager gibt vor, die Persönlichkeit und das Leben eines Klienten zu „sehen". Dabei ahnt er nur einige Zusammenhänge durch Erscheinungsbild und Verhalten des Klienten. Stammt die Bekleidung von der Stange oder von Gucchi? Ziert ein Ehering den Finger? Sitzt der Kunde aufrecht oder gebeugt? Spricht er oder sie fahrlässig oder gewählt? Daraus lässt sich eine Menge schließen und als Gabe verkaufen.

Im 19. Jh. war die Wahrsagerei ein beliebtes Gesellschaftsvergnügen der reichen Damen (colorierter Stahlstich *Karten-Sibylle*, Wien 1820).

Als Barnum-Effekt bezeichnet man die allgemein gehaltenen Aussagen der Wahrsager. Sie machen sich zunutze, dass Menschen geneigt sind, allgemeine Aussagen auf sich zu beziehen und unbewusst das Zutreffende herauszufiltern oder entsprechend zu interpretieren. Zeitungshoroskope sind klassische Beispiele für den Barnum-Effekt. Aber auch die Seher der medialen Öffentlichkeit scheuen sich nicht, allgemeingültige Vorhersagen zu treffen: „China, Hochwasser, Dammbrüche, Wasser, Not, Trockenheit, mittleres Erdbeben", heißt es da, „Wirbelstürme in der Karibik" oder „Waldbrände in Kalifornien". Genauso gut könnte man „Schnee im Winter" oder „Sonne im Sommer" voraussagen.

Der dritte Faktor nennt sich „Selbsterfüllende Prophezeiung". Wer wäre nicht verunsichert, wenn für den 30. Juni 2012 ein Unfall geweissagt wurde? So kommt es laut der GWUP nicht selten vor, dass sich der Klient aus lauter Angst besonders ungeschickt anstellt und an diesem Tag einen Unfall auslöst.

Fauler Zauber

Der Mathematiker Michael Kunkel von der GWUP trägt regelmäßig die Vorhersagen für das vergangene Jahr zusammen und prüft, ob sie sich bewahrheitet haben. Tatsächlich treffen die „Propheten" manchmal ins Schwarze: Michael Jackson ist 2009 gestorben – genau das hatte Nikki Pezaro vorhergesagt. Allerdings: Das Medium hatte den Tod des King of Pop auch schon für 2008, 2007, 2005 und 2004 angekündigt … Der Mathematikprofessor John Allen Paulos prägte den Begriff „Jeane-Dixon-Effekt": Je mehr Ereignisse vorausgesagt werden, desto größer ist die Chance, dass ein oder zwei davon passieren. Diese bleiben dann im Gedächtnis der Menschen haften. Neben wenigen Glückstreffern hat Jeane Dixon genau wie Nikki Pezaro viele falsche Prophezeiungen veröffentlich, darunter den Dritten Weltkrieg für 1958.

DIE EWIGE REISE –
DER KULT
UM DEN TOD

Ruhet in Frieden?

Die Beerdigung auf eigens dafür angelegten Friedhöfen ist nur eine Form der Bestattung. Andere Kulturen hatten und haben andere Traditionen: Einige Indianerstämme legten ihre Toten auf Plattformen oder Bäume. Bei den Parsen in Indien werden Verstorbene in Türme gebracht und dort den Geiern überlassen.

Sioux-Grab auf einer Plattform: So war die Leiche vor wilden Tieren geschützt, gleichzeitig trug die Bestattungsform der Naturverbundenheit der Indianer Rechnung, da der Tote den Elementen übergeben wurde.

Im September 2006 gab die damals 65-jährige Dhun Baria in Mumbai (früher Bombay) ein ungewöhnliches Interview. Sie zeigte Fotos und Videos halbverwester Leichen, darunter auch die ihrer Mutter. Die Aufnahmen hatte sie heimlich in einem der sogenannten Totentürme der Parsen gemacht, zu deren Religionsgemeinschaft sie selbst gehört. Eigentlich sollten Geier die Leichname in den Türmen in kurzer Zeit bis auf die Knochen „entsorgen". Aber es gibt einen dramatischen Rückgang der Geierpopulation: Lebten früher Dutzende Millionen von Geiern in Indien, sind sie heute akut vom Aussterben bedroht. Nicht nur für die Parsen ist das Verschwinden der geflügelten Gesundheitspolizei eine Katastrophe – und Grund für Barias empörtes Interview.

Die Parsen sind Nachkommen der Zoroastrier aus dem alten Persien. Den Zoroastriern sind Feuer, Erde und Wasser heilig. Feuer ist ein Symbol für den Geist Gottes, die Einäscherung eines Toten wäre also Blasphemie. Eine Beerdigung kommt auch nicht in Frage: Die Verwesung einer Leiche würde Erde und Wasser

„verunreinigen". Deswegen überlässt man die Toten den Geiern, da so noch vor der Verwesung die Seele des Toten „befreit" wird.

Türme des Schweigens

Der britische Kolonialbeamte Robert Murphy gab den Bestattungsbauten 1832 den Namen „Türme des Schweigens". Denn was sich darin abspielt, wissen nur Leichenträger und Priester genau. Auch den meisten Parsen ist der Zutritt verboten. Da der Turm oben offen ist, hatten Geierscharen früher jeden Toten innerhalb weniger Stunden völlig entbeint. Anschließend konnte sein Skelett in eine Grube in der Mitte des Totenturms gebracht werden. „Jetzt dauert das Werk der wenigen Geier fast ein Jahr", beklagte sich Dhun Baria. Im heutigen Iran ist die Bestattungsart für die dort lebenden Zoroastrier seit 1970 verboten, weil es dort ebenfalls zu wenig Geier gibt.

„Türme des Schweigens" sind nach oben offen. Die Toten werden in Vertiefungen gelegt und den Geiern überlassen. Die Skelette finden dann in der Mitte des Turms die letzte Ruhe.

Die Bräuche wechseln

Ethnologen und Historiker sagen: Nicht nur die Religion, sondern das Sozialsystem, die Topografie und das Klima bestimmen oder beeinflussen eine Bestattungsform. Früher musste man auf längeren Schiffsreisen eine Seebestattung vornehmen, im Permafrost der Arktis kann man keine Erdbestattung machen. Neben dem mythologischen gibt es also immer auch einen praktischen Aspekt bei der Frage nach der Art der Bestattung.

Weil sich die äußeren Umstände und die Traditionen ändern können, sind im Lauf der Geschichte viele Bestattungsbräuche verschwunden. Gleichzeitig entstehen überall neue Bestattungsarten, oft ausgelöst von den sich ändernden Einstellungen der Menschen zu Leben und Tod. So gibt es in Deutschland seit vielen Jahren die Seebestattung. Friedwälder, eine Bestattung in freier Natur, erleben seit Jahren geradezu einen Boom. In Frankreich kann man sich neben einem Weinstock beisetzen lassen. Und in den USA lassen Menschen bereits die eigene Asche in den Weltraum schießen.

„In den USA lassen Menschen bereits die eigene Asche in den Weltraum schießen."

Der Zweck bleibt

So werden sich wohl auch die Parsen irgendwann von ihren Bestattungsbräuchen verabschieden. Dhun Baria forderte in ihrem Interview vehement eine Änderung der Bestattungsrituale – seit 2017 ist in der Gemeinde im Bundesstaat Gujarat die Erdbestattung ausdrücklich erlaubt. Denn schließlich ist die Grundlage aller Bestattungen: die Toten angemessen zu verabschieden und den Lebenden ein Weiterleben in ihrer Welt zu ermöglichen.

Gut gebettet zur letzten Ruhe

Schon zu den Zeiten der Neandertaler wurden Verstorbene nicht einfach irgendwo liegen lassen, sondern bestattet und mit Grabbeigaben ausgerüstet. Im Lauf der menschlichen Entwicklung wurden die Gräber aufwendiger, besonders für die Herrscher. Die Kaiser von China ließen sich sogar unterirdische Städte errichten.

Begräbnisse für Neandertaler? Diese Vorstellung galt noch in der ersten Hälfte des 20. Jh. als abwegig. Niemand hätte den Verwandten des modernen Menschen, die ungefähr in der Zeit zwischen 130 000 und 30 000 v. Chr. lebten, einen Sinn für Trauer und Pietät zugetraut. Oder gar eine Vorstellung von einem Leben nach dem Tod. Doch je mehr über die Neandertaler bekannt wurde, umso mehr begann das Bild vom grobschlächtigen Kulturbanausen zu bröckeln.

Das Erbe der Neandertaler

Heute glauben die meisten Wissenschaftler, dass die Neandertaler zumindest manche ihrer Gefährten bestattet haben. Denn in etlichen Höhlen in Frankreich und im Nahen Osten wurden Skelette entdeckt, die ungewöhnlich gut erhalten sind. Unter dem Felsüberhang La Ferrassie in Südwestfrankreich etwa fanden sich die Überreste von sieben Neandertalern, darunter vier Kinder und sogar ein Fetus. Die Knochen lagen noch so, wie sie im Körper der lebenden Menschen angeordnet waren. Experten halten es für unwahrscheinlich, dass sie die Jahrtausende so gut überstanden hätten, wenn sie nur zufällig verschüttet worden wären. Vielmehr dürften die Neandertaler ihre Gefährten in einer Grube zur letzten Ruhe gebettet haben – genauso wie diejenigen, die neun ihrer Artgenossen in der Höhle von Shanidar im heutigen Irak bestattet haben.

„Wie eine Beerdigung bei den Neandertalern ablief und ob es dabei bestimmte Zeremonien gab, weiß allerdings niemand.“

Wie eine Beerdigung bei den Neandertalern ablief und ob es dabei bestimmte Zeremonien gab, weiß allerdings niemand. In manchen Höhlen wurden zwar neben den Skeletten auch ver-

7278 Soldaten aus Terrakotta bewachen das Mausoleum des ersten Kaisers von China Qin Shihuangdi.

schiedene Gegenstände entdeckt. Ob sie mit der Bestattung zu tun haben oder nur zufällig dorthin geraten sind, lässt sich oft nur schwer rekonstruieren. Manche Funde lassen sich aber als Grabbeigaben interpretieren: Im Neandertalergrab Roche à Pierrot in Südfrankreich lagen aus Muscheln hergestellte Ketten. Mit einer sehr üppigen Ausstattung scheinen die Neandertaler ihre Gefährten allerdings nicht auf die Reise ins Jenseits geschickt zu haben. Protz und Prunk im Begräbniswesen war erst später bei den Völkern des modernen Menschen üblich.

Der erste Kaiser und seine Armee

Sehr hoch entwickelt war diese „Kunst“ beispielsweise im alten China. In nur wenigen anderen Regionen der Welt haben Menschen so gewaltige Grabanlagen geschaffen. Die weltberühmte Terrakotta-Armee mit ihren knapp 8000 lebensgroßen Soldatenfiguren ist nur ein kleiner Teil der Grabanlage des ersten chinesischen Kaisers Qin Shihuangdi. Dieser Herrscher wurde 259 v. Chr. geboren, als sieben verschiedene Reiche um die Herrschaft stritten. Er unterwarf die übrigen sechs der verfeindeten Staaten und schuf ein vereinigtes China, zu dessen Kaiser er sich ernannte.

WOZU DIENTE DIE PRACHT?

Dass die Kaiser von China sich prachtvolle Totenstädte errichten ließen, war sicherlich auch eine Demonstration ihrer Macht, eine Erinnerung an die große Bedeutung des Toten und eine Mahnung für die Nachfolger, das Reich zu bewahren. Aber der Totenkult zeugt ebenso von einem Glauben an ein Jenseits. Der erste Kaiser von China, Qin Shihuangdi, war ein sehr religiöser Mensch, der an Götter und Geister glaubte. Er war auch zu Lebzeiten dem Tod stets nahe, weil Attentäter ihm nach dem Leben trachteten. Deshalb wollte er den Tod besiegen. Der Kaiser befragte Heiler und Alchimisten und unternahm Reisen zu den sagenhaften „Inseln der Unsterblichkeit“. Natürlich starb er dennoch eines Tages – aber in seiner Totenstadt, einem Jenseits im Diesseits, „lebte“ er weiter, kaiserlich und prunkvoll wie er es gewohnt war.

Bestattet wurde der Herrscher im Jahr 210 v. Chr. in einem Grab in der Nähe der Stadt Xi'an, das er schon zu Lebzeiten sorgfältig geplant und angelegt hatte. Beim Bau eines Brunnens wurde es 1974 zufällig entdeckt – und löste weltweit ungläubiges Staunen aus. Die tatsächlichen Dimensionen der gewaltigen Anlage zeigt eine dreidimensionale Rekonstruktion auf dem Computer, die Wissenschaftler der Technischen Universität Darmstadt gemeinsam mit Kollegen von anderen chinesischen und deutschen Instituten erstellt haben.

Auf einem etwa 2,5 km^2 großen Gelände hatte der Kaiser demnach eine Art unterirdische Kopie seines Reiches anfertigen lassen. Neben einem Mausoleumshügel und einem Bereich für Zeremonien finden sich dort 180 Gruben mit Darstellungen der verschiedensten Lebensbereiche. Es gibt beispielsweise eine „Grube der Verwaltung“ mit Modellen von Gebäuden, die der Kaiser während seiner Herrschaft inspiziert hat. In der „Grube der Steinpanzer“ wurden Helme und Rüstungen aufbewahrt, wahrscheinlich handelte es sich dabei um das kaiserliche Waffenarsenal. Die berühmte Terrakotta-Armee füllt drei Gruben mit Pferden, Wagen und Soldaten aller Ränge, von denen keiner aussieht wie der andere. Ein weniger martialisches Thema hat die „Grube der Wasservögel“ mit ihrem nachgebildeten Flusslauf, an dem künstliche Enten, Gänse und Schwäne standen.

Computeranimierte Rekonstruktion der Grabanlage von Kaiser Taizong: Hier ist der Nordbereich der Anlage zu sehen, hinter dem der eigentliche Grabhügel steil aufragt.

Essen für Tote

Eine solche aufwendige Pracht hat wohl kaum ein zweites Grab in der Geschichte entfaltet. Doch auch andere Herrscher, die in der Region um Xi'an bestattet sind, ruhen ähnlich nobel. So ließ Kaiser Taizong, der von 599 bis 649 n. Chr. lebte, seine Grabanlage an den steilen Hängen des 1200 m hohen Berges Jiuzongshan errichten. Sie besteht aus Palästen, in denen für den verstorbenen Kaiser gekocht und seine Kleidung gepflegt wurde, aus Zeremonialgebäuden, in denen Beamte mindestens einmal im Jahr den toten Herrscher ehrten und zahlreichen Höhlengräbern, in denen u. a. die Frauen des Kaisers ihre letzte Ruhe fanden. Nur das Grab von Taizong selbst schien unauffindbar, bis die Darmstädter Forscher einige Hinweise auf seine Lage fanden: Ihrer Ansicht nach ruht der Herrscher nahe des Gipfels des Jiuzongshan – oberhalb seiner Frauen, mit dem Berg im Rücken und dem Fluss vor Augen, wie es damals üblich war.

Mysteriöse Mumien

In früheren Zeiten wurden die Leichen hochrangiger Herrscher teils aufwendig präpariert. In China jedoch finden sich Gräber mit über 1000 Jahre alten Leichnamen, die keiner solchen Behandlung unterzogen wurden – und dennoch gut erhalten sind.

Still und bleich liegen sie da. Das Gebiss entblößt wie bei einem Skelett. Und doch spannt sich lederartige Haut über ihre Köpfe. Die Körper sind in Gewänder gehüllt, die Grabkammer ist mit wertvollen oder nützlichen Habseligkeiten ausgestattet. Der Mann und die Frau, deren Leichname inzwischen unter Glas ausgestellt wurden, sind seit etwa 1500 Jahren tot. Sie sind zwei der Mumien, die in den Gräbern von Astana gefunden wurden.

Mehr als 450 der unterirdischen Gräber konnten bislang freigelegt werden, drei davon sind der Öffentlichkeit zugänglich. Die Grabstätten befinden sich 6 km entfernt von der historischen Stadt Gaochang in China. Hier bestatteten die Bürger von Gaochang zwischen 273 und 778 n. Chr. ihre Toten. Verschiedenartige Beigaben sowie die individuellen Bemalungen der Wände zeigen, dass diese Ehre nicht nur den Aristokraten zuteil wurde, sondern auch Bürgerlichen, Bauern, Händlern, Offizieren und Beamten.

Erstaunliche Konservierung

Verwunderlich ist der gute Zustand der Toten und der Relikte. Es gibt zwar einige Möglichkeiten, wie derartige Überreste so lange Zeiten überdauern konnten: Von den Mumien der ägyptischen Pharaonen wie Tutanchamun weiß man, dass sie künstlich präpariert wurden. Die natürliche Mumifizierung des „Ötzi", dem Mann aus dem Ötztal, erfolgte hingegen durch das Eis. Sein Körper war tiefgekühlt und dadurch konserviert worden. Andere Mumien werden in Mooren gefunden, in Salzlagerstätten oder als Fossi-

Etwas makaber: Ein Forscher des Borderland Archaeology Research Centers der Universität in Jilin rekonstruiert, wie der mumifizierte Tote auf seinem Schreibtisch zu Lebzeiten ausgesehen hat.

lien im Stein. Aber nichts davon trifft auf die Funde in China zu. Dennoch befinden sich in den Gräbern intakte Musikinstrumente, Spiele, Stifte und Tinte, verschiedene Obstsorten und sogar Teigtaschen. Die Füllung der Teigtaschen sei so intakt als wäre sie frisch, schreibt ein Besucher der Gräber in seinem Reisebericht. Bei dem Leichnam eines bekannten Gaochang-Generals waren die Barthaare noch erhalten. Wieso aber wurden die Körper nicht durch Mikroorganismen zersetzt wie es normalerweise der Fall ist? Weshalb sind die Gegenstände nicht verrottet?

EINBALSAMIERTE ÄGYPTER

Anders als bei natürlicher Mumifizierung konservierten die alten Ägypter ihre hochrangigen Verstorbenen mit trockenem Natron, das dem Körper die Flüssigkeit entzieht. Die Balsamierer entfernten Lunge, Leber, Magen und Darm. Daraufhin trocknete man die Organe in Salz, ölte und wickelte sie ein. Die leere Bauchhöhle wurde mit Palmwein und Kräutern gereinigt, mit verschiedenen Materialien gefüllt und schließlich wieder verschlossen. Auch das Gehirn der Toten wurde entfernt. Nach ausreichender Trocknung des Toten in Natronsalz und in der Sonne schminkten die Bestatter den Körper, wickelten ihn in Leinenbinden und versiegelten ihn mit Harz oder Asphalt. Deshalb sind ägyptische Mumien schwarz – im Gegensatz zu den Mumien von Astana.

Ausgetrocknete Körper

Das Geheimnis der chinesischen Mumien liegt vermutlich in den geologischen Gegebenheiten und dem Klima: Die Turfansenke, in der sich die Stätte befindet, liegt 155 m unter dem Meeresspiegel und ist damit die dritttiefste Vertiefung der Erde. Dazu kommt das aride Klima der Gegend (*arid* = trocken): Die potenzielle Verdunstung ist höher als die Mengen an Niederschlag, die Luftfeuchtigkeit ist also sehr gering. Extrem heiße Sommer wechseln sich mit kalten Wintern ab, pro Jahr fallen Niederschläge unter 2 mm. Außerdem wehen aufgrund der Kessellage des Tals häufig starke Winde. Normalerweise beschleunigen dauerhaft trockene Hitze, Dauerfrost oder Luftabschluss sowie der Einschluss in Pech oder Asphalt die natürliche Mumifikation von Lebewesen. Unter solchen Bedingungen entfalten die wechselwarmen zersetzenden Bakterien kaum oder gar keine Aktivität. Wie es scheint, wirkten bei den Mumien von Astana gleich mehrere dieser Faktoren: Im Sommer, bei fast 40 C° Hitze, wurden die Leichen in ihren unterirdischen Kammern ausgetrocknet und konserviert. Im Winter sorgte der Frost für die Erhaltung der Toten und der Relikte. Wahrscheinlich war in den Gräbern kaum Sauerstoff vorhanden, der zersetzende Prozesse fördern konnte. Ob die fürsorglichen Bestatter der Toten sich dieser Faktoren schon damals bewusst waren, bleibt allerdings ein Rätsel.

In der Nähe der historischen Stadt Gaochang in Nordchina fand man über 1000 Gräber, von denen seit 1959 über 400 freigelegt wurden. Diese erstaunlich gut erhaltene natürliche Mumie wurde 2009 aus einer Grube geborgen.

„Wo Menschen zu Göttern werden“

Die *Pyramide de la Lune* (Mondpyramide) ist 46 m hoch.

Dies ist die wörtliche Bedeutung von „Teotihuacán“. So nannten die Azteken einen Ort, den sie bereits als jahrhundertelang verlassene Ruinenstadt vorfanden. Heute gehört diese Stätte zum Weltkulturerbe der UNESCO. Besonderes aufsehenerregend ist die Mondpyramide, in der 1800 Jahre alte, heftig malträtierte Skelette gefunden wurden.

Teotihuacán gehört sicherlich zu den rätselhaftesten Orten in der Geschichte der Menschheit. Schon seit dem 16. Jh. finden dort Grabungen statt. Seit etwa 100 Jahren versuchen Archäologen besonders intensiv, die Geheimnisse rund um die mexikanische Geisterstadt zu lüften. Heute nimmt man an, dass Teotihuacán, nur 50 km entfernt von der heutigen Hauptstadt Mexiko-Stadt, das Zentrum eines riesigen Reiches war. Ruinen von Villen und Palästen an kilometerlangen Alleen beweisen den damaligen Reichtum, die Überreste der Kanalisation zeugen von hoher Kultur.

Vor etwa 1500 Jahren war Teotihuacán mit geschätzten 200 000 Einwohnern eine der größten Städte der Welt. Doch um 700 n. Chr. war es mit der Pracht plötzlich vorbei. Über die Gründe gibt es nur Spekulationen: Vielleicht vertrieben Feinde die Bewohner, womöglich sorgten Unruhen in der Bevölkerung für ein Auseinanderbrechen der Kultur. Auf jeden Fall aber zerstörten Feuer die meisten Gebäude. Was blieb, waren die Ruinen und ausgegrabene Relikte.

Heutzutage erwecken insbesondere die Sonnen- und die Mondpyramide das Interesse der Wissenschaft und auch der Touristen. Schließlich ist die Sonnenpyramide die zweitgrößte Pyramide Amerikas. Die Mondpyramide hingegen fällt durch ihre einzigartige Bauweise auf: Sie besteht aus fünf Stufen, wobei jede Stufe im Lauf der Bauzeit jeweils auf andere Art und Weise überbaut wurde. Vermutungen zufolge zogen Veränderungen des religiösen oder politischen Systems die jeweils andere Bauweise nach sich.

Mythische Mittelamerikaner

Ebenso nebulös wie die Stadtgeschichte ist das Volk selbst, das Teotihuacán bewohnte. Zum Leidwesen der Forscher konnten bislang keinerlei schriftliche Aufzeichnungen gefunden werden. Daher ist nichts bekannt über ihre Sprache, ihre Religion, ihre Götter oder wohin die Menschen damals verschwunden sind. Lange Zeit glaubten die Experten, die Teotihuacáner hätten in religiös geprägter Friedfertigkeit gelebt. Doch die sensationellen Funde in den vergangenen Jahrzehnten haben dieses romantische Bild gründlich zerstört. Denn seit 1998 werden in der Mondpyramide immer wieder Skelette von Menschen gefunden, die auf unterschiedliche Weise gestorben sind. Einerseits handelt es sich um geschmückte und sorgfältig platzierte Leichen, offensichtlich Aristokraten, andererseits um als Opfergabe hingerichtete Menschen. Die hinter dem Rücken verschränkten Arme deuten darauf hin, dass sie gefesselt worden sind, bevor sie enthauptet oder erschlagen wurden. Im Jahr 2004 barg man die Überreste von zwölf Menschen, die anscheinend sogar bei lebendigem Leib eingemauert wurden – zusammen mit Kojoten, Wölfen, Jaguaren, Pumas oder Adlern. Das Gemetzel, das stattgefunden haben muss, mag sich niemand vorstellen.

In einer Ausstellung in Mexiko-Stadt wurden die Fundstücke aus der Mondpyramide so angeordnet, wie man sie aufgefunden hat. Die Puppen repräsentieren die ungefähre Position der geopferten Menschen.

Damit die Welt nicht stehen bleibt

Bis heute sind 50 der Skelette genetisch untersucht worden. Den Ergebnissen zufolge handelte es sich nicht um Teotihuacáner, sondern um entfernt lebende Maya und andere Küstenbewohner. Womöglich raubten die Teotihuacáner ihre Menschenopfer – für heutige Vorstellungen schwer nachvollziehbar.

Dennoch fußt dieses Blutvergießen wahrscheinlich nicht auf der reinen Lust am Töten. Offenbar war es für die Teotihuacáner – wie auch für andere Völker im damaligen Mittelamerika – eine Notwendigkeit, regelmäßig Menschenopfer zu bringen. Werden die geborgenen Relikte wie Wandmalereien oder Skulpturen richtig interpretiert, dann brauchte es solche Opfer, damit die Sonne jeden Tag neu aufgehen könne … daran glaubten die Menschen zumindest. Eindeutig bewiesen sind diese Theorien allerdings noch nicht. Vieles rund um Teotihuacán liegt nach wie vor im Dunkel der Geschichte. Und so bleibt die Ruinenstätte trotz all der spannenden Indizien weiterhin ein rätselhafter Ort.

Ein Taucher auf Spurensuche: Verrät der Cenote Chac Mool im mexikanischen Bundesstaat Quintana Roo Details über die Rituale der Maya?

In der Unterwelt der Maya?

Geheimnisvoll präsentieren sich die Cenoten, mit Süßwasser gefüllte Kalksteinlöcher in Mexiko. Sie scheinen in eine noch geheimnisvollere Unterwelt zu führen, die den Maya bestens bekannt war. Doch weshalb? Waren die Höhlen die „dritte Ebene" des Maya-Universums nach Himmel und Erde?

Rund 20 m sind die Cenoten meist tief, manche aber auch Hunderte Meter. Ihr Name stammt von den Maya der Halbinsel Yucatán. Die meisten Cenoten liegen auf dieser Halbinsel: Auf dem Gebiet der jetzigen mexikanischen Bundesstaaten Quintana Roo und Yucatán sowie in Belize, einem Nachbarstaat Mexikos.

Eine fantastische Schöpfung der Natur

Das Charakteristische an den Cenoten ist das Gestein, in das sie eingebettet sind. Wenn in das wasserlösliche Kalkgestein Regen eindringt, entstehen Höhlen und unterirdische Wasserläufe. Stürzen dann die Decken dieser Höhlen zusammen, bilden sich Öffnungen, die bis zum Grundwasser (Aquifer) reichen können. Das Grundwasser selbst kann ein ganzes zusammenhängendes Höhlensystem schaffen und es als gewaltiger Strom durchqueren. In Meeresnähe, wo das Grundwasser salzig ist, legt sich Trinkwasser auf dem Salzwasser ab, statt sich mit ihm zu vermischen – denn Süßwasser ist leichter als Salzwasser. Deshalb waren die Cenoten für die Maya ein wichtiges Element zur Wasserversorgung. Aber sie schöpften aus den Cenoten nicht nur Trinkwasser. Wie archäologische Funde zeigen, warfen sie in die tiefen Löcher auch Opfergaben für ihre Götter. Eher harmlos sind Tonkrüge,

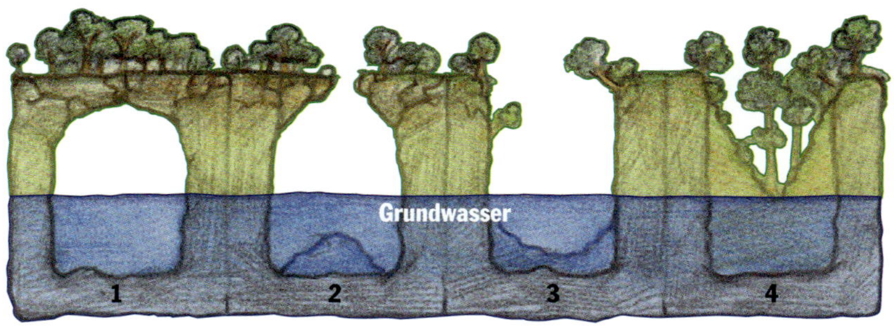

Eine unterirdische, mit Grundwasser gefüllte Höhle (1) wird zum Cenoten, wenn die Höhlendecke einstürzt (2 und 3). Füllt Geröll die Höhle auf, trocknet der Cenote aus (4).

In der Nähe der Stadt Cancún entdeckte man in einer Cenote diesen Altar, dessen Inschriften den Archäologen verrieten, dass er dem Herrn der Unterwelt gewidmet war. Er steht auf einer trockenen Erhebung unterhalb einer Öffnung.

dramatischer die 120 Skelette, die der Archäologe Guillermo de Anda im größten Cenoten der Stadt Chichén Itzá fand: Manche der Menschen waren bereits tot, als sie ins Wasser geworfen wurden, andere nicht, viele waren Kinder. Die Maya wussten, dass die Leichen das Trinkwasser verseuchten. Wissenschaftler vermuten, dass sie deshalb eher abgeschlossene, nicht mit einem größeren Höhlensystem verbundene Cenoten für die Toten verwendet oder das Trinkwasser an weit entfernten Stellen entnommen haben.

Anfang 2018 bewiesen Forscher, dass zwei der großen Unterwassersysteme der Halbinsel Yucatán miteinander verbunden sind. Sac Actún ist rund 350 km lang, in seinen Kammern und Gängen fanden die Wissenschaftler viele Ritualgegenstände, tierische und menschliche Überreste – eine Zeitreise von bis zu 12 000 Jahren.

Verblüffende Entdeckungen

Das *Popol Vuh* (Ratsbuch) ist das heilige Buch der Maya. Es erzählt von Mythen des Volkes und zeichnet historische Begebenheiten nach. Dort findet man auch Beschreibungen der Höhlensysteme samt gruseliger Schreckenskammern – und verblüffend genau decken sie sich mit den Funden, die man in den Cenoten gemacht hat, und mit dem tatsächlichen Verlauf des Höhlensystems: Das „Haus der Klingen, die mit unberechenbaren Schwüngen durch die Luft sausen“ könnte eine Höhle voller spitzer Stalagmiten sein, durch die die Archäologen getaucht sind; das „Haus voller hungriger Raubkatzen“ bewahrheitete sich im Knochenfund eines Jaguars, der in einer Höhle auf seine Opfer wartete; das „Haus der Kälte, wo einem die Knochen gefrieren“ als Höhle, in der ein kalter Luftzug wehte, während den Forschern im „Haus des Feuers“ durch aufsteigende Erdwärme der Schweiß ausbrach.

Tauchende Bauarbeiter?

Auch eine richtige unterirdische Straße haben die mexikanischen Archäologen gefunden. Die Baumeister der Maya mussten einiges auf sich nehmen, um die Anlagen zu errichten: Erstens war es schwierig, die Steine zu den im Urwald gelegenen Eingängen der Cenoten zu transportieren, zweitens war es extrem problematisch, sie in die Höhlen zu wuchten. Meistens mussten die Arbeiter längere Strecken unter Wasser zurücklegen, bevor sie in einer Höhle wieder auftauchen konnten.

Dass sie getaucht sind, darauf deutet die Abbildung des tauchenden Gottes an einem am Meer gelegenen Tempel der Mayastadt Tulum hin. Die Tauchmethode ist allerdings noch ein Rätsel, genauso wie der genaue Zweck der unterirdischen Kultstätten.

Der lachende Tod

Erst schwankt lediglich der Gang ein wenig. Dann zittern die Gliedmaßen. Ein paar Monate später setzt der geistige Verfall ein. So beginnt eine tödliche Krankheit, die gegen Ende ein schauriges Symptom zeigt: Der Erkrankte schüttelt sich vor Lachen. Wenig später stirbt er.

Die Krankheit wurde beim Stamm der Fore beobachtet. Die Menschen, die im Hochland Neu-Guineas leben und erst in den 1930er-Jahren mit der westlichen Zivilisation in Berührung kamen, nannten sie Kuru: „der lachende Tod". Jedes Jahr fielen ihr über 200 Stammesangehörige zum Opfer.

Wie Rinderwahnsinn bei Menschen

Die Symptome von Kuru erinnerten stark an den Rinderwahnsinn. Und genau wie bei erkrankten Rindern weichen verschiedene Regionen des Gehirns der betroffenen Menschen schwammartig auf. Das Denkorgan wird zunehmend zerstört. Das Pendant zum Rinderwahnsinn beim Menschen ist die Creutzfeldt-Jakob-Krankheit – aber sie ist sehr selten. Warum aber waren die Fore so anfällig für Kuru? Zuerst vermutete man einen genetischen Defekt, der sich in der relativ kleinen Gruppe ausgebreitet hatte. Dann aber begann man, die Ursache in den Lebensumständen der Fore zu suchen.

Ritueller Kannibalismus

Ein auffälliges Merkmal waren die kannibalischen Traditionen, denen der Stamm nachging. Klischeehaft stellt man sich Kannibalen so vor: Feinde werden bei lebendigem Leib in einem großen Topf gekocht und dann gegessen.
Aber es gibt auch Totenriten, bei denen verstorbene Angehörige verspeist werden. Der US-amerikanische Wissenschaftler Daniel Carleton Gajdusek vom National Institute of Health untersuchte eine solche Tradition bei den Fore: Sie bereiteten die Gehirne ihrer Toten als Festmahl zu und verzehrten sie in einem rituellen Totenkult. Und genau im Gehirn steckt der Erreger der Kuru-Krankheit. Er infizierte vor allem Frauen und Kinder, die das Gehirn zubereiteten. Die Krankheit brach meistens erst viele Jahre später aus, was den Zusammenhang verschleierte. Gajdusek erhielt für seine Arbeit 1976 den Medizin-Nobelpreis. Bei den Fore war zu dieser Zeit die Kuru-Krankheit bereits fast verschwunden, weil sie ihre kannibalischen Riten schon 1954 aufgegeben hatten.

Als die Europäer die Neue Welt entdeckten, waren sie schockiert von den kannibalischen Traditionen der dortigen Stämme (Holzschnitt, entstanden in Deutschland 1505).

Geschätzte Gefährten

Nicht nur menschliche Gräber verraten Archäologen oft eine Menge über die Kultur von untergegangenen Zivilisationen. Manchmal überdauern auch vierbeinige Zeitzeugen die Jahrtausende, etwa bei den Pferdegräbern von Aržan.

Ein Leben ohne Pferd – für einen Skythen unvorstellbar. Dem geheimnisvollen Reitervolk, das einst durch die Steppen der heutigen Ukraine und Südrusslands galoppierte, dienten die Vierbeiner als Fortbewegungsmittel in Krieg und Frieden, bei Bedarf auch als Nahrung. Wer zur „High Society" gehörte, ließ sich sogar zusammen mit seinen Pferden bestatten. In Aržan im Süden Sibiriens beispielsweise muss Ende des 7. Jh. v. Chr. eine besondere Art von Zeremonie stattgefunden haben. Was dabei genau vor sich ging, weiß niemand so genau. Sicher ist nur, dass 14 tote Skythenpferde damals ein eigenes Grab bekamen. Eng nebeneinander wurden sie gelegt, die Beine unter den Bauch geschlagen, die Köpfe sorgfältig nach Westen ausgerichtet. Auf ihrem Fell schimmerten Geschirre und Riemenschmuck aus Bronze, Platten aus gebogenem Goldblech prangten in Mähnen und Schweifen.

Die Zeugen der Vergangenheit

Erst im Jahr 2001 kamen die so bestatteten Vierbeiner wieder ans Licht. Wissenschaftler des Deutschen Archäologischen Instituts (DAI) in Berlin und des Museums Eremitage in Sankt Petersburg hatten im Grabhügel „Aržan 2" nach dem Erbe der Skythen gesucht und waren dabei auf das Pferdegrab gestoßen. Für DAI-Mitarbeiter Norbert Benecke war dieser Fund ein echter Glücksfall. Denn auch wenn Fell und Fleisch, Muskeln und Sehnen längst verschwunden sind – allein die Skelette der Tiere verraten ihm und seinen Kollegen viele Details über das Zusammenleben von Mensch und Pferd in einer längst untergegangenen Kultur.

So scheinen die Skythen wie viele andere Reitervölker eine Vorliebe für männliche Pferde gehabt zu haben. Alle 14 Skythenpferde aus dem Grab in Aržan waren Hengste, sechs davon vermutlich Wallache. Mit einem Alter zwischen acht und 20 Jahren waren sie auf dem Höhepunkt ihrer Leistungskraft. Und doch fanden sich bei vier Tieren Schäden an der Wirbelsäule – und zwar genau in der Region, wo bei einem Pferd der Sattel liegt. „Diese Tiere müssen intensiv zum Reiten genutzt worden sein", sagt Norbert Benecke – ein leichtes Leben hatten die Skythenpferde trotz ihres hohen Ansehens also nicht.

In den Pferdegräbern von Aržan fand man sorgfältig positionierte Skelette von 14 Hengsten und Überreste von prächtigem Zaumzeug und Schmuck.

In den Katakomben des Convento dei Cappuccini in Palermo haben über 8000 Leichname dem Zahn der Zeit getrotzt.

Körper für die Ewigkeit

Wissenschaftler sind dem Rätsel europäischer Mumien auf der Spur. In Gewölben und Grüften von Schlössern und Kirchen untersuchen sie konservierte Leichname von Menschen aus dem 17. bis zum frühen 19. Jh., die erstaunlich lebendig wirken. Was hat sie vor dem Verfall bewahrt?

In Berlins historischer Mitte steht die von 1695 bis 1713 erbaute Parochialkirche. Für manche Historiker ist aber nicht die barocke Fassade die Hauptattraktion, sondern die Gruft darunter. Darin befinden sich 110 Särge und 87 Mumien aus dem 18. und 19. Jh. Es sind die konservierten Körper von reichen Bewohnern des alten Berlin. Solche Gruftanlagen findet man aber nicht nur in großen Stadtkirchen. Es gibt sie auch in kleinen Dorfkirchen, Klöstern und unter den Privatkapellen großer Landgüter, etwa in Brandenburg und Niedersachsen. Genaue Zahlen gibt es nicht, allein in Ostdeutschland vermuten Experten Hunderte, vielleicht Tausende Mumien. Pathologen interessiert seit Längerem, woran sie gestorben sind. Die Chancen stehen gut, dass sich hier Antworten ergeben, da viele der Organe noch erhalten sind.

Seidenkleid und Schleifenhaube

Historiker wiederum interessieren sich für altertümliche Kleidung und die Grabbeigaben. Dazu gehören Kämme, Schmuck, Gewürze oder Münzen. In der Michaelergruft in Wien liegen mumifizierte

Leichen von reichen Stadtbewohnern, die zwischen 1620 und 1783 gestorben sind. Sie tragen Kleidungsstücke aus Samt und Seide. Einige haben Perücken auf, tragen Hauben und Lederschuhe: Ein Glücksfall für Forscher, die sich mit dem Leben der wohlhabenden Schicht zu dieser Zeit befassen. Auch in der Klosterkirche zu Riesa in Sachsen befinden sich 29 Mumien, darunter die eines kleinen Mädchens. Es hat ein Seidenkleid an, das vollständig erhalten ist. Auf dem Kopf trägt es eine Schleifenhaube. Andere Tote tragen Schlafhauben und lange Gewänder.

„Das kleine Mädchen hat ein Seidenkleid an, das vollständig erhalten ist.“

Geheimnisvolle Lüftungsschächte

Zunächst glaubte man, unter den Mumien befänden sich nur Angehörige des Hochadels. Doch heute steht fest, dass manche der Bestatteten auch aus dem niederen Adel und sogar aus dem Bürgertum stammten. Es stellt sich die Frage: War die Mumifizierung beabsichtigt, also ein Bestattungsritus, den sich nur Wohlhabende leisten konnten? Oder ist sie unbeabsichtigt, also zufällig erfolgt, weil sich reiche Familien eben traditionell in Grüften und nicht unter der Erde bestatten ließen? Bemerkenswert ist, dass dort, wo man mumifizierte Leichen findet, Luftschächte existieren, die für eine gute Luftzirkulation sorgen. Auch in der Parochialkirche in Berlin entdeckten Forscher ein wirksames Belüftungssystem: Alle Kammern sind durch Luftschächte verbunden. Unsere Vorfahren müssen also gewusst haben, wie die Verwesung im feuchten Kellerklima verhindert werden kann: Durch die Luftzufuhr vertrockneten die Leichen stattdessen. Ein weiteres Indiz für die gewollte Mumifizierung ist ein 1710 geschriebener Brief einer Großmutter an den Vorstand der Parochialkirche. Darin heißt es, man möge ihre Enkelin doch „in dem Gewölbe unter der Kirche die Verwesung überstehen lassen.“

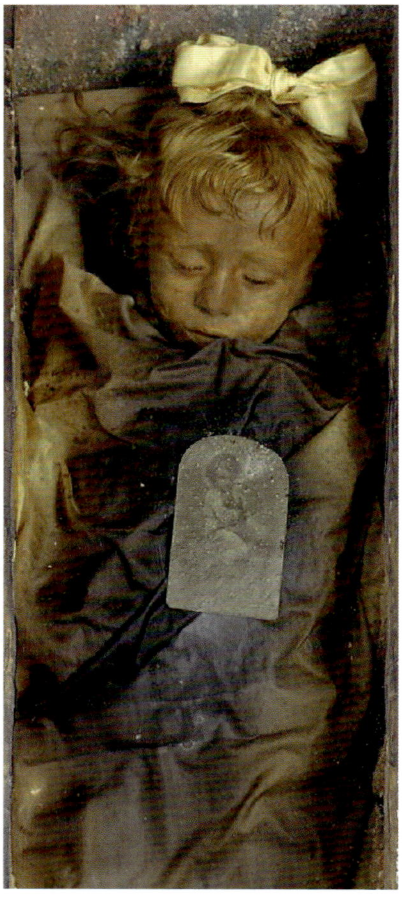

Die letzte Tote, die in der Gruft in Palermo bestattet wurde, war 1920 die zweijährige Rosalia Lombardo. Sie war eins der letzten Opfer der Spanischen Grippe. Ihr einbalsamierter Körper sieht fast so aus, als schliefe das kleine Mädchen nur.

Ungeklärte Hintergründe

Einige Historiker führen den Ritus der Mumifizierung – sollte es einer gewesen sein – auf eine Bibelstelle zur Auferstehung der Toten zurück, die Luther so übersetzte: „Ich werde darnach mit dieser meiner Haut umgeben werden und werde in meinem Fleisch Gott sehen.“ (Hiob 19,26) Tatsächlich wurden sehr viele Mumien in protestantischen Regionen entdeckt. Allerdings finden sich auch welche in katholischen Gegenden. So wurden außer in Österreich im ungarischen Vác in der Dominikanerkirche 265 Mumien aus dem 18. Jh. gefunden, weitere in Italien und im heutigen Kroatien. Um Licht ins Dunkel der Grüfte zu bringen, startete 2004 in Mannheim das „German Mummy Project“ (Deutsches Mumienprojekt), das mit neuster CT-Technik und modernen 3D-Scans z. B. fragmentarisch erhaltene Schädel und deren Gesichtszüge rekonstruiert. Denn Dr. Wilfried Rosendahl vom Mannheimer Universitätsklinikum meint: „Wir kennen die Geschichte der ägyptischen Mumien besser als das, was in unseren Grüften schlummert.“

Berühmte Scheintote: Schneewittchen. Das vergiftete Apfelstück rutscht der Märchenfigur wieder aus dem Hals (Schulwandbild, 1910).

Die Angst vor dem Scheintod

Es gibt sie immer noch, die Angst vor dem Scheintod. Seit Jahrhunderten hat sie die Menschen begleitet. Doch niemand muss heute befürchten, lebendig begraben zu werden. Dazu gab es sowohl in der Medizin als auch im Bestattungswesen zu viele Fortschritte.

Berühmtheiten wie Edgar Alan Poe, Hans Christian Andersen oder Fjodor Dostojewski waren nicht frei von dieser Angst. Vom 17. bis zum 19. Jh. gab es sogar eine regelrechte Hysterie: Denn bei Umbettungen hatte man Leichen mit Kratzspuren gefunden und es fiel auf, dass manche längere Haare und Fingernägel hatten als am Tag ihrer Bestattung. Weil das Koma den Ärzten noch nicht bekannt war, gab es auch immer wieder Berichte, dass scheinbar Tote auferstanden waren. Bald kursierten Gruselgeschichten.

Um sicherzugehen, dass jemand wirklich tot war, hielt man Verstorbenen früher einen Spiegel vor Mund und Nase und prüfte, ob sich Atem darauf niederschlug. Noch bis ins 20. Jh. hinein wurde in Teilen Österreichs der Herzstich praktiziert: Er sollte eine Rückkehr ins Leben verhindern. Manche Menschen verfügten auch, ihnen bei der Bestattung Fäden an Fingern und Zehen zu befestigen, die zu einer Alarmglocke über der Erde führten.

Die Zeichen des Todes beachten

Der Berliner Arzt Christoph Wilhelm Hufeland (1762–1836) versuchte, der Angst vor dem Scheintod ein Ende zu machen. Er regte an, Verstorbene nicht voreilig zu bestatten und nach möglichst vielen Todesmerkmalen zu suchen. Unter seiner Führung entstand 1792 in Weimar das erste Leichenhaus. Heute muss ein Arzt eine umfassende Leichenschau durchführen, bevor er den Totenschein ausstellt. Trotzdem kommt es noch zu falschen Diagnosen. 2018 soll es einen Fall in Brasilien gegeben haben, bei dem eine 37-Jährige nach zwei Herzinfarkten begraben wurde – und elf Tage lang versucht haben soll, sich aus ihrem Steingrab zu befreien.

Der letzte Wunsch: ewiges Leben

Im Gegensatz zu den „Patienten" des Cryonics Institute ist die Besatzung des Raumschiffs Nostromo aus dem Film *Alien – Das unheimliche Wesen aus einer fremden Welt* (1979) eben nicht tot, sondern nur im Kälteschlaf.

Der Wunsch nach ewigem Leben ist wahrscheinlich so alt wie die Menschheit selbst. Ist die moderne Wissenschaft auf dem Weg, ihn Wirklichkeit werden zu lassen? Die Gemeinschaft der Kryoniker, darunter Fachleute von Rang, glaubt fest daran.

Im „Gefrierprotokoll" vom Cryonics Institute (CI) in Clinton bei Detroit, USA, wird er als „Patient Nr. 97" geführt. Der Mann hatte frühzeitig alle Angehörigen instruiert, ihn im Fall seines Todes einzufrieren. So lange, bis es eines Tages möglich sein würde, ihn wiederzubeleben. Als er am Morgen des 26. Juni 2010 in seinem Haus in Florida tot zusammenbrach, wurde sein Körper vom herbeigerufenen Leichenbestatter sofort in Trockeneis gepackt: Bei einer Temperatur von –130 °C stoppt jeder Gewebezerfall. Dann flog man den Leichnam zum CI. Dort wurde zunächst das Blut von „Patient Nr. 97" durch ein mit 30 Zutaten versetztes Frostschutzmittel ersetzt. Danach wurde der Tote im Verlauf von fünf Tagen schonend stufenweise bis auf –196 °C abgekühlt, der Temperatur von Flüssigstickstoff, damit sich möglichst wenig Eiskristalle bilden. Anschließend verfrachtete man ihn in den Cryostat HSSV-6-10. In dem –196 °C kalten Behälter hingen an Seilen bereits fünf „Mitgefrorene" von Patient Nr. 97. Auch sie hatten – wie 91 weitere „Patienten" des IC – ihr Einfrieren verfügt.

Geschäft mit dem Tod

Was sich liest wie das Drehbuch zu einem Science-Fiction-Film ist seit 1967 Realität. Damals wurde in den USA vom Physiker Robert C. Ettinger die Cryogenic Society gegründet. Er fand Anhänger – und auch zukünftige Patienten, zahlende Mitglieder des CI. Heute gibt es in den USA zwei Institute zur Tiefkühlaufbewahrung Verstorbener. In Deutschland gibt es die „Deutsche Gesellschaft für Angewandte Biostase e.V. (DGAB)“, die 2010 und 2014 ein Symposium zum Thema durchgeführt hat. Auch einen Dienstleister für Kryonik gibt es in Deutschland. Weil das Einfrieren von Menschen in Europa jedoch verboten ist, bietet er die Überführung seiner toten Kunden in die USA an.

Aber kann der Tod wirklich überlistet werden? Kryoniker verweisen darauf, dass einige Fisch-, Frosch- und Insektenarten dank bestimmter körpereigener Stoffe Temperaturen von –60 °C überstehen können. Allerdings sind diese Tiere noch lebendig, wenn sie abgekühlt werden, sind in einer Art kataleptischem Zustand und ganz und gar nicht tot. Die Patienten der Kryonik-Institute leben aber nicht mehr, wenn man ihre Körper einfriert.

„Und es werden schon seit vielen Jahren Stammzellen, Eizellen und Spermien eingefroren und bei Bedarf aufgetaut.“

Bisher hat man noch nicht versucht, einen von ihnen wieder zum Leben zu erwecken. Und es werden schon seit vielen Jahren Stammzellen, Eizellen und Spermien eingefroren und bei Bedarf aufgetaut. Bei einfach gebauten Tieren wie Egeln oder Fadenwürmern war man erfolgreich. Aber ein Mensch setzt sich aus rund 100 Billionen Zellen zusammen.

Wiederbelebung durch kleine Roboter?

Wie aber könnte eine Wiederbelebung großer Organismen erfolgen? Ein deutscher Kryoniker, ehemals Spezialist für Altersforschung an einem Hamburger Krankenhaus, sieht in der Erwärmung der Körper durch Ultraschall oder elektromagnetische Methoden eine Chance zum Erfolg. Computergesteuerte Nanoroboter, kaum größer als ein Molekül, könnten anschließend im Blutkreislauf alle notwendigen Reparaturarbeiten durchführen. Für sich selbst erwarb er jedenfalls eine Mitgliedschaft bei einem Kryonik-Institut in den USA, um nach dem Tod eingefroren zu werden. Doch im Gegensatz zu ihm glaubt die Mehrheit der Mediziner nicht, dass die heute kryonisierten Patienten jemals wieder zum Leben erwachen werden. Sehr drastisch drückt sich folgender Mediziner aus: „Wer glaubt, dass man tiefgefrorene Menschen irgendwann wiederbeleben kann, der muss auch glauben, dass man aus einer Frikadelle wieder eine Kuh machen kann.“

Wartet hinter dieser beschaulichen Fassade die tiefgekühlte Unsterblichkeit? Sie gehört jedenfalls zum Gebäude des Cryonics Institute in Clinton, Michigan.

Register

Kursive Seitenzahlen verweisen auf Abbildungen.

A

B

G

H

Bildnachweis

Umschlag iStockphoto.com; 2/3 getty images/Stocktrek; 6 ullstein bild/Granger Collection; 7 getty images/Carsten Peter/Speleoresearch & Films; 8 getty images/Radius Images; 9 mauritius images/Alamy; 10 laif/UPI/Kevin Dietsch; 11 getty images/SPL/Mark Garlick; 12 NASA/WMAP Science Team; 13 AURA/Gemini Obs./SDSU/J. Orosz et al.; 14 CERN; 15 NASA/CXC/CfA/M.Markevitch, Optical and lensing map: NASA/STScI, Magellan/U.Arizona/D.Clowe, Lensing map: ESO WFI; 16/17 NASA/STScI/UIUC/Y. H. Chu & R. Williams et al.; 18/19 NASA/JPL-Caltech; 18 NASA/JSC/Stanford University; 20 OAR/National Undersea Research Program (NURP), NOAA; 21 J. Gutt, AWI/MARUM, Universität Bremen; 22 picture-alliance/dpa/Marianne Collins 2009; 23 getty images/Ken Lucas; 24 und 25 NASA; 26 ESA/DLR/FU Berlin (G.Neukum); 27 Wikimedia Commons, lizenziert unter Creative Commons 3.0 Unported (Daein Ballard); 28 getty images/Jerry Driendl; 29 picture-alliance/empics; 30 mauritius images/Bridge; 31 getty images/Gallo Images; 32 getty images/Michael Poliza; 34 bridgemanart.com; 35 getty images/Cultura/Nancy Honey; 36 Interfoto/Friedrich, 36/37 picture-alliance/dpa; 38 o. picture-alliance/Erich Lessing, u. Adela Marcu; 40 Interfoto/Mathioulakis; 41 o. laif/Loukas Hapsis, u. akg-images/Rabatti-Domingie; 42 picture-alliance/dpa; 43 akg-images/Israelimages; 44 picture-alliance/Schroewig; 45 picture-alliance/imagestate/HIP; 46 AP Photo/Brian Hendler; 47 bridgemanart.com; 48 laif/Redux/The New York Times; 49 picture-alliance/dpa; 50 picture-alliance/Photoshot; 51 getty images; 52 getty images/WireImage/Tom Hill; 53 getty images/Duncan McNicol; 54/55 mauritius images/Alamy; 56 laif/Hartmut Krinitz; 57 o. NASA/JPL/MSSS, u. NASA; 58 ESA-D. Ducros; 59 mauritius images/imagebroker; 60 getty images/Adam Woolfitt; 61 Interfoto/Photoaisa; 62 getty images/Emil von Maltitz; 63 o. AP Photo/Alejandro Balaguer, u. laif/Keystone Schweiz/Bella; 64 ullstein bild/Granger Collection; 66/67 getty images/David Hiser; 69 (Hintergrund) mauritius images/Alamy, picture-alliance/dpa; 70 LOOK-foto/age fotostock; 71 laif/hemis.fr/Jean du Boisberranger; 72 getty images/David Goddard; 73 bpk/SBB; 74 picture-alliance/Helga Lade Fotoagentur; 75 ullstein bild; 76 bpk/Vorderasiatisches Museum, SMB/Olaf M. Teßmer; 77 bpk/Kupferstichkabinett, SMB/Jörg P. Anders; 78 picture-alliance/dpa; 79 getty images; 80 getty images/Thaaer Al-Shewaily; 81 mauritius images/Alamy; 82 picture-alliance/akg-images; 83 LOOK-foto/age fotostock; 84 ullstein bild/Granger Collection; 85 bpk/Alfredo Dagli Orti; 86 ullstein bild/globalmoments; 87 bpk/Scala; 88 AP Photo/Nikolas Giakoumidis; 89 Bildarchiv Barbarossahöhle; 90 picture-alliance/ZB; 91 Interfoto/CCI; 92 ullstein bild/Granger Collection; 93 getty images; 94 Interfoto/imagebroker; 95 mauritius images/Alamy; 96 getty images/Panoramic Images; 97 Interfoto/JTB Photo; 98 getty images/Joe Cornish; 100 mauritius images/Alamy, 100/101 getty images/Steve Allen; 102 mauritius images/Alamy; 103 getty images/Jochen Schlenker; 104 getty images/Grant Faint; 105 laif/Gamma/7899; 106 mauritius images/Alamy; 107 getty images/Patrick Dieudonne; 108 ullstein bild/AP; 109 AP Photo/Ben Curtis; 110/111 mauritius images/Alamy; 111 picture-alliance/dpa; 112/113 Bildagentur Huber/Ripani Massimo; 114 Visum/Aufwind-Luftbilder; 115 getty images/Dan Callister; 116 getty images/Purestock; 117 laif/Gamma/Boreales/Patrick Glaize; 118 laif/Markus Kirchgessner; 119 getty images/National Geographic; 120 picture-alliance/dpa; 121 laif/Gamma/Boreales/Patrick Glaize; 122 Frank Vinken für die Max-Planck-Gesellschaft; 123 Neanderthal Museum/M. Pietrek; 124 und 125 laif/Berthold Steinhilber: 126/127 getty images/National Geographic; 128 Landesamt für Denkmalpflege und Archäologie Sachsen-Anhalt, Juraj Lipták; 129 picture-alliance/ZB; 130/131 picture-alliance/akg images/Erich Lessing; 132 getty images/AFP/Ashraf Shazly; 133 o. mauritius images/Robert Harding, u. bpk/Margarete Büsing; 134 AP Photo/Thanassis Stavrakis; 135 mauritius images/imagebroker; 137 laif/Thomas Ernsting; 138 o. Interfoto/Alinari Archives/Lino Salatino, u. picture-alliance/akg images; 139 akg images/Francois Guenet; 140/141 getty images/Paul Chesley; 141 NASA/JPL/University of Sydney; 142 ullstein bild/Granger Collection; 143 getty images/Fuse; 144 mauritius images/Nordic Photos; 146 laif/Lass; 147 picture-alliance/dpa; 148 picture-alliance/Mary Evans Picture Library; 149 picture-alliance/maxppp; 150 picture-alliance/akg-images; 151 getty images/AFP/Abolfath Davari; 152 getty images/AFP/Jessica Gow; 153 picture-alliance/dpa; 154/155 AP Photo/STR; 157 picture-alliance/dpa; 158 laif/Polaris; 159 getty images/AFP/Johan Ordonez; 160 Visum/euroluftbild.de; 161 getty images/MCT/Jon T. Fritz; 162 laif/Polaris;

163 getty images/Robbie Shone; 164/165 picture-alliance/dpa; 165 AP Photo/U.S. Navy; 166 o. BGR, u.Wildlife/D. Harms; 167 BGR; 168/169 getty images/AFP/Gjonathan Nackstrand; 170 picture alliance/Bildagentur-online; 172 getty images/Apic; 173 getty images/Jochem D Wijnands; 174 picture alliance/Bildagentur-online; 175 laif/Gamma/Antonio Ribeiro; 176 getty images/National Geographic/Jim Richardson; 177 laif/Michael Martin; 178 Visum/Martin Zwick; 179 getty images/Stephen Alvarez; 180 Visum/Zeitenspiegel/Frank Schultze; 181 getty images/National Geographic/Michael Nichols; 182 getty images/Carsten Peter/Speleoresearch & Films; 183 Visum/Photoshot; 184 getty images/Heinrich van den Berg; 185 picture-alliance/BSIP; 186 getty images; 187 mauritius images/Phototake/Dennis Kunkel; 188 o. ullstein bild/Lineair, u. getty images/Creativ Studio Heinemann; 190 picture-alliance/dpa; 191 getty images/Jeff Rotman; 192 LOOK-foto/Reinhard Dirscherl; 193 picture-alliance/NHPA/photoshot; 194/195 mauritius images/Flirt; 195 mauritius images/Alamy; 196 o. bpk, u. picture-alliance/Photoshot; 197 LOOK-foto/age fotostock; 198 ullstein bild/Insadco/Gaertner; 199 picture-alliance/empics; 200 mauritius images/Alamy; 201 Interfoto/Mary Evans Picture Library; 202 ullstein bild/Granger Collection; 203 laif/Redux/Elena Dorfman; 204 picture-alliance/dpa; 205 LOOK-foto/age fotostock; 206 getty images; 207 getty images/Raimund Linke; 208 getty images/Nick Daly; 209 ullstein bild/Roger Viollet; 210 picture-alliance/dpa; 211 Interfoto/Mary Evans Picture Library; 212 picture-alliance/imagestate/HIP; 213 akg-images/Elie Bernager; 214/215 getty images/AFP/Thomas Samson; 214 und 216 Visum/Andia; 217 o. getty images/Time Life Pictures, u. ullstein bild/Archiv Gerstenberg; 219 Wikimedia Commons; 220 getty images; 220/221 getty images/AFP/Vincenzo Pinto; 222 picture-alliance/Gedong; 223 mauritius images/Alamy; 224/225 picture-alliance/dpa; 225 getty images/Popperfoto; 226 picture alliance/ZUMA Press; 227 ullstein bild/Peters; 228 laif/Rapho/Nutan; 229 akg-images/Erich Lessing; 230 getty images/Kenneth Garrett; 231 getty images/Grant Faint; 232 getty images; 234 mauritius images/Alamy; 235 ullstein bild/Imagno; 237 o. mauritius images/Alamy, u. laif/Berthold Steinhilber; 238 picture-alliance/akg-images; 239 Interfoto/NG Collection; 240 bpk; 241 picture-alliance/akg-images; 242 mauritius images/Alamy; 243 ullstein bild/histopics; 244 getty images/C. Wilhelm; 245 getty images; 246 mauritius images/Alamy; 247 ullstein bild; 248 picture-alliance/dpa; 249 (Hintergrund) Interfoto/Mary Evans Picture Library, r. picture-alliance/imagestate/HIP; 250 Süddeutsche Zeitung Photo/Rue des Archives/PVDE; 251 akg-images/IAM; 252 AP Photo/Ben Margot; 253 Süddeutsche Zeitung Photo/Rue des Archives; 254 picture-alliance/maxppp; 255 mauritius images/SuperStock; 256 getty images, 256/257 getty images/Mark Bolton; 258 picture-alliance/dpa; 259 laif/Redux/The New York Times; 261 laif/Michael Martin; 262 National Museum of Australia; 263 Interfoto/Mary Evans Picture Library; 264 picture-alliance/Rainer Hackenberg; 265 getty images/SSPL; 266 AP Photo; 267 getty images/NY Daily News; 268 getty images; 269 getty images/Time & Life Pictures; 270 AP Photo; 271 getty images; 272 laif/Gamma/Gilles Bassignac; 273 getty images; 274 getty images/Redferns; 275 getty images/Caroline Purser; 276/277 Bildagentur Huber/Smetek; 278 getty images/masahiro Makino; 279 iStockphoto.com/aristotoo; 280 getty images/Tier und Naturfotografie J & C Sohns; 281 getty images/David Montgomery; 282 picture-alliance/ZB; 283 o. mauritius images/imagebroker/Simon Belcher, u. Interfoto/Felicitas; 284 getty images/Ulrich Mueller; 285 ullstein bild/Caro/Sorge; 286 action press/Kyodo News; 287 getty images/Caroline Purser; 288 getty images/Karen Kasmauski; 289 picture-alliance/dpa; 290/291 getty images/Keren Su; 291 getty images/Punchstock; 292 mauritius images/Alamy; 293 getty images/Jamie Grill; 294 o. laif/Redux/The New York Times/Paul Hosefros, u. getty images/Punchstock; 295 ullstein bild; 296 getty images/PM Images; 297 laif/Stephan Elleringmann; 298 getty images/Jamie Grill; 299 getty images/Nick Koudis; 300 picture-alliance/dpa; 301 Wildlife/De la Harpe; 302 getty images/Kim Westerskov; 304 getty images/Kyle George; 306 mauritius images/age; 307 getty images/Kazunori Nagashima; 308 o. laif/Gamma/De Malglaive-Vandeville, u. akg-images/Erich Lessing; 311 und 312 getty images/AFP; 313 ullstein bild/Peter Arnold Inc.; 315 Interfoto/ Mary Evans Picture Library; 316/317 getty images/alek lindus; 318 Interfoto/Sammlung Rauch; 319 getty images/Peter Essick; 320/321 getty images/Ojo Images; 321 Agentur Focus/George Steinmetz; 322 akg-images/album/M.G.M/UNITED ARTIST; 323 o. ullstein bild/TopFoto, u. mauritius images/Alamy; 324 Interfoto/Bildarchiv Hansmann; 325 mauritius images/age; 326 akg-images; 327 Süddeutsche Zeitung Photo/Scherl; 328/329 Interfoto/The Travel Library; 330 copyright 2011, TU Darmstadt, FG IKA, Prof. M. Koob; 331 picture-alliance/dpa; 332 AP Images; 333 getty images/Radius Images; 334 getty images/AFP; 335 mauritius images/Reinhard Dirscherl; 336 getty images/Inti St. Clair; 337 ullstein bild/Granger Collection; 338 DAI; 339 laif/Hans Madej; 340 picture-alliance/dpa; 341 akg-images; 342 akg-images/album; 343 laif/Oddy.